플래티넘

내신

Platinum

전국 고난도 내신 기출

공통수학 ②

내신
platinum
플래티넘
전국 고난도 내신 기출
공통수학 ②

구성과 특징

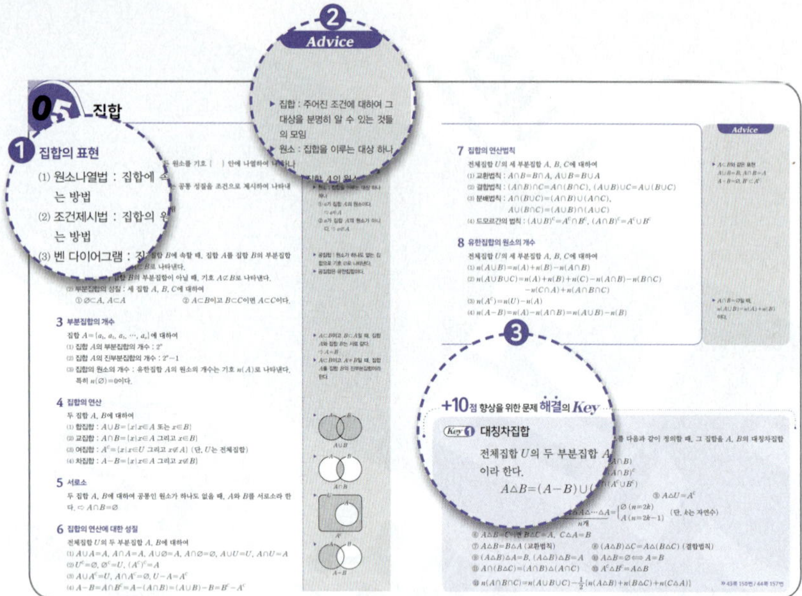

핵심 개념정리

❶ 핵심 개념정리

교과서의 핵심 개념들로만 일목요연하게
정리하였습니다.

❷ Advice

개념 이해에 도움이 되는 개념 부연 설명 및
참고 사항을 제시하였습니다.

❸ +10점 향상을 위한 문제 해결의 Key

고난도 문제 해결의 비법 또는 내신 고득점을
위한 심화 개념을 이해하기 쉽게 정리하였습니다.

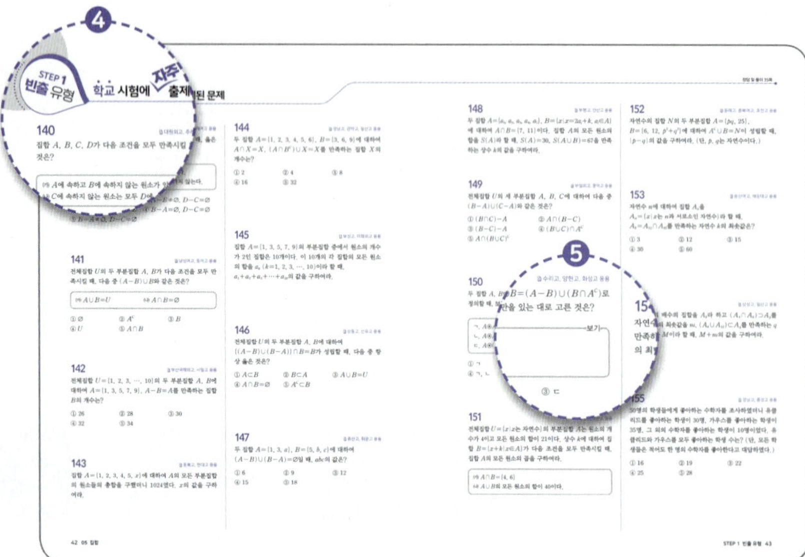

STEP ❶

학교 시험에 **자주** 출제된 문제

❹ 빈출 유형

전국 기출 문제 중에서 가장 많이 출제된
유형들을 엄선하여 구성하였습니다.

❺ 출제 학교명 표기

해당 학교 학생들의 학습을 돕기 위해
동일 또는 유사 문제를 출제한 학교명을
표기하였습니다.

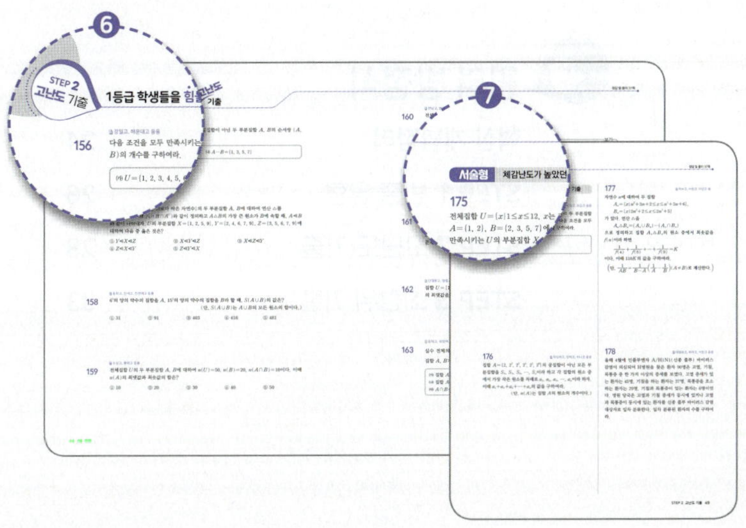

STEP ❷

1등급 학생들을 힘들게 했던 고난도 기출

❻ 고난도 기출

1등급 학생들이 힘들게 해결했던 기출 문제들을
선별하여 구성하였습니다.

❼ 서술형 기출

고난도 문제 중 단답형 주관식 또는 서술형으로
출제된 문제들로 구성하였습니다.

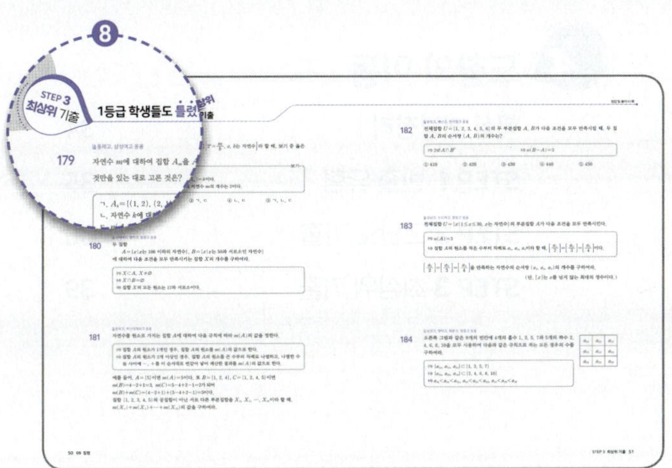

STEP ❸

1등급 학생들도 틀렸던 최상위 기출

❽ 최상위 기출

각 학교마다 변별력을 두기 위해 출제된 문제 중
1등급 학생 대부분이 틀렸던 최상위 기출 문제들로
구성하였습니다.

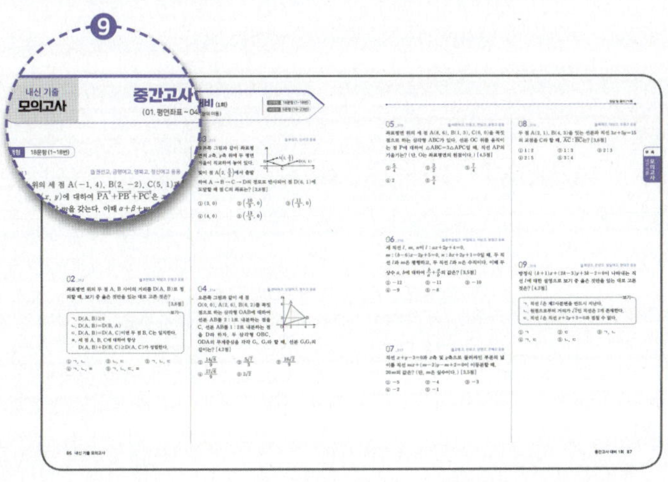

내신 기출 모의고사 (중간/기말)

❾ 내신 기출 모의고사 (중간 2회/기말 2회)

학교 시험 난이도보다 조금 높은 수준으로
실제 기출 문제를 이용하여 중간, 기말고사 대비
모의고사를 구성하였습니다.

차 례

01 평면좌표

Advice

1 좌표평면 위의 두 점 사이의 거리

좌표평면 위의 두 점 $P(x_1, y_1)$, $Q(x_2, y_2)$ 사이의 거리 $\overline{PQ}$는

$$\overline{PQ}=\sqrt{(x_2-x_1)^2+(y_2-y_1)^2}$$

▶ 수직선 위의 두 점 $A(x_1)$, $B(x_2)$ 사이의 거리 $\overline{AB}$는
$$\overline{AB}=|x_2-x_1|$$
$$=|x_1-x_2|$$

2 선분의 내분점과 중점

좌표평면 위의 두 점 $A(x_1, y_1)$, $B(x_2, y_2)$에 대하여

(1) 선분 AB를 $m:n$ $(m>0, n>0)$으로 내분하는 점 P의 좌표는

$$P\left(\frac{mx_2+nx_1}{m+n}, \frac{my_2+ny_1}{m+n}\right)$$

(2) 선분 AB의 중점 M의 좌표는

$$M\left(\frac{x_1+x_2}{2}, \frac{y_1+y_2}{2}\right)$$

▶ 선분 AB를 $1:1$로 내분하는 점이 선분 AB의 중점이다.

3 삼각형의 무게중심의 좌표

세 꼭짓점의 좌표가 각각 $A(x_1, y_1)$, $B(x_2, y_2)$, $C(x_3, y_3)$인 삼각형 ABC의

무게중심 G의 좌표는 $G\left(\dfrac{x_1+x_2+x_3}{3}, \dfrac{y_1+y_2+y_3}{3}\right)$

▶ $\triangle ABC$의 무게중심 G는 세 중선의 교점이며, 각 중선을 세 꼭짓점으로부터 $2:1$로 내분하는 점이다.

+10점 향상을 위한 문제 **해결**의 **Key**

Key① 삼각형의 중선 정리

삼각형 ABC에서 변 BC의 중점을 M이라 할 때, $\overline{AB}^2+\overline{AC}^2=2(\overline{AM}^2+\overline{BM}^2)$

이 성립한다. 이를 삼각형의 중선 정리 또는 파포스의 정리라 한다.

증명 오른쪽 그림과 같이 직선 BC를 x축, 점 M을 지나고 직선 BC에 수직인 직선을 y축으로 잡으면 점 M은 원점이 된다. 이때 $A(a, b)$, $C(c, 0)$라 하면 점 B의 좌표는 $(-c, 0)$이므로

$$\overline{AB}^2+\overline{AC}^2=\{(a+c)^2+b^2\}+\{(a-c)^2+b^2\}=2(a^2+b^2+c^2)$$
$$2(\overline{AM}^2+\overline{BM}^2)=2(a^2+b^2+c^2) \qquad \therefore \ \overline{AB}^2+\overline{AC}^2=2(\overline{AM}^2+\overline{BM}^2)$$

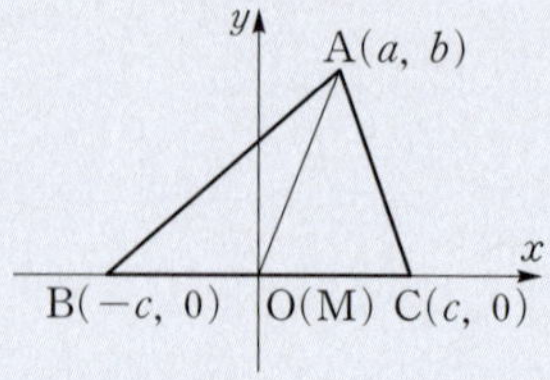

» 7쪽 003번 / 11쪽 026번

Key② 삼각형의 내각의 이등분선과 선분의 내분점

삼각형 ABC에서 $\overline{AB}=m$, $\overline{AC}=n$이고 $\angle A$의 이등분선이 변 BC와 만나는 점을 D라 할 때, 점 D는 선분 BC를 $m:n$으로 내분하는 점이다. 즉,

$$\overline{BD}:\overline{CD}=m:n$$

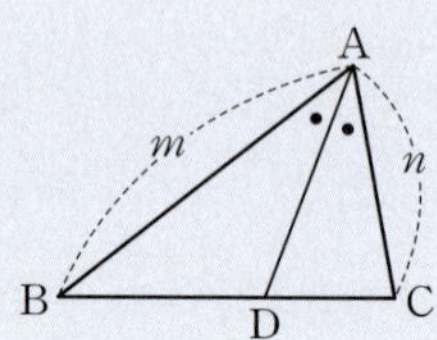

» 8쪽 007번

001
금성고, 남지고, 부광여고, 여주고 응용

두 점 $A(-1, 4)$, $B(2, 2)$에서 같은 거리에 있는 점 $P(a, b)$가 직선 $y=-x$ 위의 점일 때, $b-a$의 값은?

① $-\dfrac{9}{5}$ ② $-\dfrac{4}{5}$ ③ $\dfrac{4}{5}$

④ $\dfrac{9}{5}$ ⑤ $\dfrac{14}{5}$

002
살레시오고, 장덕고, 호산고 응용

다음은 좌표평면 위의 서로 다른 네 점 A, B, C, D에 대한 설명이다.

> ㈎ 점 A와 점 B는 x축 위에 있다.
> ㈏ 점 B의 x좌표는 점 A의 x좌표보다 크다.
> ㈐ $\overline{AB}=\overline{AC}=\overline{BC}=\overline{AD}=\overline{CD}$이다.

네 점 A, B, C, D의 x좌표를 각각 a, b, c, d라 할 때, a, b, c, d의 대소 관계로 옳은 것은?

① $a<b<c<d$ ② $a<c<d<b$
③ $c<d<a<b$ ④ $d<a<c<b$
⑤ $d<c<a<b$

003
계림고, 근영여고, 사직고, 진영고 응용

오른쪽 그림과 같은 삼각형 ABC에서 변 BC의 삼등분점을 각각 D, E라 하자. $\overline{AB}=4$, $\overline{BC}=6$, $\overline{CA}=5$일 때, $\overline{AD}^2+\overline{AE}^2$의 값을 구하여라.

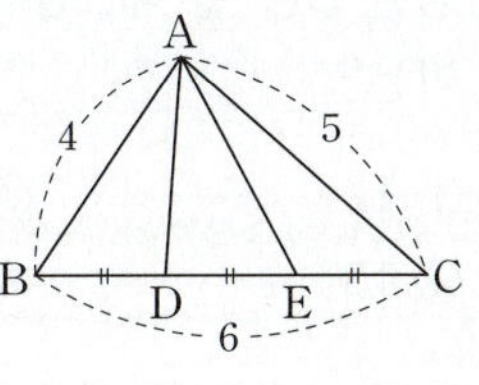

004
조대부고, 평창고, 해원여고 응용

좌표평면 위의 두 점 A, B에 대하여 선분 AB를 $2:3$으로 내분하는 점을 A△B, 선분 AB의 중점을 A◆B로 나타낼 때, $(A△B)△(A◆B)$가 나타내는 점에 대한 설명으로 옳은 것은?

① 선분 AB를 $3:2$로 내분하는 점
② 선분 AB를 $3:4$로 내분하는 점
③ 선분 AB를 $14:11$로 내분하는 점
④ 선분 AB를 $11:14$로 내분하는 점
⑤ 선분 AB의 중점

005
강동고, 금호중앙여고, 문화고, 부일외고 응용

두 점 $A(-2, 4)$, $B(3, -2)$에 대하여 선분 AB를 $t:(1-t)$로 내분하는 점이 제1사분면 위에 있도록 하는 실수 t의 값의 범위는? (단, $0<t<1$)

① $\dfrac{1}{5}<t<\dfrac{1}{3}$ ② $\dfrac{1}{5}<t<\dfrac{2}{3}$

③ $\dfrac{2}{5}<t<\dfrac{2}{3}$ ④ $\dfrac{2}{5}<t<\dfrac{3}{4}$

⑤ $\dfrac{2}{3}<t<\dfrac{3}{4}$

006
금당고, 숭덕고, 양천고, 인천고 응용

두 점 $A(-4, -2)$, $B(5, 4)$를 잇는 선분 AB가 y축에 의하여 $m:n$으로 내분될 때, 서로소인 두 자연수 m, n에 대하여 $m+n$의 값을 구하여라.

007

📖 사상고, 순천고, 양산고, 정읍고, 청주여고 응용

좌표평면 위의 두 점 A(4, 3), B(6, −8)에 대하여
∠AOB의 이등분선과 선분 AB가 만나는 점을 P라 하면
P(a, b)이다. 이때 $a+b$의 값을 구하여라.

(단, O는 좌표평면의 원점이다.)

008

📖 강남여고, 운남고, 이대부고 응용

좌표평면 위의 두 점 A, B에 대하여 선분 AB를
$m : n$ ($m>n>0$)으로 내분하는 점을 P, 선분 AQ를
$m-n : n$으로 내분하는 점이 B가 되도록 하는 점을 Q라
한다. 점 P가 선분 AQ의 중점일 때, $\dfrac{m}{n}$의 값을 구하여
라.

009

📖 강화고, 금명여고, 내성고, 제일여고 응용

두 점 A(-3, 1), B(1, 3)을 잇는 선분 AB의 연장선 위
의 점 P에 대하여 삼각형 OAP의 넓이가 삼각형 OBP의
넓이의 3배일 때, 점 P의 좌표는?

(단, O는 좌표평면의 원점이다.)

① (2, 3)   ② (3, 4)   ③ (3, 5)
④ (4, 3)   ⑤ (4, 5)

010

📖 달성고, 마포고, 삼정고, 순창고, 원미고 응용

삼각형 ABC의 꼭짓점 A의 좌표가 (10, 8)이고, 선분
BC의 중점이 M(1, 2)일 때, 삼각형 ABC의 무게중심의
좌표는 (a, b)이다. 이때 $a+b$의 값을 구하여라.

011

📖 경남여고, 권선고, 문성고, 양운고 응용

세 점 A(4, 1), B(-2, 3), C(7, -1)을 꼭짓점으로 하
는 삼각형 ABC의 세 변 AB, BC, CA의 연장선 위에 각
각 세 점 D, E, F에 대하여 $\overline{AD}$, $\overline{BE}$, $\overline{CF}$를 $2 : 1$로 내분
하는 점이 각각 B, C, A가 될 때, 삼각형 DEF의 무게중
심의 좌표는 (a, b)이다. 이때 $a-b$의 값은?

① -1 ② 0   ③ 1
④ 2   ⑤ 3

012

📖 양재고, 천안고, 태장고 응용

점 A(5, 2)를 한 꼭짓점으로 하는 삼각형 ABC에서 두
변 AB와 AC의 중점을 각각 M(x_1, y_1), N(x_2, y_2)라 하
면 $x_1+x_2=7$, $y_1+y_2=-5$가 성립한다. 이때 삼각형
ABC의 무게중심의 좌표는?

① (-3, -4)   ② (-3, -2)   ③ (3, -4)
④ (3, -2)   ⑤ (3, 4)

013

📖 신평고, 연제고, 조치원고 응용

오른쪽 그림과 같이 사각형 ABCD
에 대하여 삼각형 ABC의 넓이는
10이고, 삼각형 DBC의 넓이는 15
이다. 선분 AD를 $3 : 2$로 내분하는
점을 E라 할 때, 삼각형 EBC의 넓
이는?

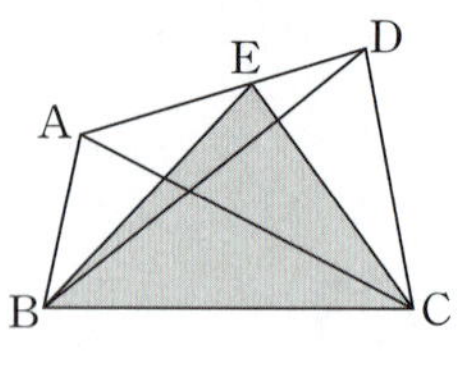

① 12   ② 13   ③ 14
④ 15   ⑤ 16

014 관악고, 우성고, 한가람고 응용

좌표평면 위의 네 점 A$(-2, 2)$, B$(-3, -1)$, C$(3, -2)$, D$(4, 4)$를 꼭짓점으로 하는 사각형 ABCD의 내부의 한 점 P에 대하여 $\overline{PA}^2+\overline{PB}^2+\overline{PC}^2+\overline{PD}^2$의 값이 최소일 때, 점 P의 좌표는 (a, b)이다. 이때 $16ab$의 값을 구하여라.

015 상문고, 약목고, 영북고 응용

이차함수 $y=-x^2+2ax$의 그래프와 직선 $y=x-1$이 서로 다른 두 점에서 만나고, 두 교점 사이의 거리의 최솟값이 m일 때, m^2의 값을 구하여라.

016 숭의여고, 중경고 응용

$\overline{AB}=2\sqrt{5}$, $\overline{AC}=4\sqrt{2}$, $\overline{BC}=6$인 삼각형 ABC가 있다. 선분 BC 위를 움직이는 점 P에 대하여 $\overline{AP}=\sqrt{22}$일 때, 선분 BP의 길이는?

① $2-\sqrt{3}$　　② $2-\sqrt{2}$　　③ $2+\sqrt{3}$　　④ $2+\sqrt{5}$　　⑤ $2+\sqrt{6}$

017 거제고, 경해여고, 금호고, 속초고 응용

네 점 P$\left(\dfrac{\sqrt{3}+2\sqrt{7}}{1+2}\right)$, Q$\left(\dfrac{\sqrt{7}+2\sqrt{3}}{1+2}\right)$, R$(2\sqrt{7}-\sqrt{3})$, S$(-\sqrt{7}+2\sqrt{3})$을 수직선 위에 나타낼 때, 네 점의 위치를 왼쪽부터 순서대로 나열한 것은?

① P, Q, R, S　　　② S, P, Q, R　　　③ S, Q, P, R

④ R, P, Q, S　　　⑤ R, Q, P, S

018 금곡고, 염광고 응용

오른쪽 그림과 같이 네 점 A$(2, 8)$, B$(1, 2)$, C$(7, 2)$, D$(8, 8)$을 꼭짓점으로 하는 평행사변형 ABCD가 있다. 선분 CD의 중점을 E, 선분 BD와 선분 AE의 교점을 F라 할 때, 삼각형 FED의 넓이를 구하여라.

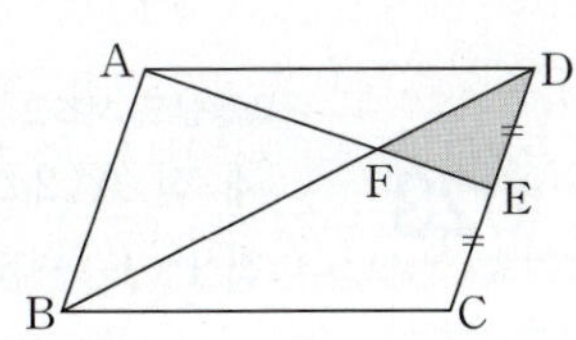

019 수주고, 장성고, 효원고 응용

좌표평면 위의 세 점 $A(12, 5)$, $B(0, 0)$, $C(8, 2)$를 꼭짓점으로 하는 삼각형 ABC가 있다. 변 BA의 연장선 위의 한 점 D에 대하여 각 DAC의 이등분선이 변 BC의 연장선과 만나는 점을 $E(a, b)$라 할 때, $\dfrac{a}{b}$의 값을 구하여라.

020 영덕고, 진선여고, 함월고 응용

좌표평면 위의 두 점 $A(-2, 1)$, $B(3, 3)$을 지나는 직선 AB 위의 점 C가 $2\overline{AB}=3\overline{BC}$를 만족시킨다. 점 C가 제1사분면 위의 점일 때, 점 C의 좌표는?

① $\left(5, \dfrac{13}{3}\right)$ ② $\left(\dfrac{17}{3}, \dfrac{13}{3}\right)$ ③ $\left(\dfrac{17}{3}, 5\right)$ ④ $\left(\dfrac{19}{3}, \dfrac{13}{3}\right)$ ⑤ $\left(\dfrac{19}{3}, 5\right)$

021 남성여고, 시흥고, 주덕고 응용

세 점 $A(2, 4)$, $B(2, 1)$, $C(5, 3)$을 꼭짓점으로 하는 $\triangle ABC$가 있다. 변 BC 위의 두 점 $P(a, b)$, $Q(c, d)$에 대하여 $\triangle ABP=\triangle APQ=\triangle AQC$일 때, $3b+6d$의 값을 구하여라.

022 광교고, 복성고 응용

오른쪽 그림과 같이 넓이가 120인 삼각형 ABC의 세 변 AB, BC, CA 의 연장선 위에 $\overline{BD}=\dfrac{2}{3}\overline{AB}$, $\overline{CE}=\dfrac{1}{2}\overline{BC}$, $\overline{AF}=\dfrac{3}{4}\overline{AC}$가 되도록 세 점 D, E, F를 잡을 때, $\triangle DEF$의 넓이는?

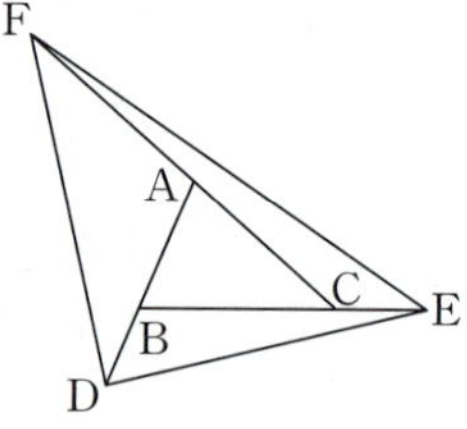

① 470 ② 495 ③ 520
④ 545 ⑤ 570

023 동산고, 서초고, 장유고 응용

세 점 $A(2a-1, b)$, $B(-a+b, 4)$, $C(6, 3b+1)$을 꼭짓점으로 하는 삼각형 ABC의 내부에 점 $P(1, -5)$를 잡으면 $\triangle PAB=\triangle PBC=\triangle PCA$이다. 이때 $a-b$의 값을 구하여라.

동아여고, 영흥고, 인천외고 응용

024 좌표평면 위의 한 점 $A(3,\ \sqrt{3})$을 꼭짓점으로 하는 정삼각형 ABC의 무게중심이 원점 O일 때, 정삼각형 ABC의 둘레의 길이를 구하여라.

선유고, 전남고, 청담고 응용

025 직각이등변삼각형 ABC에서 $\angle B=90°$이고 점 B의 좌표가 $(3,\ 1)$이다. 삼각형 ABC의 무게중심이 $G(5,\ 5)$일 때, 직각이등변삼각형 ABC의 넓이를 구하여라.

설월여고, 영동고 응용

026 오른쪽 그림과 같은 삼각형 ABC의 세 변 AB, BC, CA의 중점을 각각 P, Q, R이라 하자. $\overline{AQ}=12$, $\overline{BR}=\frac{15}{2}$, $\overline{CP}=\frac{21}{2}$일 때, 변 BC의 길이는 l이다. 이때 l^2의 값을 구하여라.

상일여고, 원종고 응용

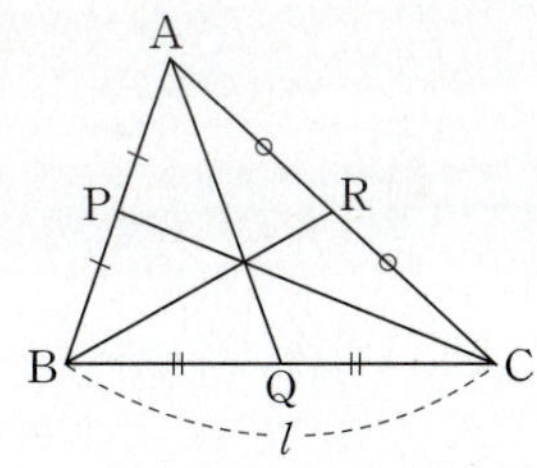

027 오른쪽 그림과 같이 세 점 $O(0,\ 0)$, $A(1,\ 7)$, $B(7,\ 1)$을 꼭짓점으로 하는 $\triangle AOB$에 대하여 두 반직선 BA, AB 위에 중점이 각각 A, B가 되도록 두 점 C, D를 잡자. 삼각형 COB의 무게중심을 G_1, 삼각형 AOD의 무게중심을 G_2라 할 때, 선분 G_1G_2의 길이는?

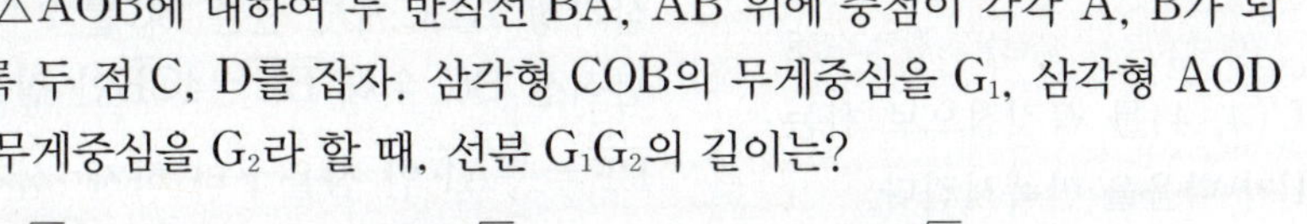

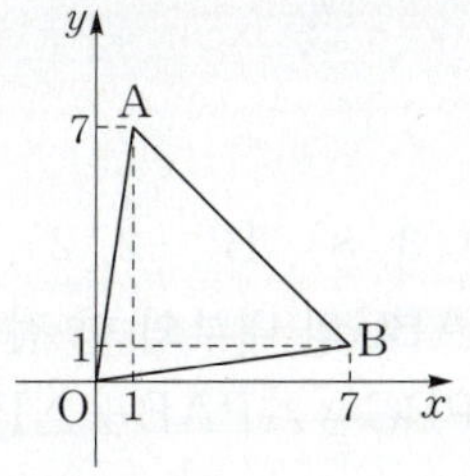

① $3\sqrt{2}$ ② $3\sqrt{3}$ ③ $4\sqrt{2}$
④ $4\sqrt{3}$ ⑤ $5\sqrt{2}$

매산여고, 석산고 응용

028 오른쪽 그림과 같이 정사각형 ABCD의 내부의 한 점 P가 $\overline{AP}=5$, $\overline{BP}=\sqrt{8}$, $\overline{CP}=3$을 만족시킬 때, 정사각형 ABCD의 넓이는?

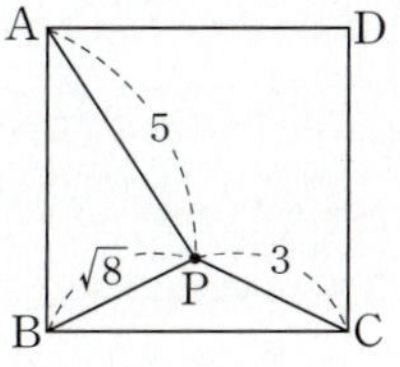

① 21 ② 25 ③ 29
④ 33 ⑤ 37

서술형 · 체감난도가 높았던 서술형 기출

029

전북사대부고, 창덕고 응용

오른쪽 그림과 같이 점 P는 점 A$(10, 0)$에서 매초 1의 속력으로 x축을 따라 왼쪽으로 움직이고, 점 Q는 점 B$(0, 6)$에서 매초 2의 속력으로 y축을 따라 아래로 움직인다. 두 점 P, Q에 동시에 출발 신호를 보냈을 때, 점 P는 출발 신호와 동시에 출발하고, 점 Q는 출발 신호 후 2초 후에 출발하였다. 두 점 P, Q 사이의 거리의 최솟값은 $t=a$일 때, m이다. 이때 $a+m^2$의 값을 구하여라.

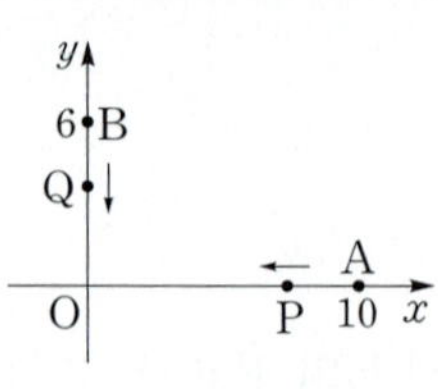

030

잠실고, 함안고 응용

세 점 A$(3, 8)$, B$(-2, 2)$, C$(4, 4)$를 꼭짓점으로 하는 삼각형 ABC의 내부의 한 점 P가 다음을 만족시킨다.

$$\triangle PBC = \triangle PAB + \triangle PAC$$

이때 점 P가 나타내는 도형의 길이를 l이라 할 때, l^2의 값을 구하여라.

031

진주여고, 학성고 응용

좌표평면 위의 세 점 A$(0, 2)$, B$(3, -1)$, C(a, b)에 대하여 선분 BC의 내분점 중 한 점이 A이고, 삼각형 OBC의 넓이가 9일 때, $a+b$의 값을 구하여라. (단, 점 C는 제2사분면 위의 점이고, O는 좌표평면의 원점이다.)

032

대성여고, 경일고 응용

삼각형 ABC에서 선분 BC를 $2 : 1$로 내분하는 점을 D, 반직선 BC 위에 $\overline{BE} = 4\overline{CE}$인 점을 E, 반직선 BA 위에 $\overline{BF} = \dfrac{3}{2}\overline{AF}$인 점을 F라 하자. 삼각형 FBE의 넓이가 48일 때, 삼각형 ABC의 넓이를 구하여라.

1등급 학생들도 틀렸던 최상위 기출

033 📄 부산고, 효명고 응용

수직선 위의 서로 다른 세 점 $A(a)$, $B(b)$, $C(c)$에 대하여 선분 AC를 $m:n$으로 내분하는 점 $D(d)$가 $\dfrac{\overline{BD}}{\overline{CD}} = \dfrac{m}{n}$을 만족할 때, 보기 중 옳은 것만을 있는 대로 고른 것은?

(단, $a<c$이고, m, n은 서로 다른 양수이다.)

┌─ 보기 ─
ㄱ. $m>n$이면 $a<d<c<b$이다.　　　　ㄴ. $m<n$이면 $\overline{AB}>\overline{AC}$이다.
ㄷ. $\overline{AB}=2\overline{BD}$이다.
└─

① ㄱ　　　　② ㄱ, ㄴ　　　　③ ㄱ, ㄷ　　　　④ ㄴ, ㄷ　　　　⑤ ㄱ, ㄴ, ㄷ

034 📄 구미고, 소사고 응용

넓이가 70인 삼각형 ABC의 세 변 AB, BC, CA를 각각 $2:3$, $3:4$, $1:m$으로 내분하는 점을 각각 P, Q, R이라 하면 삼각형 PQR의 넓이는 22이다. 이때 자연수 m의 값을 구하여라.

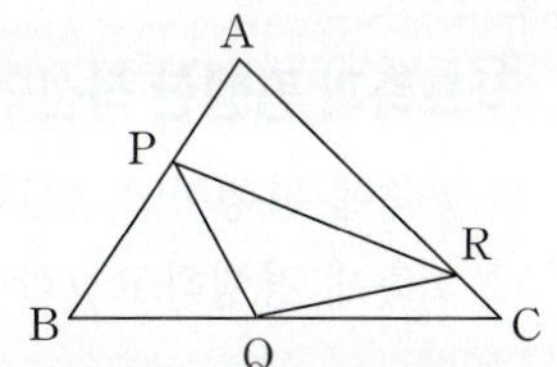

035 📄 오금고, 효자고 응용

다음은 나폴레옹 삼각형에 대한 설명이다.

임의의 삼각형 ABC에 대하여 변 AB, BC, CA를 각각 한 변으로 하는 세 개의 정삼각형 ADB, BEC, CFA를 삼각형 ABC의 외부에 그린다. 세 정삼각형 ADB, BEC, CFA의 무게중심을 각각 X, Y, Z라 하면 삼각형 XYZ는 정삼각형이 되고 이 삼각형을 '나폴레옹 삼각형'이라 한다.
(단, 모든 점은 같은 평면 위에 있다.)

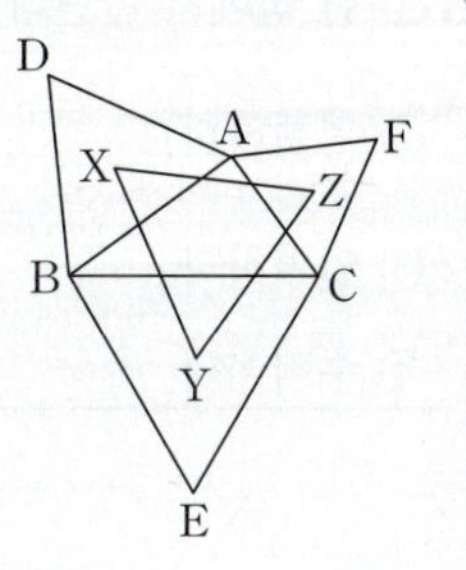

좌표평면 위의 세 점 $A(-4, 0)$, $B(0, 0)$, $C(0, 4\sqrt{3})$을 꼭짓점으로 하는 삼각형 ABC에서 얻어지는 나폴레옹 삼각형 XYZ의 넓이는?

① $\dfrac{28}{3}\sqrt{2}$　　　② $\dfrac{28}{3}\sqrt{3}$　　　③ $\dfrac{32}{3}\sqrt{2}$　　　④ $\dfrac{32}{3}\sqrt{3}$　　　⑤ $\dfrac{35}{3}\sqrt{3}$

02 직선의 방정식

1 직선의 방정식

(1) 직선의 방정식의 표준형

기울기가 m이고 y절편이 n인 직선의 방정식은
$$y=mx+n$$

(2) 기울기가 m이고 점 $(x_1,\, y_1)$을 지나는 직선의 방정식은
$$y-y_1=m(x-x_1)$$

(3) 두 점 $(x_1,\, y_1)$, $(x_2,\, y_2)$를 지나는 직선의 방정식은

① $x_1\neq x_2$일 때, $y-y_1=\dfrac{y_2-y_1}{x_2-x_1}(x-x_1)$

② $x_1=x_2$일 때, $x=x_1$

(4) x절편이 a이고 y절편이 b인 직선의 방정식은
$$\frac{x}{a}+\frac{y}{b}=1 \ (\text{단},\ a\neq0,\ b\neq0)$$

2 좌표축과 평행한 직선의 방정식

(1) y축에 평행하고 x절편이 a인 직선의 방정식 ⇨ $x=a$

(2) x축에 평행하고 y절편이 b인 직선의 방정식 ⇨ $y=b$

3 두 직선의 위치 관계

두 직선 $ax+by+c=0$, $a'x+b'y+c'=0$의 위치 관계

두 직선의 위치 관계	계수의 비	연립방정식 $\begin{cases} ax+by+c=0 \\ a'x+b'y+c'=0 \end{cases}$ 의 해의 개수
① 한 점에서 만난다.	$\dfrac{a}{a'}\neq\dfrac{b}{b'}$	한 쌍의 해를 갖는다.
② 평행하다.	$\dfrac{a}{a'}=\dfrac{b}{b'}\neq\dfrac{c}{c'}$	해가 없다.
③ 일치한다.	$\dfrac{a}{a'}=\dfrac{b}{b'}=\dfrac{c}{c'}$	해가 무수히 많다.
④ 수직이다.	$aa'+bb'=0$	한 쌍의 해를 갖는다.

4 정점을 지나는 직선

두 직선 $ax+by+c=0$, $a'x+b'y+c'=0$이 한 점에서 만날 때, 직선
$$ax+by+c+k(a'x+b'y+c')=0$$
은 실수 k의 값에 관계없이 두 직선 $ax+by+c=0$, $a'x+b'y+c'=0$의 교점을 지난다.

5 두 직선의 교점을 지나는 직선

한 점에서 만나는 두 직선 $ax+by+c=0$, $a'x+b'y+c'=0$의 교점을 지나는 직선 중에서 $a'x+b'y+c'=0$을 제외한 직선의 방정식은

$$ax+by+c+k(a'x+b'y+c')=0 \ (단, k는 실수)$$

꼴로 나타낼 수 있다.

6 점과 직선 사이의 거리

점 $P(x_1, y_1)$과 직선 $ax+by+c=0$ 사이의 거리 d는

$$d=\frac{|ax_1+by_1+c|}{\sqrt{a^2+b^2}}$$

특히 원점과 직선 $ax+by+c=0$ 사이의 거리 d는

$$d=\frac{|c|}{\sqrt{a^2+b^2}}$$

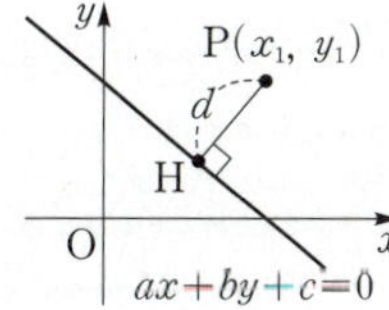

▶ 평행한 두 직선
$$ax+by+c=0,$$
$$ax+by+c'=0$$
사이의 거리 d는
$$d=\frac{|c-c'|}{\sqrt{a^2+b^2}}$$

+10점 향상을 위한 문제 해결의 *Key*

Key 1 각을 이등분하는 직선의 방정식

두 직선 $l : ax+by+c=0$, $l' : a'x+b'y+c'=0$이 한 점 A에서 만날 때, 점 A를 지나고 두 직선이 만나서 생기는 각을 이등분하는 직선은 항상 2개 존재하고, 이 직선의 방정식은

$$\frac{|ax+by+c|}{\sqrt{a^2+b^2}}=\frac{|a'x+b'y+c'|}{\sqrt{a'^2+b'^2}}$$

이다.

≫ 16쪽 042번

참고 각을 이등분하는 직선 위의 점을 $P(x, y)$라 하면 $\triangle APB \equiv \triangle APC$이므로 $\overline{PB}=\overline{PC}$이다.

Key 2 두 직선의 기울기 사이의 관계

원점 O를 지나는 두 직선 $y=ax$, $y=bx \ (a>b>0)$ 위에 각각 두 점 A, C가 있다. 네 변이 모두 좌표축과 평행하고, 선분 AC를 대각선으로 하는 직사각형 ABCD에 대하여 세 점 O, B, D가 일직선 위에 있을 때, 직선 BD의 기울기는 $\sqrt{ab}$이다.

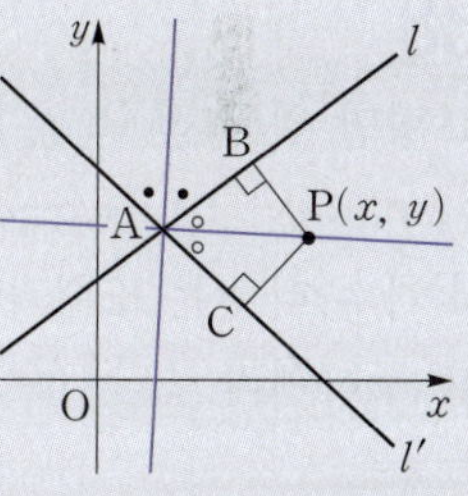

증명 오른쪽 그림과 같이 두 점 A, C의 x좌표를 각각 p, q $(p>0, q>0)$라 하면 직사각형 ABCD의 네 꼭짓점의 좌표는 $A(p, ap)$, $B(p, bq)$, $C(q, bq)$, $D(q, ap)$이다.

이때 세 점 O, B, D가 일직선 위에 있으므로 직선 OB의 기울기와 직선 OD의 기울기가 같다.

즉, $\dfrac{bq}{p}=\dfrac{ap}{q}$에서 $\dfrac{q^2}{p^2}=\dfrac{a}{b}$ $\quad \therefore \dfrac{q}{p}=\sqrt{\dfrac{a}{b}}\ \left(\because \dfrac{q}{p}>0\right)$

$\therefore$ (직선 BD의 기울기)=(직선 OB의 기울기)$=\dfrac{bq}{p}=b\times\dfrac{q}{p}=b\times\sqrt{\dfrac{a}{b}}=\sqrt{ab}$

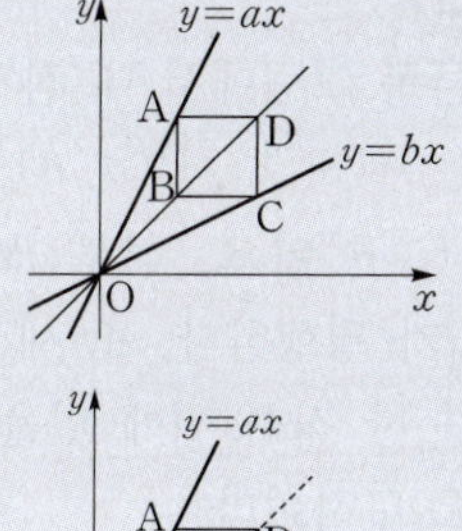

≫ 17쪽 046번

036
📖 경원고, 공주여고, 금당고, 대구중앙고 응용

세 직선 l, m, n이

$$l : ax+3y+2=0, \quad m : (b-6)x-3y+4=0,$$
$$n : bx-y+1=0$$

일 때, 두 직선 l, m은 평행하고, 두 직선 l, n은 수직이다. 이때 두 상수 a, b에 대하여 $\dfrac{a^2}{b}+\dfrac{b^2}{a}$의 값을 구하여라.

(단, $ab\neq0$, $b\neq6$)

037
📖 전주성심여고, 평내고, 한밭고, 횡성고 응용

두 점 $A(1, 2)$, $B(a, b)$를 지나는 직선이 직선 $2x-y-5=0$과 수직으로 만나고, 그 교점은 선분 AB를 $2:1$로 내분한다. 이때 $a-2b$의 값을 구하여라.

(단, $a\neq1$)

038
📖 세종국제고, 숭덕여고, 제일고 응용

좌표평면 위의 점 $P(x, y)$에 대하여 복소수 z를 $z=2x+5y+10+(x-2y+8)i$로 정의한다. $z^2<0$일 때, 점 P가 나타내는 도형과 x축, y축으로 둘러싸인 부분의 넓이를 구하여라. (단, $i=\sqrt{-1}$이다.)

039
📖 백양고, 중흥고, 한영고 응용

오른쪽 그림에서 네 점 A, B, C, D는 $A(3, 4)$, $B(a, b)$, $C(4, 0)$, $D(6, 0)$이고, 선분 AC와 선분 BD가 평행하다. 또 세 점 O, A, B가 한 직선 위에 있을 때, ab의 값을 구하여라.

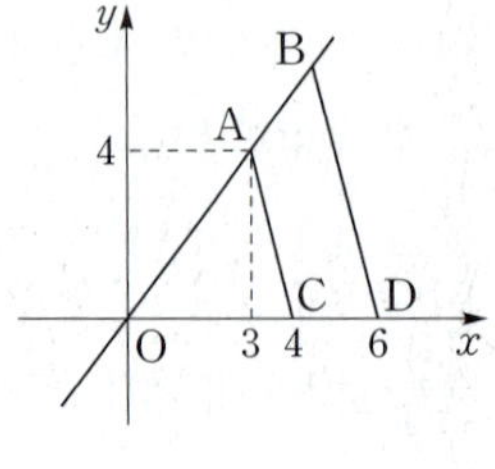

040
📖 계성고, 다산고, 삼숭고 응용

이차함수 $y=x^2$의 그래프와 점 $(2, 3)$을 지나는 직선 $y=mx+n$의 교점을 A, B라 할 때, $\angle AOB=90°$이다. 이때 두 상수 m, n에 대하여 m^2+n^2의 값을 구하여라.

(단, O는 좌표평면의 원점이다.)

041
📖 남원고, 동아여고, 신일고, 양정고 응용

세 직선 $x-2y+2=0$, $2x+y-6=0$, $x+3y-3=0$으로 둘러싸인 삼각형의 외접원의 넓이가 $\dfrac{b}{a}\pi$일 때, 서로소인 두 자연수 a, b에 대하여 $a+b$의 값을 구하여라.

042
📖 대전용산고, 일산동고, 데레사여고, 팔마고 응용

두 직선 $3x-y+5=0$, $x+3y-3=0$이 이루는 각을 이등분하는 직선의 방정식을 $y=ax+b$라 할 때, 두 상수 a, b에 대하여 ab의 값은? (단, $a>0$)

① -4 ② -2 ③ -1
④ 1 ⑤ 2

043
📖 성도고, 수완고, 이현고, 장수고 응용

세 직선 $x+y-2=0$, $x-y-4=0$, $kx-y+8=0$이 삼각형을 이루지 않도록 하는 모든 상수 k의 값의 곱을 구하여라.

044

두 직선 $2x+y-2=0$, $mx-y+2m+1=0$이 제1사분면에서 만나도록 하는 실수 m의 값의 범위가 $a<m<\beta$일 때, $6(\beta-a)$의 값을 구하여라.

045

삼각형 ABC의 세 꼭짓점 $A(-1, 0)$, $B(2, 0)$, $C(1, 2)$에서 각각 그 대변에 그은 세 수선의 교점의 좌표는 (a, b)이다. 이때 $a-b$의 값을 구하여라.

046

원점 O를 지나는 두 직선 $y=8x$, $y=\dfrac{1}{2}x$ 위에 각각 두 점 A, C가 있다. 네 변이 좌표축과 평행하고, 선분 AC를 대각선으로 하는 직사각형 ABCD에 대하여 세 점 O, B, D가 일직선 위에 있을 때, 두 점 B, D를 지나는 직선의 기울기를 구하여라. (단, 점 B는 제1사분면 위의 점이다.)

047

좌표평면 위의 점 $(4, 4)$와 직선 $k(x-y)+x+2y+3=0$ 사이의 거리를 $f(k)$라 할 때, $f(k)$의 최댓값은? (단, k는 상수이다.)

① $4\sqrt{2}$ ② $5\sqrt{2}$ ③ $5\sqrt{3}$
④ $6\sqrt{2}$ ⑤ $6\sqrt{3}$

048

오른쪽 그림과 같이 직선 $ax-3y+2=0$ 위의 두 점 A, B와 직선 $ax-3y+17=0$ 위의 두 점 C, D를 꼭짓점으로 하는 사각형 ABCD는 정사각형이다. 정사각형 ABCD의 넓이가 9일 때, 양수 a의 값을 구하여라.

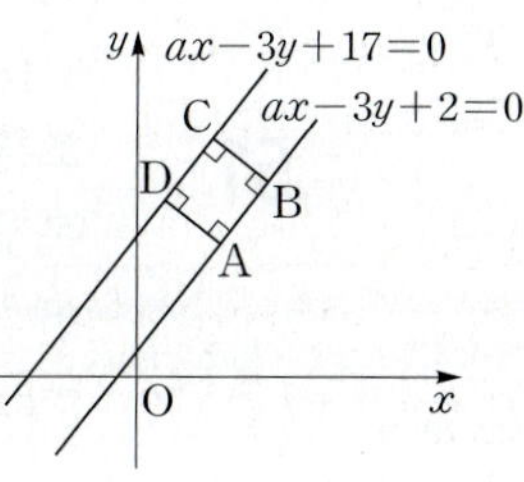

049

좌표평면 위의 네 점 $A(-4, 0)$, $B(-4, -4)$, $C(0, -4)$, $D(a, a)$를 꼭짓점으로 하는 사각형 ABCD가 있다. y축이 사각형 ABCD의 넓이를 이등분할 때, 상수 a의 값은?

① $1+\sqrt{5}$ ② $2+\sqrt{5}$ ③ $2+2\sqrt{5}$
④ $3+2\sqrt{5}$ ⑤ $3+3\sqrt{5}$

050

오른쪽 그림과 같이 이차함수 $y=\dfrac{1}{2}x^2$의 그래프 위의 점 $P(2, 2)$에서의 접선을 l_1, 점 P를 지나고 직선 l_1과 수직인 직선을 l_2라 하자. 직선 l_1이 y축과 만나는 점을 Q, 직선 l_2가 이차함수 $y=\dfrac{1}{2}x^2$의 그래프와 만나는 점 중 점 P가 아닌 점을 R이라 할 때, 삼각형 PQR의 넓이는?

① $\dfrac{25}{2}$ ② 13 ③ $\dfrac{27}{2}$
④ 14 ⑤ $\dfrac{29}{2}$

051 📋 경북여고, 명문고, 신림고 응용

오른쪽 그림과 같이 네 점 O(0, 0), A(6, 0), B(6, 6), C(0, 6)을 꼭짓점으로 하는 정사각형 OABC가 있다. 점 $(-2, 0)$을 지나는 직선 l과 $\overline{OC}$, $\overline{AB}$가 만나는 점을 각각 P, Q라 할 때, □OAQP : □PQBC=1 : 3이다. 이때 직선 l의 기울기는?

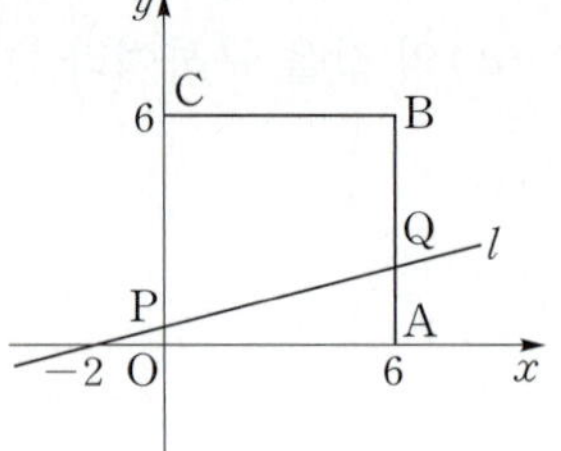

① $\dfrac{1}{5}$ ② $\dfrac{3}{10}$ ③ $\dfrac{2}{5}$

④ $\dfrac{1}{2}$ ⑤ $\dfrac{3}{5}$

052 📋 성수고, 수원외고, 안동고 응용

좌표평면 위의 네 점 A$(-4, 5)$, B$(-5, 1)$, C$(4, 1)$, D$(0, 6)$을 꼭짓점으로 하는 사각형 ABCD의 내부의 한 점 P에 대하여 $\overline{PA}+\overline{PB}+\overline{PC}+\overline{PD}$의 값이 최소일 때, 점 P의 좌표는 (a, b)이다. 이때 $a+b$의 값을 구하여라.

053 📋 운남고, 조치원고 응용

오른쪽 그림과 같이 좌표평면 위의 세 점 O(0, 0), A(8, 6), B$(-1, 2)$와 직선 OB 위의 점 C에 대하여 삼각형 OAC의 넓이가 33일 때, $\overline{AC}$의 길이를 구하여라. (단, 점 C는 제2사분면 위에 있다.)

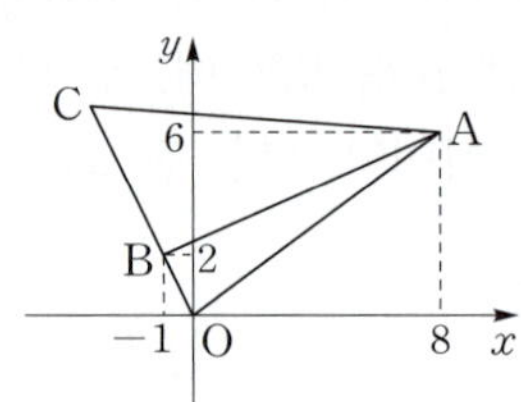

054 📋 수성고, 양명고, 원덕고 응용

점 A(2, 4)와 직선 $3x-y+2=0$ 위의 한 점 P에 대하여 선분 AQ를 2 : 1로 내분하는 점이 P이고, 점 Q가 나타내는 도형은 직선이다. 이 직선에 평행하고 점 $(-4, 5)$를 지나는 직선의 x절편과 y절편을 각각 a, b라 할 때, $\dfrac{b}{a}$의 값은?

① -5 ② -3 ③ -1 ④ 1 ⑤ 3

055

🗒 신서고, 오금고, 춘천고 응용

좌표평면 위의 세 점 $A(5, 5)$, $B(2, 2)$, $C(4, 0)$을 꼭짓점으로 하는 삼각형 ABC가 있다. 선분 OC 위를 움직이는 점 $D(a, 0)$에 대하여 $\triangle ABC = 2\triangle ADC$일 때, $5a$의 값을 구하여라.

(단, O는 좌표평면의 원점이다.)

056

🗒 복성고, 서강고, 안화고, 전라고 응용

방정식 $(k-2)x+(2k-3)y+4k-3=0$이 나타내는 직선 l에 대한 설명으로 보기 중 옳은 것만을 있는 대로 고른 것은?

───── 보기 ─────

ㄱ. 직선 l은 제4사분면을 반드시 지난다.

ㄴ. 직선 l은 직선 $2x+3y+3=0$과 겹쳐질 수 없다.

ㄷ. 원점과 직선 l 사이의 거리가 1인 실수 k는 1개 존재한다.

① ㄱ　　　② ㄱ, ㄴ　　　③ ㄱ, ㄷ　　　④ ㄴ, ㄷ　　　⑤ ㄱ, ㄴ, ㄷ

057

🗒 달성고, 옥천고, 청주고 응용

오른쪽 그림과 같이 좌표평면 위에 정사각형과 직사각형이 있다. 직선 $2mx-y+m=0$이 정사각형과 직사각형에 동시에 만나도록 하는 실수 m의 값의 범위가 $a \le m \le b$이다. 이때 두 상수 a, b에 대하여 $a+b$의 값을 구하여라.

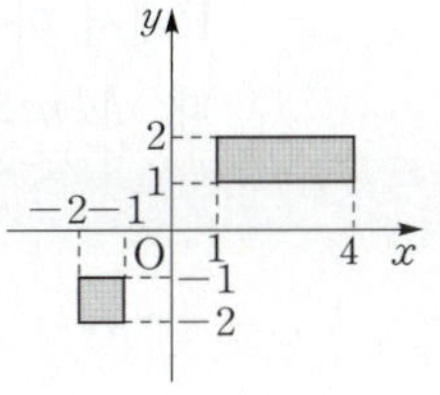

058

🗒 수원여고, 음성고 응용

오른쪽 그림과 같이 $\overline{AB}=10$, $\overline{BC}=12$, $\overline{CD}=6$, $\overline{AF}=6$인 도형 ABCDEF가 있다. 선분 AB 위에 한 점 P를 잡고, 선분 CP를 그으면 선분 CP에 의해 도형 ABCDEF의 넓이가 이등분된다. 선분 CP와 선분 BF의 교점을 Q라 할 때, 선분 BQ의 길이는?

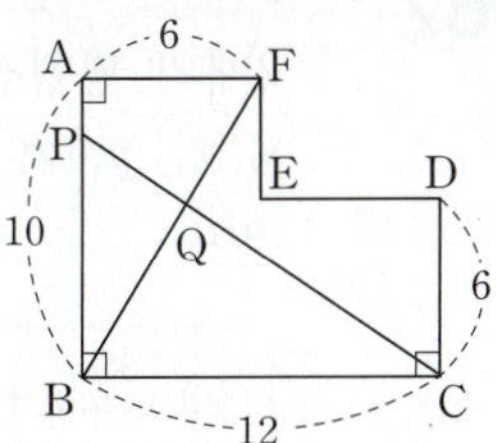

① $\dfrac{6}{7}\sqrt{17}$　　　② $\dfrac{6}{7}\sqrt{34}$　　　③ $\dfrac{8}{7}\sqrt{17}$

④ $\dfrac{8}{7}\sqrt{34}$　　　⑤ $\dfrac{10}{7}\sqrt{17}$

059

오른쪽 그림과 같이 x축의 양의 방향과 이루는 각의 크기가 $75°$인 직선 l 이 두 직선 $y=x+2$, $y=x-2$와 서로 다른 두 점 P, Q에서 만날 때, 선분 PQ의 길이는?

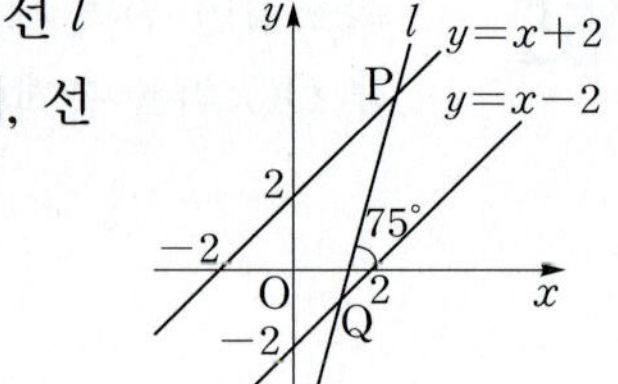

① $2\sqrt{6}$ ② $2\sqrt{7}$ ③ $4\sqrt{2}$
④ 6 ⑤ $2\sqrt{10}$

060

오른쪽 그림과 같이 두 이차함수 $y=x^2-3x-2$, $y=-x^2+5x+8$ 의 그래프의 두 교점을 P, Q라 하고, y축에 평행한 직선을 그어 두 이차함수의 그래프와 만나는 두 점을 R, S라 하자. □PRQS의 넓이 가 최대가 되는 두 점 R, S에 대하여 선분 PQ와 선분 RS의 교점의 좌표를 $(p,\ q)$라 할 때, $p+q$의 값을 구하여라.

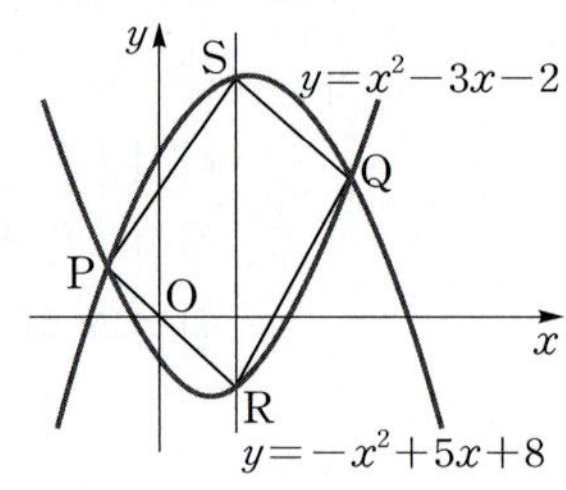

061

오른쪽 그림과 같이 좌표평면 위에 마름모 ABCD와 점 $P(2, 2)$가 있다. 점 P에서 마름모 위의 한 점까지의 거리의 최댓값을 M, 최솟값을 m이라 할 때, Mm의 값을 구하여라.

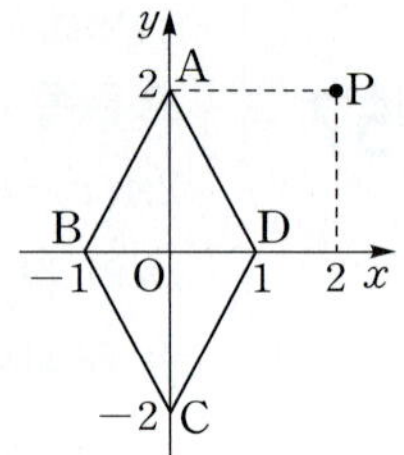

062

오른쪽 그림과 같이 직선 $l:ax+by=0$으로부터 같은 거리에 있는 2개의 평행선 m, n과 네 점 $P(x_1, y_1)$, $Q(x_2, y_2)$, $R(x_3, y_3)$, $S(x_4, y_4)$가 있다. 다음 값을 크기가 작은 것부터 차례로 나열한 것은?

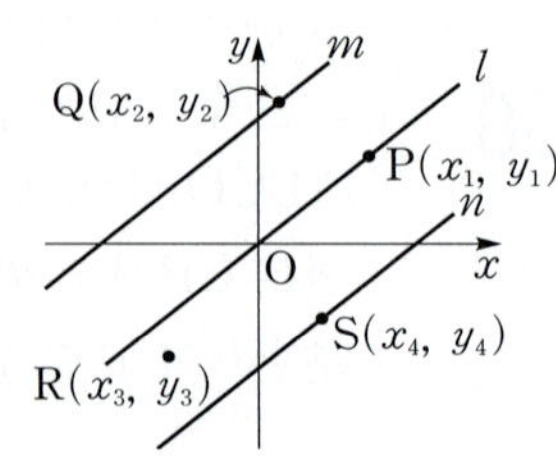

> (가) $|(ax_2+by_2)(ax_3+by_3)|$ (나) $|(ax_1+by_1)(ax_2+by_2)|$
> (다) $|(ax_2+by_2)(ax_4+by_4)|$

① (가)<(다)<(나) ② (나)<(가)<(다) ③ (나)<(다)<(가) ④ (다)<(가)<(나) ⑤ (다)<(나)<(가)

063 📄 원화여고, 중일고, 진주외고 응용

직선 $5x+12y=0$에 이르는 거리가 8이고 x좌표와 y좌표가 모두 자연수인 점은 2개이다. 이 두 점을 A, B라 할 때, 선분 AB의 길이를 구하여라.

064 📄 대덕여고, 세광고 응용

좌표평면 위에 두 점 A$(2, 0)$, B$(0, 2)$가 있다. 곡선 $y=\dfrac{x^2}{2}$ 위를 움직이는 점 P(a, b)에 대하여 삼각형 APB의 넓이가 10일 때, ab의 값을 구하여라. (단, $a>2$)

065 📄 사상고, 여의도고, 충렬고 응용

원점 O와 점 A$(3, 1)$에서 직선 $3x-4y+12=0$에 내린 수선의 발을 각각 P, Q라 할 때, 선분 PQ의 길이를 구하여라.

066 📄 상지여고, 석산고, 소사고 응용

오른쪽 그림과 같이 이차함수 $y=x^2-2x$의 그래프와 직선 $y=kx+2$의 교점을 A, B라 할 때, 원점 O와 두 점 A, B를 꼭짓점으로 하는 삼각형 OAB의 넓이의 최솟값은?

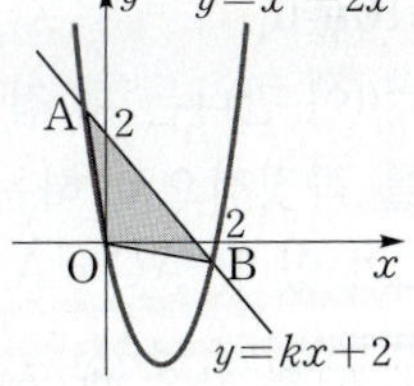

① 2 ② $2\sqrt{2}$ ③ 3
④ $2\sqrt{3}$ ⑤ 4

067 📄 경덕여고, 수지고 응용

좌표평면 위의 세 점 A, B, C를 꼭짓점으로 하는 삼각형 ABC의 무게중심이 G이고, 세 변 AB, BC, CA의 중점이 각각 D$(-1, 1)$, E(a, b), F$(1, 3)$이다. 직선 AE와 직선 DF가 서로 수직이고, 점 G와 직선 DF 사이의 거리가 $\sqrt{2}$일 때, a^2+b^2의 값은?

(단, 점 E는 제2사분면 위의 점이다.)

① 18 ② 25 ③ 34 ④ 41 ⑤ 50

서술형 체감난도가 높았던 **서**술형 기출

068

📄 순천고, 영주고, 진보고 응용

좌표평면 위의 두 점 $A(2, 1)$, $B(87, 371)$에 대하여 선분 AB 위의 점 중에서 x좌표와 y좌표가 모두 자연수인 점의 개수를 구하여라.

069

📄 인천고, 한진고 응용

오른쪽 그림과 같이 좌표평면 위의 세 직선
$$12x-5y+20=0,$$
$$3x+4y-16=0,$$
$x-y-3=0$이 만나는 세 점 A, B, C를 꼭짓점으로 하는 삼각형 ABC가 있다. $\overline{AC}=\overline{AD}$를 만족시키는 선분 AB 위에 점 $D(a, b)$를 잡을 때, $b-a=\dfrac{q}{p}$이다. 이때 서로소인 두 자연수 p, q에 대하여 $p+q$의 값을 구하여라.

070

📄 장덕고, 초지고 응용

직선 $x+y=k$ $(k\neq0)$ 위의 점 $P(a, b)$에서 x축, y축에 내린 수선의 발을 각각 Q, R이라 하자. 점 P를 지나고 직선 QR에 수직인 직선을 l이라 할 때, 직선 l은 점 P의 위치에 관계없이 항상 점 (k, k)를 지남을 보여라. (단, $ab\neq0$)

071

📄 경복고, 광주고, 신라고 응용

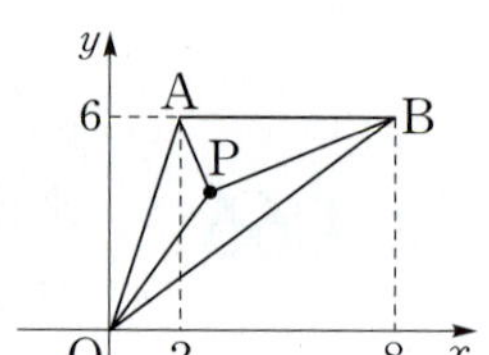

오른쪽 그림과 같이 세 점 $O(0, 0)$, $A(2, 6)$, $B(8, 6)$을 꼭짓점으로 하는 삼각형 AOB의 내부의 한 점 P에 대하여
$$\triangle PAO : \triangle POB : \triangle PBA = 1 : 2 : 3$$
이다. 점 P의 좌표가 (a, b)일 때, $a+b$의 값을 구하여라.

072

📄 건국사대부고, 서도고, 속초여고 응용

점 $A(2, \sqrt{3})$을 한 꼭짓점으로 하는 정삼각형 ABC의 무게중심이 $G(1, 0)$일 때, 직선 AB의 방정식은 $x+ay+b=0$이다. 이때 두 상수 a, b에 대하여 a^2-b의 값을 구하여라.

(단, 점 B의 x좌표는 점 C의 x좌표보다 작다.)

073

📄 금옥여고, 대원외고 응용

오른쪽 그림과 같이 가로의 길이가 8, 세로의 길이가 12인 직사각형 ABCD가 있다. 선분 BC의 중점을 M이라 하고, 대각선 AC 위의 임의의 한 점 P에서 세 직선 AM, BC, CD에 내린 수선의 발을 각각 Q, R, S라 하면 $\overline{PQ}=\overline{PS}$를 만족시킨다. 선분 PR의 길이를 l이라 할 때, $7l$의 값을 구하여라.

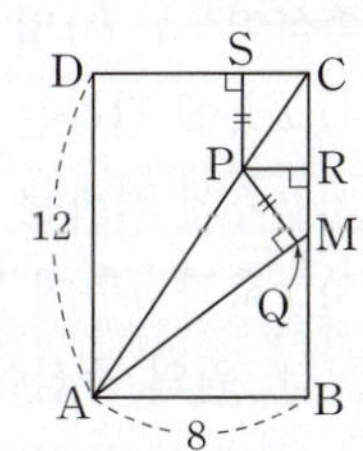

074

📄 진주고, 해룡고 응용

오른쪽 그림과 같이 일차함수 $y=x$의 그래프와 이차함수 $y=x^2$의 그래프로 둘러싸인 도형이 있다. 곡선 $y=x^2$ 위에 두 점 A, B를 잡고, 직선 $y=x$ 위에 두 점 C, D를 잡아 이 도형 위에 정사각형 ABCD를 그린다. 정사각형 ABCD의 대각선의 길이가 $p\sqrt{17}+q$일 때, 두 유리수 p, q에 대하여 $p-q$의 값을 구하여라.

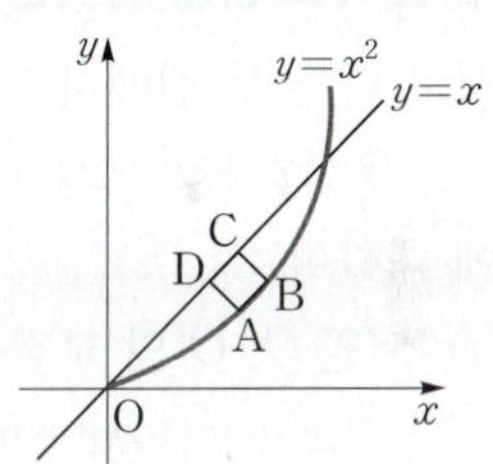

075

📄 매산여고, 잠신고 응용

오른쪽 그림과 같이 한 변의 길이가 12인 정사각형 OABC 모양의 종이를 점 O가 원점, 두 점 A, C가 각각 x축, y축 위에 위치하도록 좌표평면 위에 놓았다. 또 두 선분 OC와 AB를 2 : 1로 내분하는 점을 각각 D, E라 하고, $\overline{OF}=5$인 점 F를 선분 OA 위에 잡는다. 선분 OC 위의 한 점 P와 선분 AB 위의 한 점 Q에 대하여 선분 PQ를 접는 선으로 하여 종이를 접었더니 점 O는 선분 BC 위의 점 O'으로, 점 F는 선분 DE 위의 점 F'으로 옮겨졌다. 점 Q의 y좌표를 k라 할 때, $2k$의 값을 구하여라.

(단, k는 상수이고, 종이의 두께는 고려하지 않는다.)

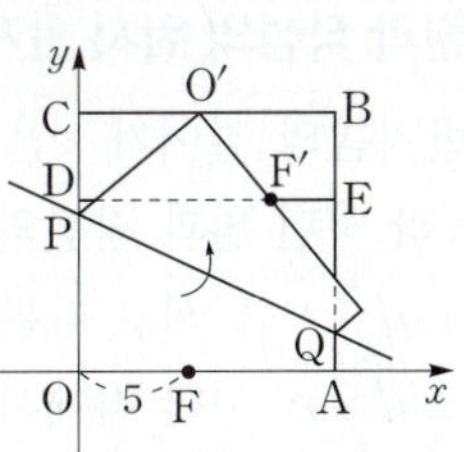

03 원의 방정식

1 원의 방정식

(1) 중심이 점 $C(a, b)$이고 반지름의 길이가 r $(r>0)$인
원의 방정식 $\Rightarrow (x-a)^2+(y-b)^2=r^2$
(2) 중심이 원점이고 반지름의 길이가 r인 원의 방정식
$\Rightarrow x^2+y^2=r^2$

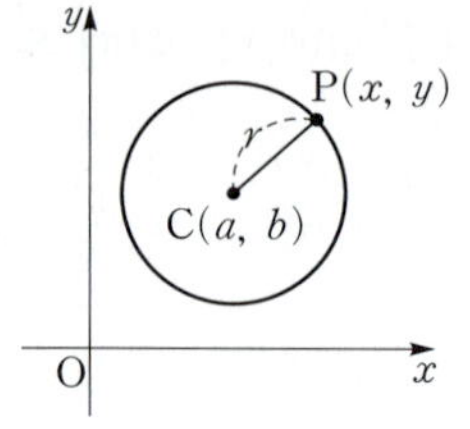

▶ x, y에 대한 이차방정식
$x^2+y^2+Ax+By+C=0$이
원의 방정식을 나타내려면
$A^2+B^2-4C>0$이어야 한다.

2 좌표축에 접하는 원의 방정식

중심이 (a, b)일 때,
(1) x축에 접하는 원의 방정식 $\Rightarrow (x-a)^2+(y-b)^2=b^2$
(2) y축에 접하는 원의 방정식 $\Rightarrow (x-a)^2+(y-b)^2=a^2$
(3) x축과 y축에 동시에 접하고 반지름의 길이가 r $(r>0)$인 원의 방정식
① 원의 중심이 제1사분면에 있을 때 $\Rightarrow (x-r)^2+(y-r)^2=r^2$
② 원의 중심이 제2사분면에 있을 때 $\Rightarrow (x+r)^2+(y-r)^2=r^2$
③ 원의 중심이 제3사분면에 있을 때 $\Rightarrow (x+r)^2+(y+r)^2=r^2$
④ 원의 중심이 제4사분면에 있을 때 $\Rightarrow (x-r)^2+(y+r)^2=r^2$

▶ x축, y축에 동시에 접하는 원의 방정식은 중심이 위치한 사분면에 따라 원의 방정식이 다르므로 주의한다.

3 두 원의 교점을 지나는 도형의 방정식

서로 다른 두 점에서 만나는 두 원
$$O : x^2+y^2+ax+by+c=0, \quad O': x^2+y^2+a'x+b'y+c'=0$$
에 대하여
(1) 두 원 O, O'의 교점을 지나는 원 중에서 원 O'을 제외한 원의 방정식은
$$x^2+y^2+ax+by+c+k(x^2+y^2+a'x+b'y+c')=0$$
$$(단, k는 k \neq -1인 상수)$$
(2) 두 원 O, O'의 교점을 지나는 직선의 방정식은
$$(a-a')x+(b-b')y+(c-c')=0$$

▶ 두 원의 교점을 지나는 직선의 방정식은 공통현의 방정식을 나타낸다.

4 원과 직선의 위치 관계

반지름의 길이가 r인 원의 중심과 직선 사이의 거리를 d라 하면 원과 직선의 위치 관계는
(1) $d<r \Rightarrow$ 서로 다른 두 점에서 만난다.
(2) $d=r \Rightarrow$ 한 점에서 만난다(접한다).
(3) $d>r \Rightarrow$ 만나지 않는다.

▶ 원과 직선의 위치 관계를 구할 때, 이차방정식의 판별식을 이용하는 것보다 원의 중심과 직선 사이의 거리를 이용하는 것이 더 편리하다.

> **참고** 원의 방정식과 직선의 방정식을 연립하여 만든 이차방정식의 판별식을 D라 할 때, 원과 직선의 위치 관계는
> ① $D>0 \Rightarrow$ 서로 다른 두 점에서 만난다.
> ② $D=0 \Rightarrow$ 한 점에서 만난다(접한다).
> ③ $D<0 \Rightarrow$ 만나지 않는다.

5 원의 접선의 방정식

(1) 원 $x^2+y^2=r^2\ (r>0)$에 접하고 기울기가 m인 접선의 방정식

$\Rightarrow y=mx\pm r\sqrt{m^2+1}$

(2) 원 $x^2+y^2=r^2$ 위의 점 $(x_1,\ y_1)$에서의 접선의 방정식

$\Rightarrow x_1x+y_1y=r^2$

참고 원 $(x-a)^2+(y-b)^2=r^2$ 위의 점 $\mathrm{P}(x_1,\ y_1)$에서의 접선의 방정식은

$(x_1-a)(x-a)+(y_1-b)(y-b)=r^2$

+10점 향상을 위한 문제 해결의 *Key*

Key 1 접선의 길이

원 $x^2+y^2=r^2$ 밖의 한 점 $\mathrm{P}(x_1,\ y_1)$에서 원에 그은 접선의 접점을 T라 하면

$$\overline{\mathrm{PT}}=\sqrt{x_1^{\,2}+y_1^{\,2}-r^2}$$

참고 오른쪽 그림과 같이 원 $x^2+y^2=r^2\ (r>0)$ 밖의 한 점 $\mathrm{P}(x_1,\ y_1)$에서 원에 그은 접선이

원과 만나는 점을 T라 하면 $\overline{\mathrm{PT}}\perp\overline{\mathrm{OT}}$이므로 삼각형 OTP는 직각삼각형이다.

이때 $\overline{\mathrm{PT}}=\sqrt{x_1^{\,2}+y_1^{\,2}}$, $\overline{\mathrm{OT}}=r$이므로 피타고라스 정리에 의하여

$\overline{\mathrm{PT}}^2=\overline{\mathrm{OP}}^2-\overline{\mathrm{OT}}^2=x_1^{\,2}+y_1^{\,2}-r^2$ $\qquad \therefore\ \overline{\mathrm{PT}}=\sqrt{x_1^{\,2}+y_1^{\,2}-r^2}$

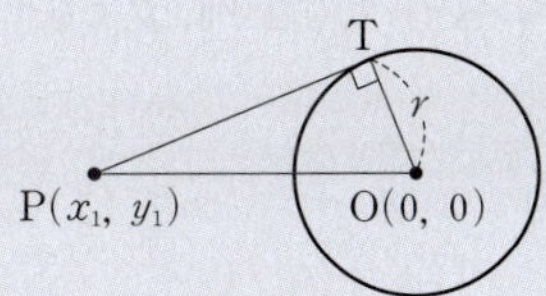

» 26쪽 081번

Key 2 극선의 방정식

원 $x^2+y^2=r^2$ 밖의 한 점 $\mathrm{P}(p,\ q)$에서 원에 그은 두 접선의 접점을 $\mathrm{A}(x_1,\ y_1)$, $\mathrm{B}(x_2,\ y_2)$라 할 때, 두 점 A, B를 지나는 직선의 방정식은 $px+qy=r^2$이다.

[방법1] 오른쪽 그림에서 두 점 $\mathrm{A}(x_1,\ y_1)$, $\mathrm{B}(x_2,\ y_2)$는 원 $x^2+y^2=r^2$ 위의 점이

므로 점 $\mathrm{A}(x_1,\ y_1)$에서의 접선의 방정식은 $x_1x+y_1y=r^2$이고,

점 $\mathrm{B}(x_2,\ y_2)$에서의 접선의 방정식은 $x_2x+y_2y=r^2$이다.

이때 이 두 접선이 모두 점 $\mathrm{P}(p,\ q)$를 지나므로

$x_1p+y_1q=r^2$ $\quad\cdots\cdots\ \bigcirc$, $x_2p+y_2q=r^2$ $\quad\cdots\cdots\ \bigcirc\!\!\bigcirc$

한편 두 점 A, B를 지나는 직선은 오직 하나이고, $\bigcirc$, $\bigcirc\!\!\bigcirc$을 모두 만족시키므

로 두 점 $\mathrm{A}(x_1,\ y_1)$, $\mathrm{B}(x_2,\ y_2)$를 지나는 직선의 방정식은 $px+qy=r^2$이다.

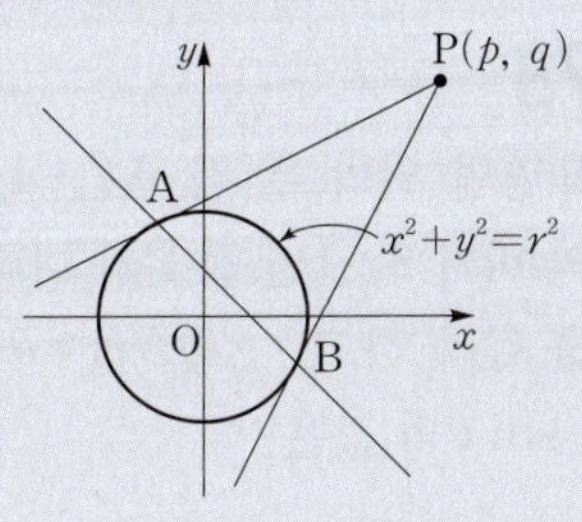

[방법2] 오른쪽 그림에서 $\overline{\mathrm{PA}}$, $\overline{\mathrm{PB}}$는 원 $x^2+y^2=r^2$의 접선이므로 $\overline{\mathrm{OA}}\perp\overline{\mathrm{PA}}$,

$\overline{\mathrm{OB}}\perp\overline{\mathrm{PB}}$이고, 반원에 대한 원주각의 크기는 $90°$이므로 두 점 $\mathrm{O}(0,\ 0)$,

$\mathrm{P}(p,\ q)$를 지름의 양 끝점으로 하는 원을 생각할 수 있다.

즉, $(x-0)(x-p)+(y-0)(y-q)=0$에서 $x^2+y^2-px-qy=0$

이때 두 점 A, B를 지나는 직선은 두 원 $x^2+y^2=r^2$과 $x^2+y^2-px-qy=0$

의 교점을 지나는 직선이므로 $x^2+y^2-r^2-(x^2+y^2-px-qy)=0$에서

$px+qy=r^2$

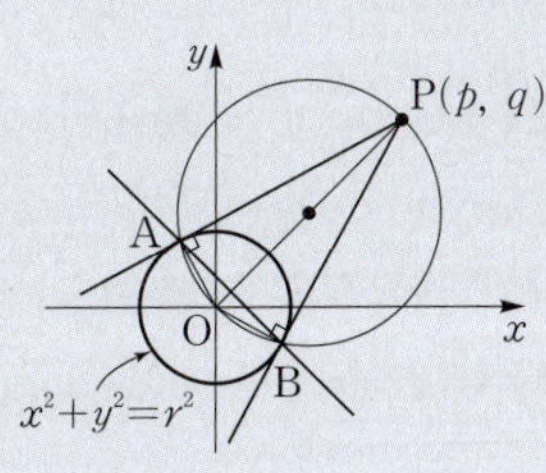

» 27쪽 088번 / 29쪽 098번

076   📃 거제고, 금천고, 성신고, 장훈고 응용

방정식 $x^2+y^2+2mx-2my+3m^2+4m-5=0$이 원을 나타내도록 하는 정수 m의 개수는?

① 2   ② 3   ③ 4

④ 5   ⑤ 6

077   📃 광동고, 독산고, 부개고, 송탄고 응용

원 $x^2+y^2=36$ 위를 움직이는 점 P와 두 점 A$(9, -1)$, B$(-3, 4)$에 대하여 삼각형 PAB의 무게중심 G가 나타내는 도형은 원이다. 이 원의 중심의 좌표가 (p, q), 반지름의 길이가 r일 때, $p+q+r$의 값은?

① 3   ② 5   ③ 7

④ 9   ⑤ 11

078   📃 남성고, 대전외고, 사천고, 시흥고 응용

좌표평면 위의 두 점 A$(-4, 0)$, B$(-1, 0)$으로부터 거리의 비가 $2 : 1$인 점 P가 나타내는 도형 위를 움직이는 한 점을 Q라 하고, $\angle$QAB$=\theta$라 하자. θ의 크기가 최대일 때, $\sin \theta$의 값은?

① 0   ② $\dfrac{1}{2}$ ③ $\dfrac{\sqrt{2}}{2}$

④ $\dfrac{\sqrt{3}}{2}$ ⑤ 1

079   📃 경덕여고, 구미고, 미림여고, 서대전고 응용

x축에 접하는 원 $x^2+y^2+ax-4\sqrt{3}y+b=0$이 점 $(2, \sqrt{3})$을 지날 때, 두 상수 a, b에 대하여 $a \mid b$의 값을 구하여라.
(단, $a>0$)

080   📃 대부고, 문태고, 송악고, 유성고 응용

제1사분면에서 x축, y축에 동시에 접하고, 반지름의 길이가 2인 원 C가 있다. 원 밖의 한 점 A$(4, 6)$에서 원 C에 그은 두 접선과 x축으로 둘러싸인 도형의 넓이는?

① 20   ② 22   ③ 24

④ 26   ⑤ 28

081   📃 심석고, 영파여고, 와부고, 장유고 응용

원 $x^2+y^2=16$ 밖의 한 점 P(x, y)에서 원에 그은 두 접선이 서로 수직일 때, 점 P가 나타내는 도형의 넓이는?

① 20π ② 24π ③ 28π

④ 32π ⑤ 36π

082   📃 가락고, 중앙고, 황지고 응용

이차함수 $y=-x^2+4$ 위의 한 점 P에서 원 $x^2+y^2=1$에 그은 접선의 접점을 Q라 할 때, 선분 PQ의 길이의 최솟값은 $\dfrac{\sqrt{q}}{p}$이다. 이때 $p+q$의 값을 구하여라.
(단, p, q는 서로소인 자연수이다.)

083
이화여고, 청주외고, 함안고, 휘문고 응용

좌표평면 위의 점 $A(-2, 3)$과 원 $x^2+y^2-2x-2y-2=0$ 위를 움직이는 점 P에 대하여 선분 AP의 길이가 자연수가 되는 점 P의 개수를 구하여라.

084
서진여고, 영남고, 인천남고 응용

좌표평면 위의 점 $(\sqrt{2}, 4\sqrt{2})$로부터 거리가 1인 임의의 점 P와 함수 $y=|x|$의 그래프 위의 한 점 사이의 거리의 최댓값을 M, 최솟값을 m이라 할 때, $\dfrac{M}{m}$의 값을 구하여라.

085
계성고, 구현고, 논산고, 대연고 응용

좌표평면 위의 두 점 $A(-1, 4)$, $B(3, 0)$과 원 $(x+1)^2+(y+1)^2=1$ 위의 임의의 점 P에 대하여 삼각형 PAB의 넓이의 최댓값은 $a+b\sqrt{2}$이다. 이때 두 유리수 a, b에 대하여 $a-b$의 값을 구하여라.

086
금호고, 대명여고, 도당고, 문화고 응용

원 $(x-3)^2+(y-4)^2=20$ 위의 점 $P(7, 2)$에서의 접선과 x축 및 y축으로 둘러싸인 도형의 넓이는?

① 24   ② 28   ③ 32
④ 36   ⑤ 40

087
강릉제일고, 기전여고, 지족고 응용

오른쪽 그림과 같이 좌표평면 위에 원 $(x-2)^2+(y-2)^2=1$ 이 있다. 이 원과 직선 $y=\dfrac{3}{4}x$ 로 둘러싸인 부분의 넓이를 S, 직선 $y=kx$로 둘러싸인 부분의 넓이를 T라 하면 $S=T$이다. 이때 상수 k에 대하여 $30k$의 값을 구하여라. $\left(\text{단, } k>\dfrac{3}{4}\right)$

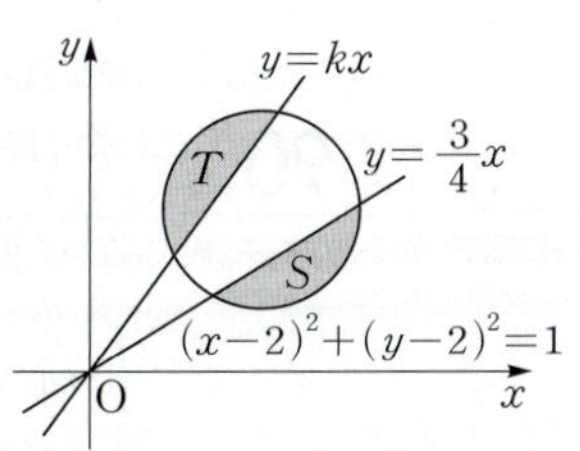

088
경기여고, 마산중앙고, 오현고, 재현고 응용

오른쪽 그림과 같이 점 $P(3, 4)$에서 원 $x^2+y^2=4$에 그은 두 접선의 접점을 A, B라 할 때, 선분 AB의 길이는?

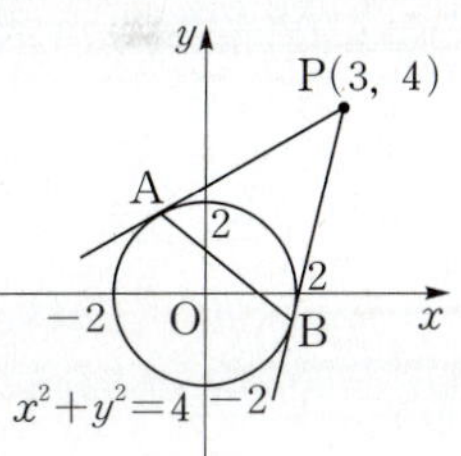

① $\dfrac{4\sqrt{21}}{5}$ ② $\sqrt{21}$

③ $\dfrac{6\sqrt{21}}{5}$ ④ $\dfrac{7\sqrt{21}}{5}$

⑤ $\dfrac{8\sqrt{21}}{5}$

089
덕문고, 명신고, 무학여고, 장안고 응용

원 $(x+2)^2+(y-1)^2=1$ 위를 움직이는 점 P와 원 $(x-1)^2+(y-5)^2=4$ 위를 움직이는 점 Q를 이은 직선이 두 원에 동시에 접한다. 이러한 접선이 4개 존재할 때, 이 4개의 접선의 길이의 합은?

① $8+2\sqrt{6}$ ② $8+4\sqrt{6}$ ③ $10+2\sqrt{6}$
④ $10+4\sqrt{6}$ ⑤ $12+2\sqrt{6}$

📑 양재고, 창덕여고 응용

090 중심이 직선 $3x+4y-14=0$ 위에 있고 제1사분면에서 x축과 y축에 동시에 접하는 원 C_1이 있다. 원 C_2가 다음 조건을 모두 만족시킬 때, 원 C_2의 넓이는?

> (가) 원 C_2는 제1사분면에서 x축에 접한다. (나) 두 원 C_1과 C_2는 외접한다.
>
> (다) 원 C_2의 중심도 직선 $3x+4y-14=0$ 위에 있다.

① $\dfrac{\pi}{4}$　　② $\dfrac{\pi}{3}$　　③ $\dfrac{\pi}{2}$　　④ $\dfrac{2}{3}\pi$　　⑤ $\dfrac{3}{4}\pi$

📑 순천강남여고, 청원고, 효정고 응용

091 오른쪽 그림과 같이 중심이 제1사분면 위에 있고, 반지름의 길이가 1인 원 C가 y축 및 직선 $3x-4y=0$에 동시에 접한다. 원 C와 직선 $3x-4y=0$의 접점을 $\mathrm{P}(a,\ b)$라 할 때, $25ab$의 값을 구하여라.

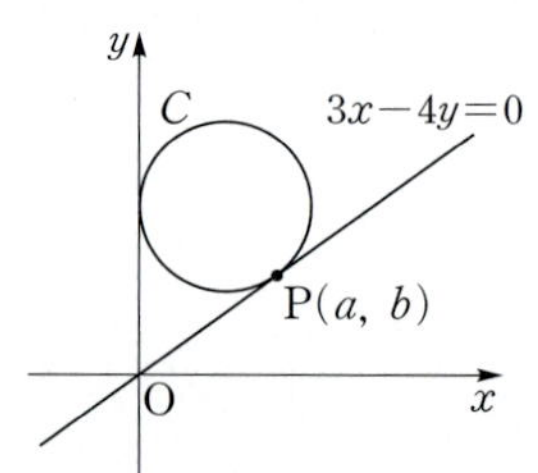

📑 계남고, 보성고 응용

092 원 $x^2+y^2=10$ 위의 점 $\mathrm{P}(a,\ b)$에 대하여 $(a-6)^2+(b-2)^2$의 값이 최대일 때, $b-a$의 값을 구하여라.

📑 경주여고, 동래고, 혜화여고 응용

093 원 $x^2+y^2-2x-4y+1=0$ 밖의 한 점 $\mathrm{P}(4,\ 4)$에서 원에 그은 두 접선과 x축 및 y축으로 둘러싸인 도형의 넓이를 S라 할 때, $3S$의 값을 구하여라.

📑 심인고, 이의고, 중앙여고 응용

094 원 $(x-1)^2+(y-3)^2=4$와 함수 $y=m|x|$의 그래프가 서로 다른 두 점에서 만나도록 하는 모든 자연수 m의 값의 합은?

① 3　　② 5　　③ 6　　④ 7　　⑤ 10

095

곡선 $y=x^2$의 제1사분면 위의 한 점을 중심으로 하는 원 C와 원 $x^2+(y-2)^2=1$이 오른쪽 그림과 같이 외접하고 있다. 원 C의 반지름의 길이가 최소일 때, 두 원의 접점을 지나는 접선의 y절편은?

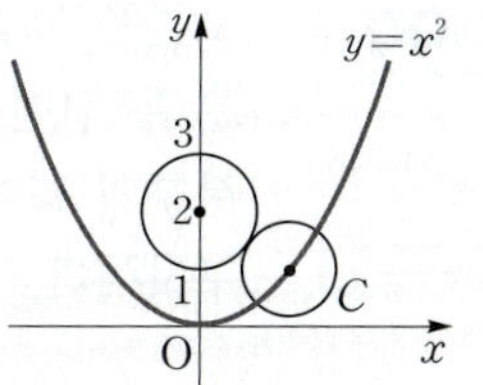

① $2-\sqrt{7}$　　　② $2-\sqrt{5}$　　　③ $3-\sqrt{7}$
④ $\sqrt{5}-2$　　　⑤ $\sqrt{7}-2$

096

x축 위의 점 $(n, 0)$에서 원 $x^2+y^2=1$에 접선을 그었을 때, 제1사분면 위에 있는 접점을 $\mathrm{P}_n(x_n, y_n)$이라 하자. 이때 $y_2^2 \times y_3^2 \times y_4^2 \times \cdots \times y_{35}^2$의 값은? (단, n은 $n \geq 2$인 자연수이다.)

① $\dfrac{3}{7}$　　　② $\dfrac{18}{35}$　　　③ $\dfrac{21}{35}$　　　④ $\dfrac{24}{35}$　　　⑤ $\dfrac{27}{35}$

097

오른쪽 그림과 같이 원 $x^2+y^2=1$ 위의 점 P에서의 접선이 x축, y축과 만나는 점을 각각 Q, R이라 할 때, $\overline{\mathrm{QR}}=3$이다. 이때 $\overline{\mathrm{OQ}}+\overline{\mathrm{OR}}$의 값은? (단, 점 P는 제1사분면 위의 점이다.)

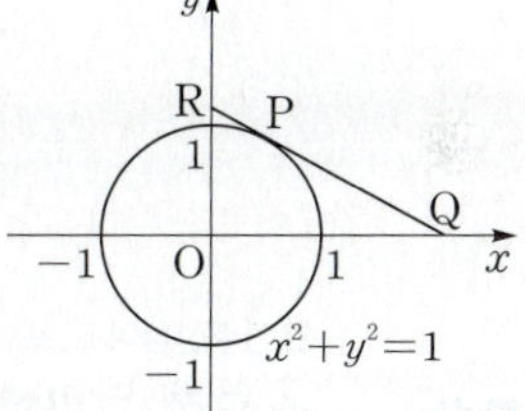

① $\sqrt{11}$　　　② $2\sqrt{3}$　　　③ $\sqrt{13}$
④ $\sqrt{14}$　　　⑤ $\sqrt{15}$

098

두 원 $x^2+y^2=4$, $(x-3)^2+(y-2)^2=9$의 두 교점을 A, B라 할 때, 삼각형 AOB의 넓이는?
(단, O는 좌표평면의 원점이다.)

① $\dfrac{24}{13}$　　　② 2　　　③ $\dfrac{28}{13}$　　　④ $\dfrac{30}{13}$　　　⑤ $\dfrac{32}{13}$

099

오른쪽 그림과 같이 원 $x^2+y^2=9$ 밖의 한 점 $P(2\sqrt{5},\ 4)$에서 원에 그은 두 접선을 $l_1,\ l_2$라 하자. 두 접선 $l_1,\ l_2$와 원 $x^2+y^2=9$로 둘러싸인 부분의 넓이가 $a\sqrt{3}-b\pi$일 때, 두 자연수 $a,\ b$에 대하여 $a+b$의 값을 구하여라.

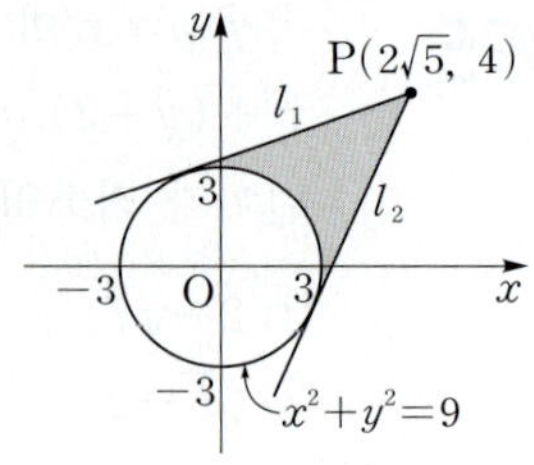

100

오른쪽 그림과 같이 원 $x^2+y^2=36$ 위의 점 중 제1사분면 위에 있는 점 P에서의 접선 l이 원 $x^2+(y-6)^2=16$과 두 점 A, B에서 만난다. $\overline{AB}=2\sqrt{7}$일 때, 직선 l의 기울기는?

① $-\sqrt{6}$ ② $-\sqrt{5}$ ③ -2

④ $-\sqrt{3}$ ⑤ $-\sqrt{2}$

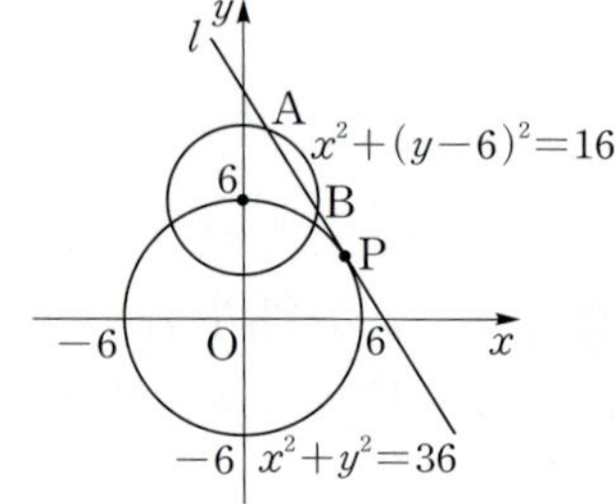

101

삼각형 ABC의 변 BC는 원의 중심 O를 지나고 두 변 AB, AC는 원의 접선이다. $\angle BAC=90°$이고 $\overline{AB}=12$, $\overline{AC}=9$일 때, 선분 OC의 길이는?

① $\dfrac{36}{7}$ ② $\dfrac{39}{7}$ ③ 6 ④ $\dfrac{45}{7}$ ⑤ $\dfrac{48}{7}$

102

오른쪽 그림과 같이 두 원 $x^2+y^2=10$, $(x-1)^2+(y-3)^2=4$의 두 교점 A, B를 각각 지나고, 원 $x^2+y^2=10$에 접하는 두 접선의 교점을 $P(a,\ b)$라 할 때, $\dfrac{b}{a}$의 값을 구하여라.

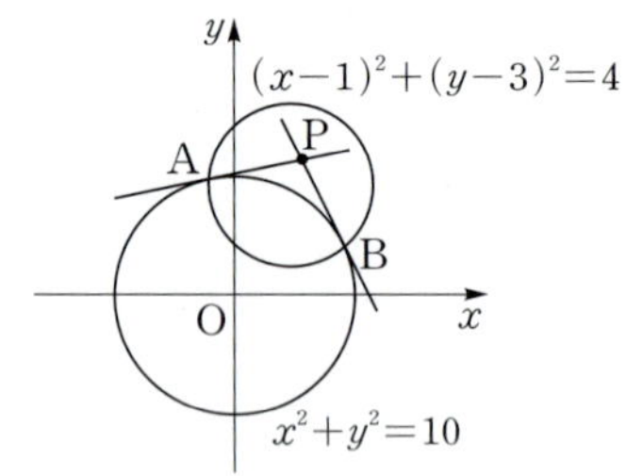

103

두 원 $x^2+y^2=1$, $x^2+(y-2)^2=4$에 동시에 접하는 두 직선과 x축으로 둘러싸인 부분의 넓이가 $\dfrac{p}{q}\sqrt{3}$일 때, 서로소인 두 자연수 $p,\ q$에 대하여 $p+q$의 값을 구하여라.

104

광남고, 대아고, 합천여고 응용

오른쪽 그림과 같이 좌표평면 위의 직선 $l : x-y+4=0$이 원 C와 점 P에서 접하고, 직선 l과 평행한 직선 l'이 원 C와 점 Q에서 접한다. 삼각형 POQ가 정삼각형이 되도록 하는 원 C의 중심의 좌표가 (a, b)일 때, a^2의 값을 구하여라.

(단, a, b는 양수이고, O는 좌표평면의 원점이다.)

105

동아여고, 부천북고, 상산고 응용

원 $x^2+y^2=4$ 위를 움직이는 점 P와 직선 $y=-x+4\sqrt{2}$ 위를 움직이는 서로 다른 두 점 A, B를 꼭짓점으로 하는 정삼각형 PAB를 만들었다. 정삼각형 PAB의 넓이의 최댓값을 M, 최솟값을 m이라 할 때, Mm의 값은?

① 40   ② 42   ③ 44   ④ 46   ⑤ 48

106

운남고, 청담고, 호남고 응용

오른쪽 그림과 같이 직선 $y=mx$가 두 원 $(x-2)^2+y^2=1$, $x^2+(y-k)^2=4$와 모두 만나지 않도록 하는 정수 m의 개수가 6일 때, 모든 자연수 k의 값의 합을 구하여라. (단, $k\geq 2$)

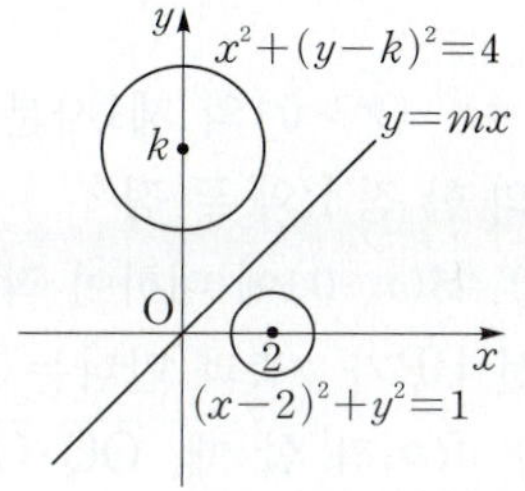

107

대광고, 동북고, 보인고 응용

오른쪽 그림은 직선 $4x+3y-12=0$과 x축 및 y축으로 둘러싸인 삼각형의 내접원과 외접원을 나타낸 것이다. 이때 외접원 위의 한 점 P와 내접원 위의 한 점 Q에 대하여 $\overline{PQ}$의 길이의 최댓값을 M, 최솟값을 m이라 하면 $M-m$의 값은?

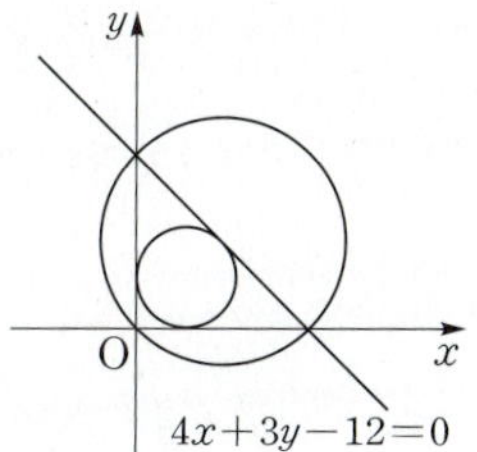

① $3-\sqrt{5}$ ② $4-\sqrt{5}$ ③ $2+\sqrt{5}$

④ $3+\sqrt{5}$ ⑤ $4+\sqrt{5}$

서술형 체감난도가 높았던 **서술형** 기출

108

☲ 건국고, 마차고, 선사고 응용

두 점 $A(-7, 3)$, $B(-3, 5)$와 원 $(x+2)^2+y^2=4$ 위를 움직이는 점 P에 대하여 $\overline{AP}^2+\overline{BP}^2$의 최댓값을 M, 최솟값을 m이라 할 때, $M+m$의 값을 구하여라.

110

☲ 강릉고, 낙생고, 시온고 응용

오른쪽 그림과 같이 직선 $y=ax$ $(a>0)$이 원 $(x-3)^2+y^2=4$의 둘레의 길이를 $1:2$로 나눌 때, 상수 a에 대하여 $160a^2$의 값을 구하여라.

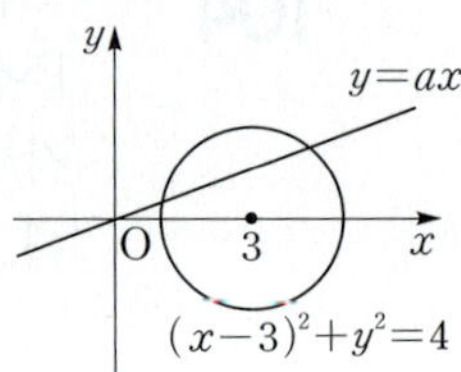

109

☲ 복성고, 수주고 응용

원 $x^2+y^2=r^2$ $(r>0)$의 제1사분면 위의 임의의 한 점 P와 두 점 $A(-r, 0)$, $B(r, 0)$에 대하여 직선 AP와 직선 BP가 y축과 만나는 점을 각각 Q, R이라 할 때, $\overline{OQ}\cdot\overline{OR}$의 값이 항상 일정함을 보여라.

(단, O는 좌표평면의 원점이다.)

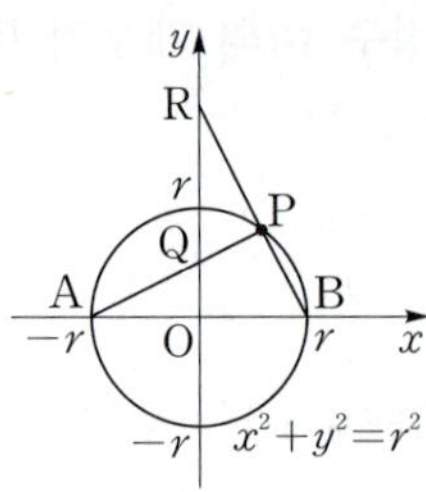

111

☲ 조대부고, 한영외고 응용

두 원 $x^2+y^2=13$, $(x-7)^2+(y-9)^2=9$에 대하여 원 $x^2+y^2=13$ 위의 점 중에서 x좌표와 y좌표가 모두 자연수인 점을 P, 원 $(x-7)^2+(y-9)^2=9$ 위의 임의의 점을 Q라 할 때, 선분 PQ의 길이가 자연수인 두 점 P, Q의 순서쌍 (P, Q)의 개수를 구하여라.

112 오른쪽 그림은 평면 위에 반지름의 길이가 $2\sqrt{10}$인 원 O 위의 두 점 A, C와 원의 내부의 한 점 B를 잡아 $\overline{AB}=8$, $\overline{BC}=4$, $\angle ABC=90°$가 되도록 원과 원의 내부를 일부 잘라낸 도형이다. 선분 OB의 길이를 l이라 할 때, l^2의 값은?

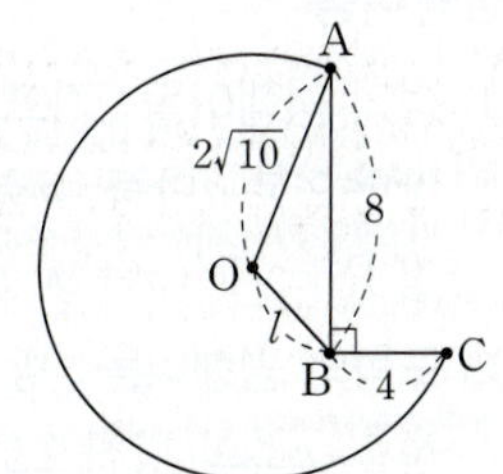

① 8   ② 10   ③ 12
④ 14   ⑤ 16

113 좌표평면 위의 점 $P(a, 1)$과 원 $(x-3a)^2+(y-a^2)^2=25$ 위의 점까지의 거리의 최솟값을 $f(a)$라 할 때, 곡선 $y=f(a)$와 직선 $y=ma+2m$이 서로 다른 두 점에서 만나도록 하는 양수 m의 최솟값을 구하여라.

114 다음 그림과 같이 직선 위에 $\overline{AB}=12$인 두 점 A, B가 있다. 선분 AB 위의 한 점 C에 대하여 선분 AC의 중점을 P_1, 선분 BC의 중점을 P_2라 하고 $\overline{CP_1}=a$, $\overline{CP_2}=b$라 하자. 점 P_1을 중심으로 하고 반지름의 길이가 $a+1$인 반원 O_1, 점 P_2를 중심으로 하고 반지름의 길이가 $b+1$인 반원 O_2를 각각 그린 후, 선분 P_1P_2를 지름으로 하는 반원을 그린다. 두 반원 O_1과 O_2의 교점이 호 P_1P_2 위에 있을 때, $2a+b$의 값은? (단, $a<b$)

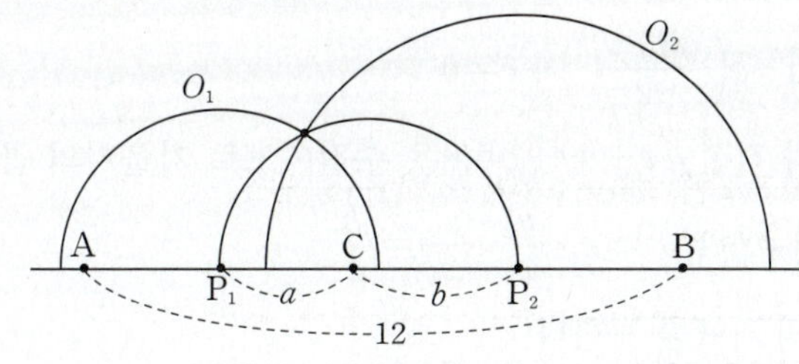

① $8-\sqrt{2}$ ② $9-\sqrt{2}$ ③ $8+\sqrt{2}$ ④ $9+\sqrt{2}$ ⑤ $10+\sqrt{2}$

04 도형의 이동

1 평행이동

(1) 점의 평행이동: 좌표평면 위의 점 $P(x, y)$를 x축의 방향으로 a만큼, y축의 방향으로 b만큼 평행이동한 점 P' $\Rightarrow$ $P'(x+a, y+b)$

(2) 도형의 평행이동: 방정식 $f(x, y)=0$이 나타내는 도형을 x축의 방향으로 a만큼, y축의 방향으로 b만큼 평행이동한 도형의 방정식 $\Rightarrow f(x-a, y-b)=0$

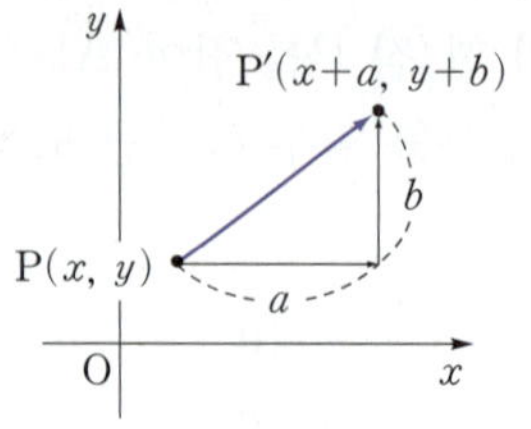

▶ 평행이동에 의하여 점은 점으로, 직선은 기울기가 같은 직선으로, 원은 반지름의 길이가 같은 원으로 옮겨진다.

2 대칭이동

(1) 점의 대칭이동: 점 (x, y)를

① x축에 대하여 대칭이동: $(x, -y)$ $\Rightarrow$ y 대신 $-y$ 대입

② y축에 대하여 대칭이동: $(-x, y)$ $\Rightarrow$ x 대신 $-x$ 대입

③ 원점에 대하여 대칭이동: $(-x, -y)$ $\Rightarrow$ x 대신 $-x$, y 대신 $-y$ 대입

④ 직선 $y=x$에 대하여 대칭이동: (y, x) $\Rightarrow$ x 대신 y, y 대신 x 대입

(2) 도형의 대칭이동: 방정식 $f(x, y)=0$이 나타내는 도형을

① x축에 대하여 대칭이동: $f(x, -y)=0$ $\Rightarrow$ y 대신 $-y$ 대입

② y축에 대하여 대칭이동: $f(-x, y)=0$ $\Rightarrow$ x 대신 $-x$ 대입

③ 원점에 대하여 대칭이동: $f(-x, -y)=0$ $\Rightarrow$ x 대신 $-x$, y 대신 $-y$ 대입

④ 직선 $y=x$에 대하여 대칭이동: $f(y, x)=0$ $\Rightarrow$ x 대신 y, y 대신 x 대입

▶ 선분의 길이의 합의 최솟값은 한 점을 평행이동시켜 일직선 위에 있는 두 점 사이의 거리로 구한다.

▶ 직선 $y=-x$에 대하여 대칭이동은 $f(-y, -x)=0$으로 x대신 $-y$, y대신 $-x$를 대입한다.

+10점 향상을 위한 문제 해결의 *Key*

Key ❶ 점의 직선에 대한 대칭이동

점 $P(x_1, y_1)$을 직선 $ax+by+c=0$ $(a \neq 0, b \neq 0)$에 대하여 대칭이동한 점을 $Q(x_2, y_2)$라 하면 점 Q의 좌표는 중점 조건과 수직 조건을 이용하여 구한다.

(1) 중점 조건: 선분 PQ의 중점 $\left(\dfrac{x_1+x_2}{2}, \dfrac{y_1+y_2}{2}\right)$는 직선 $ax+by+c=0$ 위의

점이므로 $a\left(\dfrac{x_1+x_2}{2}\right)+b\left(\dfrac{y_1+y_2}{2}\right)+c=0$ ...... ㉠

(2) 수직 조건: 직선 PQ와 직선 $ax+by+c=0$은 수직이므로 기울기의 곱이 -1이다. 즉,

$$\dfrac{y_2-y_1}{x_2-x_1}\cdot\left(-\dfrac{a}{b}\right)=-1 \qquad \therefore \dfrac{y_2-y_1}{x_2-x_1}=\dfrac{b}{a} \qquad ...... ㉡$$

㉠, ㉡을 연립하여 점 Q의 좌표를 구한다.

» 35쪽 119번, 120번

Key ❷ 도형의 평행이동과 대칭이동

① $f(x, y)=0$을 x축의 방향으로 m만큼 평행이동한 후, y축에 대하여 대칭이동 $\Rightarrow f(-x-m, y)=0$

② $f(x, y)=0$을 y축의 방향으로 n만큼 평행이동한 후, 직선 $y=x$에 대하여 대칭이동 $\Rightarrow f(y, x-n)=0$

③ $f(x, y)=0$을 x축의 방향으로 m만큼, y축의 방향으로 n만큼 평행이동한 후 직선 $y=-x$에 대하여 대칭이동 $\Rightarrow f(-y-m, -x-n)=0$

» 37쪽 131번 / 38쪽 135번

115
경해여고, 동방고, 법성고, 세경고 응용

두 점 $(-1, a)$, $(b, 2)$는 어느 평행이동에 의하여 각각 두 점 $(4, -2)$, $(-3, 1)$로 옮겨진다. 이 평행이동에 의하여 점 (a, b)가 옮겨지는 점의 좌표는?

① $(-2, -4)$ ② $(2, -9)$ ③ $(2, 6)$

④ $(4, -4)$ ⑤ $(4, -9)$

116
동인선고, 서분여고, 신도림고, 이서고 응용

원 $(x-1)^2+(y-2)^2=8$을 x축의 방향으로 k만큼, y축의 방향으로 -1만큼 평행이동하면 직선 $y=x-2$와 접한다. 이때 모든 상수 k의 값의 합을 구하여라.

117
오산고, 제천고, 청명고, 한빛고 응용

x축에 대한 대칭이동을 f, y축에 대한 대칭이동을 g, 직선 $y=x$에 대한 대칭이동을 h라 할 때, 점 $(2, -3)$을 $f \to g \to h \to f \to g \to h \to f$ …와 같은 순서로 2032번 이동시킨 점은 (a, b)이다. 이때 $a-b$의 값을 구하여라.

118
근화여고, 마산여고, 순창고, 온양고 응용

직선 $l : y=ax+2$를 x축의 방향으로 -4만큼, y축의 방향으로 3만큼 평행이동한 후, 직선 $y=x$에 대하여 대칭이동한 직선을 l'이라 하자. 두 직선 l, l'의 교점이 y축 위에 있을 때, $30a$의 값은? (단, a는 $a \neq \pm 1$인 상수이다.)

① -25 ② -20 ③ -15

④ -10 ⑤ -5

119
대건고, 진주외고, 환일고 응용

점 $A(1, 0)$을 직선 $y=mx$에 대하여 대칭이동한 점을 점 $P(x, y)$라 할 때, 임의의 실수 m에 대하여 점 $P(x, y)$가 나타내는 도형의 길이는 $a\pi$이다. 이때 자연수 a의 값을 구하여라.

120
송탄제일고, 숙명여고, 양정고 응용

점 $A(4, 6)$과 y축 위의 한 점 B, 직선 $y=x$ 위의 한 점 C를 꼭짓점으로 하는 삼각형 ABC의 둘레의 길이의 최솟값은?

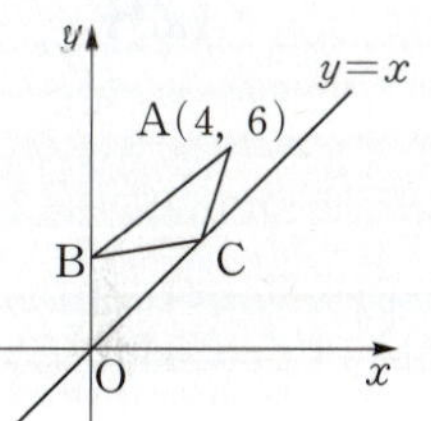

① $4\sqrt{6}$ ② 10

③ $2\sqrt{26}$ ④ $6\sqrt{3}$

⑤ $4\sqrt{7}$

121
잠신고, 춘천고, 평내고, 효원고 응용

평행이동 $(x, y) \longrightarrow (x+2, y-1)$에 의하여 직선 $y=x+k$를 평행이동한 후, 다시 점 $(2, 2)$에 대하여 대칭이동하였더니 원래의 직선이 되었다. 이때 $40k$의 값을 구하여라. (단, k는 상수이다.)

122
부광여고, 신현고, 전라고, 충북고 응용

원 $x^2+(y-4)^2=1$ 위를 움직이는 점 P와 이 원을 직선 $y=x+1$에 대하여 대칭이동한 원 위를 움직이는 점 Q 사이의 거리의 최댓값은 $p+q\sqrt{2}$이다. 이때 두 자연수 p, q에 대하여 $q-p$의 값을 구하여라.

123

좌표평면 위의 점 $(a,\ b)$가 오른쪽과 같은 규칙으로 이동한다. 점 $(5,\ 2)$가 이 규칙대로 이동하여 멈추는 점을 P라 할 때, 점 P의 좌표는?

> (가) $ab>0$이면 점 $(a-3,\ b+1)$로 이동한다.
> (나) $ab<0$이면 점 $(a+2,\ b-2)$로 이동한다.
> (다) $ab=0$이면 이동을 멈춘다.

① $(-2,\ 0)$ ② $(-1,\ 0)$ ③ $(1,\ 0)$ ④ $(0,\ 1)$ ⑤ $(0,\ 2)$

124

오른쪽 그림과 같이 직선 $l:2x+y-8=0$과 y축에 동시에 접하고 반지름의 길이가 1인 원 C가 있다. 원 C를 x축의 방향으로 a만큼, y축의 방향으로 b만큼 평행이동하면 제1사분면에서 직선 l과 x축에 동시에 접하는 원 C'이 되고, 이러한 원 C'은 2개 존재한다. 이때 모든 상수 a의 값의 합을 구하여라.

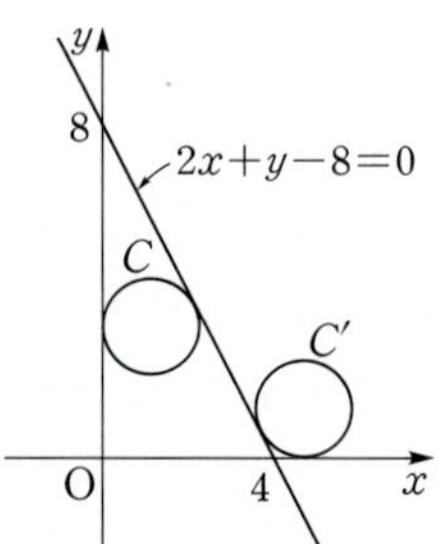

125

원 $(x-2)^2+(y-2)^2=8$의 제1사분면에 있는 부분과 이 부분을 x축, y축, 원점에 대하여 각각 대칭이동하여 생기는 모든 곡선으로 둘러싸인 부분의 넓이는?

① $4\pi+8$ ② $8\pi+12$ ③ $8\pi+32$ ④ $16\pi+8$ ⑤ $16\pi+32$

126

직선 $y=3x$ 위를 움직이는 점 $P(x,\ y)$에 대하여 $\sqrt{(x-4)^2+(y-2)^2}+\sqrt{(x-1)^2+(y+2)^2}$의 최솟값을 m이라 할 때, m^2의 값을 구하여라.

127

이차함수 $y=-x^2+1$의 그래프 위의 서로 다른 두 점 A, B가 직선 $y=-x$에 대하여 서로 대칭일 때, 선분 AB의 길이는?

① $\sqrt{2}$ ② $\sqrt{3}$ ③ 2 ④ $\sqrt{5}$ ⑤ $\sqrt{6}$

128

권선고, 살레시오여고, 창덕고 응용

두 점 $A(4, 2)$, $B(6, 2)$를 직선 $y=x+2$에 대하여 대칭이동한 점을 각각 C, D라 할 때, 사각형 ABDC의 넓이를 구하여라.

129

보성여고, 중경고, 포천고, 호산고 응용

점 $(2, 3)$을 직선 $y=-x$에 대하여 대칭이동한 후, x축에 대하여 대칭이동한 점을 P라 하자. 점 P를 지나고 원 $(x-2)^2+(y-1)^2=4$에 접하는 두 직선의 기울기를 각각 m_1, m_2라 할 때, m_1m_2의 값은?

① $-\dfrac{1}{3}$　　② $-\dfrac{1}{4}$　　③ $-\dfrac{1}{6}$　　④ $-\dfrac{1}{7}$　　⑤ $-\dfrac{1}{8}$

130

매탄고, 문정고, 자양고 응용

원 $C_1: (x+3)^2+(y-1)^2=4$를 직선 $y=x$에 대하여 대칭이동한 후, x축의 방향으로 a만큼, y축의 방향으로 2만큼 평행이동한 원을 C_2라 하자. 두 원 C_1, C_2가 서로 다른 두 점 A, B에서 만나고 $\overline{AB}=\sqrt{11}$이 되도록 하는 모든 상수 a의 값의 합은?

① -10　　② -9　　③ -8　　④ -7　　⑤ -6

131

고창고, 국제고, 남원고, 마포고 응용

방정식 $f(x, y)=0$이 나타내는 도형이 오른쪽 그림과 같을 때, 다음 중 $f(-y, x-1)=0$이 나타내는 도형은?

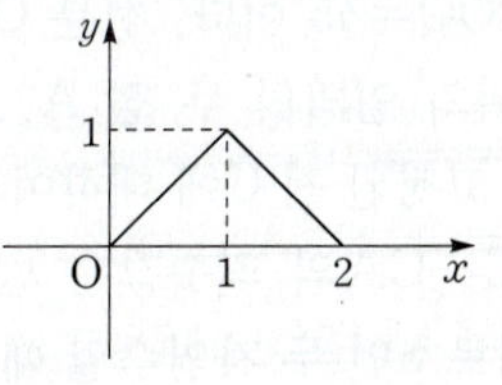

① 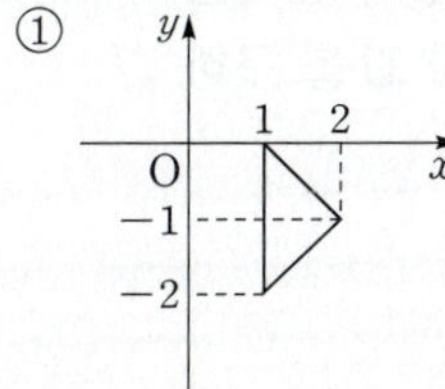

② 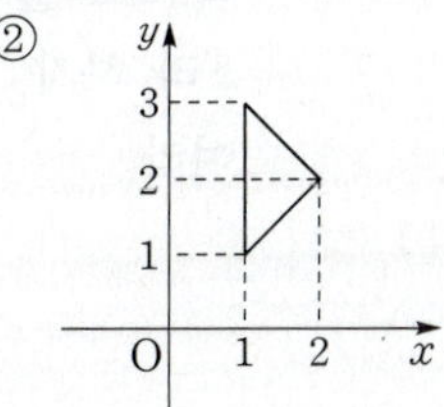

③ 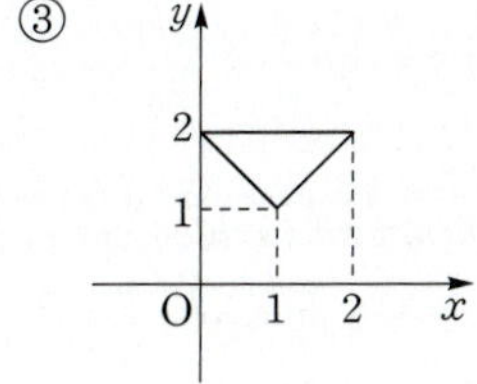

④ 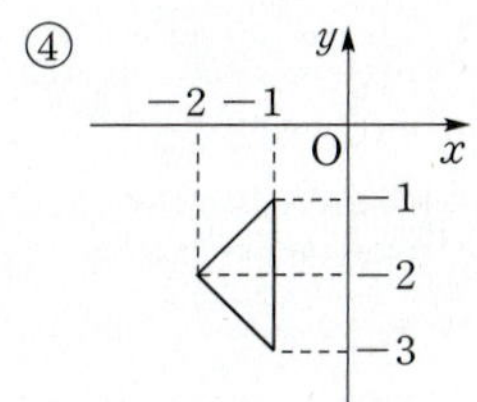

⑤ 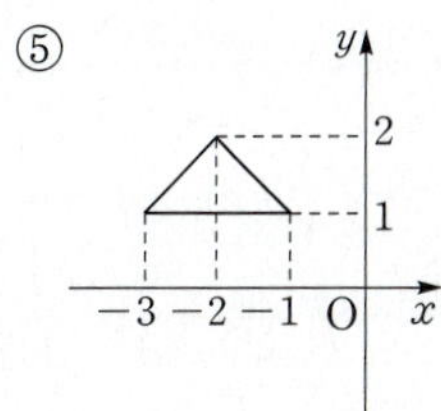

서술형 · 체감난도가 높았던 **서술형** 기출

132

📄 광교고, 덕적고, 배문고 응용

세 원 C_1, C_2, C_3을 다음과 같이 정의하자.

> C_1: 중심이 원점이고 반지름의 길이가 2인 원
> C_2: C_1을 x축의 방향으로 2만큼 평행이동시킨 원
> C_3: C_2를 y축에 대하여 대칭이동시킨 원

세 원 C_1, C_2, C_3으로 둘러싸인 부분의 넓이가 $k\left(\sqrt{3}-\dfrac{\pi}{3}\right)$ 일 때, 상수 k의 값을 구하여라.

133

📄 금곡고, 대구고, 대영고 응용

오른쪽 그림과 같이 반지름의 길이가 5 인 원 O에서 원 위의 두 점 P, Q에 대하여 $\angle POQ=45°$이다. 선분 OP와 선분 OQ 위의 임의의 두 점 A, B와 호 PQ 위의 고정된 점 C에 대하여 $\overline{AB}+\overline{BC}+\overline{CA}$의 최솟값은 $a\sqrt{b}$이다. a, b가 서로소인 두 자연수일 때, $a-b$의 값을 구하여라.

(단, $a\neq1$)

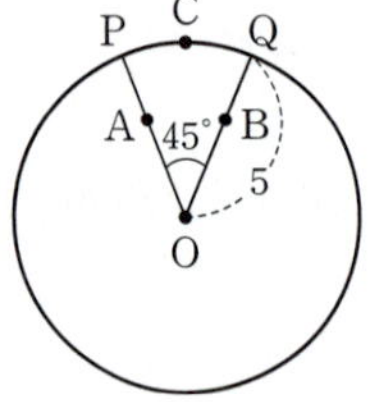

134

📄 상산고, 인천외고 응용

점 P$(2, 0)$을 직선 $y=mx$에 대하여 대칭이동한 점을 Q, 다시 점 Q를 직선 $y=x$에 대하여 대칭이동한 점을 R이라 하면 점 R은 직선 $y=mx$ 위의 점이다. 이때 $30m^2$의 값을 구하여라. (단, m은 $m\neq0$인 상수이다.)

135

📄 공주여고, 능주고, 부일외고 응용

방정식 $f(x, y)=0$이 나타내는 도형이 오른쪽 그림과 같을 때, 방정식 $f(x, y)=0$, $f(y, x)=0$ 이 나타내는 두 도형과 x축 및 y축으로 둘러싸인 도형의 넓이를 S라 하자. 이때 $3S$의 값을 구하여라.

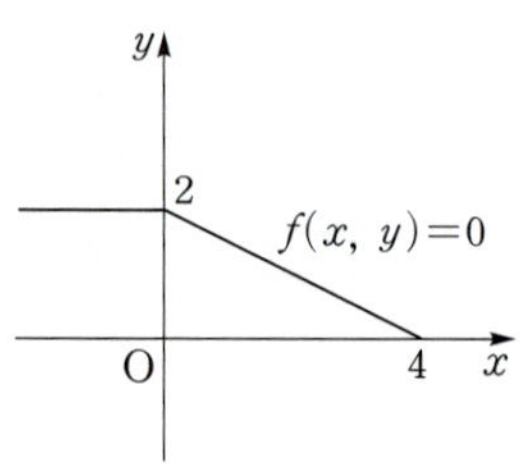

136 오른쪽 그림과 같이 좌표평면 위에 원 $(x-1)^2+y^2=1$과 한 변의 길이가 2인 정삼각형 ABC가 있다. 점 B가 삼각형 ABC의 모양을 유지하면서 원 $(x-1)^2+y^2=1$ 위를 움직일 때, 점 A가 나타내는 도형의 방정식은 $(x-a)^2+(y-b)^2=c$이다. 이때 $a+b^2+c$의 값을 구하여라.
(단, $\overline{BC}$는 x축과 평행하다.)

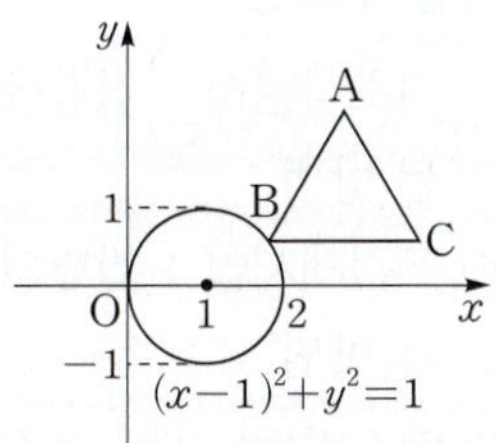

137 자연수 n에 대하여 좌표평면 위의 점 $P_n(x_n,\ y_n)$은 다음과 같은 규칙에 따라 이동한다.

> (가) $x_n > y_n$이면 점 P_n을 직선 $y=x$에 대하여 대칭이동한 점이 P_{n+1}이다.
>
> (나) $x_n \leq y_n$이면 점 P_n을 x축의 방향으로 1만큼, y축의 방향으로 -1만큼 평행이동한 점이 P_{n+1}이다.

점 P_1의 좌표가 $(4,\ 1)$일 때, 보기 중 옳은 것만을 있는 대로 고른 것은?

보기
> ㄱ. $\overline{P_1P_3}=\overline{P_2P_4}$
> ㄴ. 자연수 k에 대하여 직선 P_nP_k의 기울기는 -1이다. (단, $n \neq k$)
> ㄷ. 삼각형 OP_1P_9의 넓이는 5이다. (단, O는 좌표평면의 원점이다.)

① ㄴ　　　② ㄱ, ㄴ　　　③ ㄱ, ㄷ　　　④ ㄴ, ㄷ　　　⑤ ㄱ, ㄴ, ㄷ

138 오른쪽 그림과 같이 원 $x^2+y^2=a^2$ $(a>0)$과 좌표축의 교점은 4개이다. 이 4개의 점을 직선 l에 대하여 각각 대칭이동시킬 때, 대칭이동시키기 전의 점들과 일치하는 점의 개수가 2 이상이 되도록 하는 직선 l의 개수를 구하여라.

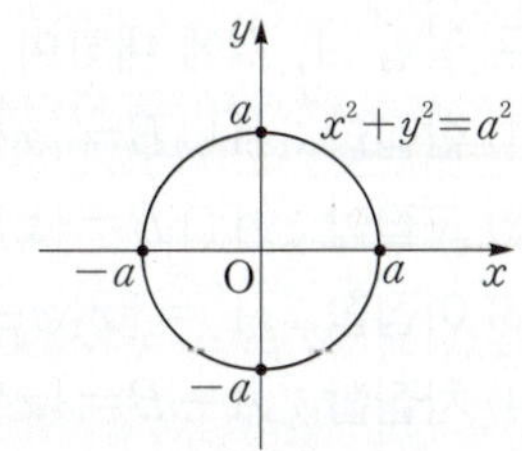

139 오른쪽 그림과 같이 지름의 길이가 3인 원 C가 기울기 m의 방향으로 평행이동하면서 움직인다. 원 C가 두 원 $x^2+y^2=1$, $(x+2)^2+(y-6)^2=4$ 사이를 어느 원과도 만나지 않고 평행이동할 수 있는 실수 m의 값의 범위는 $0<m<k$이다. 이때 $100k$의 값을 구하여라.

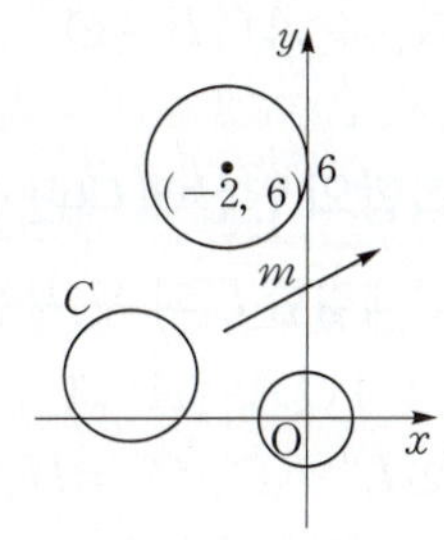

05 집합

1 집합의 표현

(1) 원소나열법 : 집합에 속하는 모든 원소를 기호 { } 안에 나열하여 나타내는 방법

(2) 조건제시법 : 집합의 원소들이 갖는 공통 성질을 조건으로 제시하여 나타내는 방법

(3) 벤 다이어그램 : 집합을 나타낸 그림

2 부분집합

(1) 부분집합

   ① 집합 A의 모든 원소가 집합 B에 속할 때, 집합 A를 집합 B의 부분집합이라 하고, 기호 $A \subset B$로 나타낸다.

   ② 집합 A가 집합 B의 부분집합이 아닐 때, 기호 $A \not\subset B$로 나타낸다.

(2) 부분집합의 성질 : 세 집합 A, B, C에 대하여

   ① $\varnothing \subset A$, $A \subset A$ ② $A \subset B$이고 $B \subset C$이면 $A \subset C$이다.

3 부분집합의 개수

집합 $A = \{a_1,\ a_2,\ a_3,\ \cdots,\ a_n\}$에 대하여

(1) 집합 A의 부분집합의 개수 : 2^n

(2) 집합 A의 진부분집합의 개수 : $2^n - 1$

(3) 집합의 원소의 개수 : 유한집합 A의 원소의 개수는 기호 $n(A)$로 나타낸다. 특히 $n(\varnothing) = 0$이다.

4 집합의 연산

두 집합 A, B에 대하여

(1) 합집합 : $A \cup B = \{x \,|\, x \in A$ 또는 $x \in B\}$

(2) 교집합 : $A \cap B = \{x \,|\, x \in A$ 그리고 $x \in B\}$

(3) 여집합 : $A^C = \{x \,|\, x \in U$ 그리고 $x \notin A\}$ (단, U는 전체집합)

(4) 차집합 : $A - B = \{x \,|\, x \in A$ 그리고 $x \notin B\}$

5 서로소

두 집합 A, B에 대하여 공통인 원소가 하나도 없을 때, A와 B를 서로소라 한다. $\Rightarrow A \cap B = \varnothing$

6 집합의 연산에 대한 성질

전체집합 U의 두 부분집합 A, B에 대하여

(1) $A \cup A = A$, $A \cap A = A$, $A \cup \varnothing = A$, $A \cap \varnothing = \varnothing$, $A \cup U = U$, $A \cap U = A$

(2) $U^C = \varnothing$, $\varnothing^C = U$, $(A^C)^C = A$

(3) $A \cup A^C = U$, $A \cap A^C = \varnothing$, $U - A = A^C$

(4) $A - B = A \cap B^C = A - (A \cap B) = (A \cup B) - B = B^C - A^C$

▶ 집합 : 주어진 조건에 대하여 그 대상을 분명히 알 수 있는 것들의 모임

▶ 원소 : 집합을 이루는 대상 하나하나
  ① a가 집합 A의 원소이다.
    $\Rightarrow a \in A$
  ② a가 집합 A의 원소가 아니다. $\Rightarrow a \notin A$

▶ 공집합 : 원소가 하나도 없는 집합으로 기호 $\varnothing$로 나타낸다.
▶ 공집합은 유한집합이다.

▶ $A \subset B$이고 $B \subset A$일 때, 집합 A와 집합 B는 서로 같다.
  $\Rightarrow A = B$
▶ $A \subset B$이고 $A \neq B$일 때, 집합 A를 집합 B의 진부분집합이라 한다.

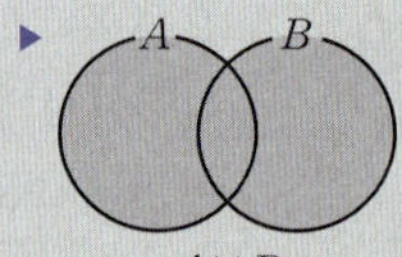
$A \cup B$

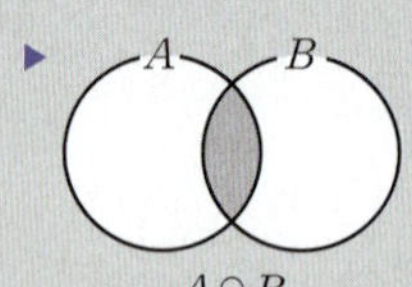
$A \cap B$

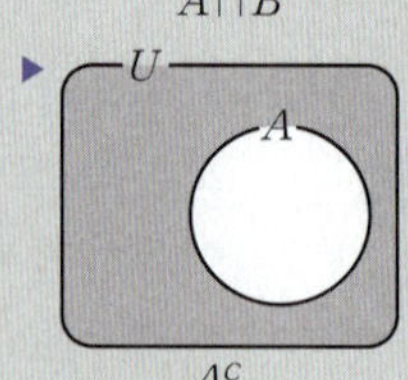
A^C

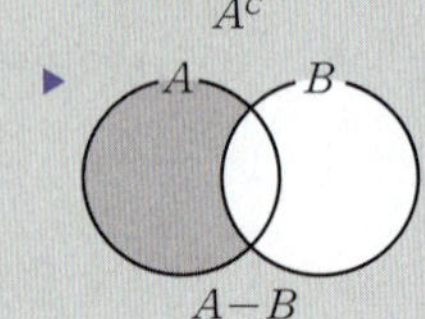
$A - B$

7 집합의 연산법칙

전체집합 U의 세 부분집합 A, B, C에 대하여

(1) 교환법칙 : $A \cap B = B \cap A$, $A \cup B = B \cup A$

(2) 결합법칙 : $(A \cap B) \cap C = A \cap (B \cap C)$, $(A \cup B) \cup C = A \cup (B \cup C)$

(3) 분배법칙 : $A \cap (B \cup C) = (A \cap B) \cup (A \cap C)$,
$\qquad A \cup (B \cap C) = (A \cup B) \cap (A \cup C)$

(4) <u>드모르간의 법칙</u> : $(A \cup B)^C = A^C \cap B^C$, $(A \cap B)^C = A^C \cup B^C$

▶ $A \subset B$와 같은 표현
$A \cup B = B$, $A \cap B = A$
$A - B = \varnothing$, $B^C \subset A^C$

8 유한집합의 원소의 개수

전체집합 U의 세 부분집합 A, B, C에 대하여

(1) $n(A \cup B) = n(A) + n(B) - n(A \cap B)$

(2) $n(A \cup B \cup C) = n(A) + n(B) + n(C) - n(A \cap B) - n(B \cap C)$
$\qquad - n(C \cap A) + n(A \cap B \cap C)$

(3) $n(A^C) = n(U) - n(A)$

(4) $n(A - B) = n(A) - n(A \cap B) = n(A \cup B) - n(B)$

▶ $A \cap B = \varnothing$일 때,
$n(A \cup B) = n(A) + n(B)$
이다.

+10점 향상을 위한 문제 해결의 *Key*

Key 1 대칭차집합

전체집합 U의 두 부분집합 A, B에 대하여 연산 $\triangle$를 다음과 같이 정의할 때, 그 집합을 A, B의 대칭차집합이라 한다.

$$A \triangle B = (A - B) \cup (B - A) = (A \cup B) - (A \cap B)$$
$$= (A \cup B) \cap (A \cap B)^C$$
$$= (A \cup B) \cap (A^C \cup B^C)$$

① $A \triangle \varnothing = A$
② $A \triangle A = \varnothing$
③ $A \triangle U = A^C$

④ $A \triangle A^C = U$
⑤ $\underbrace{A \triangle A \triangle A \triangle \cdots \triangle A}_{n개} = \begin{cases} \varnothing & (n = 2k) \\ A & (n = 2k-1) \end{cases}$ (단, k는 자연수)

⑥ $A \triangle B = C$이면 $B \triangle C = A$, $C \triangle A = B$

⑦ $A \triangle B = B \triangle A$ (교환법칙)
⑧ $(A \triangle B) \triangle C = A \triangle (B \triangle C)$ (결합법칙)

⑨ $(A \triangle B) \triangle A = B$, $(A \triangle B) \triangle B = A$
⑩ $A \triangle B = \varnothing \iff A = B$

⑪ $A \cap (B \triangle C) = (A \cap B) \triangle (A \cap C)$
⑫ $A^C \triangle B^C = A \triangle B$

⑬ $n(A \cap B \cap C) = n(A \cup B \cup C) - \dfrac{1}{2}\{n(A \triangle B) + n(B \triangle C) + n(C \triangle A)\}$

≫ 43쪽 150번 / 44쪽 157번

140
☑ 대원외고, 주례여고 응용

집합 A, B, C, D가 다음 조건을 모두 만족시킬 때, 옳은 것은?

> ㈎ A에 속하고 B에 속하지 않는 원소가 있다.
> ㈏ C에 속하지 않는 원소는 모두 D에 속하지 않는다.

① $A-B=\varnothing$, $C-D=\varnothing$　② $A-B\neq\varnothing$, $D-C=\varnothing$
③ $A-B\neq\varnothing$, $C-D=\varnothing$　④ $B-A=\varnothing$, $D-C=\varnothing$
⑤ $B-A\neq\varnothing$, $D-C=\varnothing$

141
☑ 남성여고, 동아고 응용

전체집합 U의 두 부분집합 A, B가 다음 조건을 모두 만족시킬 때, 다음 중 $(A-B)\cup B$와 같은 것은?

> ㈎ $A\cup B=U$　　　　㈏ $A\cap B=\varnothing$

① $\varnothing$　　　② A^C　　　③ B
④ U　　　⑤ $A\cap B$

142
☑ 부산국제외고, 서일고 응용

전체집합 $U=\{1,\ 2,\ 3,\ \cdots,\ 10\}$의 두 부분집합 A, B에 대하여 $A=\{1,\ 3,\ 5,\ 7,\ 9\}$, $A-B=A$를 만족하는 집합 B의 개수는?

① 26　　　② 28　　　③ 30
④ 32　　　⑤ 34

143
☑ 동북고, 현대고 응용

집합 $A=\{1,\ 2,\ 3,\ 4,\ 5,\ x\}$에 대하여 A의 모든 부분집합의 원소들의 총합을 구했더니 1024였다. x의 값을 구하여라.

144
☑ 경남고, 관악고, 일산고 응용

두 집합 $A=\{1,\ 2,\ 3,\ 4,\ 5,\ 6\}$, $B=\{3,\ 6,\ 9\}$에 대하여 $A\cap X=X$, $(A\cap B^C)\cup X=X$를 만족하는 집합 X의 개수는?

① 2　　　② 4　　　③ 8
④ 16　　　⑤ 32

145
☑ 보성고, 이화외고 응용

집합 $A=\{1,\ 3,\ 5,\ 7,\ 9\}$의 부분집합 중에서 원소의 개수가 2인 집합은 10개이다. 이 10개의 각 집합의 모든 원소의 합을 a_k $(k=1,\ 2,\ 3,\ \cdots,\ 10)$이라 할 때, $a_1+a_2+a_3+\cdots+a_{10}$의 값을 구하여라.

146
☑ 상동고, 선유고 응용

전체집합 U의 두 부분집합 A, B에 대하여 $\{(A-B)\cup(B-A)\}\cap B=B$가 성립할 때, 다음 중 항상 옳은 것은?

① $A\subset B$　　　② $B\subset A$　　　③ $A\cup B=U$
④ $A\cap B=\varnothing$　　　⑤ $A^C\subset B$

147
☑ 중산고, 휘문고 응용

두 집합 $A=\{1,\ 3,\ a\}$, $B=\{5,\ b,\ c\}$에 대하여 $(A-B)\cup(B-A)=\varnothing$일 때, abc의 값은?

① 6　　　② 9　　　③ 12
④ 15　　　⑤ 18

148
부평고, 안산고 응용

두 집합 $A=\{a_1,\ a_2,\ a_3,\ a_4,\ a_5\}$, $B=\{x\mid x=2a_i+k,\ a_i\in A\}$ 에 대하여 $A\cap B=\{7,\ 11\}$이다. 집합 A의 모든 원소의 합을 $S(A)$라 할 때, $S(A)=30$, $S(A\cup B)=67$을 만족하는 상수 k의 값을 구하여라.

149
부일외고, 풍덕고 응용

전체집합 U의 세 부분집합 A, B, C에 대하여 다음 중 $(B-A)\cup(C-A)$와 같은 것은?

① $(B\cap C)-A$ ② $A\cap(B-C)$
③ $(B-C)-A$ ④ $(B\cup C)\cap A^C$
⑤ $A\cap(B\cup C)^C$

150
수리고, 양현고, 화성고 응용

두 집합 A, B에 대하여 $A\odot B=(A-B)\cup(B\cap A^C)$로 정의할 때, 보기 중 옳은 것만을 있는 대로 고른 것은?

보기
ㄱ. $A\odot A=A$
ㄴ. $A\odot A^C=\varnothing$
ㄷ. $A\odot(A-B)=A\cap B$

① ㄱ   ② ㄴ   ③ ㄷ
④ ㄱ, ㄴ   ⑤ ㄴ, ㄷ

151
남일고, 부산고 응용

전체집합 $U=\{x\mid x$는 자연수$\}$의 부분집합 A는 원소의 개수가 4이고 모든 원소의 합이 21이다. 상수 k에 대하여 집합 $B=\{x+k\mid x\in A\}$가 다음 조건을 모두 만족시킬 때, 집합 A의 모든 원소의 곱을 구하여라.

㈎ $A\cap B=\{4,\ 6\}$
㈏ $A\cup B$의 모든 원소의 합이 40이다.

152
동래고, 충북여고, 효천고 응용

자연수의 집합 N의 두 부분집합 $A=\{pq,\ 25\}$, $B=\{6,\ 12,\ p^2+q^2\}$에 대하여 $A^C\cup B=N$이 성립할 때, $|p-q|$의 값을 구하여라. (단, p, q는 자연수이다.)

153
둔산여고, 해운대고 응용

자연수 n에 대하여 집합 A_n을 $A_n=\{x\mid x$는 n과 서로소인 자연수$\}$라 할 때, $A_k=A_{12}\cap A_{15}$를 만족하는 자연수 k의 최솟값은?

① 3   ② 12   ③ 15
④ 30   ⑤ 60

154
삼성고, 일산고 응용

자연수 k의 배수의 집합을 A_k라 하고 $(A_4\cap A_6)\supset A_p$를 만족하는 p의 최솟값을 m, $(A_8\cup A_{12})\subset A_q$를 만족하는 q의 최댓값을 M이라 할 때, $M+m$의 값을 구하여라.

155
경남고, 중경고 응용

50명의 학생들에게 좋아하는 수학자를 조사하였더니 유클리드를 좋아하는 학생이 30명, 가우스를 좋아하는 학생이 35명, 그 외의 수학자를 좋아하는 학생이 10명이었다. 유클리드와 가우스를 모두 좋아하는 학생 수는? (단, 모든 학생들은 적어도 한 명의 수학자를 좋아한다고 대답하였으며, 유클리드와 가우스 이외의 수학자를 좋아하는 학생들은 유클리드와 가우스를 좋아하지 않는다.)

① 16   ② 19   ③ 22
④ 25   ⑤ 28

156 다음 조건을 모두 만족시키는 전체집합 U의 공집합이 아닌 두 부분집합 A, B의 순서쌍 (A, B)의 개수를 구하여라.

📖 강일고, 해운대고 응용

> (가) $U = \{1, 2, 3, 4, 5, 6, 7, 8\}$ (나) $A - B = \{1, 3, 5, 7\}$

📖 대영고, 부산국제외고, 진명여고 응용

157 전체집합 $U = \{x \,|\, x$는 10보다 작은 자연수$\}$의 두 부분집합 A, B에 대하여 연산 $\triangle$를 $A \triangle B = (A \cap B^{c}) \cup (B \cap A^{c})$와 같이 정의하고 $A \triangle B$의 가장 큰 원소가 B에 속할 때, $A \triangleleft B$와 같이 나타내자. U의 부분집합 $X = \{1, 2, 5, 9\}$, $Y = \{2, 4, 6, 7, 9\}$, $Z = \{3, 5, 6, 7, 9\}$에 대하여 다음 중 옳은 것은?

① $Y \triangleleft X \triangleleft Z$ ② $X \triangleleft Y \triangleleft Z$ ③ $X \triangleleft Z \triangleleft Y$
④ $Z \triangleleft X \triangleleft Y$ ⑤ $Z \triangleleft Y \triangleleft X$

📖 동화고, 신서고, 진선여고 응용

158 6^{2}의 양의 약수의 집합을 A, 15^{2}의 양의 약수의 집합을 B라 할 때, $S(A \cup B)$의 값은?
(단, $S(A \cup B)$는 $A \cup B$의 모든 원소의 합이다.)

① 31   ② 91   ③ 403   ④ 416   ⑤ 481

📖 수성고, 풍덕고 응용

159 전체집합 U의 두 부분집합 A, B에 대하여 $n(U) = 50$, $n(B) = 20$, $n(A \cap B) = 10$이다. 이때 $n(A)$의 최댓값과 최솟값의 합은?

① 10   ② 20   ③ 30   ④ 40   ⑤ 50

160

전체집합 U의 두 부분집합 A, B에 대하여
$$A \cup B^C = \{2, 4, 5, 8, 12\}, \quad (A \cap B)^C = \{1, 3, 5, 9\}$$
일 때, 보기 중 옳은 것만을 있는 대로 고른 것은?

---보기---
ㄱ. $U = \{1, 2, 3, 4, 5, 8, 9, 12\}$
ㄴ. $A \cap B = \{8\}$
ㄷ. 집합 $A^c \cap B$의 원소의 개수는 3이다.

① ㄱ ② ㄱ, ㄴ ③ ㄱ, ㄷ ④ ㄴ, ㄷ ⑤ ㄱ, ㄴ, ㄷ

161

100명의 학생을 대상으로 세 문제 a, b, c를 풀게 하였다. 문제 a를 맞힌 학생의 집합을 A, 문제 b를 맞힌 학생의 집합을 B, 문제 c를 맞힌 학생의 집합을 C라 할 때, $n(A)=40$, $n(B)=35$, $n(C)=52$, $n(A \cap B)=15$, $n(A \cap C)=10$, $n(A^c \cap B^c \cap C^c)=7$이다. 이때 세 문제 중 두 문제 이상을 맞힌 학생 수의 최솟값을 구하여라.

162

집합 $U = \{1, 2, 3, \cdots, 52\}$의 부분집합 A에 대하여 $a \in A$, $b \in A$이면 $a+b \neq 5k$일 때, $n(A)$의 최댓값을 구하여라. (단, $a \neq b$, k는 자연수이다.)

163

실수 전체의 집합 U의 두 부분집합 A, B에 대하여 $n(A)=5$, $B = \left\{ \dfrac{x+a}{2} \,\middle|\, x \in A \right\}$이다. 두 집합 A, B가 다음 조건을 모두 만족시킬 때, 상수 a의 값을 구하여라.

㉮ 집합 A의 모든 원소의 합은 28이다.
㉯ 집합 $A \cup B$의 모든 원소의 합은 49이다.
㉰ $A \cap B = \{10, 13\}$

164 📄 대일고, 청담고 응용

집합 $S=\{a,\ b,\ c\}$의 부분집합을 원소로 갖는 집합 X가 다음 조건을 모두 만족시킨다.

> (가) $A\in X$이면 $S-A\in X$
> (나) $A\in X$, $B\in X$이면 $A\cup B\in X$

이때 집합 X의 개수를 구하여라. (단, $X\neq\varnothing$)

165 📄 경덕여고, 상원고, 서초고 응용

실수 전체의 집합 R의 두 부분집합
$$A=\{x\,|\,x^2-x-6>0\},\quad B=\{x\,|\,x^2+ax+b\leq0\}$$
가 다음 조건을 모두 만족시킬 때, 두 상수 a, b에 대하여 $a-b$의 값을 구하여라.

> (가) $A\cup B=R$
> (나) $A\cap B=\{x\,|\,-5\leq x<-2\}$

166 📄 대일외고, 휘문고 응용

집합 S의 부분집합을 원소로 하는 집합을 $P(S)$라 하자. 세 집합 A, B, C에 대하여
$$n(A)=n(B)=4,\ n(P(A))+n(P(B))+n(P(C))=n(P(A\cup B\cup C))$$
일 때, 다음 풀이 과정을 이용하여 구한 $n(A\cap B\cap C)$의 최솟값은?

> $n(C)=c$, $n(A\cup B\cup C)=d$라 하면 문제의 조건에서 $2^4+2^4+2^c=2^d$이다.
> 양변을 2^5으로 나누면 $1+2^{c-5}=2^{d-5}$에서 좌변은 1보다 크고 우변은 2의 거듭제곱이므로
> $c=[\ \ㄱ\ \ ]$, $d=[\ \ㄴ\ \ ]$이다.
> $$\therefore n(A\cap B\cap C)=n(A\cap B)+n(B\cap C)+n(C\cap A)-[\ \ㄷ\ \ ]$$
> $$=[\ \ㄹ\ \ ]-n(A\cup B)-n(B\cup C)-n(C\cup A)$$
> $$\geq[\ \ㄹ\ \ ]-3\times[\ \ㄴ\ \ ]=[\ \ㅁ\ \ ]$$

① 0 　　　　② 1 　　　　③ 2 　　　　④ 3 　　　　⑤ 4

167

서로 다른 두 실수 a, b에 대하여 두 집합 A, B는
$$A=\{x\,|\,x^3+ax^2+bx=0\}, \quad B=\{x\,|\,x^3+bx^2+ax=0\}$$
이다. $n(A\cup B)=4$, $n(A\cap B)=2$일 때, 집합 $(A\cup B)-(A\cap B)$의 모든 원소의 합은?

(단, $n(X)$는 집합 X의 원소의 개수이다.)

① -2 ② -1 ③ 0 ④ 1 ⑤ 2

168

전체집합 $U=\{1, 2, 3, \cdots, 10\}$의 부분집합 S에 대하여 S의 원소 중에서 소수의 개수를 $N(S)$라 정의할 때, 보기 중 옳은 것만을 있는 대로 고른 것은?

ㄱ. $S=\{2, 3, 4\}$이면 $N(S)=2$이다.

ㄴ. $N(S)$의 최댓값은 4이다.

ㄷ. $N(S)=1$인 집합 S의 개수는 2^8이다.

① ㄱ   ② ㄷ   ③ ㄱ, ㄴ   ④ ㄴ, ㄷ   ⑤ ㄱ, ㄴ, ㄷ

169

자연수 n에 대하여 집합 A_n을 $A_n=\left\{x\,\middle|\,x-[x]=\dfrac{1}{n},\ x\in Q\right\}$로 정의할 때, 보기 중 옳은 것만을 있는 대로 고른 것은? (단, Q는 유리수의 집합, $[x]$는 x보다 크지 않은 최대의 정수이다.)

ㄱ. $-\dfrac{6}{5}\in A_5$ ㄴ. $\dfrac{2008}{9}\in A_9$ ㄷ. $A_3\subset A_6$

① ㄴ   ② ㄱ, ㄴ   ③ ㄱ, ㄷ   ④ ㄴ, ㄷ   ⑤ ㄱ, ㄴ, ㄷ

170

전체집합 $U=\{x\,|\,x$는 100 이하의 자연수$\}$의 부분집합 A에 대하여 $f(A)$를 집합 A에 속하는 모든 원소의 합이라 정의한다. 전체집합 U의 두 부분집합 A, B에 대하여 보기 중 옳은 것만을 있는 대로 고른 것은? (단, $f(\varnothing)=0$)

ㄱ. $f(A-B)=f(A)-f(B)$

ㄴ. $f(A)=f(B)$이면 $A=B$이다.

ㄷ. $f(A\cup B)=f(A)+f(B)-f(A\cap B)$

① ㄱ   ② ㄷ   ③ ㄱ, ㄴ   ④ ㄴ, ㄷ   ⑤ ㄱ, ㄴ, ㄷ

171
📄 계남고, 장훈고 응용

전체집합 $U=\{1, 2, 3, 4\}$의 두 부분집합 A, B가 다음 조건을 만족시킬 때, 두 집합 A, B의 순서쌍 (A, B)의 개수는?

> $n(A \cap B)=0$이고 $A \cup B$의 모든 원소의 합은 3의 배수이다.

① 20   ② 22   ③ 24   ④ 26   ⑤ 28

172
📄 경문고, 숭문고, 중앙고 응용

두 집합 $X=\{1, 2, 3, 4, 5\}$, $Y=\{1, 3, 5, 7\}$에 대하여 $a \in X$, $b \in Y$일 때, 이차방정식 $x^2-2ax+b=0$이 실근을 가지고 $x^2+ax+b=0$이 실근을 가지지 않도록 하는 순서쌍 (a, b)의 개수는? (단, a, b는 상수이다.)

① 7   ② 8   ③ 9   ④ 10   ⑤ 11

173
📄 세화고, 중동고, 휘문고 응용

집합 $X=\{1, 2, 3\}$에서 임의로 하나의 숫자를 선택하여 그 숫자를 a라 하고, 집합 $X \cup \{4\}$에서 하나의 숫자를 선택하여 그 숫자를 b, 집합 $X \cup \{4, 5\}$에서 하나의 숫자를 선택하여 그 숫자를 c라 하자. $a>b$이거나 $b \geq c$를 만족하는 a, b, c의 순서쌍 (a, b, c)의 개수는?

① 40   ② 41   ③ 42   ④ 43   ⑤ 44

174
📄 마전고, 세화여고, 신현고, 영덕고, 양천고 응용

전체집합 $U=\{x \mid 1 \leq x \leq 15,\ x$는 자연수$\}$의 부분집합 A가 다음 조건을 모두 만족시킬 때, 가능한 모든 집합 A의 개수를 구하여라.

> (개) $n(A)=4$ (내) $a \in A$이면 $a+1 \notin A$이다.

서술형   체감난도가 높았던 **서술형** 기출

175

세화고, 오금고 응용

전체집합 $U=\{x\,|\,1\leq x\leq 12,\ x$는 자연수$\}$의 두 부분집합 $A=\{1,\ 2\}$, $B=\{2,\ 3,\ 5,\ 7\}$에 대하여 다음 조건을 모두 만족시키는 U의 부분집합 X의 개수를 구하여라.

> (가) $A\cup X=X$
> (나) $(B-A)\cap X=\{5,\ 7\}$

176

덕성여고, 양재고, 하나고 응용

집합 $A=\{2,\ 2^2,\ 2^3,\ 2^4,\ 2^5,\ 2^6\}$의 공집합이 아닌 모든 부분집합을 S_1, S_2, S_3, $\cdots$, S_n이라 하고 각 집합의 원소 중에서 가장 작은 원소를 차례로 a_1, a_2, a_3, $\cdots$, a_n이라 하자. 이때 $a_1+a_2+a_3+\cdots+a_n$의 값을 구하여라.

(단, $n(A)$는 집합 A의 원소의 개수이다.)

177

덕수고, 서령고, 아산고 응

자연수 n에 대하여 두 집합

$$A_n=\{x\,|\,n^2+3n+2\leq x\leq n^2+3n+6\},$$
$$B_n=\{x\,|\,2n^2+2\leq x\leq 2n^2+5\}$$

가 있다. 연산 $\triangle$을

$$A_n\triangle B_n=(A_n\cup B_n)-(A_n\cap B_n)$$

으로 정의하고 집합 $A_n\triangle B_n$의 원소 중에서 최솟값을 $f(n)$이라 하면

$$\frac{1}{f(4)}+\frac{1}{f(5)}+\cdots+\frac{1}{f(9)}=K$$

이다. 이때 $110K$의 값을 구하여라.

$$\left(\text{단, } \frac{1}{AB}=\frac{1}{B-A}\left(\frac{1}{A}-\frac{1}{B}\right)(A\neq B)\text{로 계산한다.}\right)$$

178

대원외고, 부여고, 서현고 응용

올해 4월에 인플루엔자 A/H1N1(신종 플루) 바이러스 감염이 의심되어 H병원을 찾은 환자 90명은 고열, 기침, 목통증 중 한 가지 이상의 증세를 보였다. 고열 증세가 있는 환자는 45명, 기침을 하는 환자는 37명, 목통증을 호소하는 환자는 29명, 기침과 목통증이 있는 환자는 6명이었다. 병원 당국은 고열과 기침 증세가 동시에 있거나 고열과 목통증이 동시에 있는 환자를 신종 플루 바이러스 감염 대상자로 일차 분류한다. 일차 분류된 환자의 수를 구하여라.

☑ 동래고, 삼성여고 응용

179 자연수 m에 대하여 집합 A_m을 $A_m = \left\{ (a, b) \,\middle|\, 2^a = \dfrac{m}{b}, \ a, \ b \text{는 자연수} \right\}$라 할 때, 보기 중 옳은 것만을 있는 대로 고른 것은?

> ─ 보기 ─
> ㄱ. $A_4 = \{(1, 2), (2, 1)\}$
> ㄴ. 자연수 k에 대하여 $m = 2^k$이면 $n(A_m) = k$이다.
> ㄷ. $n(A_m) = 1$이 되도록 하는 한 자리 자연수 m의 개수는 2이다.

① ㄱ   ② ㄱ, ㄴ   ③ ㄱ, ㄷ   ④ ㄴ, ㄷ   ⑤ ㄱ, ㄴ, ㄷ

☑ 경혜여고, 명지고, 용문고 응용

180 두 집합
$$A = \{x \,|\, x \text{는 } 100 \text{ 이하의 자연수}\}, \quad B = \{x \,|\, x \text{는 } 50 \text{과 서로소인 자연수}\}$$
에 대하여 다음 조건을 모두 만족시키는 집합 X의 개수를 구하여라.

> ㈎ $X \subset A$, $X \neq \varnothing$
> ㈏ $X \cap B = \varnothing$
> ㈐ 집합 X의 모든 원소는 12와 서로소이다.

☑ 동북고, 부산국제외고 응용

181 자연수를 원소로 가지는 집합 A에 대하여 다음 규칙에 따라 $m(A)$의 값을 정한다.

> ㈎ 집합 A의 원소가 1개인 경우, 집합 A의 원소를 $m(A)$의 값으로 한다.
> ㈏ 집합 A의 원소가 2개 이상인 경우, 집합 A의 원소를 큰 수부터 차례로 나열하고, 나열한 수들 사이에 $-$, $+$를 이 순서대로 번갈아 넣어 계산한 결과를 $m(A)$의 값으로 한다.

예를 들어, $A = \{5\}$이면 $m(A) = 5$이다. 또 $B = \{1, 2, 4\}$, $C = \{1, 2, 4, 5\}$이면
$m(B) = 4 - 2 + 1 = 3$, $m(C) = 5 - 4 + 2 - 1 = 2$가 되어
$m(B) + m(C) = (4 - 2 + 1) + (5 - 4 + 2 - 1) = 5$이다.
집합 $\{1, 2, 3, 4, 5\}$의 공집합이 아닌 서로 다른 부분집합을 $X_1, X_2, \cdots, X_{31}$이라 할 때,
$m(X_1) + m(X_2) + \cdots + m(X_{31})$의 값을 구하여라.

182 전체집합 $U=\{1,\ 2,\ 3,\ 4,\ 5,\ 6\}$의 두 부분집합 A, B가 다음 조건을 모두 만족시킬 때, 두 집합 A, B의 순서쌍 $(A,\ B)$의 개수는?

> (가) $2 \not\in A \cap B^C$
 (나) $n(B-A)=3$

① 410　　② 420　　③ 430　　④ 440　　⑤ 450

183 전체집합 $U=\{x\,|\,1 \leq x \leq 30,\ x$는 자연수$\}$의 부분집합 A가 다음 조건을 모두 만족시킨다.

> (가) $n(A)=3$
 (나) 집합 A의 원소를 작은 수부터 차례로 a_1, a_2, a_3이라 할 때, $\left[\dfrac{a_1}{2}\right]=\left[\dfrac{a_2}{3}\right]=\left[\dfrac{a_3}{4}\right]$이다.

$\left[\dfrac{a_1}{2}\right]=\left[\dfrac{a_2}{3}\right]=\left[\dfrac{a_3}{4}\right]$을 만족하는 자연수의 순서쌍 $(a_1,\ a_2,\ a_3)$의 개수를 구하여라.

（단, $[x]$는 x를 넘지 않는 최대의 정수이다.）

184 오른쪽 그림과 같은 9개의 빈칸에 4개의 홀수 1, 3, 5, 7과 5개의 짝수 2, 4, 6, 8, 10을 모두 사용하여 다음과 같은 규칙으로 적는 모든 경우의 수를 구하여라.

a_{11}	a_{12}	a_{13}
a_{21}	a_{22}	a_{23}
a_{31}	a_{32}	a_{33}

> (가) $\{a_{11},\ a_{12},\ a_{13}\} \subset \{1,\ 3,\ 5,\ 7\}$
 (나) $\{a_{31},\ a_{32},\ a_{33}\} \subset \{2,\ 4,\ 6,\ 8,\ 10\}$
 (다) $a_{11}<a_{21}<a_{31}$, $a_{12}<a_{22}<a_{32}$, $a_{13}<a_{23}<a_{33}$

06 명제

1 명제와 조건의 부정

명제 또는 조건 p에 대하여 'p가 아니다.'를 p의 부정이라 하고, 기호로 $\sim p$와 같이 나타낸다. 명제 p가 참이면 $\sim p$는 거짓이고, 명제 p가 거짓이면 $\sim p$는 참이다.

2 진리집합과 명제

(1) 진리집합 : 전체집합 U의 원소 중에서 조건 p가 참이 되게 하는 모든 원소의 집합을 조건 p의 진리집합이라 한다.

(2) 두 조건 p, q에 대하여 'p이면 q이다.'와 같은 꼴로 이루어진 명제를 기호로 $p \longrightarrow q$와 같이 나타내고, p를 가정, q를 결론이라 한다.

(3) 명제 $p \longrightarrow q$에 대하여 두 조건 p, q의 진리집합을 각각 P, Q라 할 때, $P \subset Q$이면 명제 $p \longrightarrow q$는 참, $P \not\subset Q$이면 명제 $p \longrightarrow q$는 거짓이다.

3 '모든'이나 '어떤'을 포함한 명제의 부정

(1) 명제 '모든 x에 대하여 p이다.'의 부정은 '어떤 x에 대하여 $\sim p$이다.'이다.

(2) 명제 '어떤 x에 대하여 p이다.'의 부정은 '모든 x에 대하여 $\sim p$이다.'이다.

4 명제의 역과 대우

(1) 명제 $p \longrightarrow q$의 역은 $q \longrightarrow p$이고, 대우는 $\sim q \longrightarrow \sim p$이다.

(2) 명제와 그 대우의 참, 거짓

① 명제 $p \longrightarrow q$가 참이면 그 대우 $\sim q \longrightarrow \sim p$도 참이다.

② 명제 $p \longrightarrow q$가 거짓이면 그 대우 $\sim q \longrightarrow \sim p$도 거짓이다.

5 충분조건과 필요조건

(1) 명제 $p \longrightarrow q$가 참일 때, 기호로 $p \Longrightarrow q$와 같이 나타내고 p는 q이기 위한 충분조건, q는 p이기 위한 필요조건이라 한다.

(2) 명제 $p \longrightarrow q$에 대하여 $p \Longrightarrow q$이고 $q \Longrightarrow p$일 때, 기호로 $p \Longleftrightarrow q$와 같이 나타내고, p는 q이기 위한 필요충분조건이라 한다. 이때 q도 p이기 위한 필요충분조건이다.

6 명제의 증명

(1) 대우를 이용한 증명 : 어떤 명제가 참임을 보이고자 할 때, 그 대우가 참임을 보이는 방법

(2) 귀류법 : 명제의 결론을 부정하여 가정이나 이미 알려진 정리 등에 모순임을 보임으로써 주어진 명제가 참임을 보이는 방법

7 절대부등식

(1) 절대부등식 : 미지수가 어떤 실수 값을 갖더라도 항상 성립하는 부등식

(2) 부등식의 증명에 자주 이용되는 실수의 성질 : 두 실수 a, b에 대하여

① $a-b>0 \Longleftrightarrow a>b$ ② $a^2 \geq 0$, $a^2+b^2 \geq 0$

③ $a^2+b^2=0 \Longleftrightarrow a=b=0$ ④ $|a|^2 = a^2$

⑤ $a>0$, $b>0$일 때, $a>b \Longleftrightarrow a^2>b^2$

8 여러 가지 절대부등식

a, b, c가 실수일 때,

(1) $a^2 \pm ab + b^2 \geq 0$ (단, 등호는 $a = b = 0$일 때 성립)

(2) $a^2 + b^2 + c^2 - ab - bc - ca \geq 0$ (단, 등호는 $a = b = c$일 때 성립)

(3) $|a| + |b| \geq |a + b|$ (단, 등호는 $ab \geq 0$일 때 성립)

9 산술평균과 기하평균의 관계

$a > 0$, $b > 0$일 때, $\dfrac{a+b}{2} \geq \sqrt{ab}$ (단, 등호는 $a = b$일 때 성립)

10 코시-슈바르츠의 부등식

(1) a, b, x, y가 실수일 때,

$$(a^2 + b^2)(x^2 + y^2) \geq (ax + by)^2 \left(\text{단, 등호는 } \frac{x}{a} = \frac{y}{b} \text{일 때 성립}\right)$$

(2) a, b, c, x, y, z가 실수일 때,

$$(a^2 + b^2 + c^2)(x^2 + y^2 + z^2) \geq (ax + by + cz)^2$$

$$\left(\text{단, 등호는 } \frac{x}{a} = \frac{y}{b} = \frac{z}{c} \text{일 때 성립}\right)$$

▶ 두 양수 a, b에 대하여 $\dfrac{a+b}{2}$를 산술평균, $\sqrt{ab}$를 기하평균이라 한다.

▶ 일반적으로 산술평균과 기하평균은 두 양수의 합이 일정할 때 곱의 최댓값을 구하거나, 두 양수의 곱이 일정할 때 합의 최솟값을 구하는 경우에 사용한다.

+10점 향상을 위한 문제 해결의 *Key*

Key 1 평균부등식의 확장

모든 문자는 양수일 때, 제곱근 멱평균 ≥ 산술평균 ≥ 기하평균 ≥ 조화평균

$$\sqrt{\frac{a^2 + b^2}{2}} \geq \frac{a+b}{2} \geq \sqrt{ab} \geq \frac{2}{\dfrac{1}{a} + \dfrac{1}{b}}$$

제곱근 멱평균 : $\sqrt{\dfrac{x_1^2 + x_2^2 + \cdots + x_n^2}{n}}$, 산술평균 : $\dfrac{x_1 + x_2 + \cdots + x_n}{n}$, 기하평균 : $\sqrt[n]{x_1 x_2 \cdots x_n}$,

조화평균 : $\dfrac{n}{\dfrac{1}{x_1} + \dfrac{1}{x_2} + \cdots + \dfrac{1}{x_n}}$ 일 때, 평균부등식의 대소 관계는 다음과 같다.

$$\sqrt{\frac{x_1^2 + x_2^2 + \cdots + x_n^2}{n}} \geq \frac{x_1 + x_2 + \cdots + x_n}{n} \geq \sqrt[n]{x_1 x_2 \cdots x_n} \geq \frac{n}{\dfrac{1}{x_1} + \dfrac{1}{x_2} + \cdots + \dfrac{1}{x_n}}$$

» 57쪽 206번

Key 2 코시 엥겔폼 (Titu's Lemma)

$$\frac{x^2}{a} + \frac{y^2}{b} \geq \frac{(x+y)^2}{a+b}, \quad \frac{x^2}{a} + \frac{y^2}{b} + \frac{z^2}{c} \geq \frac{(x+y+z)^2}{a+b+c} \quad (\text{단, } a > 0, b > 0, c > 0)$$

코시-슈바르츠의 부등식 $\left\{ (\sqrt{a})^2 + (\sqrt{b})^2 + (\sqrt{c})^2 \right\} \left\{ \left(\dfrac{x}{\sqrt{a}}\right)^2 + \left(\dfrac{y}{\sqrt{b}}\right)^2 + \left(\dfrac{z}{\sqrt{c}}\right)^2 \right\} \geq (x+y+z)^2$ 에서 양변을

$(a+b+c)$로 나누면 $\dfrac{x^2}{a} + \dfrac{y^2}{b} + \dfrac{z^2}{c} \geq \dfrac{(x+y+z)^2}{a+b+c}$

» 61쪽 220번, 222번

185
□ 양재고, 여의도여고 응용

네 조건

$$p : x>0,\ q : y>0,\ r : x<0,\ s : y<0$$

을 만족하는 집합을 각각 P, Q, R, S라 할 때, 조건 $xy>0$의 진리집합은?

① $(P\cap Q)\cup(R^C\cap S^C)$ ② $(P\cap Q)\cap(R\cap S)$
③ $(P\cup Q)\cap(R\cup S)^C$ ④ $(P\cap Q)\cup(R\cap S)$
⑤ $(P\cup Q)\cup(R\cap S)$

186
□ 동화고, 상동고, 장훈고 응용

세 조건 p, q, r의 진리집합을 각각 P, Q, R이라 하자. $P\cup Q=P$, $Q^C\subset R^C$이 성립할 때, 다음 중 항상 참인 명제가 아닌 것은?

① $q \longrightarrow p$ ② $p \longrightarrow r$ ③ $r \longrightarrow p$
④ $\sim p \longrightarrow \sim q$ ⑤ $\sim q \longrightarrow \sim r$

187
□ 대전여고, 혜인여고 응용

두 조건

$$p : 2\leq x<4,\ q : x\leq a\ \text{또는}\ x>4a$$

에 대하여 $p \Longrightarrow \sim q$가 성립하도록 하는 실수 a의 값의 범위가 $\alpha\leq a<\beta$일 때, $\alpha\beta$의 값을 구하여라.

(단, $a>0$이고 α, β는 실수이다.)

188
□ 배문고, 서일고 응용

두 조건 p, q의 진리집합 P, Q에 대하여
$P\cup Q=\{2,\ 4,\ 6,\ 8,\ 10,\ 12,\ 14\}$, $P\cap Q=\{4,\ 8,\ 12,\ 14\}$, $Q\cap P^C=\{10\}$일 때, 명제 $p \longrightarrow q$가 거짓임을 보여 주는 반례에 해당되는 모든 원소의 합을 구하여라.

189
□ 당곡고, 용산고, 일산고 응용

세 집합 A, B, C를 $A=\{x\,|\,1\leq x\leq 6\}$, $B=\{x\,|\,4<x<9\}$, $C=\{x\,|\,1\leq x\leq a\}$라 하자. 세 조건 p, q, r이

$$p : x\in A,\ q : x\in(A-B),\ r : x\in C$$

일 때, 두 명제 $\sim p \longrightarrow \sim r$, $q \longrightarrow r$이 모두 참이 되도록 하는 모든 정수 a의 값의 합을 구하여라.

190
□ 보정고, 의정부여고, 정신여고 응용

공집합이 아닌 전체집합 U에서 $x\in U$일 때, 조건 $p(x)$의 진리집합을 P라 하자. 보기 중 참인 명제만을 있는 대로 고른 것은?

<보기>
ㄱ. 어떤 x에 대하여 $p(x)$가 참이면 $P=\varnothing$이다.
ㄴ. 모든 x에 대하여 $p(x)$가 참이면 $P=U$이다.
ㄷ. 어떤 x에 대하여 $p(x)$가 거짓이면 $P\neq\varnothing$이다.

① ㄱ ② ㄴ ③ ㄱ, ㄴ
④ ㄱ, ㄷ ⑤ ㄱ, ㄴ, ㄷ

191
□ 효성고, 휘문고 응용

카드의 양쪽 면에 A, B, C 중 어느 한 알파벳이 적혀 있고 그 중 한 면에는 숫자가 적힌 카드들이 있다. 이 카드들에 대한 다음 두 명제가 모두 참이라 한다.

㉮ 카드의 한 면이 A이면 다른 면은 B이다.
㉯ 카드의 한 면이 B이면 그 면에 1이 적혀 있다.

보기 중 옳은 것만을 있는 대로 골라라.

<보기>
ㄱ. 카드의 한 면이 B이면 다른 면은 A이다.
ㄴ. 카드의 한 면이 C이면 다른 면은 A가 아니다.
ㄷ. 카드의 한 면에 1이 적혀 있지 않으면 다른 면은 A가 아니다.

192

둔산여고, 소사고 응용

보기 중 세 실수 a, b, c가 모두 0이 아니기 위한 조건의 필요조건만이 될 수 있는 것을 있는 대로 골라라.

보기
ㄱ. $abc \neq 0$
ㄴ. $a+b+c \neq 0$
ㄷ. $a^2+b^2+c^2 \neq 0$

193

상일고, 우송고 응용

두 실수 x, y에 대하여 다음 중 조건 $|x+y|=|x-y|$이기 위한 충분조건이지만 필요조건이 <u>아닌</u> 것은?

① $xy<0$
② $xy>0$
③ $xy \geq 0$
④ $x=0$이고 $y=0$
⑤ $x=0$ 또는 $y=0$

194

대영고, 신목고, 진건고 응용

사랑, 유진, 재영이는 빨간 모자, 파란 모자, 흰색 모자 중 하나를 쓰고 있다. 나중에 세 사람은 다음과 같이 말하였다.

사랑 : 나는 파란 모자를 쓰고 있다.
유진 : 나는 파란 모자를 쓰고 있지 않다.
재영 : 나는 흰색 모자를 쓰고 있지 않다.

위의 세 명의 말 중에서 하나만 참일 때, 빨간 모자, 파란 모자, 흰색 모자를 쓰고 있는 사람을 차례대로 적으면?

(단, 세 사람이 쓰고 있는 모자색은 모두 다르다.)

① 사랑, 유진, 재영
② 사랑, 재영, 유진
③ 유진, 사랑, 재영
④ 재영, 유진, 사랑
⑤ 재영, 사랑, 유진

195

경안여고, 수내고 응용

두 실수 a, b에 대하여 $0<a<b$, $a+b=1$일 때, 다음 중 대소를 비교한 것으로 옳지 <u>않은</u> 것은?

① $\sqrt{b}-\sqrt{a}<\sqrt{b-a}$
② $\sqrt{b}-\sqrt{a}<\sqrt{a}+\sqrt{b}$
③ $\sqrt{b-a}<\sqrt{a}+\sqrt{b}$
④ $\sqrt{b-a}<1$
⑤ $\sqrt{a}+\sqrt{b}<1$

196

도농고, 백현고 응용

세 실수 a, b, c에 대하여 $3a-b+c=3$, $a+b+c=5$가 성립한다고 할 때, a, b, c의 대소를 비교하여라.

$$\left(단,\ a>\frac{4}{3}\right)$$

197

세원고, 진선여고 응용

임의의 세 실수 a, b, c에 대하여
$$a^2+b^2+c^2 \geq ab+bc+ca$$
임을 이용하여 $a+b+c=6$일 때, $ab+bc+ca$의 최댓값을 구하여라.

198

대일고, 양천고, 중경고 응용

두 양수 x, y에 대하여 $a=x+\dfrac{1}{y}$, $b=y+\dfrac{1}{x}$일 때, a^2+b^2의 최솟값을 m, 그 때의 x, y의 값을 각각 α, β라 하자. 이때 $m+\alpha+\beta$의 값을 구하여라.

1등급 학생들을 힘들게 했던 고난도 기출

199 실수 전체의 집합 R의 부분집합 A가 다음 조건을 만족시킨다.

> $x \in A$이면 $\dfrac{x}{3} \in A$이다.

보기 중 항상 옳은 것만을 있는 대로 고른 것은?

───── 보기 ─────
ㄱ. A는 무한집합이다. ㄴ. $9 \in A$이면 $\dfrac{1}{9} \in A$이다. ㄷ. $1 \in A$이면 $3 \in A$이다.

① ㄱ ② ㄴ ③ ㄷ ④ ㄴ, ㄷ ⑤ ㄱ, ㄴ, ㄷ

200 실수 전체의 집합의 두 부분집합 $A=\{x \mid f(x)=0\}$, $B=\{x \mid g(x)=0\}$이 있다. 명제 '어떤 실수 x에 대하여 $f(x)g(x) \neq 0$'가 거짓이라 할 때, 다음 중 항상 옳은 것은?

① A와 B는 모두 무한집합이다. ② A와 B는 모두 유한집합이다.
③ B가 무한집합이면 A는 무한집합이다. ④ B가 유한집합이면 A는 무한집합이다.
⑤ B가 유한집합이면 A도 유한집합이다.

201 실수 x에 대한 두 조건
$$p : -2 \leq x < 3, \quad q : k-1 < x \leq k+2$$
에 대하여 명제 '어떤 실수 x에 대하여 p이고 q이다.'가 참이 되도록 하는 모든 정수 k의 절댓값의 합을 구하여라.

202 수직선 위의 세 점 $O(0)$, $A(x)$, $B(5)$에 대하여 두 조건 p, q가
$$p : \overline{OA} \times \overline{AB} = 4, \quad q : \overline{OA} < k$$
일 때, 명제 $p \Longrightarrow q$가 참이 되도록 하는 자연수 k의 최솟값을 구하여라. (단, $x > 0$)

203

경산고, 영동일고, 태성고 응용

정수 전체의 집합의 부분집합 중 원소의 개수가 2인 집합 X에 대하여 다음 두 명제가 모두 참이 되도록 하는 집합 X의 개수는?

> (가) 집합 X의 모든 원소 x에 대하여 $x^2-8x+7<0$이다.
> (나) 집합 X의 어떤 원소 x에 대하여 $x^2-4x-5\geq0$이다.

① 3　　　　② 4　　　　③ 5　　　　④ 6　　　　⑤ 7

204

노원고, 단성고, 중산고 응용

전체집합 $U=\{x\,|\,x$는 20 이하의 자연수$\}$의 원소 x에 대한 두 조건 p, q가 다음과 같다.

> $p:\dfrac{6}{x}$은 자연수이다.　　　　　　$q:x$는 자연수 k와 서로소이다.

조건 p가 조건 '$\sim p$ 또는 q'이기 위한 충분조건이 되도록 하는 모든 자연수 k의 합을 구하여라.

$$(\text{단, } k\in U)$$

205

가락고, 부산진고, 죽전고 응용

세 양수 a, b, c에 대하여 $(7a+8b+9c)\left(\dfrac{1}{7a+8b}+\dfrac{1}{c}\right)$의 최솟값은?

① 14　　　　② 15　　　　③ 16　　　　④ 17　　　　⑤ 18

206

대건고, 포항고, 함백고 응용

두 양수 x, y가 $2x+y=7$을 만족할 때, $\sqrt{13-4x}+\sqrt{9-2y}$의 최댓값은?

① 3　　　　② 4　　　　③ 5　　　　④ 6　　　　⑤ 7

207

마산고, 일신여고, 중산고 응용

양의 두 실수 x, y가 $\dfrac{x^2}{9}+\dfrac{y^2}{4}=1$을 만족시킬 때, $(2x+3y)^2$의 최댓값을 구하여라.

208

동산고, 한성여고, 환일고 응용

두 양수 a, b에 대하여 $a^2-4a+\dfrac{a}{b}+\dfrac{4b}{a}$가 $a=m$, $b=n$일 때 최솟값 k를 갖는다. 이때 $m+n+k$의 값은?

① 3 ② 4 ③ 5 ④ 6 ⑤ 7

209

단성고, 청주고, 평택고 응용

오른쪽 그림과 같이 반지름의 길이가 1인 원 O의 내부에 있는 점 A를 지나는 현 PQ가 있다. 세 점 A, P, Q가 움직일 때, $\dfrac{1}{\overline{PA}}+\dfrac{1}{\overline{AQ}}$의 최솟값을 구하여라.

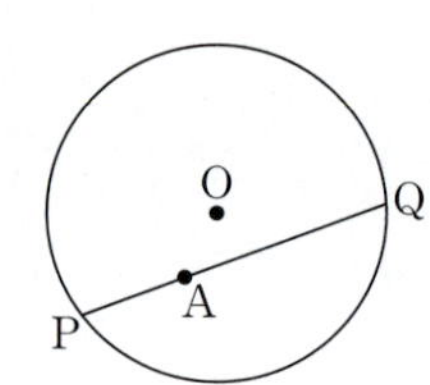

210

구성고, 마산여고, 학성고 응용

네 실수 a, b, c, d에 대하여 $a^2+b^2=4$, $c^2+d^2=16$일 때, $ac+bd$의 최댓값과 $ab+cd$의 최댓값의 합은?

① 12 ② 14 ③ 16 ④ 18 ⑤ 20

경기여고, 과천고, 포항중앙고 응용

211 오른쪽 그림과 같은 $\square ABCD$에서 $\overline{AB}=7$, $\overline{AD}=1$, $\angle A=\angle C=90°$일 때, $\square ABCD$의 둘레의 길이의 최댓값은?

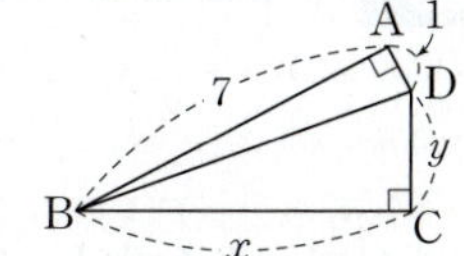

① 17 ② 18 ③ 19 ④ 20 ⑤ 21

서일고, 분당대진고, 한성고 응용

212 세 실수 a, b, c에 대하여 $a+b+c=2$, $a^2+b^2+c^2=4$이다. c의 최솟값을 m, 그 때의 a, b의 값을 각각 p, q라 할 때, $m+2p+3q$의 값은?

① -2 ② 0 ③ 2 ④ 4 ⑤ 6

대원여고, 서강고, 함평고 응용

213 부등식 $x^2+2y^2+3z^2\leq24$를 만족하는 세 실수 x, y, z에 대하여 $x-2y+3z$의 최댓값을 M, 최솟값을 m이라 할 때, $M-m$의 값은?

① 22 ② 24 ③ 26 ④ 28 ⑤ 30

부산진고, 초지고, 해성여고 응용

214 점 $A(-2, 0)$과 함수 $f(x)=x^2+2x+9$ $(x\geq0)$에 대하여 함수 $y=f(x)$의 그래프 위의 점 P에서 x축에 내린 수선의 발을 H라 할 때, 모든 점 P에 대하여 $\dfrac{\overline{AH}}{\overline{PH}}$는 $x=a$일 때 최댓값 b를 갖는다. 이때 $20(a+b)$의 값을 구하여라.

서술형   체감난도가 높았던 **서술형** 기출

215

세화고, 오금고 응용

나폴레옹, 맥아더, 세종대왕, 링컨, 징기즈칸 다섯 명이 사후 세계에서 만나 그 해 이루어진 '역사상 가장 훌륭했던 역대 지도자'라는 설문조사 결과를 보고 다음과 같이 말하였다.

> 나폴레옹 : 내가 가장 훌륭하다.
> 맥아더 : 링컨이 가장 훌륭하다.
> 세종대왕 : 나는 가장 훌륭하진 못했다.
> 링컨 : 징기즈칸은 거짓말을 한다.
> 징기즈칸 : 링컨이 가장 훌륭하다.

한 명의 말만이 참인 경우의 가장 훌륭했던 지도자와 참인 말을 한 지도자를 차례대로 적어라.

(단, 가장 훌륭한 지도자는 한 명뿐이다.)

216

덕성여고, 양재고, 하나고 응용

한 쪽 면에는 정수가, 다른 쪽 면에는 알파벳의 대문자 또는 소문자가 적혀 있는 카드가 '카드의 한 쪽 면에 음이 아닌 정수가 적혀 있으면 다른 쪽 면에는 대문자가 적혀 있다.'라는 규칙을 따른다고 한다. 한 쪽 면에 Q, -1, 0, g, 6, A, -3, r이 적혀 있는 카드가 책상 위에 있을 때, 위의 규칙이 맞는 카드인지 알아보기 위하여 다른 쪽 면을 반드시 확인할 필요가 있는 카드는 몇 장인지 구하여라.

217

덕수고, 서령고, 아산고 응용

명제 '공집합은 모든 집합의 부분집합이다.'를 증명하여라.

218

대원외고, 부여고, 서현고 응용

세 양수 a, b, c에 대하여 부등식
$$\frac{a}{b+c} + \frac{b}{c+a} + \frac{c}{a+b} \geq \frac{3}{2}$$
이 성립함을 증명하여라.

📄 동래고, 삼성여고 응용

219 양의 두 실수 x, y에 대하여 $\dfrac{3x^2+18xy+15y^2}{x^2+4xy+4y^2}$ 의 최댓값을 구하여라.

📄 경혜여고, 명지고, 용문고 응용

220 오른쪽 그림과 같이 $\overline{AB}=3$, $\overline{BC}=4$인 직각삼각형 ABC의 내부의 한 점 P에서 세 변에 내린 수선의 발을 각각 D, E, F라 할 때, $\sqrt{\overline{PD}}+\sqrt{\overline{PE}}+\sqrt{\overline{PF}}$의 최댓값을 구하여라.

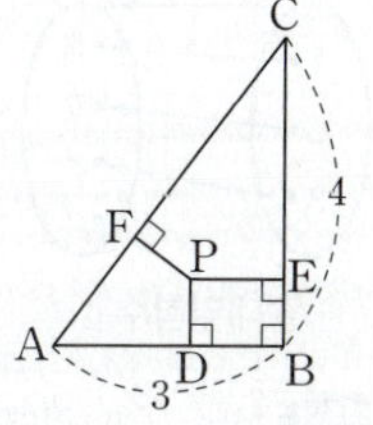

📄 동북고, 부산국제외고 응용

221 세 실수 x, y, z에 대하여 $x\geq0$, $y\geq0$, $z\geq0$, $x+y+z\neq0$일 때, $\dfrac{x}{y+z}+\dfrac{9y}{z+x}+\dfrac{16z}{x+y}$의 최솟값을 구하여라.

📄 동북고, 부산국제외고 응용

222 농장에서는 멧돼지의 출몰로 인한 피해를 막기 위해 밭 테두리에 안전장치를 설치한다. 안전장치는 정사각형 모양이고 안전장치가 설치되더라도 멧돼지의 피해를 완전히 차단할 수는 없다. 피해금은 설치된 안전장치의 한 변의 길이에 반비례하고 농작물 A, B, C를 심은 밭에서 안전장치를 설치하더라도 발생하는 피해금은 1 m당 1만 원, 4만 원, 9만 원이라 한다. 세 밭에 설치한 안전장치의 길이의 합이 400 m일 때, 피해금의 최솟값을 구하여라.

07 함수

1 여러 가지 함수

(1) **일대일함수**: 함수 $f : X \longrightarrow Y$에서 정의역 X의 임의의 두 원소 x_1, x_2에 대하여 $x_1 \neq x_2$이면 $f(x_1) \neq f(x_2)$가 성립하는 함수

(2) **일대일대응**: 함수 $f : X \longrightarrow Y$가 일대일함수이고, 치역과 공역이 같은 함수

(3) **항등함수**: 함수 $f : X \longrightarrow X$에서 정의역 X의 각 원소 x에 그 자신인 x가 대응하는 함수, 즉 $f(x) = x$

(4) **상수함수**: 함수 $f : X \longrightarrow Y$에서 정의역 X의 모든 원소 x에 공역 Y의 단 하나의 원소 c가 대응하는 함수, 즉 $f(x) = c$ (단, $c \in Y$, c는 상수)

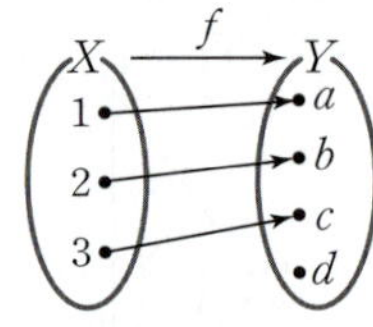 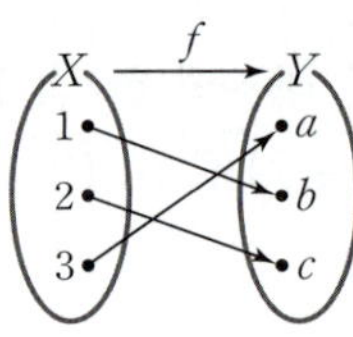 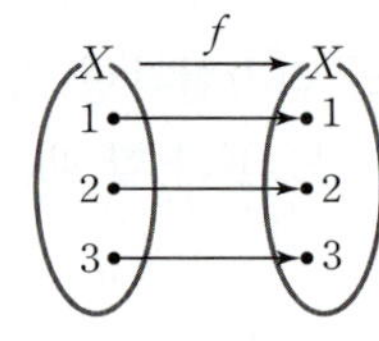 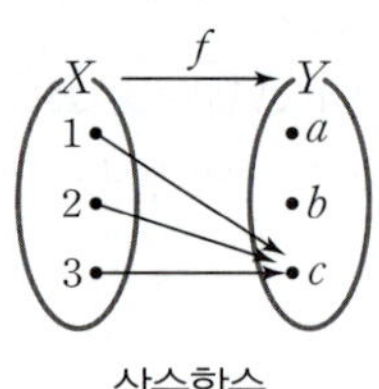

> **참고** 함수 f가 일대일함수임을 보이려면 정의역의 임의의 두 원소 x_1, x_2에 대하여 $x_1 \neq x_2$이면 $f(x_1) \neq f(x_2)$임을 보이거나 이 명제의 대우인 $f(x_1) = f(x_2)$이면 $x_1 = x_2$임을 보이면 된다.

2 합성함수

두 함수 $f : X \longrightarrow Y$, $g : Y \longrightarrow Z$에 대하여 집합 X의 각 원소 x에 집합 Z의 원소 $g(f(x))$를 대응시키는 함수를 f와 g의 합성함수라 하고 기호로 $g \circ f$와 같이 나타낸다. 즉,

$$g \circ f : X \longrightarrow Z, \ (g \circ f)(x) = g(f(x))$$

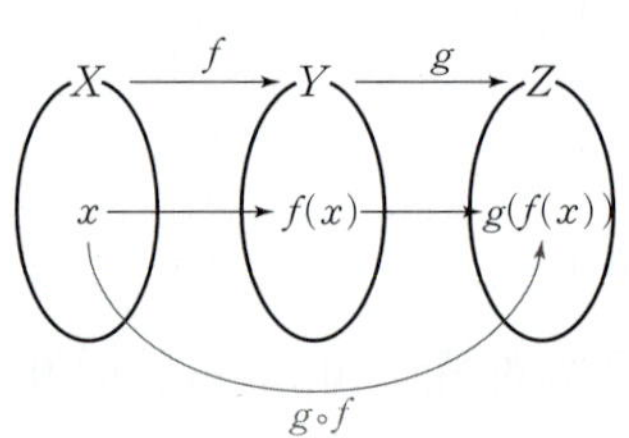

3 합성함수의 성질

세 함수 f, g, h에 대하여

(1) $f \circ g \neq g \circ f$

(2) $(h \circ g) \circ f = h \circ (g \circ f)$

(3) $f : X \longrightarrow X$일 때, $f \circ I = I \circ f = f$ (단, I는 X의 항등함수)

4 역함수

함수 $f : X \longrightarrow Y$가 일대일대응일 때, 집합 Y의 각 원소 y에 대하여 $f(x) = y$인 집합 X의 원소 x를 대응시키는 함수를 f의 역함수라 하고 기호로 f^{-1}와 같이 나타낸다. 즉,

$$f^{-1} : Y \longrightarrow X, \ x = f^{-1}(y) \Longleftrightarrow y = f(x)$$

5 역함수 구하는 순서

① 주어진 함수를 x에 대하여 푼다. 즉, $x = f^{-1}(y)$ 꼴로 나타낸다.

② $x = f^{-1}(y)$에서 x와 y를 서로 바꾸어 $y = f^{-1}(x)$로 나타낸다.

③ 주어진 함수 $y = f(x)$의 치역을 역함수 $y = f^{-1}(x)$의 정의역으로 한다.

6 역함수의 성질

함수 $f : X \longrightarrow Y$가 일대일대응일 때, 그 역함수 $f^{-1} : Y \longrightarrow X$에 대하여

(1) $(f^{-1} \circ f)(x) = x \ (x \in X)$, 즉 $f^{-1} \circ f = I_X$

$\qquad\qquad\qquad$ (단, I_X는 집합 X에서의 항등함수)

(2) $(f \circ f^{-1})(y) = y \ (y \in Y)$, 즉 $f \circ f^{-1} = I_Y$

$\qquad\qquad\qquad$ (단, I_Y는 집합 Y에서의 항등함수)

(3) $(f^{-1})^{-1} = f$

(4) 함수 $g : Y \longrightarrow Z$가 일대일대응일 때, $(g \circ f)^{-1} = f^{-1} \circ g^{-1}$

참고 역함수가 존재하는 두 함수 f, g에 대하여
$$g \circ f = I \Longleftrightarrow g = f^{-1}, f \circ g = I \Longleftrightarrow f = g^{-1}$$

7 역함수의 그래프의 성질

함수 $y = f(x)$의 그래프와 그 역함수 $y = f^{-1}(x)$의 그래프는 직선 $y = x$에 대하여 대칭이다.

▶ 함수 $y = f(x)$의 그래프가 점 (a, b)를 지나면 역함수 $y = f^{-1}(x)$의 그래프는 점 (b, a)를 지난다.

+10점 향상을 위한 문제 해결의 Key

Key 1 함수의 개수 구하기

(1) 집합 $X = \{-n, -n+1, -n+2, \cdots, 0, 1, 2, \cdots, n-1, n\}$ (n은 자연수)에 대하여 함수 f를 X에서 X로의 함수라 할 때,

① $f(-x) = f(x)$를 만족하는 함수의 개수 ⇨ $(2n+1)^{n+1}$

② $f(-x) = -f(x)$를 만족하는 함수의 개수 ⇨ $(2n+1)^n$

③ 임의의 상수 x에 대하여 $xf(x) = 0$을 만족하는 함수의 개수 ⇨ $2n+1$

(2) 집합 $X = \{1, 2, 3, \cdots, n\}$ (n은 자연수)에 대하여 함수 f를 X에서 X로의 함수라 할 때,

① 상수 c (단, $c \in X$)에 대하여 $|f(c) - c| < 2$를 만족하는 함수의 개수를 $g(n)$이라 하면
$$g(n) = g(n-1) + g(n-2), g(1) = 1, g(2) = 2$$

② 상수 c (단, $c \in X$)에 대하여 $f(c) \neq c$를 만족하는 함수의 개수를 $g(n)$이라 하면
$$g(n) = (n-1)\{g(n-1) + g(n-2)\}, g(1) = 0, g(2) = 1$$

③ $x_1 \neq x_2$일 때, $f(x_1) \neq f(x_2)$를 만족하는 X에서 X로의 함수 f에 대하여 $f(f(x)) = x$를 만족하는 함수의 개수를 $g(n)$이라 하면
$$g(n) = g(n-1) + (n-1)g(n-2), g(1) = 1, g(2) = 2$$

》 64쪽 226번

Key 2 역함수와 교점

역함수가 존재하는 함수 $f(x)$에 대하여 $y = f(x)$와 $y = f^{-1}(x)$의 교점을 구하려고 할 때,

① $y = f(x)$가 증가하는 함수일 때, $y = f(x)$와 $y = x$와의 교점을 구한다.

② $y = f(x)$가 감소하는 함수일 때, $y = f(x)$와 $y = x$와의 교점 또는 $y = f(x)$와 $y = f^{-1}(x)$의 교점 중에서 $y = x$ 위에 있지 않은 점을 구한다.

》 73쪽 264번

223

📄 선유고, 정광고 응용

정의역이 집합 X이고 공역이 실수 전체의 집합인 두 함수
$$f(x)=2x^3-ax^2+a,\ g(x)=2x^2$$
에 대하여 $f=g$가 성립하도록 하는 공집합이 아닌 집합 X의 개수가 3이 되도록 하는 모든 실수 a의 값의 합은?

① -8 ② -7 ③ -6
④ -5 ⑤ -4

224

📄 관악고, 사직여고, 홍진고 응용

함수 $f(x)=\begin{cases}(a+1)(x-2)^2+1\ (x\geq 2)\\(a-1)(x-2)^2+1\ (x<2)\end{cases}$ 가 일대일대응

이 되기 위한 실수 a의 값의 범위는?

① $a>1$ ② $-1<a<1$
③ $-2<a<2$ ④ $a<-1$ 또는 $a>1$
⑤ $a<-2$ 또는 $a>2$

225

📄 금정여고, 신도림고 응용

양의 실수 전체의 집합에서 정의된 함수 $f(x)$가 다음 조건을 모두 만족시킬 때, $f(2025)$의 값을 구하여라.

> (가) $f(x)=1-|x-2|\ (1\leq x\leq 3)$
> (나) 모든 양의 실수 x에 대하여 $f(3x)=3f(x)$이다.

226

📄 구암고, 서울여고, 서인천고 응용

집합 $A=\{-2,\ -1,\ 0,\ 1,\ 2\}$에 대하여 A에서 A로의 함수 f 중 조건 (가)를 만족하는 함수의 개수를 a, 조건 (나)를 만족하는 함수의 개수를 b, 조건 (다)를 만족하는 함수의 개수를 c라 할 때, $a+b+c$의 값을 구하여라.

> (가) A의 모든 원소 x에 대하여 $f(-x)=-f(x)$이다.
> (나) A의 모든 원소 x에 대하여 $f(-x)=f(x)$이다.
> (다) A의 모든 원소 x에 대하여 $xf(x)=0$이다.

227

📄 고려고, 대원고, 주성고 응용

임의의 두 실수 $x,\ y$에 대하여 함수 f가
$$f(x+y)=f(x)f(y),\ f(x)>0,\ f(1)=4$$
를 만족시킬 때, 다음 중 옳지 <u>않은</u> 것은?

① $f(0)=1$ ② $f\left(\dfrac{1}{2}\right)=2$
③ $f(3)=64$ ④ $f(2x)=\{f(x)\}^2$
⑤ $f(x-y)=\dfrac{f(y)}{f(x)}$

228

📄 구일고, 배문고, 인창고, 충암고 응용

실수 전체의 집합에서 정의된 함수 $f(x)$가 0이 아닌 모든 실수 x에 대하여 등식 $f(x)+3f\left(\dfrac{1}{x}\right)=4x$와 $f(x)=f(-x)$를 만족하는 모든 실수 x의 값의 곱을 구하여라.

229

📄 경원고, 금호고, 상서고 응용

두 집합 $A=\{(x,\ y)\,|\,y=|\,|x+1|-|x-1|\,|\}$, $B=\{(x,\ y)\,|\,y=k\}$에 대하여 $n(A\cap B)=2$일 때, 정수 k의 값을 구하여라.

230

📄 부흥고, 오금고, 해송고 응용

집합 $X=\{1,\ 2,\ 3\}$에 대하여 두 함수
$$f:X\longrightarrow X,\ g:X\longrightarrow X$$
가 있다. 보기 중 옳은 것만을 있는 대로 고른 것은?

> ───── 보기 ─────
> ㄱ. $f,\ g$가 모두 항등함수이면 $g\circ f$는 항등함수이다.
> ㄴ. $g\circ f$가 항등함수이면 $f,\ g$는 모두 일대일대응이다.
> ㄷ. $g\circ f$가 항등함수이면 $f,\ g$는 모두 항등함수이다.

① ㄱ   ② ㄱ, ㄴ   ③ ㄱ, ㄷ
④ ㄴ, ㄷ   ⑤ ㄱ, ㄴ, ㄷ

231

능곡고, 보정고, 잠신고 응용

음이 아닌 정수 전체의 집합에서 정의된 함수 f가 음이 아닌 정수 n과 $0 \le k \le 9$인 정수 k에 대하여 다음 조건을 모두 만족시킨다.

> (가) $f(0)=0$　　(나) $f(10n+k)=f(n)+k$

보기 중 옳은 것만을 있는 대로 고른 것은?

> ─ 보기 ─
> ㄱ. $f(100)=1$　　ㄴ. $(f \circ f)(999)=9$
> ㄷ. $f(n)$이 6의 배수이면 n은 6의 배수이다.

① ㄱ　　　② ㄷ　　　③ ㄱ, ㄴ
④ ㄴ, ㄷ　　　⑤ ㄱ, ㄴ, ㄷ

232

백현고, 숭의여고, 영송여고 응용

함수 $f(x)$는 다음 조건을 모두 만족시킨다.

> (가) $f(x)=-x^2+1 \ (-2 \le x \le 2)$
> (나) 모든 실수 x에 대하여 $f(x+4)=f(x)$이다.

함수 $g(x)=\begin{cases} 4 & (x>-3) \\ 3 & (x \le -3) \end{cases}$에 대하여 $(g \circ f)(x)=3$을 만족시키는 50 이하의 자연수 x의 개수를 구하여라.

233

능곡고, 수성고 응용

집합 $X=\{x \,|\, x \le a\}$에 대하여 함수 $f : X \longrightarrow X$가 $f(x)=-x^2+2x+12$일 때, 함수 f의 역함수가 존재하도록 하는 실수 a의 값은?

① -4　　　② -3　　　③ 1
④ 3　　　⑤ 4

234

서강고, 신명고, 정신여고 응용

함수 $f(x)$의 역함수를 $g(x)$라 하고 $x \ne 0$인 모든 실수 x에 대하여 $f\left(2g(x)-\dfrac{4+x}{x}\right)=x$라 할 때, $f(5)$의 값을 구하여라.

235

숭덕고, 풍산고 응용

함수 $f(x)$의 역함수를 $g(x)$라 할 때, 함수 $2f\left(\dfrac{1}{2029}x-1\right)$의 역함수를 $g(x)$로 나타내어라.

236

서강고, 제천여고 응용

실수 전체의 집합을 R이라 할 때, $f : R \longrightarrow R$의 역함수 f^{-1}가 존재하고 임의의 두 실수 a, b에 대하여
$$f(a+b)=f^{-1}(a)+f^{-1}(b)$$
가 성립한다. 보기 중 옳은 것만을 있는 대로 고른 것은?

> ─ 보기 ─
> ㄱ. $f(f(a)+f(b))=a+b$
> ㄴ. $f^{-1}(a+b)=f(a)+f(b)$
> ㄷ. $f(1)=1$이면 $f(4)=4$

① ㄱ　　　② ㄴ　　　③ ㄱ, ㄴ
④ ㄱ, ㄷ　　　⑤ ㄱ, ㄴ, ㄷ

237

봉명고, 세현고 응용

함수 $f(x)=\begin{cases} 2(x-1)^2+k & (x \ge 1) \\ -2(x-1)^2+k & (x<1) \end{cases}$의 역함수를 $g(x)$라 하고 두 곡선 $y=f(x)$, $y=g(x)$가 서로 다른 세 점에서 만나기 위한 상수 k의 값의 범위가 $a<k<b$일 때, 두 실수 a, b에 대하여 $a+b$의 값은?

① -1　　　② 0　　　③ 1
④ 2　　　⑤ 3

238

영파여고, 중앙고 응용

$f(n)=1!+2!+3!+4!+\cdots+n!$에 대하여 자연수를 정의역으로 하는 함수 g를
$g(n)=(f(n)$을 10으로 나눈 나머지$)$라 할 때, $g(1)+g(2)+\cdots+g(2027)$의 값은?

$$(단, \ n!=1\times2\times3\times\cdots\times n)$$

① 6084　　　② 6085　　　③ 6086　　　④ 6087　　　⑤ 6088

239

보문고, 유성여고, 잠신고 응용

함수 $f(x)=x-7\left[\dfrac{x}{7}\right]$라 할 때, 자연수 n에 대하여

$$f(n)+f(n+1)+f(n+2)+f(n+3)+f(n+4)+f(n+5)+f(n+6)$$

의 값은? (단, $[x]$는 x를 넘지 않는 최대의 정수이다.)

① 16　　　② 19　　　③ 21　　　④ 24　　　⑤ 27

240

남목고, 제천여고 응용

두 함수 $y=ax+1$, $y=x^2-[x^2]$의 그래프의 교점의 개수가 4가 되도록 하는 실수 a의 값의 범위는? (단, $a<0$이고, $[x]$는 x를 넘지 않는 최대의 정수이다.)

① $-\dfrac{\sqrt{3}}{3}\leq a<-\dfrac{1}{2}$　　　② $-\dfrac{\sqrt{3}}{3}<a\leq-\dfrac{1}{2}$　　　③ $-\dfrac{\sqrt{3}}{3}<a<\dfrac{1}{2}$

④ $-\dfrac{1}{2}<a<0$　　　⑤ $-\dfrac{1}{2}\leq a<-\dfrac{1}{3}$

241

단대부고, 백석고, 연수고 응용

이차방정식 $x^2+x+1=0$의 두 근 α, β에 대하여 $f(n)=\alpha^n+\beta^n$이라 할 때, 보기 중 옳은 것만을 있는 대로 골라라. (단, n은 자연수이다.)

보기

ㄱ. $f(n+3)=f(n)$
ㄴ. 치역의 모든 원소의 총합은 1이다.
ㄷ. 모든 자연수 n에 대하여 $f(n+2)+pf(n+1)+qf(n)=0$을 만족하는 두 상수 p, q에 대하여 $p+q=2$이다.

242 📄 구리고, 송악고, 운중고 응용

실수 전체의 집합에서 정의된 함수 $y=\dfrac{x^2+x+1}{x^2-x+1}$의 최댓값을 M, 최솟값을 m이라 할 때, $M+m$의 값을 구하여라.

243 📄 배재고, 정신여고 응용

이차함수 $f(x)$가 모든 실수 x에 대하여 $2f(x)+f(2-x)=3x^2$을 만족할 때, 보기 중 옳은 것만을 있는 대로 고른 것은?

> ㄱ. $f(1)=1$
> ㄴ. $f(x)$의 최솟값은 -8이다.
> ㄷ. 모든 실수 x에 대하여 $f(-2-x)=f(-2+x)$

① ㄴ　　　② ㄱ, ㄴ　　　③ ㄱ, ㄷ　　　④ ㄴ, ㄷ　　　⑤ ㄱ, ㄴ, ㄷ

244 📄 동화고, 중동고, 서현고 응용

모든 실수 x, y에 대하여 함수 f는 $f(x-y)=f(x)-(2x-y+1)y$, $f(0)=1$을 만족한다. $-4\leq x\leq-1$에서 함수 $f(x)$의 최댓값을 M, 최솟값을 m이라 할 때, $M+m$의 값은?

① 12　　　② 13　　　③ 14　　　④ 15　　　⑤ 16

245 📄 경문고, 금곡고, 수도여고 응용

집합 $X=\{1, 2, 3, 4, 5\}$에 대하여 다음 조건을 모두 만족시키는 함수 $f:X\longrightarrow X$의 개수를 구하여라.

> (가) $\{f(1)-f(2)\}\times\{f(2)-f(3)\}\neq0$
> (나) 함수 f의 치역의 원소의 개수는 4이다.

246 두 집합 $X=\{1,\ 2,\ 3,\ 4,\ 5\}$, $Y=\{-3,\ -2,\ -1,\ 0,\ 1,\ 2,\ 3,\ 4\}$에 대하여 다음 조건을 모두 만족시키는 함수 $f:X\longrightarrow Y$의 개수를 구하여라.

> (개) $f(3)f(4)=0$ (내) $x_1\in X$, $x_2\in X$일 때, $x_1<x_2$이면 $f(x_1)<f(x_2)$이다.

247 집합 $X=\{-3,\ -2,\ -1,\ 0,\ 1,\ 2,\ 3\}$에 대하여 함수 f는 X에서 X로의 함수이다. 이때 다음 물음에 답하여라.

(1) 함수 f 중 다음 조건을 만족시키는 함수의 개수를 구하여라.

> 집합 X의 모든 원소 x에 대하여 $f(-x)=-f(x)$

(2) 함수 f 중 다음 조건을 만족시키는 함수의 개수를 구하여라.

> 함수 X의 모든 원소 x에 대하여 $f(-x)=f(x)$

(3) 함수 f 중 다음 조건을 모두 만족시키는 함수의 개수를 구하여라.

> (개) $x<0$이면 $f(x)<f(0)$이고, $x>0$이면 $f(x)>f(0)$이다.
> (내) 집합 X의 0이 아닌 임의의 두 원소 x_1, x_2에 대하여 $x_1<x_2$이면 $f(x_1)\leq f(x_2)$이다.

248 모든 실수 x에 대하여 함수 $f(x)=[x]+[-x]$, $g(x)=ax+b$라 할 때, $(f\circ g)(x)$의 치역의 모든 원소의 합은? (단, a, b는 실수이고, $[x]$는 x를 넘지 않는 최대의 정수이다.)

① -2 ② -1 ③ 0 ④ 1 ⑤ 2

249 함수 $f(x)$가 오른쪽 그림과 같을 때, 방정식 $(f \circ f)(x) = x^2 + k$가
오직 한 개의 실근을 갖기 위한 상수 k의 값은?

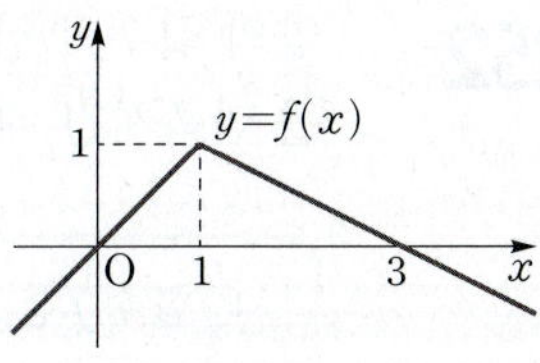

① $\dfrac{1}{4}$ ② $\dfrac{1}{2}$ ③ $\dfrac{3}{4}$

④ 1 ⑤ $\dfrac{5}{4}$

250 두 함수 $y=f(x)$와 $y=g(x)$의 그래프가 오른쪽 그림과 같을 때,
다음 그래프 중 함수 $y=(f \circ g)(x)$의 그래프의 개형은?

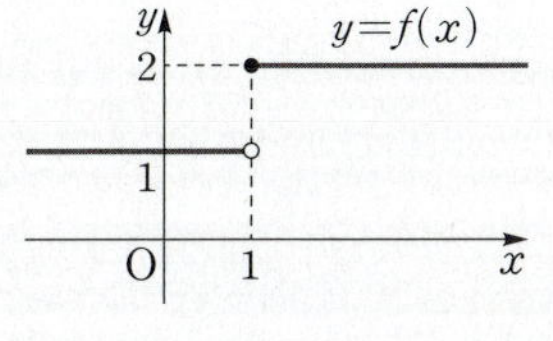

① 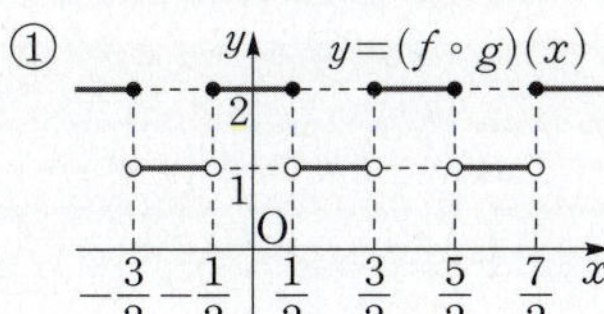 ② 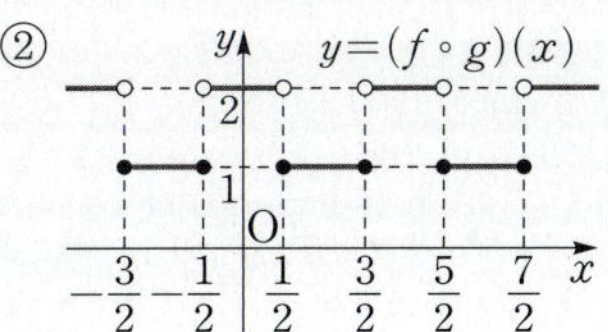

③ 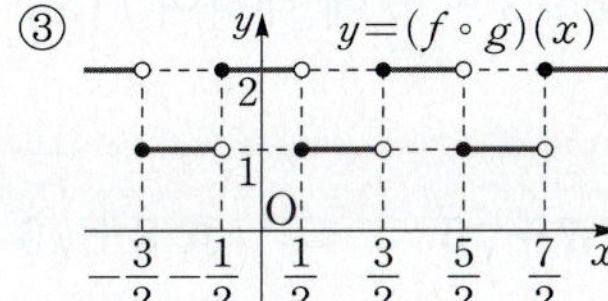 ④ 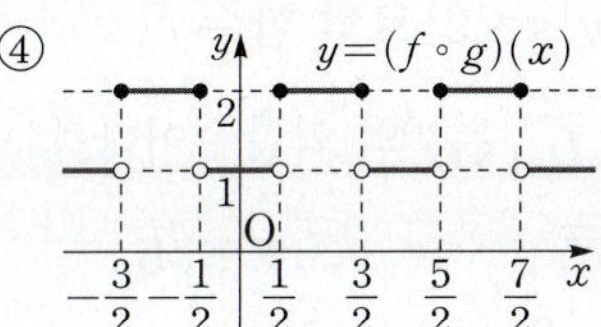

⑤ 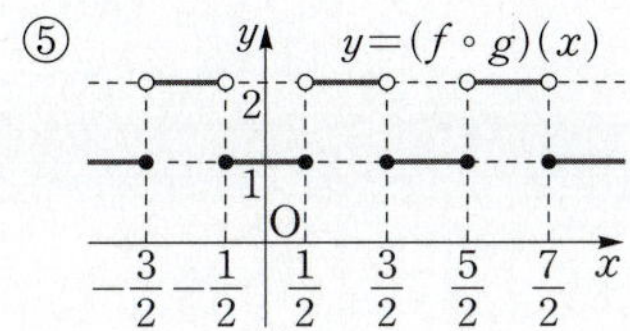

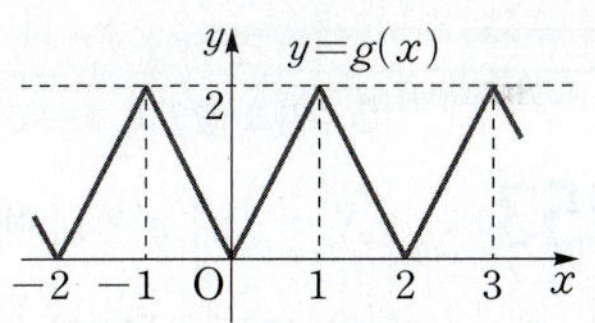

251 집합 $X = \{1, 2, 3, 4\}$에 대하여 함수 f는 X에서 X로의 일대일대응이고, 함수 g는 X에서 X
로의 상수함수이다. 두 함수 f, g가 다음 조건을 모두 만족시킬 때, $f(1) + (f \circ g)(3)$의 값을
구하여라.

> (가) $(g \circ f)(4) = 3$, $(f \circ g)(4) = 1$
> (나) $f(2)g(2) = 12$
> (다) $f(1) > f(4)$

252 서울고, 숭의여고 응용

양의 실수의 집합 X에서 X로의 함수 f가 임의의 실수 $x, y \in X$에 대하여 $f(xf(y)) = yf(x)$ 를 만족시킬 때, 보기 중 옳은 것만을 있는 대로 고른 것은?

보기
ㄱ. 함수 f는 일대일함수이다.
ㄴ. f의 역함수가 존재한다.
ㄷ. f의 역함수 f^{-1}에 대하여 $f^{-1} = f$이다.

① ㄱ　　② ㄱ, ㄴ　　③ ㄱ, ㄷ　　④ ㄴ, ㄷ　　⑤ ㄱ, ㄴ, ㄷ

253 수지고, 장안고, 휘문고 응용

$X = \{x \mid x \geq 1\}$에서 $Y = \{y \mid y \leq 3\}$로의 함수 $f(x) = -\dfrac{1}{2}x^2 + x + \dfrac{5}{2}$에 대하여 $f(x) = f^{-1}(x)$ 의 모든 실근의 합은? (단, f^{-1}는 f의 역함수이다.)

① $4 + \sqrt{5}$　　② $5 + \sqrt{5}$　　③ $6 + \sqrt{5}$　　④ $7 + \sqrt{5}$　　⑤ $8 + \sqrt{5}$

254 명신고, 세경고, 청주외고 응용

이차함수 $f(x) = \dfrac{1}{2}x^2 - 2x + a \ (x \geq 2)$의 역함수를 $g(x)$라 하자. 방정식 $f(x) = g(x)$가 서로 다른 두 실근을 가질 때, 실수 a의 값의 범위는?

① $a \leq 0$　　② $-\dfrac{9}{2} < a \leq 0$　　③ $-\dfrac{9}{2} \leq a < 0$　　④ $0 \leq a < \dfrac{9}{2}$　　⑤ $4 \leq a < \dfrac{9}{2}$

 체감난도가 높았던 서술형 기출

255

$[x]$는 x를 넘지 않는 최대의 정수이다. 임의의 실수 x에 대하여 $\{x\}=x-[x]$라 정의하자. 이때 다음 물음에 답하여라.

(1) 임의의 실수 x와 양의 정수 n에 대하여 $\{n\{x\}\}=\{nx\}$가 성립함을 보여라.

(2) 집합 $X=\{x\,|\,0\le x<1\}$에 대하여 함수 $f:X\longrightarrow X$를 다음과 같이 정의하자.

$$f(x)=\begin{cases}2x & \left(0\le x<\dfrac{1}{2}\right)\\2x-1 & \left(\dfrac{1}{2}\le x<1\right)\end{cases}$$

이때 다음 방정식을 만족하는 x의 값을 모두 구하여라.
$$(f\circ f\circ f\circ f\circ f)(x)=x$$

256

실수 전체의 집합에서 정의된 함수 $f(x)$가 다음 조건을 모두 만족시킨다.

> (가) $0\le x<1$일 때, $f(x)=2x$
> (나) $f(x+1)+f(x)=0$

이때 다음 물음에 답하여라.

(1) $1\le x<2$일 때, 함수 $f(x)$의 식을 구하여라.

(2) 방정식 $f(x)-x+2=0$의 실근의 개수를 구하여라.

257

함수 $X=\{1,\ 2,\ 3,\ 4\}$에 대하여 X에서 X로의 함수 f가 $f(x)=\begin{cases}x^2 & (x=1,\ 2)\\x+a & (x=3,\ 4)\end{cases}$ 일 때, 역함수 g가 존재한다. $g^1(x)=g(x),\ g^{n+1}(x)=(g^n\circ g)(x)$라 할 때, $a+g^{20}(2)+g^{30}(3)$의 값을 구하여라.

(단, a는 상수, n은 자연수이다.)

258

함수 $f(x)=\begin{cases}2x-3 & (x\ge 1)\\ \dfrac{1}{2}x-\dfrac{3}{2} & (x<1)\end{cases}$ 의 그래프와 그 역함수 $y=f^{-1}(x)$의 그래프로 둘러싸인 부분의 넓이를 구하여라.

259

동화고, 상문고, 성남고, 소명여고 응용

집합 $X=\{1, 2, 3, \cdots, 10\}$에 대하여 X에서 X로의 함수를 $f(x)$라 할 때, $1<p<q<10$인 두 자연수 p, q에 대하여 함수 $f(x)$가 다음 조건을 모두 만족시킨다.

> (가) $x_1 \neq x_2$이면 $f(x_1) \neq f(x_2)$ (나) $1 \leq k < p$이면 $f(k) < f(k+1)$
> (다) $p \leq k < q$이면 $f(k) > f(k+1)$ (라) $q \leq k < 10$이면 $f(k) < f(k+1)$

$f(1)=2$, $f(p)=9$일 때, 함수 f의 개수를 구하여라. (단, $x_1 \in X$, $x_2 \in X$)

260

경문고, 성남고, 장훈고 응용

집합 $X=\{1, 2, 3, 4, 5\}$를 정의역과 공역으로 하는 함수 $f : X \longrightarrow X$에 대하여 다음 조건을 만족하는 함수 f의 개수를 구하여라.

> $a \in X$, $b \in X$, $\dfrac{a+b}{2} \in X$이고 $a<b$인 임의의 a, b에 대하여 $\dfrac{f(a)+f(b)}{2} < f\left(\dfrac{a+b}{2}\right)$이다.

261

반포고, 언남고, 춘천여고, 휘문고 응용

집합 $X=\{1, 2, 3, 4\}$, $Y=\{1, 2, 3, 4, 5\}$, $Z=\{1, 2, 3\}$에 대하여 두 함수 $f : X \longrightarrow Y$, $g : Y \longrightarrow Z$가 다음 조건을 모두 만족시킨다.

> (가) X의 임의의 두 원소 x_1, x_2에 대하여 $x_1 \neq x_2$이면 $f(x_1) \neq f(x_2)$이다.
> (나) 합성함수 $g \circ f : X \longrightarrow Z$의 치역은 Z이다.

이때 순서쌍 (f, g)의 개수를 구하여라.

262

동신고, 사직여고, 자양고 응용

자연수 전체의 집합에서 정의된 함수 f가 두 자연수 n, k에 대하여 다음 조건을 모두 만족시킨다.

> (가) $f(1)=1$
>
> (나) $f(n^2+k)=3f(n)+k$ $(1 \leq k \leq 2n+1)$

$10 \leq (f \circ f)(m) \leq 30$을 만족하는 자연수 m의 최솟값을 a, 최댓값을 b라 할 때, $a+b$의 값을 구하여라.

263

광양고, 동대부고, 충암고 응용

실수 전체의 집합에서 정의된 함수 f가 다음 조건을 모두 만족시킨다.

> (가) 임의의 실수 x에 대하여 $f(x) \geq x$
>
> (나) 임의의 두 실수 x, y에 대하여 $f(x+y) \geq f(x)+f(y)$

보기 중 옳은 것만을 있는 대로 고른 것은?

> 〔보기〕
>
> ㄱ. $f(0)=0$
>
> ㄴ. 임의의 실수 x에 대하여 $f(x)=x$
>
> ㄷ. 임의의 두 실수 x_1, x_2에 대하여 $x_1<x_2$이면 $f(x_1)<f(x_2)$이다.
>
> ㄹ. 임의의 실수 x에 대하여 $(f \circ f)(x)=f(x)$이다.

① ㄱ, ㄴ   ② ㄴ, ㄷ   ③ ㄱ, ㄷ, ㄹ   ④ ㄴ, ㄷ, ㄹ   ⑤ ㄱ, ㄴ, ㄷ, ㄹ

264

고려고, 단원고 응용

실수 전체의 집합에서 정의된 함수 $f(x)=\begin{cases} ax+b & (x<1) \\ cx^2+\dfrac{5}{2}x & (x \geq 1) \end{cases}$ 과 그 역함수 $y=f^{-1}(x)$에 대하여 함수 $y=f(x)$의 그래프와 역함수 $y=f^{-1}(x)$의 그래프의 교점의 개수가 3이고 그 교점의 x좌표가 각각 -1, 1, 2일 때, $2a+4b-10c$의 값을 구하여라. (단, a, b, c는 상수이다.)

유리함수와 무리함수

1 유리식

(1) 유리식 : 두 다항식 A, $B(B\neq0)$에 대하여 $\dfrac{A}{B}$의 꼴로 나타낸 식

(2) 유리식의 성질 : 세 다항식 A, B, $C\,(B\neq0,\,C\neq0)$에 대하여

① $\dfrac{A}{B}=\dfrac{A\times C}{B\times C}$ ② $\dfrac{A}{B}=\dfrac{A\div C}{B\div C}$

(3) 유리식의 사칙계산 : 네 다항식 A, B, C, $D\,(B\neq0,\,C\neq0,\,D\neq0)$에 대하여

① $\dfrac{A}{C}+\dfrac{B}{C}=\dfrac{A+B}{C}$ ② $\dfrac{A}{C}-\dfrac{B}{C}=\dfrac{A-B}{C}$

③ $\dfrac{A}{B}\times\dfrac{C}{D}=\dfrac{A\times C}{B\times D}$ ④ $\dfrac{A}{B}\div\dfrac{C}{D}=\dfrac{A}{B}\times\dfrac{D}{C}=\dfrac{A\times D}{B\times C}$

▶ 부분분수의 변형
$$\frac{1}{AB}=\frac{1}{B-A}\left(\frac{1}{A}-\frac{1}{B}\right)$$
$$(\text{단, } A\neq B,\, AB\neq0)$$

2 유리함수

(1) 유리함수 : $y=f(x)$에서 $f(x)$가 x에 대한 유리식인 함수

(2) 유리함수에서 정의역이 주어져 있지 않은 경우에는 분모가 0이 되지 않도록 하는 모든 실수의 집합을 정의역으로 한다.

3 유리함수의 그래프

(1) 유리함수 $y=\dfrac{k}{x}\,(k\neq0)$의 그래프

① 정의역과 치역은 0을 제외한 실수 전체의 집합이다.

② 점근선은 x축$(y=0)$, y축$(x=0)$이다.

③ $k>0$이면 그래프는 제1사분면과 제3사분면 위에 있고, $k<0$이면 그래프는 제2사분면과 제4사분면 위에 있다.

④ 원점 및 두 직선 $y=x$, $y=-x$에 대하여 대칭이다.

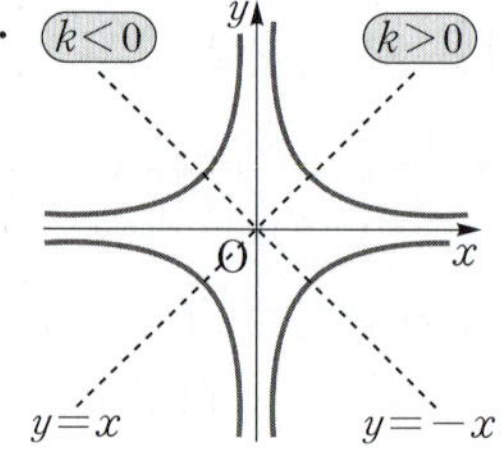

▶ 유리함수 $y=\dfrac{k}{x}\,(k\neq0)$의 그 래프는 $|k|$의 값이 클수록 원점에서 멀어진다.

▶ 유리함수 $y=\dfrac{k}{x}\,(k\neq0)$의 그 래프는 직선 $y=x$에 대하여 대칭이므로 역함수는 자기 자신이다.

(2) 유리함수 $y=\dfrac{k}{x-m}+n\,(k\neq0)$의 그래프

유리함수 $y=\dfrac{k}{x}$의 그래프를 x축의 방향으로 m만큼, y축의 방향으로 n만큼 평행이동한 그래프이다.

▶ 유리함수 $y=\dfrac{ax+b}{cx+d}$
$(c\neq0,\,ad-bc\neq0)$의 그래프 의 점근선은 두 직선 $x=-\dfrac{d}{c}$, $y=\dfrac{a}{c}$이다.

4 무리식

(1) 무리식 : 근호 안에 문자가 포함되어 있는 식 중에서 유리식으로 나타낼 수 없는 식

(2) 분모의 유리화

① $\dfrac{a}{\sqrt{b}}=\dfrac{a\sqrt{b}}{\sqrt{b}\sqrt{b}}=\dfrac{a\sqrt{b}}{b}$ (단, $b>0$)

② $\dfrac{c}{\sqrt{a}+\sqrt{b}}=\dfrac{c(\sqrt{a}-\sqrt{b})}{(\sqrt{a}+\sqrt{b})(\sqrt{a}-\sqrt{b})}=\dfrac{c(\sqrt{a}-\sqrt{b})}{a-b}$ (단, $a>0,\,b>0,\,a\neq b$)

5 무리함수

(1) 무리함수 : 함수 $y=f(x)$에서 $f(x)$가 x에 대한 무리식인 함수

(2) 무리함수에서 정의역이 주어져 있지 않은 경우에는 근호 안에 있는 식의 값이 0 이상이 되도록 하는 모든 실수의 집합을 정의역으로 한다.

6 무리함수의 그래프

(1) 무리함수 $y=\sqrt{ax}\ (a\neq0)$의 그래프
   ① $a>0$일 때, 정의역: $\{x\,|\,x\geq0\}$, 치역: $\{y\,|\,y\geq0\}$
   ② $a<0$일 때, 정의역: $\{x\,|\,x\leq0\}$, 치역: $\{y\,|\,y\geq0\}$

(2) 무리함수 $y=-\sqrt{ax}\ (a\neq0)$의 그래프
   무리함수 $y=\sqrt{ax}$의 그래프를 x축에 대하여 대칭이
   동한 것이다. 즉,
   ① $a>0$일 때, 정의역: $\{x\,|\,x\geq0\}$, 치역: $\{y\,|\,y\leq0\}$
   ② $a<0$일 때, 정의역: $\{x\,|\,x\leq0\}$, 치역: $\{y\,|\,y\leq0\}$

(3) 무리함수 $y=\sqrt{a(x-m)}+n\ (a\neq0)$의 그래프
   함수 $y=\sqrt{ax}\ (a\neq0)$의 그래프를 x축의 방향으로 m만큼, y축의 방향으로 n
   만큼 평행이동한 것이다.
   ① $a>0$일 때, 정의역 : $\{x\,|\,x\geq m\}$, 치역 : $\{y\,|\,y\geq n\}$
   ② $a<0$일 때, 정의역 : $\{x\,|\,x\leq m\}$, 치역 : $\{y\,|\,y\geq n\}$

Advice

▶ 무리함수 $y=\sqrt{ax}$, $y=-\sqrt{ax}$ $(a\neq0)$의 그래프는 $|a|$의 값이 클수록 x축에서 멀어진다.

▶ 무리함수 $y=\sqrt{ax+b}+c$ $(a\neq0)$의 그래프는
$y=\sqrt{a\left(x+\dfrac{b}{a}\right)}+c$로 변형하여 그린다.

+10점 향상을 위한 문제 해결의 *Key*

Key 1 분수함수의 평행이동과 대칭이동

유리함수 $y=\dfrac{k}{x}\ (k\neq0)$의 그래프를 평행이동 또는 대칭이동하여 유리함수 $y=\dfrac{l}{x-m}+n\ (l\neq0)$의 그래프와 겹쳐질 조건은 무엇일까?

$k=l$일 때, 유리함수 $y=\dfrac{k}{x}$의 그래프를 평행이동하면 $y=\dfrac{l}{x-m}+n$의 그래프와 겹쳐지고 $k=-l$일 때, 유리함수 $y=\dfrac{k}{x}$의 그래프를 평행이동과 대칭이동을 하면 $y=\dfrac{l}{x-m}+n$의 그래프와 겹쳐진다. 따라서 평행이동 또는 대칭이동하여 두 함수의 그래프가 겹쳐지려면 $|k|=|l|$이어야 한다.

» 76쪽 268번

Key 2 함수 $y=f(x)$와 그 역함수 $y=f^{-1}(x)$의 그래프의 교점

역함수가 존재하는 함수 $y=f(x)$와 그 역함수 $y=f^{-1}(x)$의 그래프는 직선 $y=x$에 대하여 대칭이므로 함수 $y=f(x)$와 그 역함수 $y=f^{-1}(x)$의 교점은 [그림1]과 같이 직선 $y=x$ 위에 있는 것이 일반적이다.
그러나 함수 $y=f(x)$의 그래프의 모양에 따라 [그림2], [그림3]과 같이 함수 $y=f(x)$와 그 역함수 $y=f^{-1}(x)$의 그래프의 교점이 직선 $y=x$ 이외에 있는 경우도 있다. 또 함수 $y=f(x)$와 그 역함수 $y=f^{-1}(x)$의 그래프의 교점의 개수는 [그림1], [그림2]와 같이 유한 개인 경우도 있고, [그림3]과 같이 두 함수 $y=f(x)$와 그 역함수 $y=f^{-1}(x)$의 그래프가 일치하는 경우에는 두 함수의 그래프의 교점의 개수는 무수히 많을 수도 있다.

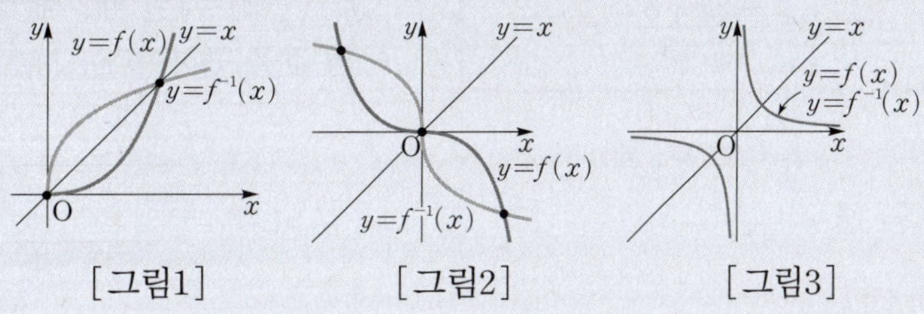

» 85쪽 310번

265

고려고, 문성고 응용

함수 $f(x)=\dfrac{2x-5}{x-2}$ 에 대하여 $f(x)$의 역함수를 $g(x)$라 할 때, 보기 중 옳은 것만을 있는 대로 고른 것은?

──── 보기 ────
ㄱ. $f(x)$의 그래프는 제3사분면을 지나지 않는다.
ㄴ. $f(x)=g(x)$
ㄷ. 함수 $f(x)$의 그래프와 직선 $y=x+k$가 만나지 않을 때 정수 k의 최댓값은 1이다.

① ㄱ 　　② ㄱ, ㄴ 　　③ ㄱ, ㄷ
④ ㄴ, ㄷ 　　⑤ ㄱ, ㄴ, ㄷ

266

새롬고, 세화여고, 인성고 응용

유리함수 $f(x)=\dfrac{2x-3}{x-1}$ 의 두 점근선과 역함수 $y=f^{-1}(x)$의 점근선으로 이루어진 도형의 넓이를 구하여라.

267

고려고, 사직여고, 장성고 응용

유리함수 $y=\dfrac{2x+3}{x-1}$ 의 그래프가 서로 다른 두 직선 $y=ax+b$, $y=cx+d$에 대하여 대칭일 때, $b+d$의 값을 구하여라. (단, a, b, c, d는 상수이다.)

268

경신여고, 대건고, 세화여고 응용

보기 중 함수의 그래프를 평행이동하여 겹칠 수 있는 것만을 있는 대로 고른 것은?

──── 보기 ────
ㄱ. $y=\dfrac{3x+1}{2x+1}$　　ㄴ. $y=\dfrac{1}{2x-4}$
ㄷ. $y=\dfrac{4x-1}{2x-1}$　　ㄹ. $y=\dfrac{-2x+5}{2x-4}$

① ㄱ, ㄴ 　　② ㄴ, ㄷ 　　③ ㄷ, ㄹ
④ ㄱ, ㄴ, ㄷ 　　⑤ ㄴ, ㄷ, ㄹ

269

광덕고, 양천고, 중앙고 응용

두 함수 $f(x)=\dfrac{x+2}{x-1}$, $g(x)=\dfrac{2x-1}{x-2}$ 에 대하여 합성함수 $y=(f\circ g)(x)$의 점근선의 방정식을 구하여라.

270

금성고, 문성고, 웅천고 응용

함수 $f(x)=\dfrac{bx+1}{x+a}$ 의 그래프는 $f(x)+f(4-x)=-4$를 만족하고 직선 $y=x+c$에 대하여 대칭될 때, 세 상수 a, b, c에 대하여 $a^2+b^2+c^2$의 값은?

① 20 　　② 21 　　③ 22
④ 23 　　⑤ 24

271

살레시오고, 상원고, 현일고 응용

자연수 n에 대하여 $f^1(x)=f(x)$, $f^{n+1}(x)=(f^n\circ f)(x)$라 정의하고 $f(x)=\dfrac{2x-1}{3x-1}$ 일 때, $f^{2030}(0)$의 값을 구하여라.

272

보성고, 숙명여고 응용

두 함수 $f(x)=\dfrac{2x+4}{3x+a}$, $g(x)=\dfrac{bx-1}{x+c}$ 에 대하여 $y=f(x)$와 $y=g(x)$의 그래프의 점근선이 서로 같고 $f^{-1}(-2)=1$일 때, 세 상수 a, b, c에 대하여 $3b-(a+c)$의 값을 구하여라.

273
📄 고려고, 문성고, 인제고 응용

보기 중 평행이동 또는 대칭이동하여 함수 $y=\sqrt{-3x}$의 그래프와 겹쳐지는 것만을 있는 대로 고른 것은?

보기
| |
ㄱ. $y=\sqrt{3x-1}-1$ ㄴ. $y=3\sqrt{1-x}+2$
ㄷ. $y=\sqrt{3-3x}$ ㄹ. $y=-\sqrt{3x}$

① ㄱ, ㄷ ② ㄴ, ㄷ ③ ㄴ, ㄹ
④ ㄱ, ㄴ, ㄹ ⑤ ㄱ, ㄷ, ㄹ

274
📄 순천고, 익산고, 효산고 응용

함수 $y=a\sqrt{bx+c}+d$의 그래프가 오른쪽 그림과 같을 때, 다음 중 옳지 <u>않</u>은 것은? (단, a, b, c, d는 상수이다.)

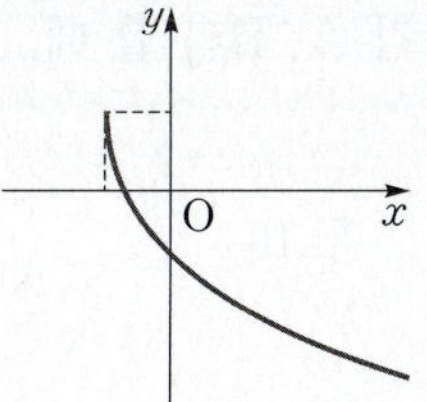

① $cd>0$ ② $bd<0$
③ $ab<0$ ④ $ac<0$
⑤ $ad<0$

275
📄 세화여고, 중문고, 휘문고 응용

무리함수 $f(x)=\sqrt{5x-b}$의 그래프와 역함수 $f^{-1}(x)$의 그래프가 만나지 않도록 하는 정수 b의 최솟값은?

① 3 ② 4 ③ 5
④ 6 ⑤ 7

276
📄 서강고, 영등포고, 영파여고 응용

함수 $y=\sqrt{x-1}+1$의 그래프와 직선 $y=mx+1$이 서로 다른 두 점에서 만날 때, 상수 m의 값의 범위는?

① $-\dfrac{1}{2}<m<0$ ② $-\dfrac{1}{2}<m<\dfrac{1}{2}$

③ $0<m<\dfrac{1}{2}$ ④ $0<m<1$

⑤ $0<m<2$

277
📄 전남고, 숭의고, 함월고 응용

곡선 $y=\sqrt{x+2|x|}$와 직선 $y=x+k$가 서로 다른 세 점에서 만날 때의 상수 k의 값의 범위는 $0<k<a$이다. 이때 $8a$의 값은?

① 2 ② 4 ③ 6
④ 8 ⑤ 10

278
📄 서울고, 성남고, 율하고 응용

유리함수 $y=\dfrac{bx+c}{x+a}$의 그래프가 오른쪽 그림과 같을 때, 다음 중 함수 $y=\sqrt{ax+b}+c$의 그래프는?
(단, a, b, c는 상수이다.)

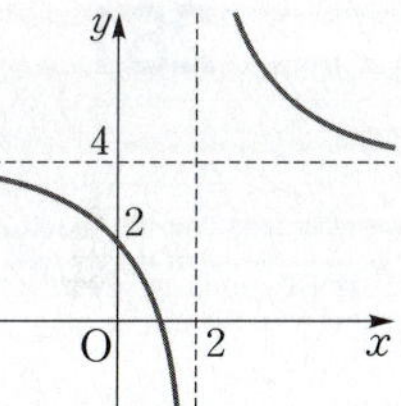

①
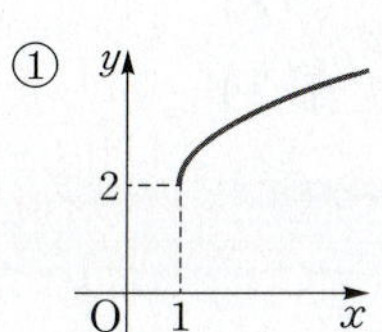
②
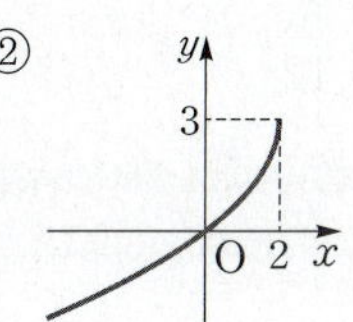

③
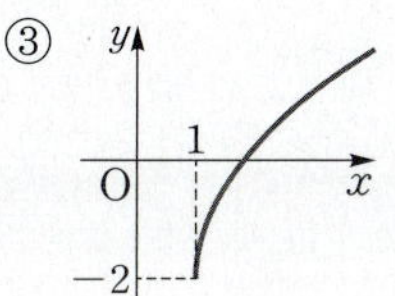
④
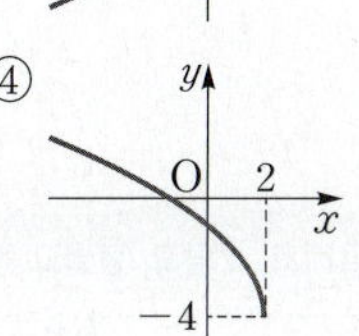

⑤
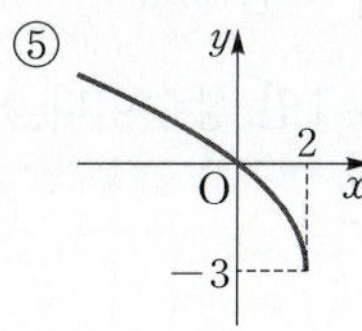

279
📄 노원고, 정신여고, 효성고 응용

정의역이 $\{x\,|-6\le x\le a\}$인 무리함수 $y=\sqrt{3-x}+2$의 최댓값이 b, 최솟값이 4일 때, $a+b$의 값을 구하여라.

280 15 이하인 네 자연수 a, b, c, d에 대하여 $f(x)=\dfrac{ax-b}{cx+d}$ 로 주어져 있다.

$X=\{x\,|\,x>-2,\ x는\ 실수\}$, $Y=\{y\,|\,y<5,\ y는\ 실수\}$라 할 때, 함수 $f:X\longrightarrow Y$가 일대일대응이 되도록 하는 자연수 a, b, c, d 중 $a+b+c+d$의 최솟값과 최댓값의 합은?

① 48   ② 50   ③ 52   ④ 54   ⑤ 56

281 오른쪽 그림과 같이 유리함수 $y=\dfrac{x+1}{x-3}$ $(x>3)$의 그래프 위의 임의의 한 점 P에서 x축, y축에 내린 수선의 발을 각각 A, B라 할 때, $\overline{PA}+\overline{PB}$의 최솟값은?

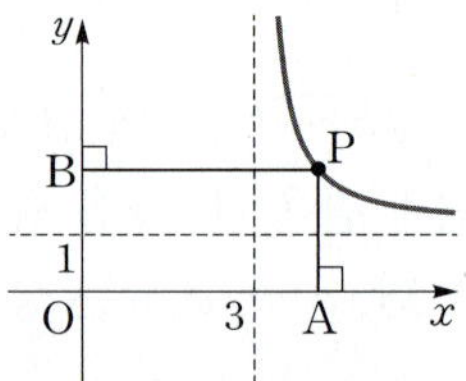

① 6   ② 8   ③ 10
④ 12   ⑤ 14

282 함수 $f(x)=\dfrac{bx+1}{x+a}$의 역함수 $y=f^{-1}(x)$의 그래프가 점 $(1,\ 2)$에 대하여 대칭일 때, $a+b$의 값은? (단, a, b는 $ab\neq1$인 상수이다.)

① -3 ② -1 ③ 1 ④ 3 ⑤ 5

283 자연수 n에 대하여 함수 $y=\dfrac{6}{x}$의 그래프를 x축의 방향으로 -3만큼, y축의 방향으로 $-n$만큼 평행이동하면 함수 $y=f(x)$의 그래프가 된다. x에 대한 방정식 $|f(x)|=10$이 서로 다른 부호의 실근을 갖도록 하는 n의 값을 구하여라.

대광고, 상동고 응용

284 함수 $y=\dfrac{2x-3}{x-4}$의 그래프의 두 점근선의 교점을 A, 두 점근선과 직선 $y=mx-m+3$의 교점을 각각 B, C라 하자. 이때 삼각형 ABC의 넓이 S의 최솟값은? (단, m은 양의 실수이다.)

① 2 　　② 3 　　③ 4 　　④ 5 　　⑤ 6

계남고, 배재고, 치악고 응용

285 오른쪽 그림과 같이 원점이 O인 좌표평면에서 곡선 $xy-2x-2y=k$가 직선 $x+y=8$과 만나는 두 점을 각각 P, Q라 하고 두 점 P, Q의 x좌표의 곱이 14일 때, 삼각형 OPQ의 넓이를 S라 하자. 이때 S^2의 값은?

(단, k는 상수이다.)

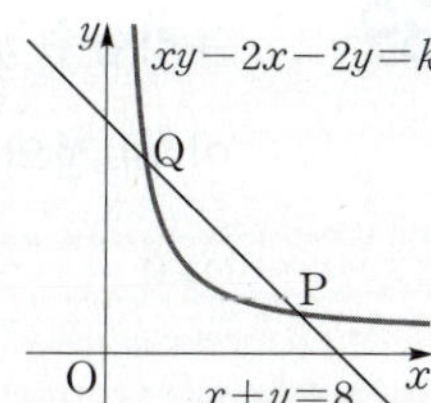

① 64 　　② 96 　　③ 128
④ 160 　　⑤ 192

방어진고, 북원여고, 새롬고 응용

286 함수 $f(x)=\dfrac{k}{x-1}-2$의 그래프가 모든 사분면을 지나고 함수 $g(x)=\dfrac{k}{x+3}+1$의 그래프가 제 4 사분면을 지나지 않도록 하는 상수 k의 값의 범위가 $\alpha \le k < \beta$일 때, $\alpha\beta$의 값은? (단, $k\neq0$)

① 2 　　② 3 　　③ 4 　　④ 5 　　⑤ 6

광남고, 연수고 응용

287 자연수 n에 대하여 함수 $f_n(x)$가 다음 조건을 모두 만족시킨다.

(가) $f_1(x)=\dfrac{1-2x}{x+2}$　　　　(나) $f_n(x)=(f_{n-1}\circ f_1)(x)$ $(n=2,\ 3,\ 4,\ \cdots)$

이때 $f_{2026}(2)$의 값은? (단, $x\neq-1$)

① $-\dfrac{3}{4}$ 　　② $-\dfrac{4}{5}$ 　　③ 1 　　④ $\dfrac{7}{5}$ 　　⑤ 2

288 부석고, 양지고, 예화여고 응용

$2 \le x \le 3$을 만족하는 모든 실수 x에 대하여 부등식 $ax+1 \le \dfrac{x+1}{x-1} \le bx+1$이 항상 성립할 때,

a의 최댓값과 b의 최솟값의 합을 구하여라. (단, a, b는 상수이다.)

289 고운고, 주성고 응용

유리함수 $y=\dfrac{2x+1}{x-1}$의 그래프와 중심의 좌표가 $(1, 2)$인 원이 서로 다른 네 점에서 만날 때,

이 네 점의 x좌표를 각각 x_1, x_2, x_3, x_4라 하자. 이때 $2(x_1+x_2+x_3+x_4)$의 값은?

① 0 ② 4 ③ 6 ④ 8 ⑤ 10

290 서전고, 성수여고, 치악고 응용

함수 $y=\dfrac{|x|-1}{|x+1|}$의 그래프와 직선 $y=mx+2m-2$의 교점이 존재하지 않을 때, 상수 m의 최

댓값과 최솟값의 합은? (단, $m \ne 0$)

① $\dfrac{1}{2}$ ② 2 ③ $\dfrac{7}{2}$ ④ 4 ⑤ 5

291 김화고, 화성고 응용

함수 $y=\dfrac{1}{x}$의 그래프 위의 한 점 $\mathrm{P}(a, b)$에서 직선 $y=x$에 내린 수선의 발을 점 Q라 할 때,

점 Q에서 x축에 내린 수선이 함수 $y=\dfrac{1}{x}$의 그래프와 만나는 점 R의 좌표는? (단, $a>1$)

① $\left(\dfrac{a+b}{2}, \dfrac{2}{a+b} \right)$ ② $\left(a+b, \dfrac{1}{a+b} \right)$ ③ $\left(\dfrac{a+1}{\sqrt{2}}, \dfrac{\sqrt{2}}{a+b} \right)$

④ $\left(a+b, \dfrac{2}{a+b} \right)$ ⑤ $\left(\dfrac{a+1}{2}, a+b \right)$

292   목동고, 부광고, 신도고 응용

함수 $f(x)=\dfrac{ax+b}{x+c}$ $(b-ac\neq0,\ c<0)$의 그래프와 직선 $y=x+1$의 두 교점이 P$(0,\ 1)$, Q$(3,\ 4)$이다. 두 점 P, Q와 곡선 $y=f(x)$ 위의 서로 다른 두 점 R, S를 꼭짓점으로 하는 직사각형 PQRS의 넓이가 30일 때, $f(2)$의 값은?

① -2 ② -1 ③ 1 ④ 2 ⑤ 3

293   고려고, 서일고, 진해고, 한얼고 응용

함수 $y=4\sqrt{x}$의 그래프를 x축의 방향으로 a만큼 평행이동한 함수를 $y=f(x)$라 하자. $y=f(x)$와 그 역함수 $y=f^{-1}(x)$의 그래프가 서로 접할 때, a의 값은?

① 2 ② 3 ③ 4 ④ 5 ⑤ 6

294   남산고, 지산고, 충북고 응용

실수 전체의 집합 R에서 정의된 함수 $f(x)=\begin{cases}\dfrac{3x+4}{2x+3} & (x\geq-1)\\ -\sqrt{-x-1}+1 & (x\leq-1)\end{cases}$의 성질에 대한 설명으로 보기 중 옳은 것만을 있는 대로 고른 것은?

> ─────── 보기
>
> ㄱ. 함수 f의 치역은 $\left\{y\,\middle|\,y<\dfrac{3}{2}\right\}$이다.
>
> ㄴ. 그래프는 제4사분면을 지나지 않는다.
>
> ㄷ. 임의의 두 실수 x_1, x_2에 대하여 $f(x_1)=f(x_2)$이면 $x_1=x_2$이다.
>
> ㄹ. 임의의 두 실수 x_1, x_2에 대하여 $x_1<x_2$이면 $f(x_1)<f(x_2)$이다.

① ㄱ, ㄴ   ② ㄴ, ㄷ   ③ ㄷ, ㄹ   ④ ㄱ, ㄴ, ㄹ   ⑤ ㄱ, ㄴ, ㄷ, ㄹ

295 무리함수 $f(x)=\sqrt{8-x}+\sqrt{x-2}$의 최댓값을 M, 최솟값을 m이라 할 때, m^2+M^2의 값은?

① 10　　　② 12　　　③ 14　　　④ 16　　　⑤ 18

296 무리함수 $y=\sqrt{x}$ 위의 점 $P(x, y)$가 원점 O와 점 A$(4, 2)$ 사이의 곡선 위를 움직일 때, 삼각형 OAP의 넓이의 최댓값은?

① $\dfrac{1}{2}$　　　② 1　　　③ $\dfrac{3}{2}$　　　④ 2　　　⑤ $\dfrac{5}{2}$

297 $x>0$에서 정의된 두 함수 $f(x)=\sqrt{x+4}-2$, $h(x)=\dfrac{x}{f^{-1}(x)}$가 있다. 함수 $y=h(x)$의 그래프를 직선 $y=x$에 대하여 대칭이동하면 함수 $y=g(x)$로 옮겨진다고 할 때, $g\left(\dfrac{1}{6}\right)$의 값은?

① 1　　　② 2　　　③ 5　　　④ 7　　　⑤ 8

298 함수 $y=\left|\dfrac{2x-1}{x-1}\right|$의 그래프와 직선 $y=mx-2m$이 서로 다른 세 점에서 만나도록 하는 상수 m의 값의 범위가 $\alpha<m<0$ 또는 $m<\beta$일 때, $\alpha+\beta$의 값을 구하여라.

299 경신고, 대건고 응용

함수 $y=\sqrt{x+3}$의 그래프와 함수 $y=\sqrt{1-x}+k$의 그래프가 만나도록 하는 실수 k의 값의 범위를 구하여라.

300 금호고, 문정여고, 양정고 응용

$0\le x\le 2$에서 $a(x-3)+1\le\sqrt{-x+2}\le b(x-3)$이 항상 성립하고 기울기 a의 최솟값을 α, 기울기 b의 최댓값을 β라 할 때, $(\alpha-2\beta)^2$의 값은?

① 1   ② 2   ③ 3   ④ 4   ⑤ 5

301 삼성고, 용산고 응용

무리함수 $f(x)=\sqrt{-x+k}$에 대하여 좌표평면에 곡선 $y=f(x)$와 세 점 A$(1, 3)$, B$(4, 1)$, C$(5, 6)$을 꼭짓점으로 하는 삼각형 ABC가 있다. 곡선 $y=f(x)$와 함수 $f(x)$의 역함수의 그래프가 삼각형 ABC와 만나도록 하는 실수 k의 최댓값은?

① 25   ② 28   ③ 31   ④ 38   ⑤ 41

302 경진고, 운양고 응용

함수 $y=\sqrt{4x-x^2}$의 그래프와 직선 $y=mx-3m+1$이 서로 다른 두 점 P, Q에서 만날 때, $\overline{PQ}$의 길이의 최솟값을 구하여라.

서술형 — 체감난도가 높았던 서술형 기출

303

대성여고, 백현고, 수완고 응용

$f(x)=\dfrac{2}{x}$의 그래프와 $y=mx\ (m>0)$의 교점 중 x의 값이 양수인 점을 A라 하자. $\overline{\mathrm{OA}}$의 길이를 m으로 나타내었을 때, $\overline{\mathrm{OA}}$의 길이의 최솟값을 구하여라.

(단, O는 좌표평면의 원점이다.)

304

진선여고, 현풍고 응용

좌표평면 위에 함수 $f(x)=\begin{cases}\dfrac{2}{x} & (x>0) \\[2mm] \dfrac{8}{x} & (x<0)\end{cases}$ 의 그래프와 직선 $y=-x$가 있다. 함수 $y=f(x)$의 그래프 위의 점 P를 지나고 x축에 수직인 직선이 직선 $y=-x$와 만나는 점을 Q, 점 Q를 지나고 y축에 수직인 직선이 $y=f(x)$와 만나는 점을 R이라 할 때, $\overline{\mathrm{PQ}}\times\overline{\mathrm{QR}}$의 최솟값을 구하여라.

305

강동고, 덕수고, 한영고 응용

방정식 $\sqrt{x-[x]}-[x]=m(x-2)-1$이 서로 다른 두 실근을 갖도록 하는 실수 m의 값의 범위를 구하여라.

(단, $[x]$는 x보다 크지 않은 최대의 정수이다.)

306

진명여고, 삼척고 응용

다음 그림과 같이 좌표평면 위의 두 함수 $y=\sqrt{x}$와 $y=\sqrt{x-2}$의 그래프가 y축에 평행한 직선 $x=k$와 만나는 점을 각각 P_k, $\mathrm{Q}_k\ (k=2,\ 3,\ 4,\ \cdots)$라 할 때,

$$\overline{\mathrm{P_2Q_2}}+\overline{\mathrm{P_3Q_3}}+\overline{\mathrm{P_4Q_4}}+\cdots+\overline{\mathrm{P_{20}Q_{20}}}=2\sqrt{a}+\sqrt{b}-c$$

이다. 이때 세 유리수 a, b, c에 대하여 $a+b+c$의 값을 구하여라. (단, $a<b$)

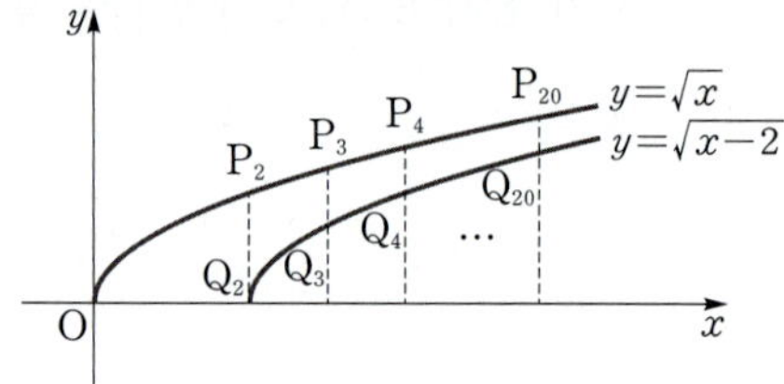

📄 광덕고, 살레시오고 응용

307 함수 $f(x)=\left|\dfrac{-2x}{x-1}\right|$ 의 그래프와 $y=k$ (k는 실수)에 대한 설명으로 보기 중 옳은 것만을 있는 대로 고른 것은? (단, $c<0<a<b$)

> ―― 보기 ―
> ㄱ. $k>0$일 때, 교점의 개수는 2이다.
> ㄴ. $f(c)=f(a)=f(b)$를 만족하는 순서쌍 $(a,\,b,\,c)$가 적어도 한 쌍 존재한다.
> ㄷ. $f(a)=f(b)$이면 $\dfrac{1}{a}+\dfrac{1}{b}=p$이고 $f(c)=f(a)$이면 $\dfrac{1}{c}+\dfrac{1}{a}=q$일 때, $pq=4$이다.

① ㄱ ② ㄴ ③ ㄷ ④ ㄱ, ㄴ ⑤ ㄱ, ㄷ

📄 국제고, 대성여고, 문정여고 응용

308 함수 $y=\dfrac{|4x|-1}{|4x-1|}$ 의 그래프를 x축의 방향으로 $-\dfrac{1}{2}$만큼 평행이동한 함수를 $y=g(x)$라 하고 원점을 지나는 직선 $y=mx$가 함수 $y=g(x)$의 그래프와 만나지 않도록 할 때, 모든 정수 m의 값의 곱을 구하여라.

📄 문성고, 숭일고 응용

309 자연수 n과 두 함수 $f(x)=\dfrac{1}{x-n}+n$, $g(x)=\sqrt{x+n}$에 대하여 다음 조건을 모두 만족시키는 모든 점 $\mathrm{P}(a,\,b)$의 개수를 A_n이라 하자.

> ㈎ 두 수 a, b는 자연수이다.
> ㈏ $n<a\le 3n$, $g(a)<b<f(a)$

$n\le A_n\le 3n$을 만족시키는 모든 A_n의 값의 합을 구하여라.

📄 광주여고, 광주일고 응용

310 오른쪽 그림과 같이 두 양수 a, b에 대하여 함수 $f(x)=a\sqrt{x+1}+b$의 그래프와 역함수 $y=f^{-1}(x)$의 그래프가 만나는 점을 A라 하자. 곡선 $y=f(x)$ 위의 점 $\mathrm{B}(-1,\,2)$와 함수 $y=f^{-1}(x)$ 위의 점 C에 대하여 삼각형 ABC는 $\overline{\mathrm{AB}}=\overline{\mathrm{AC}}$인 이등변삼각형이다. 삼각형 ABC의 넓이가 $\dfrac{45}{2}$일 때, ab의 값을 구하여라. (단, 점 C의 x좌표는 점 A의 x좌표보다 작다.)

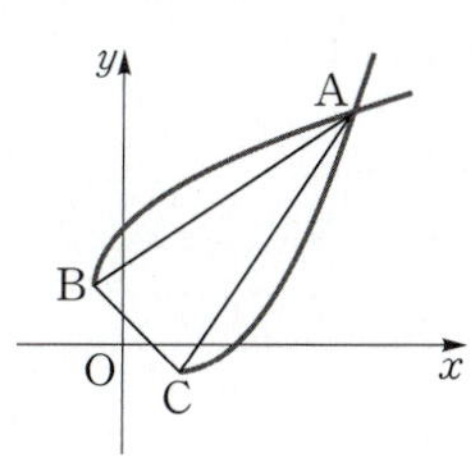

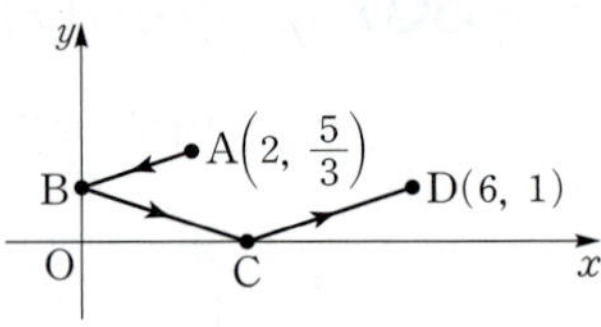

선택형 18문항 (1~18번)

01 _311

좌표평면 위의 세 점 $A(-1, 4)$, $B(2, -2)$, $C(5, 1)$과 임의의 점 $P(x, y)$에 대하여 $\overline{PA}^2+\overline{PB}^2+\overline{PC}^2$은 $x=\alpha$, $y=\beta$일 때, 최솟값 m을 갖는다. 이때 $\alpha+\beta+m$의 값은?
[3.5점]

① 31 ② 33 ③ 35
④ 37 ⑤ 39

02 _312

좌표평면 위의 두 점 A, B 사이의 거리를 $D(A, B)$로 정의할 때, 보기 중 옳은 것만을 있는 대로 고른 것은?
[3.8점]

―보기―
ㄱ. $D(A, B) \geq 0$
ㄴ. $D(A, B) = D(B, A)$
ㄷ. $D(A, B) = D(A, C)$이면 두 점 B, C는 일치한다.
ㄹ. 세 점 A, B, C에 대하여 항상
$\quad D(A, B) + D(B, C) \geq D(A, C)$가 성립한다.

① ㄱ, ㄴ ② ㄴ, ㄷ ③ ㄱ, ㄴ, ㄷ
④ ㄱ, ㄴ, ㄹ ⑤ ㄱ, ㄴ, ㄷ, ㄹ

03 _313

오른쪽 그림과 같이 좌표평면의 x축, y축 위에 두 평면거울이 직교하여 놓여 있다.

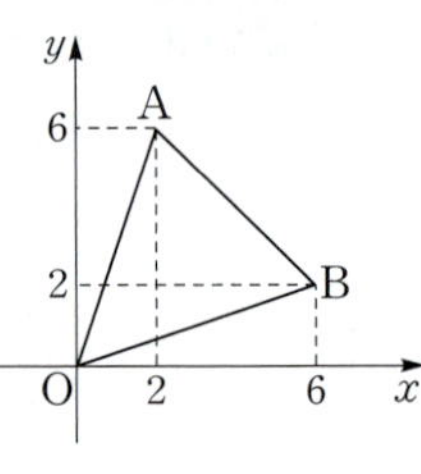

빛이 점 $A\left(2, \dfrac{5}{3}\right)$에서 출발하여 $A \rightarrow B \rightarrow C \rightarrow D$의 경로로 반사되어 점 $D(6, 1)$에 도달할 때 점 C의 좌표는? [3.8점]

① $(3, 0)$ ② $\left(\dfrac{10}{3}, 0\right)$ ③ $\left(\dfrac{11}{3}, 0\right)$
④ $(4, 0)$ ⑤ $\left(\dfrac{13}{3}, 0\right)$

04 _314

오른쪽 그림과 같이 세 점 $O(0, 0)$, $A(2, 6)$, $B(6, 2)$를 꼭짓점으로 하는 삼각형 OAB에 대하여 선분 AB를 $2 : 1$로 내분하는 점을 C, 선분 AB를 $1 : 2$로 내분하는 점을 D라 하자. 두 삼각형 OBC, ODA의 무게중심을 각각 G_1, G_2라 할 때, 선분 G_1G_2의 길이는? [4.2점]

① $\dfrac{14\sqrt{6}}{9}$ ② $\dfrac{5\sqrt{7}}{3}$ ③ $\dfrac{16\sqrt{2}}{9}$
④ $\dfrac{17\sqrt{6}}{9}$ ⑤ $2\sqrt{2}$

05 _315 📄 서문여고, 안동고, 전남고, 포항고 응용

좌표평면 위의 세 점 A(8, 6), B(1, 3), C(6, 0)을 꼭짓점으로 하는 삼각형 ABC가 있다. 선분 OC 위를 움직이는 점 P에 대하여 $\triangle ABC = 3\triangle APC$일 때, 직선 AP의 기울기는? (단, O는 좌표평면의 원점이다.) [4.5점]

① $\dfrac{5}{4}$ ② $\dfrac{3}{2}$ ③ $\dfrac{7}{4}$

④ 2 ⑤ $\dfrac{9}{4}$

06 _316 📄 광주숭일고, 부일외고, 사상고, 함월고 응용

세 직선 l, m, n이 $l : ax+2y+4=0$, $m : (b-6)x-2y+5=0$, $n : bx+2y+1=0$일 때, 두 직선 l과 m은 평행하고, 두 직선 l과 n은 수직이다. 이때 두 상수 a, b에 대하여 $\dfrac{b}{a}+\dfrac{a}{b}$의 값은? [3.5점]

① -12 ② -11 ③ -10

④ -9 ⑤ -8

07 _317 📄 강동고, 선유고, 양명고, 은혜고 응용

직선 $x+y-3=0$과 x축 및 y축으로 둘러싸인 부분의 넓이를 직선 $mx+(m-2)y-m+2=0$이 이등분할 때, $20m$의 값은? (단, m은 실수이다.) [3.5점]

① -5 ② -4 ③ -3

④ -2 ⑤ -1

08 _318 📄 배재고, 대성고, 오금고 응용

두 점 A(2, 1), B(4, 3)을 잇는 선분과 직선 $3x+5y=15$의 교점을 C라 할 때, $\overline{AC} : \overline{BC}$는? [3.8점]

① $1:2$ ② $1:3$ ③ $2:3$

④ $2:5$ ⑤ $3:4$

09 _319 📄 복성고, 온양고, 잠실여고, 현대고 응용

방정식 $(k+1)x+(2k-3)y+3k-2=0$이 나타내는 직선 l에 대한 설명으로 보기 중 옳은 것만을 있는 대로 고른 것은? [4.2점]

> **보기**
>
> ㄱ. 직선 l은 제2사분면을 반드시 지난다.
> ㄴ. 원점으로부터 거리가 $\sqrt{2}$인 직선은 2개 존재한다.
> ㄷ. 직선 l은 직선 $x+2y+3=0$과 겹칠 수 없다.

① ㄱ ② ㄷ ③ ㄱ, ㄴ

④ ㄱ, ㄷ ⑤ ㄴ, ㄷ

10 _320

신라고, 연제고, 점촌고, 현서고 응용

오른쪽 그림과 같이 점 $A(8, 1)$과 원점 O에서 직선 $5x+12y-64=0$에 내린 수선의 발을 각각 B, C라 할 때, 선분 BC의 길이는? [4.2점]

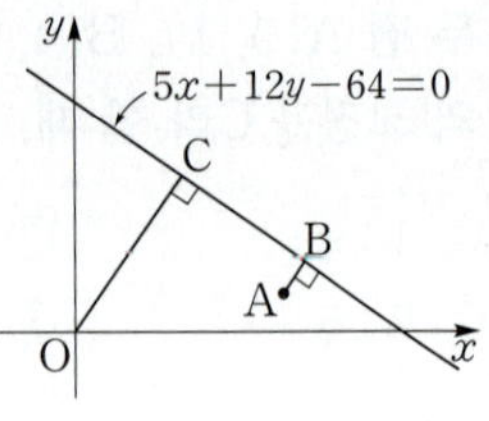

① 6   ② 7   ③ 8
④ 9   ⑤ 10

11 _321

고려고, 삼숭고, 영파여고 응용

오른쪽 그림과 같이 네 점 A, B, C, D를 꼭짓점으로 하는 마름모에서 두 직선 AB, AD의 방정식이 각각 $2x-y+1=0$, $ax+by+1=0$이다. 대각선 AC의 방정식이 $x+y+2=0$이고, $a^2+b^2=5$일 때, 두 상수 a, b에 대하여 $a-b$의 값은? [4.5점]

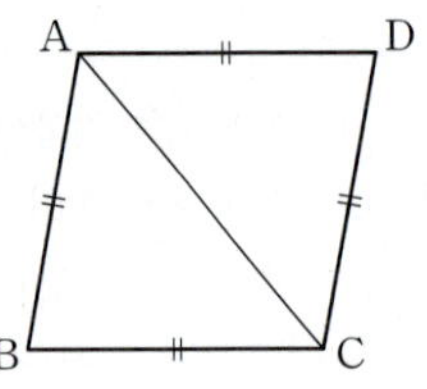

① 3   ② 1   ③ -1
④ -3 ⑤ -4

12 _322

석산고, 수원외고, 양운고, 한성고 응용

이차함수 $y=x^2-3$ 위의 한 점 A에서 원 $x^2+y^2=1$에 그은 접선의 한 접점을 B라 할 때, 선분 AB의 길이의 최솟값은 $\dfrac{\sqrt{q}}{p}$이다. 이때 $p+q$의 값은?

(단, p, q는 서로소인 자연수이다.) [3.5점]

① 5   ② 7   ③ 9
④ 11   ⑤ 13

13 _323

금성고, 부천고, 상지여고, 수완고 응용

좌표평면 위에 x축과 y축에 동시에 접하고 중심이 제2사분면에 있으며, 반지름의 길이가 1인 원 C가 있다. 원 밖의 한 점 $A(-3, 4)$에서 원 C에 그은 두 접선의 기울기를 m_1, m_2라 할 때, $(m_1-m_2)^2$의 값은? [4.2점]

① $\dfrac{10}{3}$ ② 4   ③ $\dfrac{14}{3}$
④ $\dfrac{16}{3}$ ⑤ 6

14 _324

금옥여고, 대구서부고, 명신고, 합천여고 응용

점 $P(4, 3)$에서 원 $x^2+y^2=4$에 그은 두 접선의 접점을 A, B라 할 때, 삼각형 PAB의 넓이는? [4.5점]

① $\dfrac{42\sqrt{21}}{25}$ ② $\dfrac{44\sqrt{21}}{25}$ ③ $\dfrac{46\sqrt{21}}{25}$
④ $\dfrac{48\sqrt{21}}{25}$ ⑤ $2\sqrt{21}$

15 _325
경일고, 사천여고 응용

원 $x^2+y^2=4$의 외부에 있는 임의의 점 P에서 이 원에 그은 두 접선의 접점을 각각 A, B라 하자. ∠APB가 둔각일 때, 점 P가 존재하는 영역의 넓이는? [3.8점]

① 2π 　② $\dfrac{5}{2}\pi$ 　③ 4π

④ $\dfrac{9}{2}\pi$ 　⑤ 5π

16 _326
구암고, 효원고 응용

곡선 $y=x^2-x-9$ 위의 두 점이 원점에 대하여 대칭일 때, 두 점 사이의 거리는? [4.2점]

① 6 　② 8 　③ $6\sqrt{2}$

④ 10 　⑤ $8\sqrt{2}$

17 _327
강릉고, 구미고, 순창고, 이현고 응용

이차함수 $y=x^2+x$의 그래프 위의 서로 다른 두 점 A, B가 직선 $y=-x+1$에 대하여 대칭일 때, 선분 AB의 길이는? [3.8점]

① 2 　② $\sqrt{6}$ 　③ $2\sqrt{2}$

④ $\sqrt{10}$ 　⑤ $2\sqrt{3}$

18 _328
송도고, 원미고, 효천고 응용

좌표평면 위의 원 $(x-3)^2+(y+1)^2=16$을 C_1이라 하고, 원 C_1을 직선 $y=x$에 대하여 대칭이동한 후, x축의 방향으로 2만큼, y축의 방향으로 k만큼 평행이동한 원을 C_2라 하자. 두 원 C_1, C_2가 서로 다른 두 점 A, B에서 만나고 선분 AB의 길이가 $2\sqrt{3}$일 때, 모든 실수 k의 값의 곱은?

[4.5점]

① -34 　② -32 　③ -30

④ -28 　⑤ -26

19 _329   📄 성서고, 여의도고, 장훈고, 평내고 응용

오른쪽 그림과 같은 삼각형 ABC 에서 변 BC의 삼등분점을 각각 D, E라 하자. $\overline{AD}=5$, $\overline{AE}=6$, $\overline{BC}=9$일 때, $\overline{AB}^2+\overline{AC}^2$의 값을 구하여라. [5점]

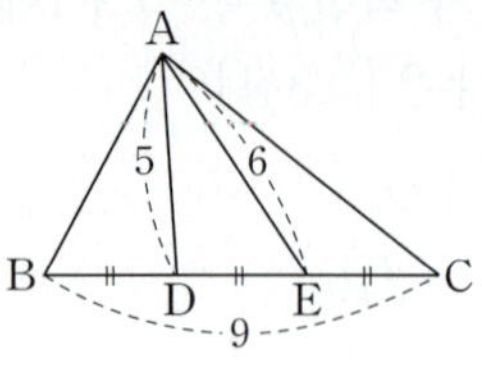

20 _330   📄 계성고, 남원고, 대전지족고, 마포고 응용

이차함수 $y=-x^2+3$의 그래프와 점 $(-3,\ 0)$을 지나는 직선 $y=mx+n$의 두 교점을 A, B라 할 때, $\angle AOB=90°$가 되도록 하는 두 정수 m, n에 대하여 $m-n$의 값을 구하여라. (단, O는 좌표평면의 원점이다.) [5점]

21 _331   📄 서초고, 중동고, 마차고 응용

원 $x^2+y^2-6x-2y+5=0$을 직선 l에 대하여 대칭이동하였더니 원 $x^2+y^2=5$가 되었을 때, 직선 l의 방정식이 $y=ax+b$이다. 이때 두 상수 a, b에 대하여 $a+b$의 값을 구하여라. [5점]

22 _332   📄 덕적고, 보인고, 관악고 응용

원 $x^2+y^2=5$에 접하고 직선 $y=-\dfrac{1}{2}x$에 수직인 두 직선을 각각 l_1, l_2라 하자. 원 위의 점 $(-1,\ -2)$에서의 접선 l과 두 직선 l_1, l_2의 교점을 각각 A, B라 할 때, 삼각형 OAB의 넓이를 구하여라. (단, O는 좌표평면의 원점이다.) [6점]

23 _333   📄 신장고, 영신고, 청주여고 응용

세 점 O(0, 0), A(9, 0), B(4, 4)를 꼭짓점으로 하는 삼각형 OAB의 내부에 한 점 P가 있다.

$$\triangle POA : \triangle PAB : \triangle PBO = 4 : 3 : 2$$

일 때, 점 P의 좌표는 $(a,\ b)$이다. 이때 $9(a+b)$의 값을 구하여라. [7점]

점수	선택형	서술형	나의 점수
	점	점	점

---

01 _334

📖 광남고, 대성여고, 영주고 응용

오른쪽 그림과 같이 좌표평면 위의 세 점 $A(1, 3)$, $B(-5, -5)$, $C(4, -1)$을 꼭짓점으로 하는 $\triangle ABC$가 있다. $\angle A$의 외각의 이등분선이 변 BC의 연장선과 만나는 점 D의 좌표를 (a, b)라 할 때, $a+b$의 값은? [3.5점]

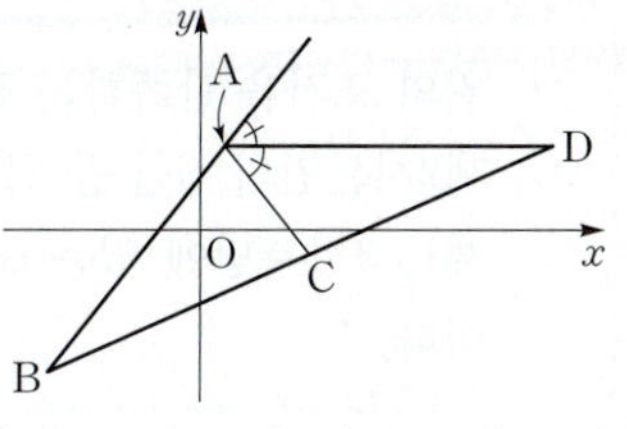

① 13   ② 14   ③ 15
④ 16   ⑤ 17

02 _335

📖 건국고, 이화여고, 미추홀외고 응용

한 변의 길이가 2인 정사각형 $ABCD$의 내부의 한 점 P가 $2\overline{PA}^2 = \overline{PB}^2 + \overline{PD}^2$을 만족시킬 때, 점 P가 움직이면서 생기는 도형의 길이는? [3.8점]

① 1   ② $\sqrt{2}$ ③ 4
④ $\sqrt{6}$ ⑤ $2\sqrt{2}$

03 _336

📖 금천고, 다산고, 대연고, 양정고 응용

삼각형 ABC가 다음 조건을 모두 만족시킨다.

> ㈎ 점 A의 좌표는 $(2, 4)$이다.
> ㈏ 선분 BC의 중점의 좌표는 $(4, 1)$이다.

삼각형 ABC의 무게중심의 좌표가 (a, b)일 때, $3ab$의 값은? [3.8점]

① 16   ② 18   ③ 20
④ 22   ⑤ 24

04 _337

📖 배문고, 서대전여고, 제일고 응용

삼각형 ABC에서 선분 BC의 중점을 D라 하고, 두 선분 CB, BA의 연장선 위의 점을 각각 E, F라 할 때, 선분 EC를 $2 : 1$로 내분하는 점이 B, 선분 FB의 중점이 A이다. $\triangle FED = k\triangle ABD$를 만족시키는 실수 k의 값은? [4.5점]

① 7   ② 8   ③ 9
④ 10   ⑤ 11

05 _338

📖 거제고, 고성중앙고, 남문고, 청명고 응용

두 점 $A(1, 6)$, $B(7, 2)$에서 같은 거리에 있는 점 $P(a, b)$가 직선 $y = -x + 2$ 위의 점일 때, $\dfrac{a}{b}$의 값은?

(단, $b \neq 0$) [3.5점]

① $\dfrac{7}{2}$ ② 4   ③ $\dfrac{9}{2}$
④ 5   ⑤ $\dfrac{11}{2}$

06 _339
경남여고, 동래고, 명진고, 중화고 응용

세 직선 $3x+2y+5=0$, $2x-y+8=0$, $ax+2y+2=0$이 삼각형을 이루지 않도록 하는 모든 상수 a의 값의 합은? [3.8점]

① -3 ② -2 ③ -1
④ 0 ⑤ 1

07 _340
죽장고, 대원외고 응용

$\overline{AB}=a$, $\overline{BC}=b$인 직사각형 ABCD에서 오른쪽 그림과 같이 삼각형 ACD의 내부에 점 P를 잡고, 점 P에서 변 AB, AD에 내린 수선의 발

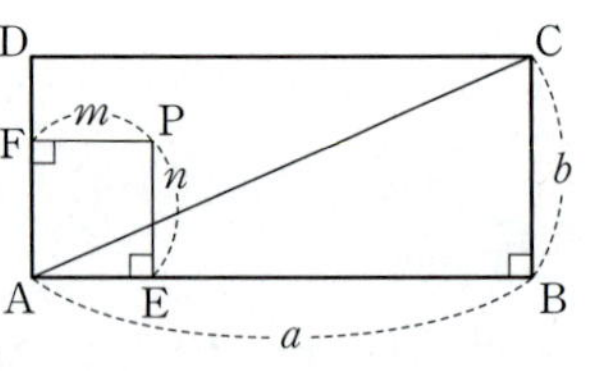

을 각각 E, F라 하자. $\dfrac{n}{m}$, $\dfrac{b}{a}$, $\dfrac{b-n}{a-m}$의 값을 각각 α, β, γ라 할 때, 다음 중 α, β, γ의 대소 관계를 바르게 나타낸 것은? (단, $\overline{PE}=n$, $\overline{PF}=m$) [3.8점]

① $\alpha<\beta<\gamma$ ② $\alpha<\gamma<\beta$ ③ $\beta<\gamma<\alpha$
④ $\gamma<\alpha<\beta$ ⑤ $\gamma<\beta<\alpha$

08 _341
한밭고, 외부고, 효산고 응용

두 직선 $3x+2y-1=0$과 $2x-3y+1=0$으로부터 같은 거리에 있는 점들 중에서 x좌표, y좌표가 모두 정수인 점에 대하여 보기 중 옳은 것만을 있는 대로 고른 것은? [4.2점]

┌─── 보기 ───
ㄱ. 위의 조건을 만족하는 점은 유한 개다.
ㄴ. 제2사분면의 점들 중 위의 조건을 만족하는 점은 없다.
ㄷ. 제1, 3사분면에 있는 모든 점들의 y좌표는 5의 배수이다.

① ㄱ ② ㄴ ③ ㄷ
④ ㄱ, ㄴ ⑤ ㄴ, ㄷ

09 _342
동양고, 예당고, 한빛고 응용

오른쪽 그림과 같이 높이가 5 m인 벽면에 길이가 13 m 인 유리판을 덮어 온실을 만들었다. 유리판의 중심을 수직으로 통과한 빛이 지면과

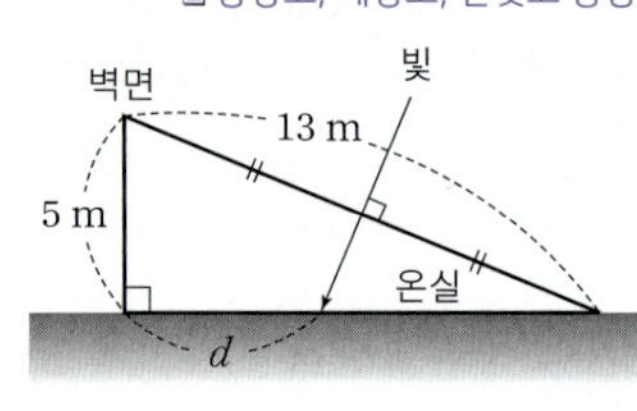

한 점에서 만나고 그 점으로부터 벽면 사이의 거리를 d라 할 때, $24d$의 값은? [4.2점]

① 113 ② 115 ③ 117
④ 119 ⑤ 121

10 _343

오른쪽 그림과 같이 좌표평면 위에 두 원
$$A : x^2+y^2=2, \ B : x^2+y^2=4$$
가 있다. 직선 $y=x+k$가 원 A와 만나지 않고 원 B와 만나도록 하는 실수 k의 값의 범위가 $a \le k < b$ 또는 $c < k \le d$이다. 이때 $ab+cd$의 값은? [3.5점]

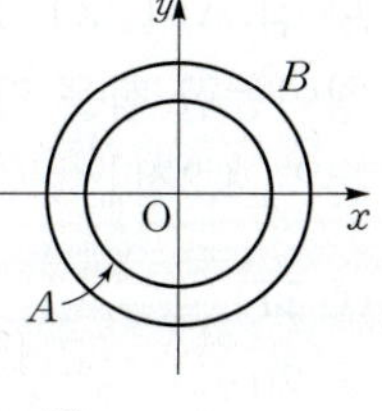

① $8\sqrt{2}$ ② 8 ③ $4\sqrt{2}$

④ 4 ⑤ $2\sqrt{2}$

11 _344

원 $x^2+y^2-6x-4y+8=0$ 위의 점 $P(5,\ 3)$에서 원에 그은 접선과 x축 및 y축으로 둘러싸인 부분의 넓이는?
[3.8점]

① 39 ② $\dfrac{169}{4}$ ③ $\dfrac{91}{2}$

④ 49 ⑤ $\dfrac{105}{2}$

12 _345

점 P가 원 $x^2+y^2=9$ 위를 움직일 때, 두 점 $A(9,\ 5)$, $B(-6,\ 7)$에 대하여 삼각형 PAB의 무게중심 G가 나타내는 도형은 중심의 좌표가 $(m,\ n)$이고, 반지름의 길이가 r인 원이다. 이때 $m+n+r$의 값은? [3.5점]

① 6 ② $\dfrac{13}{2}$ ③ 7

④ $\dfrac{15}{2}$ ⑤ 8

13 _346

두 점 $A(2,\ 5)$, $B(6,\ 1)$과 원 $x^2+y^2=1$ 위를 움직이는 점 P에 대하여 $\overline{PA}^2+\overline{PB}^2$의 최솟값은? [4.2점]

① 40 ② 44 ③ 48

④ 52 ⑤ 56

14 _347

오른쪽 그림과 같이 중심이 제2사분면에 있고 반지름의 길이가 2인 원 C가 직선 $l : 3x+4y=0$과 y축에 동시에 접한다. 원 C와 직선 l의 접점을 $P(\alpha,\ \beta)$라 할 때, $5(\beta-\alpha)$의 값은? [4.5점]

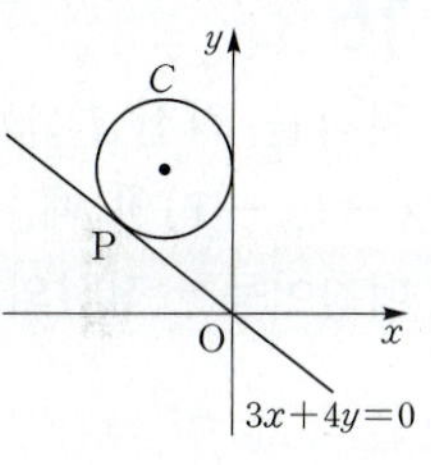

① 16 ② 20 ③ 24

④ 28 ⑤ 32

15 _348
금호고, 안양고, 독산고 응용

원 $x^2+y^2=4$를 평행이동 $(x, y) \longrightarrow (x+a, y+b)$에 의하여 이동하면 점 $(6, 8)$이 이 원의 원주를 포함한 내부에 있을 때, a^2+b^2의 최솟값은? [4.2점]

① 64 ② 49 ③ 36
④ 25 ⑤ 16

16 _349
경덕여고, 계성고 응용

원점을 직선 $l : y=ax+b$에 대하여 대칭이동한 점이 $(-1, -1)$일 때, 직선 $2x-y+3=0$을 직선 l에 대하여 대칭이동한 직선의 방정식은?

(단, a, b는 상수이다.) [4.5점]

① $x-2y+2=0$ ② $x-y+4=0$
③ $x+2y+2=0$ ④ $x+y+4=0$
⑤ $4x+y+4=0$

17 _350
살레시오고, 진주외고, 하남고 응용

두 점 $A(1, 3)$, $B(4, 6)$을 직선 $x-y-1=0$에 대하여 대칭이동한 점을 각각 C, D라 할 때, 사각형 ACDB의 넓이는? [4.2점]

① 17 ② 18 ③ 19
④ 20 ⑤ 21

18 _351
강릉제일고, 기전여고, 지족고 응용

원 $x^2+y^2+6x-2y+6=0$과 이 원을 x축의 방향으로 a만큼, y축의 방향으로 b만큼 평행이동한 원이 만나는 두 점 A, B에 대하여 $\overline{AB}=2$이다. 점 (a, b)가 나타내는 도형의 길이가 $a\sqrt{b}\pi$일 때, 서로소인 두 자연수 a, b에 대하여 $a+b$의 값은? [4.5점]

① 5 ② 6 ③ 7
④ 8 ⑤ 9

서술형 5문항 (19~23번)

19 _352

문화고, 부개고, 황지고 응용

오른쪽 그림과 같이 삼각형 ABC에서 선분 AB, BC, CA를 $2:1$로 내분하는 점이 각각 P$(2, 3)$, Q$(6, -1)$, R$(5, 4)$일 때, 삼각형 ABC의 무게중심의 좌표는 (a, b)이다. $3a+b$의 값을 구하여라. [5점]

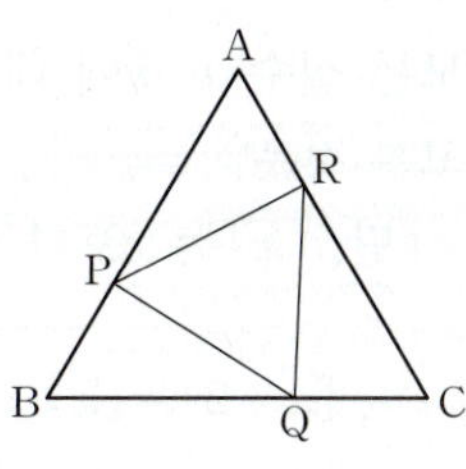

20 _353

경일고, 상명사대부속여고, 청주외고 응용

점 A$(5, 3\sqrt{5})$를 한 꼭짓점으로 하는 정삼각형 ABC의 무게중심이 G$(1, \sqrt{5})$일 때, 직선 AB와 직선 AC의 기울기의 곱은 k이다. 이때 $7k$의 값을 구하여라. [5점]

21 _354

동아여고, 부천복고, 상산고 응용

원 $x^2+y^2=1$ 위를 움직이는 점 P와 직선 $x+y-5\sqrt{2}=0$ 위를 움직이는 서로 다른 두 점 A, B를 꼭짓점으로 하는 정삼각형 PAB의 넓이의 최댓값을 M, 최솟값을 m이라 할 때, Mm의 값을 구하여라. [5점]

22 _355

가락고, 재현고 응용

오른쪽 그림과 같이 밑은 막혀 있고, 위가 뚫려 있는 직육면체 모양의 종이 상자의 안쪽 B지점에 과자 부스러기가 놓여 있다. 현재 상자 바깥쪽 A지점에 있는 개미가 과자 부스러기를 먹기 위해 상자 벽면의 바깥쪽, 안쪽을 따라 초속 1cm의 속력으로 가장 짧은 길로 간다고 할 때, 개미가 과자 부스러기에 도착할 때까지 걸리는 시간이 몇 초인지 구하여라. [6점]

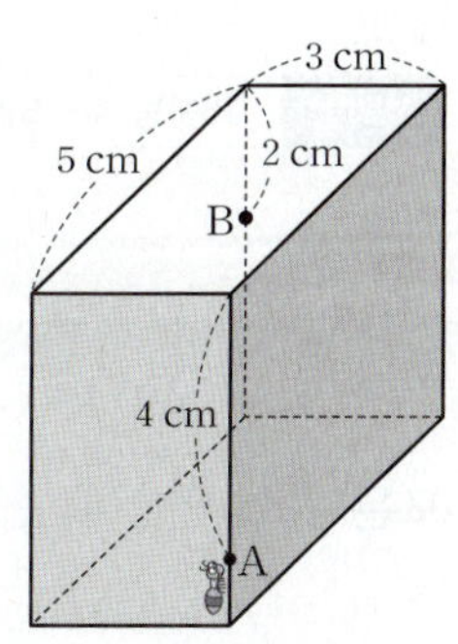

23 _356

유성고, 충북고, 효정고 응용

좌표평면 위에 중심이 $(-\sqrt{3}, 0)$이고 반지름의 길이가 2인 원 C_1이 있다. 원 C_1을 y축에 대하여 대칭이동한 원을 C_2, 원 C_2를 x축의 방향으로 $2\sqrt{3}$만큼 평행이동한 원을 C_3라 할 때, 원 C_2의 내부와 두 원 C_1, C_3의 외부의 공통 부분의 넓이는 $a\pi+b\sqrt{3}$이다. 이때 두 유리수 a, b에 대하여 $\dfrac{b}{a}$의 값을 구하여라. [7점]

점수	선택형	서술형	나의 점수
	점	점	점

01 _357
📄 강릉고, 마산고, 숭의고 응용

집합 $A=\left\{\dfrac{1}{2},\ \dfrac{1}{2^2},\ \dfrac{1}{2^3},\ \dfrac{1}{2^4},\ \dfrac{1}{2^5},\ \dfrac{1}{2^6}\right\}$ 의 부분집합 X의

모든 원소의 합이 $\dfrac{1}{2}$ 보다 작을 때, 집합 X의 개수는?

(단, $X\neq\varnothing$) [3.5점]

① 28   ② 29   ③ 30
④ 31   ⑤ 32

02 _358
📄 남원고, 삼척고, 울산고 응용

전체집합 U의 두 부분집합 A, B에 대하여 보기 중 옳은 것의 개수는? (단, $A\neq\varnothing$, $B\neq\varnothing$) [3.8점]

보기
ㄱ. $A-B=A \Longleftrightarrow A\cap B=\varnothing$
ㄴ. $A-B=\varnothing \Longleftrightarrow A\cap B=A$
ㄷ. $A\cup B=A \Longleftrightarrow B-A=\varnothing$
ㄹ. $A\cap B=A \Longleftrightarrow A\cup B=B$
ㅁ. $A\cap B=\varnothing \Longleftrightarrow A\cup B=U$

① 1   ② 2   ③ 3
④ 4   ⑤ 5

03 _359
📄 양재고, 의정부고, 죽전고 응용

자연수 전체의 부분집합 A_n에 대하여
$$A_n=\{x\,|\,x는\ n의\ 배수\}$$
일 때, 보기 중 옳은 것만을 있는 대로 고른 것은?

(단, n은 자연수이다.) [4.2점]

보기
ㄱ. $A_6\cap A_8=A_{48}$
ㄴ. m이 n의 배수이면 $A_m\cap A_n=A_m$
ㄷ. $A_{mn}\subset(A_m\cap A_n)$
ㄹ. m과 n이 서로소이면 $A_m\cup A_n=A_{m+n}$

① ㄱ, ㄴ   ② ㄱ, ㄷ   ③ ㄴ, ㄷ
④ ㄴ, ㄹ   ⑤ ㄷ, ㄹ

04 _360
📄 동두천고, 부안고, 속초고 응용

모든 실수 x, y에 대하여 보기 중 옳은 것만을 있는 대로 고른 것은?

(단, $[x]$는 x보다 크지 않은 최대의 정수이다.) [4.5점]

보기
ㄱ. $[x+2]=[x]+2$ ㄴ. $[x-2]=[x]-2$
ㄷ. $[x]+[-x]=0$ ㄹ. $[x+y]=[x]+[y]$

① ㄱ, ㄴ   ② ㄱ, ㄷ   ③ ㄱ, ㄹ
④ ㄴ, ㄷ   ⑤ ㄷ, ㄹ

05 _361
📄 대전고, 상동고, 회현고 응용

$a>0$, $b>0$, $c>0$일 때, 절대부등식
$$\frac{a+b+c}{3}\geq\sqrt[3]{abc}\ (단,\ 등호는\ a=b=c일\ 때\ 성립)$$
가 성립한다. $x>0$일 때, $2x^2+\dfrac{4}{x}$의 최솟값은? [3.8점]

① 5   ② 6   ③ 7
④ 8   ⑤ 9

06 _362
📄 다산고, 여의도고, 제일고 응용

오른쪽 그림과 같이 동, 서, 남, 북 네 방향에 각각 네 점 A, C, D, B를 잡아서 사각형 ABCD를 그려 보니 $\triangle OAB$, $\triangle OCD$의 넓이가 각각 2, 8이었다. 이때 사각형 ABCD의 넓이의 최솟값은? [3.5점]

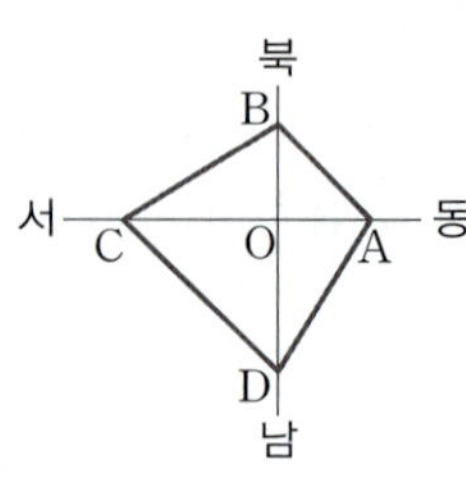

① 16   ② 17   ③ 18
④ 19   ⑤ 20

07 _363　　　　　　　　　📄 문경고, 서연고, 울산제일고 응용

자연수 전체의 집합 N에서 함수 $f:N \longrightarrow N$을 임의의 자연수 n에 대하여 $f(n)=(n$의 양의 약수의 개수$)$로 정의할 때, 보기 중 옳은 것만을 있는 대로 고른 것은? [4.2점]

──────────── 보기 ────────────

ㄱ. $f(2)=2$

ㄴ. $f(3)+f(4)=7$

ㄷ. $f(n)=2$를 만족하는 10 이하의 자연수 n의 개수는 4이다.

① ㄱ　　　　　② ㄴ　　　　　③ ㄱ, ㄴ
④ ㄱ, ㄷ　　　　⑤ ㄱ, ㄴ, ㄷ

08 _364　　　　　　　　　📄 덕수고, 선유고, 이화여고 응용

두 함수 $f(x)=ax+b$, $g(x)=x+c$에 대하여
$$f^{-1}(5)=1, \quad (g \circ f^{-1})(3x+5)=-x+3$$
일 때, $g^{-1}(2)$의 값은? (단, a, b, c는 상수이다.) [4.2점]

① -2　　　　　② -1　　　　　③ 0
④ 1　　　　　⑤ 2

09 _365　　　　　　　　　📄 녹산고, 무릉고, 신월고 응용

집합 $X=\{0, 1, 2, 3\}$에 대하여 X에서 X로의 함수 f를 오른쪽 그림과 같이 정의한다.
$$f^2=f \circ f, \; f^3=f \circ f \circ f, \; \cdots,$$
$$f^{n+1}=f \circ f^n$$
일 때, $f^{2027}(0)+f^{2027}(1)$의 값은?
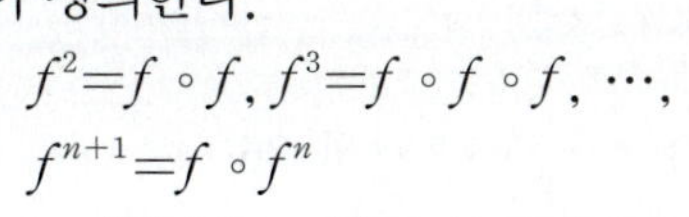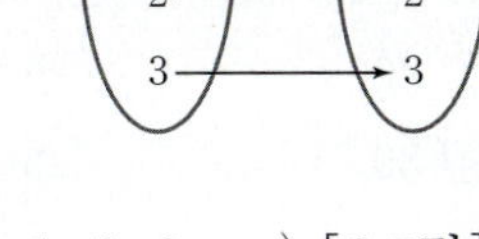
　　　　　　(단, $n=1, 2, 3, \cdots$) [3.5점]

① 0　　　　　② 1　　　　　③ 2
④ 3　　　　　⑤ 4

10 _366　　　　　　　　　📄 김제고, 목일고, 상암고 응용

이차방정식 $x^2+x+1=0$의 두 근 α, β에 대하여 자연수 전체의 집합을 정의역으로 하는 함수 $f(n)$을 $f(n)=\alpha^n+\beta^n$으로 정의할 때, 보기 중 옳은 것만을 있는 대로 고른 것은? [3.8점]

──────────── 보기 ────────────

ㄱ. $f(1)=f(2)$

ㄴ. 치역은 $\{-1, 1, 2\}$이다.

ㄷ. 모든 n에 대하여 $f(n+3)=f(n)$이다.

① ㄱ　　　　　② ㄱ, ㄴ　　　　③ ㄱ, ㄷ
④ ㄴ, ㄷ　　　　⑤ ㄱ, ㄴ, ㄷ

11 _367　　　　　　　　　📄 경북고, 반포고, 서울여고 응용

원점을 지나는 두 직선 $y=m_1 x$, $y=m_2 x$가 다음 조건을 모두 만족시킬 때, $(m_1-m_2)^2$의 값은?
　　　　　　　(단, m_1, m_2는 상수이다.) [3.8점]

(가) $m_1+m_2=5$

(나) 두 직선은 직선 $y=x$에 대하여 대칭이다.

① 5　　　　　② 9　　　　　③ 13
④ 17　　　　　⑤ 21

12 _368　　　　　　　　　📄 대일고, 법성고, 선학고 응용

함수 $f(x)=\dfrac{x^2}{4}+a \;(x \geq 0)$의 역함수를 $g(x)$라 할 때, 방정식 $f(x)=g(x)$가 음이 아닌 서로 다른 두 실근을 갖도록 하는 상수 a의 값의 범위는? [4.5점]

① $-2 \leq a < -1$　　　　② $-1 \leq a < 0$
③ $0 \leq a < 1$　　　　④ $1 \leq a < 2$
⑤ $2 \leq a < 3$

13 _369
남성고, 용산고, 포항고 응용

함수 $y=\dfrac{x+m}{2x-1}$ 을 x축의 방향으로 a만큼, y축의 방향으로 b만큼 평행이동하면 $y=\dfrac{1}{2x}$ 의 그래프와 일치한다. 이때 상수 m, a, b에 대하여 mab의 값은? [3.8점]

① $-\dfrac{1}{4}$ ② $-\dfrac{1}{8}$ ③ $\dfrac{1}{8}$

④ $\dfrac{1}{4}$ ⑤ $\dfrac{1}{2}$

14 _370
과천고, 성내고, 한성고 응용

$x\geq0$, $y\geq0$일 때, $x+y=1$을 만족하고 $\dfrac{x}{x+2y}+\dfrac{y}{2x+y}$ 의 최댓값을 α, 최솟값을 β라 하자. 이때 $\alpha+\beta$의 값은? [4.2점]

① $\dfrac{2}{3}$ ② 1 ③ $\dfrac{4}{3}$

④ $\dfrac{3}{2}$ ⑤ $\dfrac{5}{3}$

15 _371
마장고, 순천여고, 용이고 응용

함수 $f_1(x)=\dfrac{4x-1}{13x-3}$ 에 대하여

$$f_2=f_1\circ f_1,\ f_3=f_1\circ f_2,\ \cdots,\ f_{n+1}=f_1\circ f_n$$

으로 정의할 때, $f_{1004}(1)$의 값은? [4.5점]

① $\dfrac{2}{9}$ ② $\dfrac{3}{10}$ ③ 1

④ $\dfrac{11}{9}$ ⑤ $\dfrac{13}{10}$

16 _372
가평고, 오금고, 장암고 응용

무리함수 $f(x)=\sqrt{x-1}+1$과 그 역함수 $y=g(x)$의 그래프는 서로 다른 두 점 P, Q에서 만난다. 이때 선분 PQ의 길이는? [3.5점]

① 1 ② $\sqrt{2}$ ③ 2

④ $\sqrt{6}$ ⑤ $2\sqrt{2}$

17 _373
당진고, 세화고, 창현고 응용

$-2\leq x\leq4$에서 정의된 함수 $f(x)=\sqrt{4-x}+\sqrt{2+x}$의 최댓값은? [4.2점]

① $\sqrt{3}$ ② $2\sqrt{3}$ ③ $3\sqrt{3}$

④ $4\sqrt{3}$ ⑤ $5\sqrt{3}$

18 _374
백마고, 서산고, 효문고 응용

두 집합 $A=\{(x,\,y)\,|\,y=\sqrt{2x-3}\,\}$, $B=\{(x,\,y)\,|\,y=mx\}$ 에 대하여 $A\cap B\neq\varnothing$이다. 실수 m의 최댓값을 a라 할 때, $90a^2$의 값은? [4.5점]

① 30 ② 33 ③ 36

④ 39 ⑤ 42

19 _375

부산여고, 성내고, 환일고 응용

어느 고등학교 동아리 회원 60명의 학생들은 3개의 인터넷 카페 A, B, C 중 적어도 한 카페에 회원으로 가입했다. 이 학생들 중 A, B, C의 회원들의 집합을 각각 A, B, C라 할 때, $n(A)=42$, $n(B)=36$, $n(C)=27$, $n(A\cap B\cap C)=10$이다. 이때 집합 $(A\cap B)\cup(B\cap C)\cup(C\cap A)$의 원소의 개수를 구하여라. [5점]

20 _376

배재고, 서진고, 이천고 응용

세 조건

$p : -1<x\leq 1$ 또는 $x\geq 5$,

$q : x>a,\ r : x\geq b$

에 대하여 p는 q이기 위한 충분조건이고, r는 p이기 위한 충분조건일 때, a의 최댓값과 b의 최솟값의 합을 구하여라. [5점]

21 _377

세화고, 인천고, 충남고 응용

함수 $f(x)$를 $f(x)=\begin{cases} -\sqrt{2x}-4 & (x\geq 0) \\ \sqrt{1-x}-5 & (x<0) \end{cases}$ 으로 정의할 때, $(f^{-1}\circ f^{-1})(a)=8$을 만족하는 실수 a의 값을 구하여라. [5점]

22 _378

백암고, 여주고, 환일고 응용

$0\leq x\leq 1$에서 정의된 함수 $f(x)=\dfrac{-x+1}{x+1}$이 다음 조건을 모두 만족시킨다.

㉮ $f(-x)=f(x)$
㉯ $f(x)=f(x+2)$

함수 $y=f(x)$의 그래프와 직선 $y=\dfrac{1}{m}x+\dfrac{1}{2m}$의 교점의 개수를 $g(m)$이라 할 때, $g(10)$의 값을 구하여라. [6점]

23 _379

방이고, 성신여고, 영월고 응용

두 함수 $y=f(x)$, $y=g(x)$의 그래프가 다음 그림과 같을 때, $y=(g\circ f)(x)$의 그래프와 x축으로 둘러싸인 도형의 넓이를 구하여라. [7점]

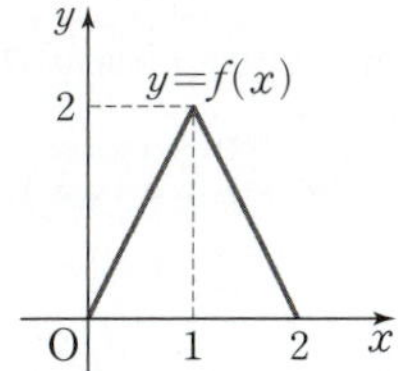

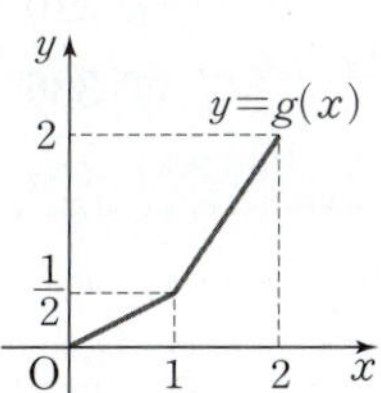

점수	선택형	서술형	나의 점수
	점	점	점

01 _380
경동고, 안양고, 밀양고 응용

전체집합 $U=\{x\,|\,x$는 10 이하의 자연수$\}$의 두 부분집합 $A=\{2,\ 4,\ 5,\ 6,\ 7\}$, $B=\{1,\ 3,\ 5,\ 6,\ 9\}$에 대하여 $A\cup B=B\cup C$를 만족시키는 U의 부분집합 C의 개수는? [3.5점]

① 8   ② 16   ③ 32
④ 64   ⑤ 128

02 _381
고양고, 백제고, 상암고 응용

두 집합 $A=\{1,\ 2,\ 3,\ 4\}$, $B=\{1,\ 2,\ 3,\ 4,\ 5,\ 6,\ 7,\ 8\}$에 대하여 집합 P가 다음 조건을 모두 만족시킨다. 이때 집합 $P-A$의 서로 다른 모든 원소의 곱은? [3.8점]

> (가) $n(P\cap A)=2$
> (나) $P\cup B=B$
> (다) 집합 P의 모든 원소의 합은 28이다.

① 168   ② 210   ③ 224
④ 280   ⑤ 336

03 _382
성내고, 여주고, 인주고 응용

두 집합 $A=\{a\,|\,a=n-1,\ n\leq 4$인 자연수$\}$, $B=\{b\,|\,b=a^2-4,\ a\in A\}$에 대하여 $(A\cap B)\cup X=X$, $X\cap(A\cup B)=X$를 만족하는 집합 X의 개수는? [4.2점]

① 8   ② 16   ③ 32
④ 64   ⑤ 128

04 _383
고창고, 대연고, 창원여고 응용

두 조건 $p:|x-a|\leq 4$, $q:0\leq x\leq 3$에 대하여 명제 $p\longrightarrow q$의 역이 참이 되도록 하는 실수 a의 값의 범위는? [4.5점]

① $-4\leq a\leq 4$ ② $-4\leq a\leq -1$
③ $-4\leq a\leq 1$ ④ $-1\leq a\leq 4$
⑤ $1\leq a\leq 4$

05 _384
상암고, 야탑고, 홍성고 응용

보기 중 p는 q이기 위한 충분조건이지만 필요조건이 아닌 것의 개수는? [3.8점]

보기
> ㄱ. $p:6n$은 40의 배수 $q:n$은 4의 배수
> ㄴ. $p:|x|=3$ $q:x^2-9x+9=0$
> ㄷ. $p:a>2,\ b>2$ $q:ab>a+b$
> ㄹ. $p:n^2+n+1$이 홀수 $q:n$은 3의 배수
> ㅁ. $p:a,\ b$는 실수이고 $b>0$
> $q:x^2-ax-b=0$은 서로 다른 부호의 해를 갖는다.
>   ($a,\ b$는 상수)

① 1   ② 2   ③ 3
④ 4   ⑤ 5

06 _385 ▤ 매화고, 서산고, 신탄진고 응용

$x>0$일 때, $x^2+\dfrac{1}{x^2}+2x+\dfrac{2}{x}+a$의 값이 음이 되지 않도록 하는 실수 a의 값의 범위는? [4.5점]

① $a\leq-6$ ② $a\geq-6$ ③ $a\leq-4$
④ $a\geq-4$ ⑤ $a\leq-2$

07 _386 ▤ 남일고, 명일고, 서일여고 응용

실수 전체의 집합에서 정의된 두 함수 $f(x)$와 $g(x)$에 대하여 함수 $h(x)$를 $h(x)=\dfrac{f(x)+g(x)}{2}$라 할 때, 보기 중 옳은 것만을 있는 대로 고른 것은? [4.2점]

───── 보기 ─────

ㄱ. $y=f(x)$와 $y=g(x)$가 모두 일대일함수이면 $y=h(x)$도 일대일함수이다.

ㄴ. $y=f(x)$와 $y=g(x)$의 그래프가 어떤 점에서 만나면 $y=h(x)$의 그래프는 그 교점을 지난다.

ㄷ. $y=f(x)$와 $y=g(x)$의 그래프가 모두 y축에 대하여 대칭이면 $y=h(x)$의 그래프도 y축에 대하여 대칭이다.

① ㄱ   ② ㄷ   ③ ㄱ, ㄴ
④ ㄴ, ㄷ   ⑤ ㄱ, ㄴ, ㄷ

08 _387 ▤ 단양고, 상계고, 여수여고 응용

오른쪽 그림과 같은 함수 $y=f(x)$ $(0\leq x\leq3)$의 그래프에서 $y=f^{2026}(x)$의 그래프와 x축, $x=3$으로 둘러싸인 부분의 넓이를 S_1, $y=f^{2027}(x)$의 그래프와 x축, y축으로 둘러싸인 부분의 넓이를 S_2라 할 때, $2(S_1+S_2)$의 값은? (단, 자연수 n에 대하여 $f^1=f$, $f^{n+1}=f\circ f^n$이다.) [4.5점]

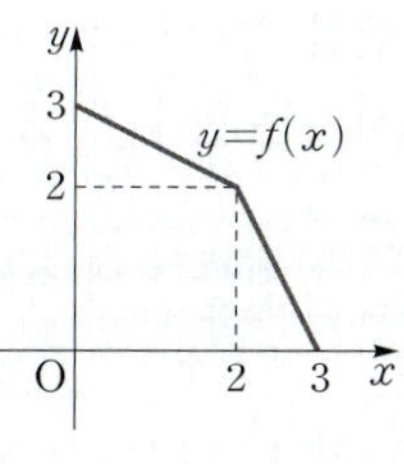

① 12   ② 15   ③ 18
④ 21   ⑤ 24

09 _388 ▤ 명지고, 신림고, 전남고 응용

실수 전체의 집합에서 정의된 함수

$$f(x)=\begin{cases} \dfrac{1}{2}x-2 & (x<2) \\ x^2-x+a & (x\geq2) \end{cases}$$

와 그 역함수 $y=f^{-1}(x)$에 대하여 방정식 $f(x)=f^{-1}(x)$의 모든 실근의 합을 b라 할 때, ab의 값은? (단, a는 상수이다.) [3.5점]

① -3 ② 0 ③ 3
④ 6 ⑤ 19

10 _389 무학고, 양재고, 충암고 응용

집합 $X=\{-2,\ -1,\ 0,\ 1,\ 2\}$에 대하여 다음 조건을 만족시키는 함수 $f:X \longrightarrow X$의 개수는? [4.5점]

> (가) 집합 X에 속하는 모든 원소 x에 대하여
> $\{f(x)\}^3-f(x)=0$이다.
> (나) $Y=\{f(x)\,|\,x\in X\}$에 대하여 $n(Y)=2$이다.

① 60 ② 70 ③ 80

④ 90 ⑤ 100

11 _390 목포고, 성문고, 제일고 응용

오른쪽 그림과 같이 함수 $y=\dfrac{1}{x}$의 그래프 위의 점 A에서 x축, y축에 각각 평행한 직선을 그어 함수 $y=\dfrac{k}{x}\ (k>1)$의 그래프와 만나는 점을 각각 B, C라 하자. 삼각형 ABC의 넓이가 98일 때, 상수 k의 값은?

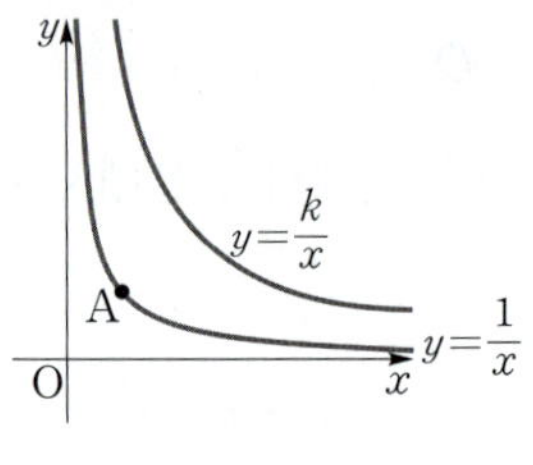

(단, 점 A는 제1사분면 위의 점이다.) [3.8점]

① 15 ② 16 ③ 17

④ 18 ⑤ 19

12 _391 백석고, 수성고, 청주고 응용

두 함수 $f(x)=\dfrac{1}{x+1}$, $g(x)=\dfrac{1}{x}$에 대하여 $h=f\circ g$일 때, $h^{n+1}(x)=(h^n\circ h)(x)$로 정의하자. 이때 $h^{1004}\!\left(\dfrac{1}{2}\right)$의 값은? (단, n은 자연수이다.) [3.5점]

① $\dfrac{1}{1002}$ ② $\dfrac{1}{1003}$ ③ $\dfrac{1}{1004}$

④ $\dfrac{1}{1005}$ ⑤ $\dfrac{1}{1006}$

13 _392 서일여고, 진주고, 홍성고 응용

두 집합 A_m, B가 $A_m=\{(x,\ y)\,|\,xy=m\}$, $B=\{(x,\ y)\,|\,x^2+y^2=k\}$이다. $n((A_2\cup A_4)\cap B)=4$를 만족시키는 모든 k의 값의 범위가 $\alpha<k<\beta$일 때, $\alpha+\beta$의 값은? [4.2점]

① 10 ② 12 ③ 14

④ 16 ⑤ 18

14 _393
광영고, 대진고, 이매고 응용

함수 $y=\sqrt{2x+4}-1$의 그래프와 직선 $y=x+k$가 서로 다른 두 점에서 만날 때, 상수 k의 값의 범위는? [3.5점]

① $-\dfrac{3}{2}\leq k<-1$ ② $-\dfrac{3}{2}\leq k<1$

③ $-1\leq k<\dfrac{3}{2}$ ④ $1\leq k<\dfrac{3}{2}$

⑤ $1<k\leq\dfrac{5}{2}$

15 _394
배재고, 용인고, 제주여고 응용

무리함수 $f(x)=\sqrt{5x-3}$의 그래프와 그 역함수 $y=f^{-1}(x)$의 그래프가 서로 다른 두 점에서 만날 때, 두 교점 사이의 거리의 제곱은? [3.8점]

① 26 ② 27 ③ 28
④ 29 ⑤ 30

16 _395
광운고, 영남고, 한성고 응용

함수 $y=\sqrt{2x-3}$의 그래프와 직선 $y=mx+1$이 만나도록 하는 실수 m의 최댓값을 a, 최솟값을 b라 할 때, $a-b$의 값은? [3.8점]

① -1 ② $\dfrac{1}{3}$ ③ $\dfrac{2}{3}$

④ 1 ⑤ $\dfrac{4}{3}$

17 _396
성덕고, 신포고, 창원여고 응용

무리함수 $y=\sqrt{ax}$ $(a>0)$의 그래프 위의 두 점 $A(2, \sqrt{2a})$, $B(8, \sqrt{8a})$에서 x축에 내린 수선의 발을 각각 P, Q라 할 때, 사각형 APQB의 넓이는 18이다. 이때 상수 a의 값은? [4.2점]

① 1 ② 2 ③ 3
④ 4 ⑤ 5

18 _397
노원고, 소래고, 해운대고 응용

1보다 큰 실수 전체의 집합에서 정의된 두 함수

$$f(x)=\dfrac{x+7}{x-1},\ g(x)=\sqrt{3x-2}$$ 에 대하여

$(g\circ(f^{-1}\circ g)^{-1}\circ g^{-1})(5)=g^{-1}(a)$일 때, a의 값은? [4.2점]

① -3 ② -2 ③ -1
④ 1 ⑤ 2

서술형 5문항 (19~23번)

19 _398
📄 보성고, 은광여고, 천안고 응용

자연수 n에 대하여 집합 $S(n)=\{x\,|\,x$는 $5n$ 이하의 자연수$\}$의 부분집합 A 중에서 다음 조건을 모두 만족시키는 집합 A의 개수를 $f(n)$이라 하자. 이때 $f(4)+f(5)$의 값을 구하여라. [5점]

> (가) $p<n<q$이고 p, q가 모두 $S(n)$의 원소일 때,
> $A=\{p,\ n,\ q\}$이다.
> (나) $q-p\geq 3n$

20 _399
📄 금호고, 안양고, 현대고 응용

세 실수 a, b, c에 대하여 부등식 $a^2+b^2+c^2+k\geq 4(a+b+c)$가 항상 성립하도록 하는 실수 k의 최솟값을 구하여라. [5점]

21 _400
📄 선유고, 우송고, 한영고 응용

함수 $y=\left|\dfrac{-x+3}{x-2}\right|$의 그래프와 직선 $y=k$가 서로 다른 두 점에서 만나도록 하는 실수 k의 값의 범위가 $\alpha<k<\beta$ 또는 $k>\gamma$이다. 이때 $\alpha+\beta+\gamma$의 값을 구하여라. [5점]

22 _401
📄 대원고, 성도고, 장충고 응용

함수 $f(x)=\sqrt{2x+3}$에 대하여 $f(x)$의 역함수를 $g(x)$라 하자. $f(x)$와 x축이 만나는 점을 P, $g(x)$와 y축이 만나는 점을 Q, $f(x)$와 $g(x)$의 교점을 R이라 할 때, 삼각형 PQR의 넓이를 구하여라. [6점]

23 _402
📄 도농고, 성동고, 중동고 응용

집합 $X=\{1,\ 2,\ 3,\ 4,\ 5\}$에 대하여 X에서 X로의 함수 f를 $f(x)=2x+5\left[-\dfrac{1}{2}x\right]+a$로 정의할 때, 함수 f는 일대일대응이다. 이때 상수 a의 값을 구하여라.
    (단, $[x]$는 x보다 크지 않은 최대의 정수이다.) [7점]

점수	선택형	서술형	나의 점수
	점	점	점

2022 개정 교육과정
내신
플래티넘
platinum
전국 고난도 내신 기출

내신
플래티넘
Platinum
전국 고난도 내신 기출
[정답 및 풀이]
공통수학 ②

01 평면좌표

| 본문 7~8p |

STEP 1				
001 ④	002 ④	003 25	004 ④	
005 ③	006 9	007 4	008 3	009 ②
010 8	011 ④	012 ③	013 ②	

001 점 P가 직선 $y=-x$ 위의 점이므로 $b=-a$

이때 점 P의 좌표는 $(a, -a)$이므로 $\overline{AP}=\overline{BP}$에서

$$\sqrt{(a+1)^2+(-a-4)^2}=\sqrt{(a-2)^2+(-a-2)^2}$$

양변을 제곱하여 정리하면

$$(a+1)^2+(-a-4)^2=(a-2)^2+(-a-2)^2$$
$$10a+17=8,\ 10a=-9$$
$$\therefore a=-\frac{9}{10}$$

따라서 점 P의 좌표는 $\left(-\dfrac{9}{10},\ \dfrac{9}{10}\right)$이므로

$$b-a=\frac{9}{10}-\left(-\frac{9}{10}\right)=\frac{9}{5}$$

답 ④

002 주어진 조건을 모두 만족하는 네 점 A, B, C, D를 좌표평면 위에 나타내면 오른쪽 그림과 같다.

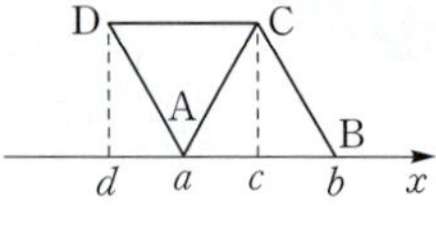

따라서 a, b, c, d의 대소 관계를 나타내면 $d<a<c<b$ 이다.

답 ④

003 삼각형 ABC에서 변 BC의 삼등분점이 D, E이므로
$$\overline{BD}=\overline{DE}=\overline{EC}=2$$

이때 삼각형 ABE에서 점 D는 선분 BE의 중점이므로 $\overline{AD}=x$, $\overline{AE}=y$라 하면 삼각형의 중선 정리에 의하여

$$4^2+y^2=2(x^2+2^2)$$
$$2x^2-y^2=8 \qquad \cdots\cdots \ \bigcirc$$

또 삼각형 ADC에서 점 E는 선분 DC의 중점이므로 삼각형의 중선 정리에 의하여

$$x^2+5^2=2(y^2+2^2)$$
$$x^2-2y^2=-17 \qquad \cdots\cdots \ \bigcirc\!\bigcirc$$

$\bigcirc$, $\bigcirc\!\bigcirc$을 연립하여 풀면

$$x^2=11,\ y^2=14$$
$$\therefore \overline{AD}^2+\overline{AE}^2=x^2+y^2$$
$$=11+14$$
$$=25$$

답 25

004 두 점 A, B를 x축 위의 점이라 하고, 두 점 A, B의 좌표를 각각 $(a, 0)$, $(b, 0)$이라 하면

A△B는 선분 AB를 $2:3$으로 내분하는 점이므로

$$\left(\frac{2b+3a}{2+3},\ 0\right),\ \text{즉}\ \left(\frac{3a+2b}{5},\ 0\right)$$

또 A◆B는 선분 AB의 중점이므로

$$\left(\frac{a+b}{2},\ 0\right)$$

이때 $(A△B)△(A◆B)$가 나타내는 점은 두 점 $\left(\dfrac{3a+2b}{5},\ 0\right)$, $\left(\dfrac{a+b}{2},\ 0\right)$을 잇는 선분을 $2:3$으로 내분하는 점이므로

$$\left(\frac{(a+b)+\dfrac{9a+6b}{5}}{2+3},\ 0\right),\ \text{즉}\ \left(\frac{14a+11b}{25},\ 0\right)$$

한편 $\left(\dfrac{14a+11b}{25},\ 0\right)$은 $\left(\dfrac{11b+14a}{11+14},\ 0\right)$이므로

$(A△B)△(A◆B)$가 나타내는 점은 선분 AB를 $11:14$로 내분하는 점이다.

답 ④

005 두 점 $A(-2, 4)$, $B(3, -2)$에 대하여 선분 AB를 $t:(1-t)$로 내분하는 점의 좌표는

$$\left(\frac{3t-2(1-t)}{t+(1-t)},\ \frac{-2t+4(1-t)}{t+(1-t)}\right),\ \text{즉}$$
$$(5t-2,\ -6t+4)$$

이고, 이 점이 제1사분면 위에 있으려면

$$5t-2>0\text{에서}\ t>\frac{2}{5} \qquad \cdots\cdots\ \bigcirc$$
$$-6t+4>0\text{에서}\ t<\frac{2}{3} \qquad \cdots\cdots\ \bigcirc\!\bigcirc$$

따라서 $\bigcirc$, $\bigcirc\!\bigcirc$의 공통 범위를 구하면 $\dfrac{2}{5}<t<\dfrac{2}{3}$이다.

답 ③

006 두 점 $A(-4, -2)$, $B(5, 4)$를 잇는 선분 AB를 $m:n$으로 내분하는 점의 좌표는

$$\left(\frac{5m-4n}{m+n},\ \frac{4m-2n}{m+n}\right)$$

이고, 선분 AB가 y축에 의하여 $m:n$으로 내분되므로 선분 AB의 내분점은 y축 위에 있다.

즉, $\dfrac{5m-4n}{m+n}=0$이므로 $5m-4n=0$

따라서 $m:n=4:5$이므로
$$m+n=4+5=9$$

답 9

007 $\overline{OA}=\sqrt{4^2+3^2}=5$, $\overline{OB}=\sqrt{6^2+(-8)^2}=10$이고,
$\overline{OA}:\overline{OB}=\overline{AP}:\overline{BP}$이므로 점 P는 선분 AB를
$5:10$, 즉 $1:2$로 내분하는 점이다.
따라서 점 P의 좌표는

$$\left(\frac{1\cdot6+2\cdot4}{1+2},\ \frac{1\cdot(-8)+2\cdot3}{1+2}\right),\ \text{즉}\ \left(\frac{14}{3},\ -\frac{2}{3}\right)$$

이므로

$$a+b=\frac{14}{3}+\left(-\frac{2}{3}\right)=\frac{12}{3}=4$$

답 4

008 두 점 P, Q를 직선 AB에
나타내면 오른쪽 그림과 같
이 두 양수 a, b에 대하여

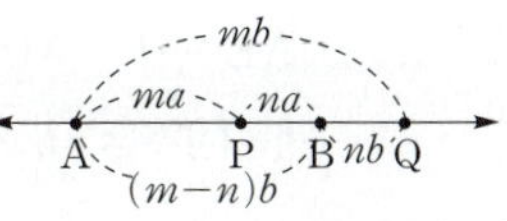

$$\overline{AP}=ma,\ \overline{PB}=na,\ \overline{AB}=(m-n)b,\ \overline{BQ}=nb$$

라 하면 점 P가 선분 AQ의 중점이므로 $\overline{AP}=\overline{PQ}$에서

$$ma=na+nb,\ (m-n)a=nb$$

$$\therefore b=\frac{(m-n)a}{n} \qquad \cdots\cdots\ \text{㉠}$$

또 $\overline{AQ}=\overline{AP}+\overline{PB}+\overline{BQ}$이므로

$$mb=ma+na+nb$$
$$(m-n)b=(m+n)a \qquad \cdots\cdots\ \text{㉡}$$

㉠을 ㉡에 대입하면

$$(m-n)\cdot\frac{(m-n)a}{n}=(m+n)a$$
$$(m-n)^2=(m+n)n$$
$$m^2-2mn+n^2=mn+n^2$$
$$m^2=3mn,\ m=3n\ (\because\ m>0)$$

$$\therefore \frac{m}{n}=3$$

답 3

009 오른쪽 그림과 같이
$\triangle OAB=S$, $\triangle OBP=T$라 하
면 삼각형 OAP의 넓이가 삼각
형 OBP의 넓이의 3배이므로

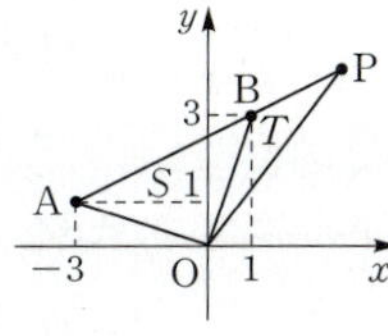

$$S+T=3T$$
$$\therefore S=2T$$

이때 두 삼각형 OAB와 OBP는 높이가 같으므로 두 삼
각형의 넓이의 비는 밑변의 길이의 비와 같다.
즉, $\overline{AB}:\overline{BP}=2:1$이므로 점 B는 선분 AP를 $2:1$로
내분하는 점이다.
점 P의 좌표를 $(a,\ b)$라 하면

$$\left(\frac{2a-3}{2+1},\ \frac{2b+1}{2+1}\right)=(1,\ 3)$$

이므로 $2a-3=3$, $2b+1=9$

$$\therefore a=3,\ b=4$$

따라서 점 P의 좌표는 $(3,\ 4)$이다.　　　　**답** ②

010 삼각형 ABC의 무게중심을 G라 하면 점 G는 선분
AM을 $2:1$로 내분하는 점이므로 삼각형 ABC의 무게
중심의 좌표는

$$\left(\frac{2\cdot1+1\cdot10}{2+1},\ \frac{2\cdot2+1\cdot8}{2+1}\right),\ \text{즉}\ (4,\ 4)$$

$$\therefore a+b=4+4=8$$

답 8

다른 풀이

삼각형 ABC의 두 꼭짓점 B, C의 좌표를 각각 $(x_1,\ y_1)$,
$(x_2,\ y_2)$라 하면 선분 BC의 중점 M의 좌표가 $(1,\ 2)$이므로

$$\frac{x_1+x_2}{2}=1,\ \frac{y_1+y_2}{2}=2$$

$$\therefore x_1+x_2=2,\ y_1+y_2=4$$

이때 삼각형 ABC의 무게중심의 좌표는

$$\left(\frac{10+x_1+x_2}{3},\ \frac{8+y_1+y_2}{3}\right)\text{에서}\ \left(\frac{10+2}{3},\ \frac{8+4}{3}\right)\text{이므로}$$

$$(4,\ 4)$$

$$\therefore a+b=4+4=8$$

011 선분 AD를 $2:1$로 내분하는 점이 B이므로 점 D의 좌
표를 $(x_1,\ y_1)$이라 하면

$$\left(\frac{2x_1+4}{2+1},\ \frac{2y_1+1}{2+1}\right)=(-2,\ 3)$$

$$\therefore (x_1,\ y_1)=(-5,\ 4)$$

선분 BE를 $2:1$로 내분하는 점이 C이므로 점 E의 좌
표를 $(x_2,\ y_2)$라 하면

$$\left(\frac{2x_2-2}{2+1},\ \frac{2y_2+3}{2+1}\right)=(7,\ -1)$$

$$\therefore (x_2,\ y_2)=\left(\frac{23}{2},\ -3\right)$$

선분 CF를 $2:1$로 내분하는 점이 A이므로 점 F의 좌
표를 $(x_3,\ y_3)$이라 하면

$$\left(\frac{2x_3+7}{2+1},\ \frac{2y_3-1}{2+1}\right)=(4,\ 1)$$

$$\therefore (x_3,\ y_3)=\left(\frac{5}{2},\ 2\right)$$

따라서 삼각형 DEF의 무게중심의 좌표는

$$\left(\frac{-5+\frac{23}{2}+\frac{5}{2}}{3},\ \frac{4-3+2}{3}\right),\ \text{즉}\ (3,\ 1)$$

이므로

$$a-b=3-1=2$$

답 ④

다른 풀이

삼각형 DEF의 무게중심은 삼각형 ABC의 무게중심과 같으므
로 삼각형 DEF의 무게중심의 좌표는

$$\left(\frac{4-2+7}{3},\ \frac{1+3-1}{3}\right),\ \text{즉}\ (3,\ 1)$$

$$\therefore a-b=3-1=2$$

012 점 $A(5, 2)$를 한 꼭짓점으로 하는 삼각형 ABC의 두 꼭짓점 B, C의 좌표를 각각 (a, b), (c, d)라 하면 선분 AB의 중점이 $M(x_1, y_1)$이므로

$$\frac{5+a}{2}=x_1, \quad \frac{2+b}{2}=y_1$$

$$\therefore a=2x_1-5, \quad b=2y_1-2$$

또 선분 AC의 중점이 $N(x_2, y_2)$이므로

$$\frac{5+c}{2}=x_2, \quad \frac{2+d}{2}=y_2$$

$$\therefore c=2x_2-5, \quad d=2y_2-2$$

이때 삼각형 ABC의 무게중심의 좌표는

$$\left(\frac{5+a+c}{3}, \frac{2+b+d}{3}\right)$$이므로

$$\left(\frac{5+2(x_1+x_2)-10}{3}, \frac{2+2(y_1+y_2)-4}{3}\right)$$

$$\left(\frac{2(x_1+x_2)-5}{3}, \frac{2(y_1+y_2)-2}{3}\right)$$

이고 $x_1+x_2=7$, $y_1+y_2=-5$이므로

$$\left(\frac{2\cdot7-5}{3}, \frac{2\cdot(-5)-2}{3}\right), \text{ 즉 } (3, -4)$$

답 ③

013 오른쪽 그림과 같이 점 B를 원점, 점 C의 좌표를 $(a, 0)$ $(a>0)$, 선분 BC를 x축 위에 위치하도록 사각형 ABCD를 좌표평면 위에 놓으면 삼각형 ABC의 넓이가 10

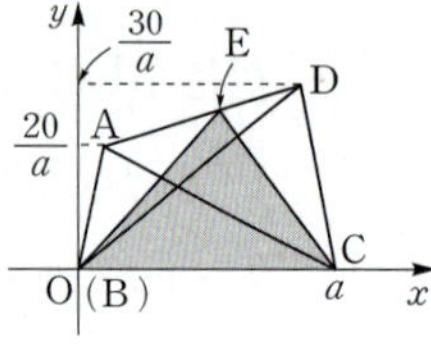

이므로 높이를 h_1이라 하면 $\frac{1}{2}ah_1=10$에서 $h_1=\frac{20}{a}$

즉, 점 A의 y좌표는 $\frac{20}{a}$이다.

또 삼각형 BCD의 넓이가 15이므로 높이를 h_2라 하면

$\frac{1}{2}ah_2=15$에서 $h_2=\frac{30}{a}$

즉, 점 D의 y좌표는 $\frac{30}{a}$이다.

이때 점 E의 y좌표는 선분 AD를 $3:2$로 내분하는 점의 y좌표이므로

$$(\text{점 E의 } y\text{좌표})=\frac{3\cdot\frac{30}{a}+2\cdot\frac{20}{a}}{3+2}=\frac{\frac{130}{a}}{5}=\frac{26}{a}$$

따라서 삼각형 EBC의 넓이는

$$\frac{1}{2}\cdot a\cdot\frac{26}{a}=13$$

답 ②

오른쪽 그림과 같이 세 점 A, E, D에서 선분 BC 위에 내린 수선의 발을 각각 F, G, H라 하고, 점 A를 지나고 선분 BC와 평행한 직선이 선분 EG, 선분 DH와 만나는 점을 각각 P, Q라 하면 삼각형 ABC와 삼각형 DBC의 넓이의 비가 $2:3$이

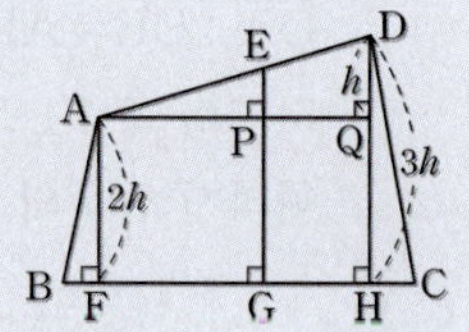

므로 $\overline{AF}:\overline{DH}=2:3$이다.

이때 양수 h에 대하여 $\overline{AF}=2h$, $\overline{DH}=3h$라 하면

$$\overline{DQ}=\overline{DH}-\overline{QH}=\overline{DH}-\overline{AF}=3h-2h=h$$

이고, $\triangle APE \backsim \triangle AQD$이므로

$$\overline{AE}:\overline{EP}=\overline{AD}:\overline{DQ}$$

$$3:\overline{EP}=5:h \qquad \therefore \overline{EP}=\frac{3}{5}h$$

한편 $\overline{EG}=\overline{EP}+\overline{PG}=\frac{3}{5}h+2h=\frac{13}{5}h$이므로

$$\triangle ABC:\triangle EBC=2h:\frac{13}{5}h=10:13$$

따라서 삼각형 EBC의 넓이는 130이다.

| 본문 9~12p |

STEP 2	**014** 6	**015** 8	**016** ⑤	**017** ③
018 3	**019** 4	**020** ④	**021** 19	**022** ②
023 8	**024** 18	**025** 45	**026** 84	**027** ③
028 ③	**029** 26	**030** 10	**031** 2	**032** 12

014 점 P의 좌표를 (x, y)라 하면

$$\overline{PA}^2+\overline{PB}^2+\overline{PC}^2+\overline{PD}^2$$
$$=\{(x+2)^2+(y-2)^2\}+\{(x+3)^2+(y+1)^2\}$$
$$\quad+\{(x-3)^2+(y+2)^2\}+\{(x-4)^2+(y-4)^2\}$$
$$=4x^2-4x+4y^2-6y+63$$
$$=4(x^2-x)+4\left(y^2-\frac{3}{2}y\right)+63$$
$$=4\left(x-\frac{1}{2}\right)^2+4\left(y-\frac{3}{4}\right)^2+\frac{239}{4}$$

이때 x, y는 실수이므로 주어진 식은 $x=\frac{1}{2}$, $y=\frac{3}{4}$일 때, 최솟값 $\frac{239}{4}$를 갖는다.

따라서 점 P의 좌표는 $\left(\frac{1}{2}, \frac{3}{4}\right)$이므로

$$16ab=16\cdot\frac{1}{2}\cdot\frac{3}{4}=6$$

답 6

015 이차함수 $y=-x^2+2ax$의 그래프와 직선 $y=x-1$이

서로 다른 두 점에서 만나므로 이차방정식

$$-x^2+2ax=x-1,\ 즉\ x^2+(1-2a)x-1=0$$

의 판별식을 D라 하면

$$D=(1-2a)^2+4>0$$

즉, 이차함수 $y=-x^2+2ax$와 직선 $y=x-1$은 실수 a

의 값에 관계없이 항상 두 점에서 만난다.

이때 이차함수 $y=-x^2+2ax$의 그래프와 직선

$y=x-1$의 교점의 x좌표를 α, β라 하면 α, β는 이차방

정식 $x^2+(1-2a)x-1=0$의 두 근이므로 근과 계수의

관계에 의하여

$$\alpha+\beta=2a-1,\ \alpha\beta=-1$$

한편 두 교점은 직선 $y=x-1$ 위의 점이므로 두 교점

의 좌표는 $(\alpha,\ \alpha-1)$, $(\beta,\ \beta-1)$이고 이 두 교점 사이

의 거리는

$$\sqrt{(\beta-\alpha)^2+(\beta-\alpha)^2}=\sqrt{2(\beta-\alpha)^2}=\sqrt{2(\alpha-\beta)^2}$$
$$=\sqrt{2}\sqrt{(\alpha+\beta)^2-4\alpha\beta}$$
$$=\sqrt{2}\sqrt{(2a-1)^2+4}$$

따라서 두 교점 사이의 거리의 최솟값은 $a=\dfrac{1}{2}$일 때,

$2\sqrt{2}$이므로 $m^2=8$이다.   **답** 8

016 오른쪽 그림과 같이 꼭짓점 B

가 원점, 선분 BC가 x축 위에

위치하도록 삼각형 ABC를

좌표평면 위에 놓으면 점 C의

좌표는 $(6,\ 0)$이다.

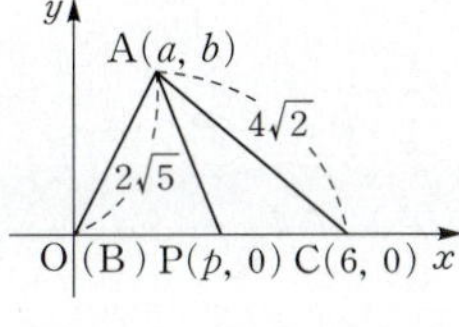

이때 점 A의 좌표를 $(a,\ b)$ $(a>0,\ b>0)$으로 놓으면

$\overline{AB}=\sqrt{a^2+b^2}=2\sqrt{5}$에서 $a^2+b^2=20$ …… ㉠

$\overline{AC}=\sqrt{(a-6)^2+b^2}=4\sqrt{2}$에서

$$(a-6)^2+b^2=32$$ …… ㉡

㉡-㉠을 하면

$$(a-6)^2-a^2=12,\ 12a=24\quad\therefore\ a=2$$

$a=2$를 ㉠에 대입하면 $b=4$ ($\because\ b>0$)

따라서 점 A의 좌표는 $(2,\ 4)$이고, 점 P는 x축 위의

점이므로 점 P의 x좌표를 p라 하면

$$P(p,\ 0)\ (0<p<6)$$

한편 $\overline{AP}=\sqrt{22}$이므로 $\sqrt{(2-p)^2+4^2}=\sqrt{22}$에서 양변을

제곱하여 정리하면

$$(2-p)^2+16=22,\ (p-2)^2=6$$
$$p-2=\pm\sqrt{6}$$
$$\therefore\ p=2+\sqrt{6}\ (\because\ 0<p<6)$$

따라서 선분 BP의 길이는 $2+\sqrt{6}$이다.

   답 ⑤

017 두 점 A, B를 $A(\sqrt{3})$, $B(\sqrt{7})$로 놓으면

점 P의 좌표에서 $\dfrac{\sqrt{3}+2\sqrt{7}}{1+2}=\dfrac{2\cdot\sqrt{7}+1\cdot\sqrt{3}}{2+1}$이므로 점

P는 선분 AB를 $2:1$로 내분하는 점이다.

점 Q의 좌표에서 $\dfrac{1\cdot\sqrt{7}+2\cdot\sqrt{3}}{1+2}$이므로 점 Q는 선분

AB를 $1:2$로 내분하는 점이다.

이때 $\overline{AB}=\sqrt{7}-\sqrt{3}$이므로 점 R의 좌표에서

$$(\sqrt{7}-\sqrt{3})+\sqrt{7}$$

이므로 점 R은 점 $B(\sqrt{7})$에서 수직선의 오른쪽으로

$\overline{AB}$의 길이만큼 떨어진 점이다.

점 S의 좌표에서 $\sqrt{3}-(\sqrt{7}-\sqrt{3})$이므로 점 S는 점

$A(\sqrt{3})$에서 수직선의 왼쪽으로 $\overline{AB}$의 길이만큼 떨어진

점이다.

따라서 네 점 P, Q, R, S를 수직선 위에 나타내면 다음

그림과 같으므로 네 점의 위치를 왼쪽부터 순서대로 나

타내면 S, Q, P, R이다.

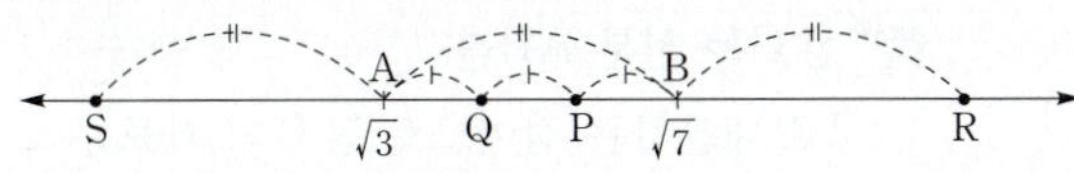

   답 ③

018 삼각형 ABF와 삼각형 EDF에서 $\overline{AB}\,/\!/\,\overline{DE}$이므로

$$\angle ABF=\angle EDF\ (엇각),$$
$$\angle AFB=\angle EFD\ (맞꼭지각)$$
$$\therefore\ \triangle ABF\backsim\triangle EDF$$

이때 $\overline{AB}=2\overline{ED}$이므로

$$\overline{AB}:\overline{ED}=\overline{AF}:\overline{EF}=2:1$$

한편 평행사변형 ABCD의 밑변의 길이와 높이가 모두

6이므로

$$\square ABCD=6\cdot6=36$$
$$\therefore\ \triangle FED=\frac{1}{3}\triangle AED\ (\because\ \overline{AF}:\overline{EF}=2:1)$$
$$=\frac{1}{3}\cdot\frac{1}{4}\square ABCD$$
$$=\frac{1}{12}\cdot36=3$$

   답 3

019 오른쪽 그림에서 $\overline{AE}$는 삼각

형 ABC의 $\angle A$의 외각의 이

등분선이므로

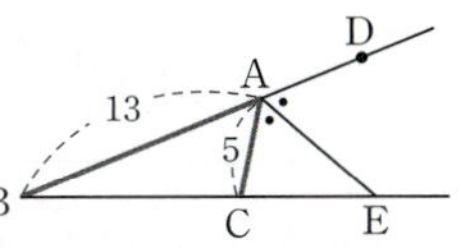

$$\overline{AB}:\overline{AC}=\overline{BE}:\overline{CE}$$

가 성립한다.

이때 $\overline{AB}=\sqrt{12^2+5^2}=\sqrt{169}=13$,

$\overline{AC}=\sqrt{4^2+3^2}=\sqrt{25}=5$이므로

$\qquad \overline{AB}:\overline{AC}=\overline{BE}:\overline{CE}=13:5$

즉, 점 C가 선분 BE를 $8:5$로 내분하는 점이므로

$\qquad \left(\dfrac{8a}{8+5},\ \dfrac{8b}{8+5}\right)=(8,\ 2)$

따라서 $(a,\ b)=\left(13,\ \dfrac{13}{4}\right)$이므로

$\qquad \dfrac{a}{b}=4$

답 4

020 $2\overline{AB}=3\overline{BC}$에서 $\overline{AB}:\overline{BC}=3:2$

(i) 점 C가 선분 AB 위에 있을 때,

오른쪽 그림과 같이 점 C가
선분 AB 위에 있으면
$\qquad \overline{AB}:\overline{BC}=3:2$이므로
$\qquad \overline{AC}:\overline{CB}=1:2$

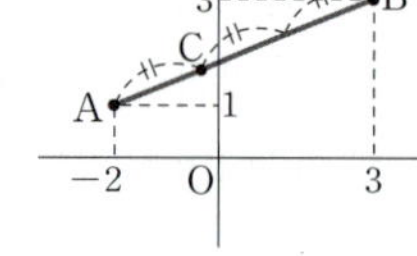

즉, 점 C는 선분 AB를
$1:2$로 내분하는 점이므로 점 C의 좌표는

$\qquad \left(\dfrac{1\cdot3+2\cdot(-2)}{1+2},\ \dfrac{1\cdot3+2\cdot1}{1+2}\right)$, 즉 $\left(-\dfrac{1}{3},\ \dfrac{5}{3}\right)$

(ii) 점 C가 선분 AB 밖에 있을 때,

오른쪽 그림과 같이 점 C가
선분 AB 밖에 있으면
$\qquad \overline{AB}:\overline{BC}=3:2$

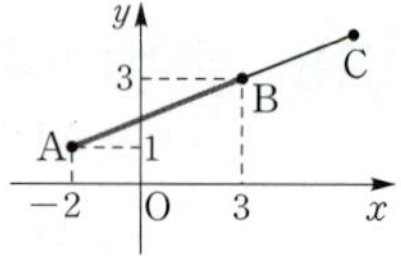

즉, 점 B가 선분 AC를 $3:2$
로 내분하는 점이므로 점 C의 좌표를 $(a,\ b)$라 하면

$\qquad \left(\dfrac{3\cdot a+2\cdot(-2)}{3+2},\ \dfrac{3\cdot b+2\cdot1}{3+2}\right)=(3,\ 3)$

$\qquad \therefore a=\dfrac{19}{3},\ b=\dfrac{13}{3}$

(i), (ii)에 의하여 제1사분면 위에 있는 점 C의 좌표는
$\left(\dfrac{19}{3},\ \dfrac{13}{3}\right)$이다.

답 ④

021 세 삼각형 ABP, APQ, AQC의 높이가 같으므로

$\qquad \triangle ABP:\triangle APQ:\triangle AQC=\overline{BP}:\overline{PQ}:\overline{QC}$

이때 $\triangle ABP=\triangle APQ=\triangle AQC$이므로

$\qquad \overline{BP}=\overline{PQ}=\overline{QC}$

즉, 두 점 $P(a,\ b)$, $Q(c,\ d)$는 변 BC를 각각 $1:2$,
$2:1$로 내분하는 점이므로

$\qquad a=\dfrac{1\cdot5+2\cdot2}{1+2}=3,\qquad b=\dfrac{1\cdot3+2\cdot1}{1+2}=\dfrac{5}{3}$

$\qquad c=\dfrac{2\cdot5+1\cdot2}{2+1}=4,\qquad d=\dfrac{2\cdot3+1\cdot1}{2+1}=\dfrac{7}{3}$

$\qquad \therefore 3b+6d=5+14=19$

답 19

022 오른쪽 그림과 같이 선분 AE와
선분 CD를 그리면 삼각형 DEF
는 6개의 작은 삼각형으로 나뉘
어진다.

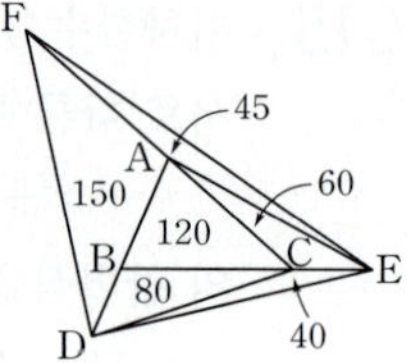

$\overline{AB}:\overline{BD}=3:2$이므로

$\qquad \triangle ABC:\triangle BDC=3:2=120:\triangle BDC$

$\qquad \therefore \triangle BDC=80$

$\overline{BC}:\overline{CE}=2:1$이므로

$\qquad \triangle ABC:\triangle ACE=2:1=120:\triangle ACE$

$\qquad \therefore \triangle ACE=60$

또 $\overline{BC}:\overline{CE}=2:1$이므로

$\qquad \triangle BDC:\triangle CDE=2:1=80:\triangle CDE$

$\qquad \therefore \triangle CDE=40$

$\overline{AC}:\overline{AF}=4:3$이므로

$\qquad \triangle ADC:\triangle ADF=4:3=200:\triangle ADF$

$\qquad \therefore \triangle ADF=150$

또 $\overline{AC}:\overline{AF}=4:3$이므로

$\qquad \triangle ACE:\triangle AFE=4:3=60:\triangle AFE$

$\qquad \therefore \triangle AFE=45$

$\qquad \therefore \triangle DEF=\triangle ABC+\triangle BDC+\triangle CDE$
$\qquad\qquad\qquad +\triangle ACE+\triangle AEF+\triangle AFD$

$\qquad\quad =120+80+40+60+45+150$

$\qquad\quad =495$

답 ②

023 주어진 조건에서 $\triangle PAB=\triangle PBC=\triangle PCA$이므로 점
P는 삼각형 ABC의 무게중심이다.

이때 삼각형 ABC의 무게중심은

$\qquad \left(\dfrac{2a-1+(-a+b)+6}{3},\ \dfrac{b+4+3b+1}{3}\right)$, 즉

$\qquad \left(\dfrac{a+b+5}{3},\ \dfrac{4b+5}{3}\right)$

이고, 점 P가 무게중심이므로

$\qquad \dfrac{a+b+5}{3}=1,\ \dfrac{4b+5}{3}=-5$

위의 두 식을 연립하여 풀면 $a=3,\ b=-5$

$\qquad \therefore a-b=3-(-5)=8$

답 8

024 $\overline{OA}=\sqrt{3^2+(\sqrt{3})^2}=\sqrt{12}=2\sqrt{3}$이고, 선분 BC의 중점을
M이라 하면 $\overline{AM}=\dfrac{3}{2}\overline{OA}=\dfrac{3}{2}\cdot2\sqrt{3}=3\sqrt{3}$

이때 정삼각형의 한 변의 길이를 $a\ (a>0)$이라 하면

$\qquad \dfrac{\sqrt{3}}{2}a=3\sqrt{3}\qquad \therefore a=6$

따라서 삼각형 ABC의 둘레의 길이는
$$3 \times 6 = 18$$
답 18

025 빗변 AC의 중점을 M이라 하면 점 G가 삼각형 ABC의 무게중심이므로 $\overline{BG} : \overline{BM} = 2 : 3$이다.
이때 $\overline{BG} = \sqrt{(5-3)^2+(5-1)^2} = \sqrt{20} = 2\sqrt{5}$
이므로 $\overline{BM} = \dfrac{3}{2}\overline{BG} = \dfrac{3}{2}\cdot 2\sqrt{5} = 3\sqrt{5}$
또 선분 AC의 중점 M은 직각이등변삼각형 ABC의 외심이므로 $\overline{AM} = \overline{BM} = \overline{CM} = 3\sqrt{5}$
$$\therefore \overline{AC} = 2\overline{CM} = 2\cdot 3\sqrt{5} = 6\sqrt{5}$$
삼각형 ABC는 직각이등변삼각형이므로 $\overline{AB} \perp \overline{BC}$
따라서 직각이등변삼각형 ABC의 넓이는
$$\frac{1}{2}\overline{AC}\cdot\overline{BM} = \frac{1}{2}\cdot 6\sqrt{5}\cdot 3\sqrt{5} = 45$$
답 45

026 오른쪽 그림과 같이 삼각형 ABC의 세 중선의 교점을 G라 하면 점 G는 삼각형 ABC의 무게중심이다.
이때

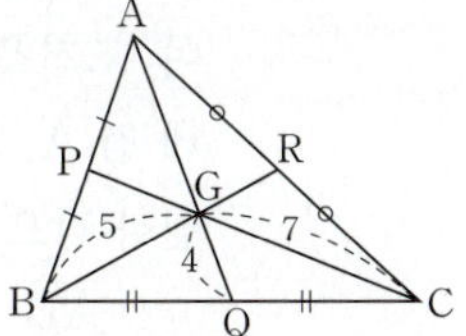

$$\overline{BG} = \frac{2}{3}\overline{BR} = \frac{2}{3}\cdot\frac{15}{2} = 5$$
$$\overline{CG} = \frac{2}{3}\overline{CP} = \frac{2}{3}\cdot\frac{21}{2} = 7$$
$$\overline{GQ} = \frac{1}{3}\overline{AQ} = \frac{1}{3}\cdot 12 = 4$$

이고, 선분 GQ는 삼각형 GBC의 한 중선이므로 삼각형의 중선 정리에 의하여
$$\overline{GB}^2 + \overline{GC}^2 = 2(\overline{GQ}^2 + \overline{BQ}^2)$$
$$5^2 + 7^2 = 2(4^2 + \overline{BQ}^2), \quad 74 = 2(16 + \overline{BQ}^2)$$
$$\overline{BQ}^2 + 16 = 37, \quad \overline{BQ}^2 = 21$$
$$\therefore \overline{BQ} = \sqrt{21} \ (\because \overline{BQ} > 0)$$
$$\therefore l^2 = \overline{BC}^2 = (2\overline{BQ})^2 = 4\cdot 21 = 84$$
답 84

027 점 A는 선분 BC를 $1:1$로 내분하는 점이고, 점 B는 선분 AD를 $1:1$로 내분하는 점이므로 오른쪽 그림과 같이 $\overline{CA} = \overline{AB} = \overline{BD}$이다.
즉, 선분 OA와 선분 OB는 각각 삼각형 COB와 삼각형 AOD의 중선이므로 두 무게중심 G_1, G_2는 각각 선분 OA와 OB 위에 있다.

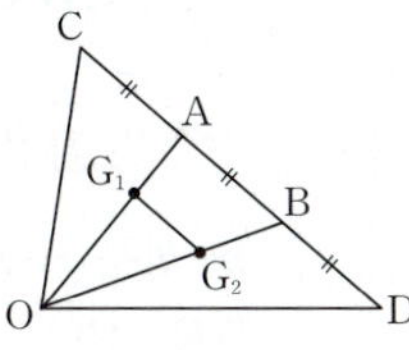

이때 $\overline{AB} = \sqrt{(7-1)^2+(1-7)^2} = \sqrt{72} = 6\sqrt{2}$이고, 두 점

G_1, G_2를 연결하면 $\triangle OG_1G_2 \backsim \triangle OAB$이므로
$$\overline{G_1G_2} : \overline{AB} = \overline{OG_1} : \overline{OA} = 2 : 3$$
$$\overline{G_1G_2} : 6\sqrt{2} = 2 : 3$$
$$\therefore \overline{G_1G_2} = 4\sqrt{2}$$
답 ③

028 오른쪽 그림과 같이 정사각형 ABCD의 한 변의 길이를 $x(x>5)$라 하고, 꼭짓점 B가 원점에 위치하도록 정사각형 ABCD를 좌표평면 위에 놓는다. 점 P에서 선분 BC와 AB에 내린 수선의 발을 각각 M, N, 점 P의 좌표를 (a, b)라 하면

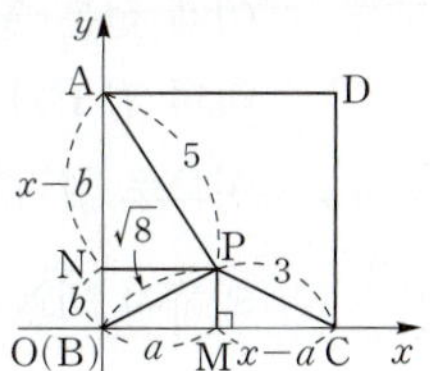

$$\overline{BM} = a, \quad \overline{BN} = b, \quad \overline{CM} = x-a, \quad \overline{AN} = x-b$$
이므로 $a^2 + b^2 = 8$ ……㉠
삼각형 ANP에서
$$(x-b)^2 + a^2 = 25, \quad x^2 - 2bx + b^2 + a^2 = 25$$
$$x^2 - 2bx + 8 = 25 \ (\because ㉠)$$
$$2bx = x^2 - 17 \qquad \therefore b = \frac{x^2-17}{2x} \quad ……㉡$$
또 삼각형 PMC에서
$$(x-a)^2 + b^2 = 9, \quad x^2 - 2ax + a^2 + b^2 = 9$$
$$x^2 - 2ax + 8 = 9 \ (\because ㉠)$$
$$2ax = x^2 - 1 \qquad \therefore a = \frac{x^2-1}{2x} \quad ……㉢$$
㉡, ㉢을 ㉠에 대입하면
$$\left(\frac{x^2-1}{2x}\right)^2 + \left(\frac{x^2-17}{2x}\right)^2 = 8$$
$$(x^2-1)^2 + (x^2-17)^2 = 32x^2$$
$$x^4 - 34x^2 + 145 = 0$$
$$(x^2-5)(x^2-29) = 0$$
$$\therefore x^2 = 29 \ (\because x^2 > 25)$$
따라서 정사각형 ABCD의 넓이는 29이다.
답 ③

029 출발 신호 후 t초 $(t \geq 2)$ 후의 점 P의 좌표는 $(10-t, 0)$, 점 Q의 좌표는 $(0, 6-2(t-2))$, 즉 $(0, -2t+10)$이므로
$$\overline{PQ} = \sqrt{(10-t)^2+(2t-10)^2} = \sqrt{5t^2-60t+200}$$
$$= \sqrt{5(t-6)^2+20}$$
따라서 두 점 P, Q 사이의 거리는 $t=6$일 때, $\sqrt{20}$이므로 $a + m^2 = 6 + 20 = 26$
답 26

030 오른쪽 그림과 같이 선분 AP의 연장선과 선분 BC가 만나는 점을 D라 하면

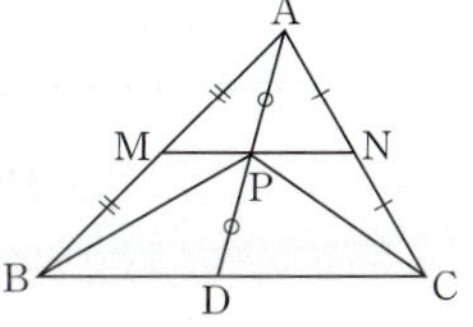

$$\triangle PBC=\triangle PAB+\triangle PAC$$

이므로

$$\triangle PAB=\triangle PBD,\quad \triangle PAC=\triangle PDC \quad\cdots\cdots\ \bigcirc$$

가 성립한다.

따라서 점 P는 선분 AD의 중점이다.

이때 선분 AB의 중점을 M, 선분 AC의 중점을 N이라

하면 점 P가 나타내는 도형의 길이는 선분 MN의 길이

이므로 삼각형의 두 변의 중점을 연결한 선분의 성질에

의하여 $\overline{MN}=\dfrac{1}{2}\overline{BC}$가 성립한다.

즉, $\overline{BC}=\sqrt{(4+2)^2+(4-2)^2}=\sqrt{40}=2\sqrt{10}$이므로

$$\overline{MN}=\frac{1}{2}\cdot 2\sqrt{10}=\sqrt{10}$$

따라서 점 P가 나타내는 도형의 길이 l은 $\sqrt{10}$이므로

$$l^2=10$$

답 10

031 삼각형 AOB의 넓이는

$$\frac{1}{2}\cdot 2\cdot 3=3$$

이때 점 C는 제2사분면 위의

점이고, 삼각형 OBC의 넓이

가 9이려면 오른쪽 그림과 같

이 $\overline{AB}:\overline{AC}=1:2$이어야 한다.

즉, 점 A는 선분 BC를 $1:2$로 내분하는 점이므로

$$\left(\frac{1\cdot a+2\cdot 3}{1+2},\ \frac{1\cdot b+2\cdot(-1)}{1+2}\right)=(0,\ 2)$$

따라서 $a=-6$, $b=8$이므로

$$a+b=-6+8=2$$

답 2

032 점 D는 선분 BC를 $2:1$로 내

분하는 점이므로 $\triangle ADC$의 넓

이를 S라 하면

$$\triangle ABD=2S$$

$\overline{BE}:\overline{CE}=4:1$에서 점 C는

선분 BE를 $3:1$로 내분하는 점이므로

$$\overline{BC}:\overline{CE}=3:1$$

$$\therefore \triangle ACE=S$$

또 $\overline{BF}:\overline{AF}=3:2$에서 점 A는 선분 BF를 $1:2$로 내

분하는 점이므로

$$\overline{BA}:\overline{AF}=1:2$$

$\triangle ABE=4S$이므로 $\triangle AEF=8S$

이때 $\triangle FBE=12S=48$이므로 $S=4$

$$\therefore \triangle ABC=\triangle ABD+\triangle ADC$$
$$=3S=3\cdot 4=12$$

답 12

033 ㄱ. 점 D는 선분 AC를 $m:n\ (m>n)$으로 내분하는

점이므로 양수 p에 대하여 $\overline{AD}=mp$, $\overline{CD}=np$로

놓을 수 있다.

　또 점 D는 선분 BC를 $m:n$으로 외분하는 점이므

로 양수 q에 대하여 $\overline{BD}=mq$, $\overline{CD}=nq$로 놓을 수

있다. 이때 $\overline{CD}=np=nq$이므로 $p=q$

$$\therefore \overline{AD}=\overline{BD}$$

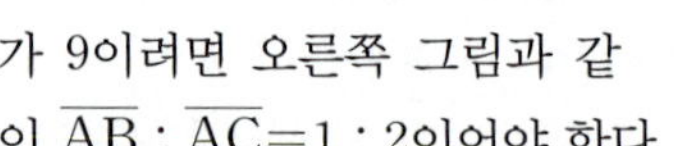

　따라서 주어진 조건을

만족하도록 네 점 A,

B, C, D를 수직선 위에 나타내면 위의 그림과 같

으므로

$$a<d<c<b\ (참)$$

ㄴ. ㄱ과 같은 방법으로 하

여 조건을 만족하도록

네 점 A, B, C, D를 수직선 위에 나타내면 위의 그

림과 같으므로

$$\overline{AB}<\overline{AC}\ (거짓)$$

ㄷ. ㄱ, ㄴ에서 점 D는 m, n의 대소에 관계없이 선분

AB의 중점이므로 $\overline{AD}=\overline{BD}$

$$\therefore \overline{AB}=2\overline{BD}\ (참)$$

따라서 옳은 것은 ㄱ, ㄷ이다.

답 ③

034 오른쪽 그림과 같이 선분

PC를 그으면 삼각형 APC

에서

$$\overline{AR}:\overline{RC}=m:1$$

이므로

$$\triangle APR=\frac{m}{m+1}\triangle APC$$

이때 삼각형 ABC에서 $\overline{AP}:\overline{PB}=2:3$이므로

$$\triangle APC=\frac{2}{5}\triangle ABC=\frac{2}{5}\cdot 70=28$$

$$\therefore \triangle APR=\frac{m}{m+1}\triangle APC=\frac{28m}{m+1} \quad\cdots\ \bigcirc$$

또 선분 AQ를 그으면 삼각형 AQC에서

$\overline{AR}:\overline{RC}=m:1$이므로

$$\triangle CRQ=\frac{1}{m+1}\triangle AQC$$

이때 삼각형 ABC에서 $\overline{BQ}:\overline{QC}=3:4$이므로

$$\triangle AQC=\frac{4}{7}\triangle ABC=\frac{4}{7}\cdot 70=40$$

$$\therefore \triangle CRQ = \frac{1}{m+1}\triangle AQC = \frac{40}{m+1} \quad \cdots \text{ⓒ}$$

한편 삼각형 ABQ에서 $\overline{AP}:\overline{PB}=2:3$이므로

$$\triangle PBQ = \frac{3}{5}\triangle ABQ$$

이고, $\triangle ABQ = 70 - \triangle AQC = 70 - 40 = 30$
이므로

$$\triangle PBQ = \frac{3}{5}\triangle ABQ = \frac{3}{5}\cdot 30 = 18 \quad \cdots \text{ⓒ}$$

㉠, ㉡, ㉢에서

$$\triangle ABC = \triangle APR + \triangle PBQ + \triangle CRQ + \triangle PQR$$

$$70 = \frac{28m}{m+1} + 18 + \frac{40}{m+1} + 22$$

$$\frac{28m+40}{m+1} = 30, \quad 28m+40 = 30(m+1)$$

$$2m = 10 \quad \therefore m = 5 \qquad \text{답 } 5$$

035 $\overline{AB}=4$이므로 정삼각형
ADB의 한 변의 길이는 4이
고, 꼭짓점 D에서 변 AB에 내
린 수선의 발을 M이라 하면
$M(-2, 0)$이다.

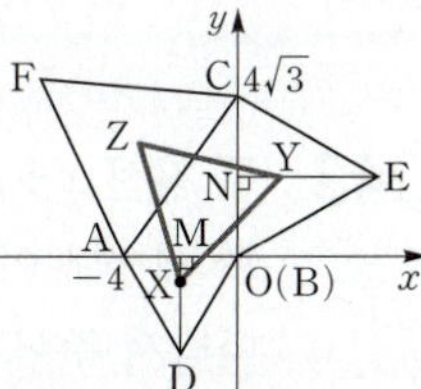

이때 $\overline{DM}=\dfrac{\sqrt{3}}{2}\cdot 4 = 2\sqrt{3}$이므로

$$\overline{XM} = \frac{1}{3}\cdot 2\sqrt{3} = \frac{2}{3}\sqrt{3} \quad \therefore X\left(-2, -\frac{2}{3}\sqrt{3}\right)$$

또 $\overline{BC}=4\sqrt{3}$이므로 정삼각형 BEC의 한 변의 길이는
$4\sqrt{3}$이고, 꼭짓점 E에서 변 BC에 내린 수선의 발을 N
이라 하면 $N(0, 2\sqrt{3})$이다.

이때 $\overline{EN}=\dfrac{\sqrt{3}}{2}\cdot 4\sqrt{3} = 6$이므로

$$\overline{YN} = \frac{1}{3}\cdot 6 = 2 \quad \therefore Y(2, 2\sqrt{3})$$

따라서 정삼각형 XYZ의 한 변의 길이는

$$\overline{XY} = \sqrt{(2+2)^2 + \left(2\sqrt{3}+\frac{2}{3}\sqrt{3}\right)^2}$$

$$= \sqrt{4^2 + \left(\frac{8}{3}\sqrt{3}\right)^2} = \sqrt{16 + \frac{64}{3}} = \sqrt{\frac{112}{3}}$$

이므로 정삼각형 XYZ의 넓이는

$$\frac{\sqrt{3}}{4}\cdot\left(\sqrt{\frac{112}{3}}\right)^2 = \frac{\sqrt{3}}{4}\cdot\frac{112}{3} = \frac{28}{3}\sqrt{3} \qquad \text{답 ②}$$

02 직선의 방정식

STEP 1	036 54	037 3	038 5	039 27
	040 2	041 7	042 ④	043 3	044 5
	045 0	046 2	047 ②	048 4	049 ③
	050 ①				

036 두 직선 l, m이 평행하므로

$$\frac{a}{b-6} = \frac{3}{-3} \neq \frac{2}{4}$$

$$-3a = 3(b-6) \quad \therefore a+b=6$$

또 두 직선 l, n은 수직이므로

$$ab - 3 = 0 \quad \therefore ab = 3$$

$$\therefore \frac{a^2}{b} + \frac{b^2}{a} = \frac{a^3+b^3}{ab} = \frac{(a+b)^3 - 3ab(a+b)}{ab}$$

$$= \frac{6^3 - 3\cdot 3\cdot 6}{3}$$

$$= \frac{162}{3} = 54 \qquad \text{답 } 54$$

037 두 점 A, B를 지나는 직선의 기울기는 $\dfrac{b-2}{a-1}$이고, 이
직선과 직선 $2x-y-5=0$이 수직으로 만나므로

$$\frac{b-2}{a-1} = -\frac{1}{2}, \quad 2(b-2) = -(a-1)$$

$$\therefore a+2b-5 = 0 \qquad \cdots\cdots \text{㉠}$$

이때 선분 AB를 $2:1$로 내분하는 점의 좌표는

$$\left(\frac{2a+1}{2+1}, \frac{2b+2}{2+1}\right), \text{즉} \left(\frac{2a+1}{3}, \frac{2b+2}{3}\right)$$

이고, 이 점이 직선 $2x-y-5=0$ 위에 있으므로

$$2\cdot\frac{2a+1}{3} - \frac{2b+2}{3} - 5 = 0$$

$$2(2a+1) - (2b+2) - 15 = 0$$

$$\therefore 4a - 2b - 15 = 0 \qquad \cdots\cdots \text{㉡}$$

㉠, ㉡을 연립하여 풀면 $a=4$, $b=\dfrac{1}{2}$

$$\therefore a - 2b = 4 - 1 = 3 \qquad \text{답 } 3$$

038 복소수 z에 대하여 $z^2<0$이면 z는 순허수이므로 실수부
분, 즉 $2x+5y+10=0$이다.
이때 직선 $2x+5y+10=0$의 x절편이 -5이고, y절편
이 -2이므로 구하는 넓이는

$$\frac{1}{2}|-5||-2| = 5$$

답 5

039 두 직선 AC와 BD의 기울기는 각각 $\dfrac{0-4}{4-3}=-4$,

$\dfrac{0-b}{6-a}=\dfrac{b}{a-6}$ 이고 두 직선이 평행하므로

$$\dfrac{b}{a-6}=-4,\ -4(a-6)=b$$
$$\therefore\ 4a+b=24 \qquad\cdots\cdots\ \bigcirc$$

또 세 점 O, A, B가 한 직선 위에 있으므로 두 점 O, A를 지나는 직선의 기울기와 두 점 O, B를 지나는 직선의 기울기는 같다.

즉, $\dfrac{4}{3}=\dfrac{b}{a}$ 이므로 $4a=3b \qquad\cdots\cdots\ \bigcirc$

$\bigcirc$, $\bigcirc$을 연립하여 풀면 $a=\dfrac{9}{2}$, $b=6$

$$\therefore\ ab=\dfrac{9}{2}\cdot 6=27 \qquad \text{답 } 27$$

040 두 교점 A, B는 이차함수 $y=x^2$의 그래프 위의 점이므로 $A(a,\ a^2)$, $B(b,\ b^2)\ (a<0<b)$라 하면
$\angle AOB=90°$이므로
$$(\text{직선 OA의 기울기})\times(\text{직선 OB의 기울기})=-1$$
$$\dfrac{a^2}{a}\times\dfrac{b^2}{b}=-1,\ ab=-1\ (\because\ ab\neq 0)\ \cdots\ \bigcirc$$

또 점 $(2,\ 3)$은 직선 $y=mx+n$ 위의 점이므로
$$3=2m+n \qquad\cdots\cdots\ \bigcirc$$

이때 이차함수 $y=x^2$의 그래프와 직선 $y=mx+n$의 교점의 x좌표는 이차방정식
$$x^2=mx+n,\ \text{즉}\ x^2-mx-n=0$$
의 두 근이고, 두 근의 곱이 $\bigcirc$에서 -1이므로 근과 계수의 관계에 의하여
$$-n=-1 \qquad\therefore\ n=1$$
$n=1$을 $\bigcirc$에 대입하면 $m=1$
$$\therefore\ m^2+n^2=2 \qquad \text{답 } 2$$

041 두 직선 $x-2y+2=0$, $2x+y-6=0$의 교점의 좌표는 $(2,\ 2)$이고, 두 직선의 기울기의 곱이 $\dfrac{1}{2}\cdot(-2)=-1$

이므로 두 직선은 수직이다.
따라서 세 직선을 좌표평면 위에 나타내면 오른쪽 그림과 같고, 직각삼각형의 외심은 빗변의 중점이므로 외접원의 중심은 $\left(\dfrac{3}{2},\ \dfrac{1}{2}\right)$이다.

이때 외접원의 반지름의 길이는
$$\sqrt{\left(\dfrac{3}{2}-0\right)^2+\left(\dfrac{1}{2}-1\right)^2}=\dfrac{\sqrt{10}}{2}$$

이므로 외접원의 넓이는 $\pi\cdot\left(\dfrac{\sqrt{10}}{2}\right)^2=\dfrac{5}{2}\pi$

따라서 $a=2$, $b=5$이므로 $a+b=7 \qquad \text{답 } 7$

042 각의 이등분선 위의 임의의 한 점을 $P(x,\ y)$라 하면 점 P에서 두 직선에 이르는 거리가 같으므로
$$\dfrac{|3x-y+5|}{\sqrt{3^2+(-1)^2}}=\dfrac{|x+3y-3|}{\sqrt{1^2+3^2}}$$
$$|3x-y+5|=|x+3y-3|$$
$$3x-y+5=\pm(x+3y-3)$$
$$\therefore\ x-2y+4=0\ \text{또는}\ 2x+y+1=0$$
따라서 기울기가 양수인 직선의 방정식은
$$x-2y+4=0,\ \text{즉}\ y=\dfrac{1}{2}x+2\text{이므로}\ ab=1 \qquad \text{답 } ④$$

043 두 직선 $x+y-2=0$, $x-y-4=0$이 한 점에서 만나므로 세 직선이 모두 평행한 경우는 없다.
따라서 주어진 세 직선이 삼각형을 이루지 않으려면 세 직선 중 두 직선이 서로 평행하거나 세 직선이 한 점에서 만나야 한다.

(i) 세 직선 중 두 직선이 서로 평행할 때,
직선 $kx-y+8=0$이 직선 $x+y-2=0$ 또는 $x-y-4=0$과 평행해야 하므로
$$\dfrac{k}{1}=\dfrac{-1}{1}\neq\dfrac{8}{-2}\ \text{또는}\ \dfrac{k}{1}=\dfrac{-1}{-1}\neq\dfrac{8}{-4}$$
$$\therefore\ k=-1\ \text{또는}\ k=1$$

(ii) 세 직선이 한 점에서 만날 때,
$x+y-2=0$, $x-y-4=0$을 연립하여 풀면
$$x=3,\ y=-1$$
이고, 직선 $kx-y+8=0$이 두 직선의 교점 $(3,\ -1)$을 지나야 하므로
$$3k+1+8=0 \qquad\therefore\ k=-3$$

(i), (ii)에 의하여 모든 상수 k의 값의 곱은
$$(-1)\cdot 1\cdot(-3)=3 \qquad \text{답 } 3$$

044 $mx-y+2m+1=0$을 m에 대하여 정리하면
$$(x+2)m+(1-y)=0 \qquad\cdots\cdots\ \bigcirc$$
$\bigcirc$이 m의 값에 관계없이 항상 성립하려면
$$x+2=0,\ 1-y=0 \qquad\therefore\ x=-2,\ y=1$$
즉, 직선 $\bigcirc$은 m의 값에 관계없이 항상 점 $(-2,\ 1)$을 지난다.

오른쪽 그림과 같이 직선 ㉠이 직선 $2x+y-2=0$과 제1사분면에서 만나도록 움직여 보면 점 $(1, 0)$을 지날 때의 기울기 m보다 커야 하고, 점 $(0, 2)$를 지날 때의 기울기 m보다 작아야 한다.

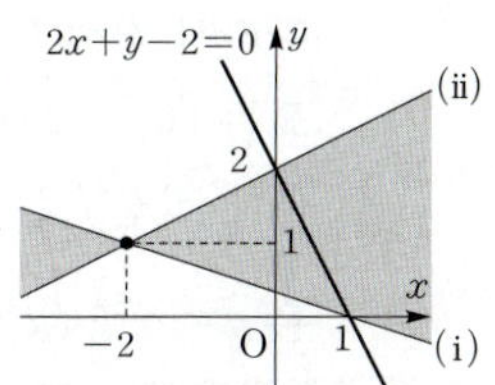

(i) 직선 ㉠이 점 $(1, 0)$을 지날 때,

$$3m+1=0 \text{에서 } m=-\frac{1}{3}$$

(ii) 직선 ㉠이 점 $(0, 2)$를 지날 때,

$$2m-1=0 \text{에서 } m=\frac{1}{2}$$

(i), (ii)에 의하여 실수 m의 값의 범위가 $-\frac{1}{3}<m<\frac{1}{2}$이

므로 $6(\beta-\alpha)=6\left\{\frac{1}{2}-\left(-\frac{1}{3}\right)\right\}=6\cdot\frac{5}{6}=5$

답 5

045 오른쪽 그림과 같이 삼각형 ABC의 꼭짓점 C에서 대변 AB에 그은 수선은 $x=1$이고, 꼭짓점 A에서 대변 BC에 내린 수선의 발을 D라 하면 직선 AD와 직선 $x=1$이 만나는 점이 세 수선의 교점이다.

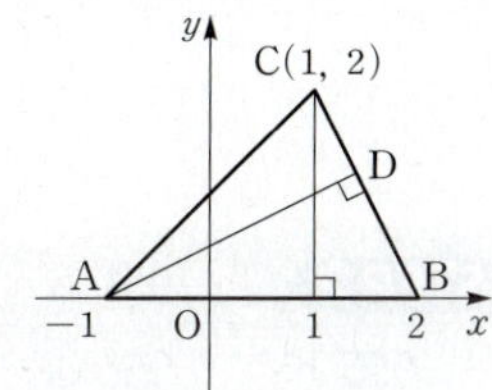

이때 직선 BC의 기울기가 -2이므로 직선 AD의 기울기는 $\frac{1}{2}$이고, 점 A를 지나므로 직선 AD의 방정식은

$$y=\frac{1}{2}(x+1) \qquad \therefore y=\frac{1}{2}x+\frac{1}{2}$$

따라서 선분 AD와 직선 $x=1$이 만나는 점의 좌표는 $(1, 1)$이므로 $a-b=0$이다.

답 0

046 오른쪽 그림과 같이 두 점 A, C의 x좌표를 각각 a, b $(a>0,\ b>0)$이라 하면 네 변이 좌표축과 평행하므로 선분 AC를 대각선으로 하는 직사각형 ABCD의 네 꼭짓점 A, B, C, D는

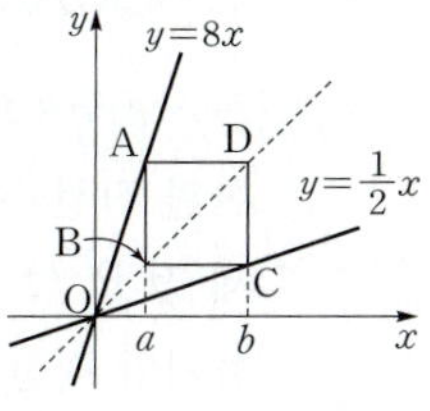

$$\text{A}(a, 8a),\ \text{B}\left(a, \frac{1}{2}b\right),\ \text{C}\left(b, \frac{1}{2}b\right),\ \text{D}(b, 8a)$$

이다.

이때 세 점 O, B, D가 일직선 위에 있으므로 직선 OB의 기울기와 직선 OD의 기울기가 같다.

즉, $\frac{\frac{1}{2}b}{a}=\frac{8a}{b}$에서 $\frac{1}{2}b^2=8a^2$이므로

$$\frac{b^2}{a^2}=16 \qquad \therefore \frac{b}{a}=4\left(\because \frac{b}{a}>0\right)$$

따라서 두 점 B, D를 지나는 직선의 기울기는 직선 OB의 기울기와 같으므로

$$\frac{\frac{1}{2}b}{a}=\frac{b}{2a}=\frac{1}{2}\cdot\frac{b}{a}=\frac{1}{2}\cdot 4=2$$

답 2

원점 O를 지나는 두 직선 $y=8x$, $y=\frac{1}{2}x$ 위에 각각 두 점 A, C가 있고, 선분 AC를 대각선으로 하는 직사각형 ABCD에 대하여 세 점 O, B, D가 일직선 위에 있으므로 직선 BD의 기울기는

$$\sqrt{8\cdot\frac{1}{2}}=\sqrt{4}=2$$

047 점 $(4, 4)$와 직선 $k(x-y)+x+2y+3=0$, 즉

$$(k+1)x+(2-k)y+3=0$$

사이의 거리가 $f(k)$이므로

$$f(k)=\frac{|4(k+1)+4(2-k)+3|}{\sqrt{(k+1)^2+(2-k)^2}}$$
$$=\frac{15}{\sqrt{2k^2-2k+5}}$$

이때 $f(k)$의 값은 분자가 상수이므로 분모가 최소일 때, 최대가 된다.

즉, $2k^2-2k+5=2\left(k-\frac{1}{2}\right)^2+\frac{9}{2}$이므로 $k=\frac{1}{2}$일 때,

분모는 최솟값 $\sqrt{\frac{9}{2}}=\frac{3}{\sqrt{2}}$을 갖는다.

따라서 $f(k)$의 최댓값은

$$\frac{15}{\frac{3}{\sqrt{2}}}=5\sqrt{2}$$

답 ②

048 정사각형 ABCD의 넓이가 9이므로 정사각형의 한 변의 길이는 3이다.

이때 직선 $ax-3y+2=0$ 위의 한 점 $\left(0, \frac{2}{3}\right)$에서 직선 $ax-3y+17=0$ 사이의 거리는 정사각형의 한 변의 길이 3과 같으므로

$$\frac{\left|a\cdot 0-3\cdot\frac{2}{3}+17\right|}{\sqrt{a^2+(-3)^2}}=3,\ \frac{15}{\sqrt{a^2+9}}=3$$

$$\sqrt{a^2+9}=5,\ a^2=16$$

$$\therefore a=4\ (\because a>0)$$

답 4

두 직선 $ax-3y+2=0$과 $ax-3y+17=0$은 서로 평행하고 평행한 두 직선 사이의 거리가 3이므로

$$\frac{|2-17|}{\sqrt{a^2+(-3)^2}}=3, \quad \frac{5}{\sqrt{a^2+9}}=1$$

$$a^2+9=25 \quad \therefore a=4\ (\because a>0)$$

049 두 점 $A(-4, 0)$, $D(a, a)$를 지나는 직선의 방정식은

$$y=\frac{a}{a+4}(x+4)$$

이고, 선분 AD와 y축이 만나는 점을 E라 하면 직선 $y=\frac{a}{a+4}(x+4)$의 y절편이 $\frac{4a}{a+4}$이므로 점 E의 좌표는 $\left(0, \frac{4a}{a+4}\right)$이다.

이때 y축이 사각형 ABCD의 넓이를 이등분하므로 사각형 ABCE의 넓이와 삼각형 CDE의 넓이가 같다. 즉,

$$\square\text{ABCE}=\frac{1}{2}\cdot4\left(4+\frac{4a}{a+4}+4\right),$$

$$\triangle\text{CDE}=\frac{1}{2}\left(\frac{4a}{a+4}+4\right)a$$

이므로 $\square\text{ABCE}=\triangle\text{CDE}$에서

$$\frac{1}{2}\cdot4\left(4+\frac{4a}{a+4}+4\right)=\frac{1}{2}\left(\frac{4a}{a+4}+4\right)a$$

$$\frac{4a}{a+4}+8=\left(\frac{a}{a+4}+1\right)a$$

$$4a+8(a+4)=a^2+a(a+4)$$

$$2a^2-8a-32=0,\ a^2-4a-16=0$$

$$\therefore a=2\pm\sqrt{20}=2\pm2\sqrt{5}$$

점 D는 제1사분면 위의 점이므로 $a>0$

$$\therefore a=2+2\sqrt{5}$$

답 ③

050 직선 l_1의 기울기를 m이라 하면 직선 l_1은 점 $P(2, 2)$를 지나므로 직선 l_1의 방정식은

$$y=m(x-2)+2$$

또 직선 l_1은 이차함수 $y=\frac{1}{2}x^2$의 그래프와 접하므로 이차방정식

$$m(x-2)+2=\frac{1}{2}x^2,\ \text{즉}\ x^2-2mx+4m-4=0$$

의 판별식을 D라 하면

$$\frac{D}{4}=m^2-(4m-4)=0,\ (m-2)^2=0$$

$$\therefore m=2$$

따라서 직선 l_1의 방정식은 $y=2x-2$이므로 점 Q의 좌표는 $(0, -2)$이다.

이때 직선 l_2는 직선 l_1과 수직이므로 직선 l_2의 방정식은 $y=-\frac{1}{2}(x-2)+2$에서 $y=-\frac{1}{2}x+3$

이차함수 $y=\frac{1}{2}x^2$의 그래프와 직선 $y=-\frac{1}{2}x+3$의 교점 중 점 R의 x좌표는 $\frac{1}{2}x^2=-\frac{1}{2}x+3$에서

$x^2+x-6=0$이므로 $(x+3)(x-2)=0$

$$\therefore x=-3\ (\because x\neq2)$$

즉, 점 R의 좌표는 $\left(-3, \frac{9}{2}\right)$이다.

따라서 삼각형 PQR에서 $\overline{PQ}=\sqrt{2^2+4^2}=\sqrt{20}=2\sqrt{5}$,

$$\overline{PR}=\sqrt{(-5)^2+\left(\frac{5}{2}\right)^2}=\sqrt{\frac{125}{4}}=\frac{5\sqrt{5}}{2}$$이므로

$$\triangle\text{PQR}=\frac{1}{2}\cdot\overline{PQ}\cdot\overline{PR}=\frac{1}{2}\cdot2\sqrt{5}\cdot\frac{5\sqrt{5}}{2}=\frac{25}{2}$$

답 ①

| 본문 18~22p |

STEP 2	051 ②	052 2	053 11	054 ②
055 14	056 ①	057 1	058 ④	059 ③
060 7	061 8	062 ②	063 13	064 32
065 3	066 ②	067 ③	068 6	069 30
070 풀이 참조		071 5		

051 정사각형 OABC의 넓이는 $6^2=36$이고, 두 점 P, Q를 $P(0, a)$, $Q(6, b)$ $(0<a<b)$라 하면 $\square\text{OAQP} : \square\text{PQBC}=1 : 3$이므로

$$\square\text{OAQP}=\frac{1}{4}\square\text{OABC}=\frac{1}{4}\cdot36=9$$

즉, 사각형 OAQP의 넓이가 9이므로

$$\square\text{OAQP}=\frac{1}{2}(a+b)\cdot6=9$$

$$\therefore a+b=3 \qquad\qquad \cdots\cdots \ominus$$

한편 직선 l이 x축과 만나는 점을 $R(-2, 0)$이라 하면 세 점 P, Q, R은 한 직선 위에 있으므로 직선 PR의 기울기와 직선 QR의 기울기가 같다.

즉, $\dfrac{a}{2}=\dfrac{b}{8}$에서 $b=4a$

$b=4a$를 $\ominus$에 대입하면 $5a=3$이므로 $a=\dfrac{3}{5}$

따라서 직선 l의 기울기는 $\dfrac{a}{2}=\dfrac{\frac{3}{5}}{2}=\dfrac{3}{10}$이다.

답 ②

052 오른쪽 그림과 같이 사각형 ABCD의 내부에 임의의 한 점 P를 잡으면

$$\overline{PA}+\overline{PC}\geq\overline{AC},$$
$$\overline{PB}+\overline{PD}\geq\overline{BD}$$

이므로

$$\overline{PA}+\overline{PB}+\overline{PC}+\overline{PD}$$
$$=(\overline{PA}+\overline{PC})+(\overline{PB}+\overline{PD})\geq\overline{AC}+\overline{BD}$$

따라서 $\overline{PA}+\overline{PB}+\overline{PC}+\overline{PD}$의 값이 최소이려면 점 P는 사각형 ABCD의 두 대각선의 교점이어야 한다.

이때 두 점 A, C를 지나는 직선의 방정식은

$$y=\frac{1-5}{4-(-4)}(x-4)+1,\ \ \text{즉}\ \ y=-\frac{1}{2}x+3$$
$$\cdots\cdots\ \bigcirc$$

또 두 점 B, D를 지나는 직선의 방정식은

$$y=\frac{6-1}{0-(-5)}x+6,\ \ \text{즉}\ \ y=x+6 \quad \cdots\cdots\ \bigcirc$$

$\bigcirc$, $\bigcirc$을 연립하여 풀면 $x=-2$, $y=4$

따라서 점 P의 좌표는 $(-2, 4)$이므로

$$a+b=-2+4=2$$

🅐 2

053 삼각형 OAB에서 $\overline{OB}=\sqrt{(-1)^2+2^2}=\sqrt{5}$이고, 두 점 O, B를 지나는 직선의 방정식은 $y=-2x$, 즉 $2x+y=0$이므로 점 A에서 직선 OB에 내린 수선의 발을 H라 하면 $\overline{AH}=\dfrac{|2\cdot8+6|}{\sqrt{2^2+1^2}}=\dfrac{22}{\sqrt{5}}$

$$\therefore\ \triangle OAB=\frac{1}{2}\cdot\sqrt{5}\cdot\frac{22}{\sqrt{5}}=11$$

이때 삼각형 OAC의 넓이가 33이므로 $\overline{OC}=3\overline{OB}$ 즉, 점 B가 선분 OC를 1 : 2로 내분하는 점이므로 점 C의 좌표를 (a, b)라 하면

$$\left(\frac{a}{1+2},\ \frac{b}{1+2}\right)=(-1, 2),\ \ \text{즉}\ \ C(-3, 6)$$

$$\therefore\ \overline{AC}=8+3=11$$

🅐 11

다른 풀이

점 C의 좌표를 (a, b) $(a<0<b)$라 하면 점 C는 직선 $y=-2x$ 위의 점이므로 $b=-2a$

삼각형 OAC에서 $\overline{OA}=\sqrt{8^2+6^2}=10$이고 두 점 O, A를 지나는 직선의 방정식은 $y=\dfrac{3}{4}x$, 즉 $3x-4y=0$이므로 점 C에서 직선 OA에 내린 수선의 발을 H라 하면

$$\overline{CH}=\frac{|3a+8a|}{\sqrt{3^2+(-4)^2}}=-\frac{11}{5}a\ (\because\ a<0)$$

이때 삼각형 OAC의 넓이가 33이므로

$$\triangle OAC=\frac{1}{2}\cdot10\cdot\left(-\frac{11}{5}a\right)=33 \quad \therefore\ a=-3$$

따라서 점 C의 좌표는 $(-3, 6)$이므로 $\overline{AC}=11$

054 직선 $3x-y+2=0$ 위의 임의의 한 점을 $P(a, b)$라 하면 점 P는 직선 $3x-y+2=0$ 위의 점이므로

$$3a-b+2=0 \quad \cdots\cdots\ \bigcirc$$

이고, 점 Q의 좌표를 (x, y)라 하면 두 점 A$(2, 4)$, Q(x, y)를 잇는 선분 AQ를 2 : 1로 내분하는 점이 P이므로

$$\left(\frac{2x+2}{2+1},\ \frac{2y+4}{2+1}\right)\ \text{즉},\ \left(\frac{2x+2}{3},\ \frac{2y+4}{3}\right)$$

$$\therefore\ a=\frac{2x+2}{3},\ b=\frac{2y+4}{3} \quad \cdots\cdots\ \bigcirc$$

$\bigcirc$을 $\bigcirc$에 대입하면

$$3\left(\frac{2x+2}{3}\right)-\left(\frac{2y+4}{3}\right)+2=0$$
$$6(x+1)-2(y+2)+6=0$$
$$3x-y+4=0 \quad \therefore\ y=3x+4$$

따라서 기울기가 3이고 점 $(-4, 5)$를 지나는 직선의 방정식은 $y=3(x+4)+5$, 즉 $y=3x+17$이고, 이 직선의 x절편과 y절편은 각각 $-\dfrac{17}{3}$, 17이므로

$$a=-\frac{17}{3},\ b=17$$

$$\therefore\ \frac{b}{a}=\frac{17}{-\dfrac{17}{3}}=-3$$

🅐 ②

055 오른쪽 그림과 같이 점 B를 지나고 y축에 평행한 직선과 점 A를 지나고 x축에 평행한 직선의 교점을 E, 직선 BE와 x축의 교점을 F, 점 A에서 x축에 내린 수선의 발을 H라 하면

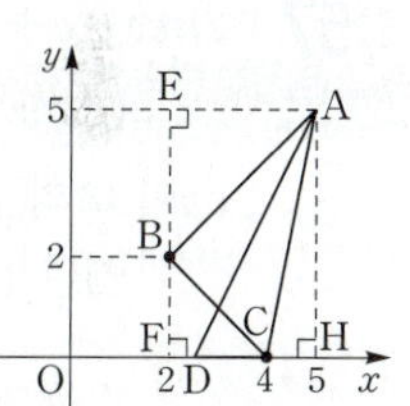

$$\triangle ABC$$
$$=\square AEFH-(\triangle AEB+\triangle BFC+\triangle ACH)$$
$$=15-\frac{1}{2}(3\cdot3+2\cdot2+1\cdot5)$$
$$=6$$

이때 $\triangle ADC=\dfrac{1}{2}\triangle ABC=\dfrac{1}{2}\cdot6=3$이므로

$$\frac{1}{2}(4-a)\cdot5=3,\ 20-5a=6$$

$$\therefore\ 5a=14$$

🅐 14

056 방정식 $(k-2)x+(2k-3)y+4k-3=0$을 k에 대하여 정리하면

$$(x+2y+4)k-(2x+3y+3)=0 \quad \cdots\cdots\ \bigcirc$$

ㄱ. 직선 ㉠은 k의 값에 관계없이 두 직선
$$x+2y+4=0,\ 2x+3y+3=0$$
의 교점을 지나므로 두 식을 연립하여 풀면
$$x=6,\ y=-5$$
따라서 직선 l은 제4사분면을 반드시 지난다. (참)

ㄴ. ㄱ에서 $k=0$이면 직선 l은 $2x+3y+3=0$과 겹쳐진다. (거짓)

ㄷ. 원점과 직선 l 사이의 거리를 $f(k)$라 하면
$$f(k)=\frac{|4k-3|}{\sqrt{(k-2)^2+(2k-3)^2}}$$
이때 $f(k)=1$이라 하면
$$\frac{|4k-3|}{\sqrt{(k-2)^2+(2k-3)^2}}=1$$
양변을 제곱하여 정리하면
$$11k^2-8k-4=0 \qquad\cdots\cdots ㉡$$
이때 이차방정식 ㉡의 판별식을 D라 하면
$$\frac{D}{4}=(-4)^2-11\cdot(-4)=60>0$$
따라서 방정식 ㉡은 서로 다른 두 실근을 가지므로 원점과 직선 l 사이의 거리가 1인 실수 k는 2개 존재한다. (거짓)

따라서 옳은 것은 ㄱ뿐이다. **답** ①

057 $2mx-y+m=0$을 m에 대하여 정리하면
$$(2x+1)m-y=0 \qquad\cdots\cdots ㉠$$
㉠이 m의 값에 관계없이 항상 성립하려면
$$2x+1=0,\ -y=0$$
$$\therefore\ x=-\frac{1}{2},\ y=0$$
즉, 직선 ㉠은 m의 값에 관계없이 항상 점 $\left(-\frac{1}{2},\ 0\right)$을 지난다.

오른쪽 그림과 같이 직선 ㉠이 정사각형과 직사각형에 동시에 만나도록 움직여 보면 점 $(-2,\ -1)$을 지날 때의 기울기 m보다 크거나 같아야 하고, 점 $(1,\ 2)$를 지날 때의 기울기 m보다 작거나 같아야 한다.

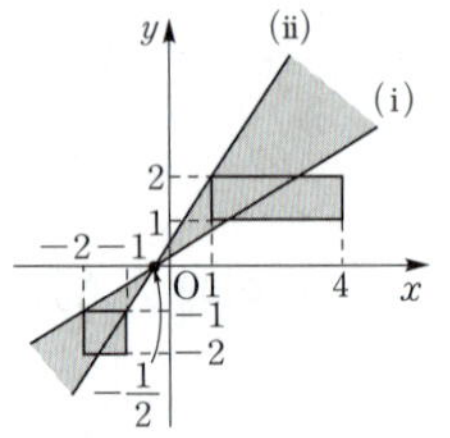

(i) 직선 ㉠이 점 $(-2,\ -1)$을 지날 때,
$$-3m+1=0$$에서 $m=\frac{1}{3}$

(ii) 직선 ㉠이 점 $(1,\ 2)$를 지날 때,
$$3m-2=0$$에서 $m=\frac{2}{3}$

(i), (ii)에 의하여 실수 m의 값의 범위가 $\frac{1}{3}\le m\le\frac{2}{3}$이므로 $a+b=\frac{1}{3}+\frac{2}{3}=1$

답 1

058 오른쪽 그림과 같이 꼭짓점 B를 원점, 선분 AB를 y축, 선분 BC를 x축 위에 위치하도록 도형 ABCDEF를 좌표평면 위에 놓으면 $\overline{DE}=6$, $\overline{EF}=4$이므로 도형 ABCDEF의 넓이는
$$12\cdot10-6\cdot4=96$$

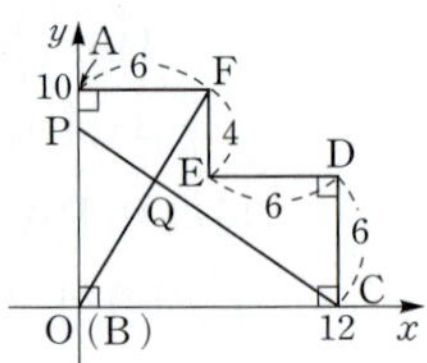

이때 선분 CP가 도형 ABCDEF의 넓이를 이등분하므로 점 P의 좌표를 $(0,\ a)$라 하면
$$\frac{1}{2}\cdot12\cdot a=48 \qquad \therefore\ a=8$$
즉, 점 P의 좌표는 $(0,\ 8)$이므로 직선 CP의 방정식은
$$y=-\frac{2}{3}x+8 \qquad\cdots\cdots ㉠$$
또, 점 F의 좌표는 $(6,\ 10)$이므로 직선 BF의 방정식은 $y=\frac{5}{3}x$ $\qquad\cdots\cdots ㉡$

㉠, ㉡을 연립하여 풀면
$$x=\frac{24}{7},\ y=\frac{40}{7}$$
따라서 점 Q의 좌표가 $\left(\frac{24}{7},\ \frac{40}{7}\right)$이므로
$$\overline{BQ}=\sqrt{\left(\frac{24}{7}\right)^2+\left(\frac{40}{7}\right)^2}$$
$$=\sqrt{\frac{4^2(6^2+10^2)}{7^2}}$$
$$=\frac{4}{7}\sqrt{136}=\frac{4}{7}\sqrt{4\cdot34}$$
$$=\frac{8}{7}\sqrt{34}$$

답 ④

059 직선 $y=x+2$와 직선 l이 x축과 만나는 점을 각각 R, S라 하면 직선 $y=x+2$의 기울기가 1이므로 $\angle PRS=45°$
삼각형 PRS의 외각의 성질에 의하여
$$\angle RPS+\angle PRS=75°,\ \angle RPS+45°=75°$$
$$\therefore\ \angle RPS=30°$$

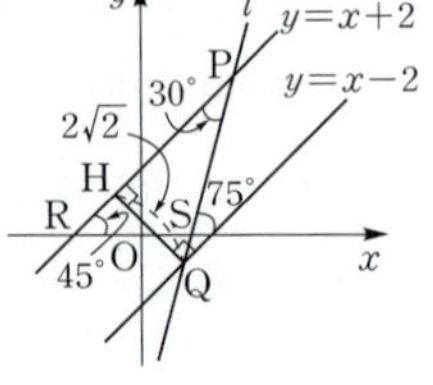

한편 점 Q에서 직선 $y=x+2$에 내린 수선의 발을 H라 하면 $\overline{\text{HQ}}$는 평행한 두 직선 사이의 거리이므로 직선 $y=x+2$ 위의 한 점 $(0,\,2)$와 직선 $x-y-2=0$ 사이의 거리와 같다. 즉,

$$\overline{\text{HQ}}=\frac{|0-2-2|}{\sqrt{1^2+(-1)^2}}=\frac{4}{\sqrt{2}}=2\sqrt{2}$$

이때 직각삼각형 PHQ에서 $\angle \text{HPQ}=30°$이므로

$$\overline{\text{HQ}}:\overline{\text{PQ}}=1:2,\ 2\sqrt{2}:\overline{\text{PQ}}=1:2$$
$$\therefore \overline{\text{PQ}}=4\sqrt{2}$$

답 ③

060 두 이차함수 $y=x^2-3x-2$, $y=-x^2+5x+8$에서
$$x^2-3x-2=-x^2+5x+8$$
$$2x^2-8x-10=0,\ x^2-4x-5=0$$
$$(x+1)(x-5)=0$$
$$\therefore x=-1 \ \text{또는} \ x=5$$

즉, 두 교점의 x좌표가 -1, 5이므로 두 점 P, Q를 $\text{P}(-1,\,2)$, $\text{Q}(5,\,8)$로 놓을 수 있다.

오른쪽 그림과 같이 □PRQS의 넓이가 최대이려면 직선 PQ와 평행하고 이차함수 $y=-x^2+5x+8$의 그래프와 접하는 점을 S, 이차함수 $y=x^2-3x-2$의

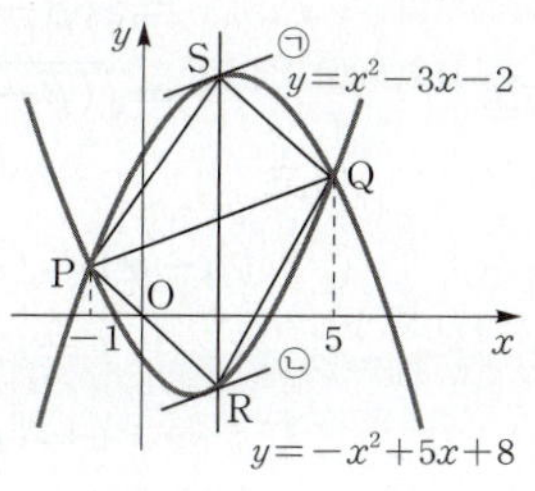

그래프와 접하는 점을 R로 놓으면 된다.

이때 두 점 P, Q를 지나는 직선의 방정식은
$$y=1\cdot(x+1)+2,\ \text{즉}\ y=x+3$$

이므로 직선 ㉠의 방정식을 $y=x+a$로 놓으면 이차함수 $y=-x^2+5x+8$의 그래프와 접하므로
$$-x^2+5x+8=x+a$$에서
$$x^2-4x+a-8=0 \qquad \cdots\cdots ㉢$$

이차방정식 ㉢의 판별식을 D_1이라 하면
$$\frac{D_1}{4}=(-2)^2-(a-8)=0$$
$$4-a+8=0$$
$$\therefore a=12$$

$a=12$를 ㉢에 대입하면 $x=2$이므로 점 S의 좌표는
$$(2,\,14)$$

또 직선 ㉡의 방정식을 $y=x+b$로 놓으면 이차함수 $y=x^2-3x-2$의 그래프와 접하므로
$$x^2-3x-2=x+b$$에서
$$x^2-4x-2-b=0 \qquad \cdots\cdots ㉣$$

이차방정식 ㉣의 판별식을 D_2라 하면
$$\frac{D_2}{4}=(-2)^2-(-2-b)=0,\ 6+b=0$$
$$\therefore b=-6$$

$b=-6$을 ㉣에 대입하면 $x=2$이므로 점 R의 좌표는
$$(2,\,-4)$$

따라서 직선 $y=x+3$과 직선 $x=2$의 교점의 좌표는 $(2,\,5)$이므로 $p+q=7$이다.

답 7

061 점 P와 마름모 ABCD 사이의 거리의 최솟값은 점 $\text{P}(2,\,2)$와 직선 AD 사이의 거리이고, 거리의 최댓값은 선분 CP의 길이이다.

이때 두 점 A, D를 지나는 직선의 방정식은
$$y=-2x+2,\ \text{즉}\ 2x+y-2=0$$

이므로
$$m=\frac{|2\cdot2+2-2|}{\sqrt{2^2+1^2}}=\frac{4}{\sqrt{5}}=\frac{4\sqrt{5}}{5}$$

또 선분 CP의 길이가 최댓값이므로
$$M=\sqrt{2^2+(2+2)^2}=\sqrt{20}=2\sqrt{5}$$
$$\therefore Mm=2\sqrt{5}\cdot\frac{4\sqrt{5}}{5}=8$$

답 8

062 네 점 P, Q, R, S와 직선 $l:ax+by=0$ 사이의 거리를 각각 p, q, r, s라 하면
$$p=\frac{|ax_1+by_1|}{\sqrt{a^2+b^2}},\ q=\frac{|ax_2+by_2|}{\sqrt{a^2+b^2}}$$
$$r=\frac{|ax_3+by_3|}{\sqrt{a^2+b^2}},\ s=\frac{|ax_4+by_4|}{\sqrt{a^2+b^2}}$$

이고, 점 P는 직선 l 위의 점이므로 $p=0$이다.
또 주어진 그림에서 $r<q=s$이다.

㈎ $|(ax_2+by_2)(ax_3+by_3)|$
$$=|ax_2+by_2||ax_3+by_3|$$
$$=(a^2+b^2)qr$$

㈏ $|(ax_1+by_1)(ax_2+by_2)|$
$$=|ax_1+by_1||ax_2+by_2|$$
$$=0\cdot(a^2+b^2)q=0$$

㈐ $|(ax_2+by_2)(ax_4+by_4)|$
$$=|ax_2+by_2||ax_4+by_4|$$
$$=(a^2+b^2)qs$$

이때 $r<q=s$이므로 $qr<qs$이고, $a^2+b^2>0$이므로
$$㈏<㈎<㈐$$

답 ②

063 점 A의 좌표를 (p, q)라 하면 점 A와 직선
$5x+12y=0$ 사이의 거리가 8이므로

$$\frac{|5p+12q|}{\sqrt{5^2+12^2}}=8, \quad \frac{|5p+12q|}{13}=8$$
$$5p+12q=104 \ (\because p, q는 자연수) \quad \cdots\cdots \ \ominus$$

방정식 $\ominus$을 만족하는 두 자연수 p, q의 순서쌍 (p, q)는
$(16, 2)$, $(4, 7)$이므로 선분 AB의 길이는

$$\overline{AB}=\sqrt{12^2+(-5)^2}$$
$$=\sqrt{169}=13$$

답 13

064 점 P는 곡선 $y=\dfrac{x^2}{2}$ 위의 점이므로 $b=\dfrac{a^2}{2}$에서 점 P의

좌표는 $\left(a, \dfrac{a^2}{2}\right)$이다.

이때 두 점 A, B를 지나는 직선의 방정식은
$$y=-x+2, \ 즉$$
$$x+y-2=0 \quad\quad\quad\quad \cdots\cdots \ \ominus$$
이고, 점 P와 직선 $\ominus$ 사이의 거리를 d라 하면

$$d=\frac{\left|a+\dfrac{a^2}{2}-2\right|}{\sqrt{1^2+1^2}}=\frac{\left|a+\dfrac{a^2}{2}-2\right|}{\sqrt{2}}$$

한편 삼각형 APB의 넓이가 10이므로

$$\frac{1}{2}\cdot\overline{AB}\cdot d=10$$

$$\frac{1}{2}\cdot 2\sqrt{2}\cdot\frac{\left|a+\dfrac{a^2}{2}-2\right|}{\sqrt{2}}=10$$

$$\left|a+\dfrac{a^2}{2}-2\right|=10$$

$$a^2+2a-4=20 \ (\because a>2)$$

$a^2+2a-24=0$에서 $(a+6)(a-4)=0$이므로
$$a=4 \ (\because a>2)$$

따라서 점 P의 좌표는 $(4, 8)$이므로
$$ab=32$$

답 32

065 오른쪽 그림과 같이 원점 O
에서 선분 AQ에 내린 수선
의 발을 H라 하면 □OHQP
는 직사각형이므로
$\overline{PQ}=\overline{OH}$이고, 직선 AQ와
직선 $3x-4y+12=0$은 수직이므로 직선 AQ의 기울기
는 $-\dfrac{4}{3}$이다.

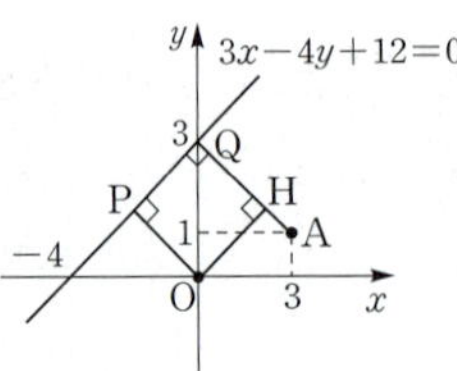

이때 기울기가 $-\dfrac{4}{3}$이고 점 $A(3, 1)$을 지나는 직선의

방정식은

$$y=-\frac{4}{3}(x-3)+1, \ 즉 \ 4x+3y-15=0$$

이므로 선분 OH의 길이는

$$\overline{OH}=\frac{|-15|}{\sqrt{4^2+3^2}}=\frac{15}{5}=3$$
$$\therefore \overline{PQ}=\overline{OH}=3$$

답 3

066 두 점 A, B는 직선 $y=kx+2$ 위의 점이므로 두 점 A,
B의 x좌표를 각각 α, β라 하면 두 점 A, B는
$$A(\alpha, k\alpha+2), \ B(\beta, k\beta+2)$$
로 놓을 수 있고, α, β는 이차방정식
$$x^2-2x=kx+2, \ 즉 \ x^2-(k+2)x-2=0$$
의 두 근이므로 근과 계수의 관계에 의하여
$$\alpha+\beta=k+2, \ \alpha\beta=-2$$
이때 두 점 A, B 사이의 거리는

$$\overline{AB}=\sqrt{(\beta-\alpha)^2+(k\beta+2-k\alpha-2)^2}$$
$$=\sqrt{(\beta-\alpha)^2+k^2(\beta-\alpha)^2}$$
$$=\sqrt{(\beta-\alpha)^2(k^2+1)}$$

이고,

$$(\beta-\alpha)^2=(\alpha-\beta)^2=(\alpha+\beta)^2-4\alpha\beta$$
$$=(k+2)^2-4\cdot(-2)$$
$$=(k+2)^2+8$$

이므로

$$\overline{AB}=\sqrt{(\beta-\alpha)^2(k^2+1)}=\sqrt{(k+2)^2+8}\cdot\sqrt{k^2+1}$$

한편 원점 O에서 직선 $y=kx+2$에 내린 수선의 발을
H라 하면 선분 OH의 길이는 원점 O와 직선 $y=kx+2$,
즉 $kx-y+2=0$ 사이의 거리이므로

$$\overline{OH}=\frac{|2|}{\sqrt{k^2+1}}$$

따라서 삼각형 OAB의 넓이는

$$\frac{1}{2}\cdot\overline{AB}\cdot\overline{OH}=\frac{1}{2}\cdot\sqrt{(k+2)^2+8}\cdot\sqrt{k^2+1}\cdot\frac{|2|}{\sqrt{k^2+1}}$$
$$=\sqrt{(k+2)^2+8}$$

이므로 넓이의 최솟값은 $k=-2$일 때, $\sqrt{8}=2\sqrt{2}$이다.

답 ②

067 삼각형 ABC의 무게중심과 삼각형 DEF의 무게중심이
일치하므로 삼각형 ABC의 무게중심 G의 좌표는

$$\left(\frac{-1+a+1}{3}, \ \frac{1+b+3}{3}\right) \ 즉, \ \left(\frac{a}{3}, \ \frac{b+4}{3}\right)$$

이때 두 점 D, F를 지나는 직선의 기울기가 1이고, 두 직선 DF와 AE가 수직이므로 두 점 A, E를 지나는 직선의 기울기는 -1이다.

또 세 점 A, G, E가 한 직선 위에 있으므로 두 점 G, E를 지나는 직선의 기울기도 -1이다.

즉, $\dfrac{b-\dfrac{b+4}{3}}{a-\dfrac{a}{3}}=-1$에서 $\dfrac{b-2}{a}=-1$이므로

$$a+b=2$$

따라서 삼각형 ABC의 무게중심 G의 좌표는

$$\left(\dfrac{a}{3},\ \dfrac{2-a+4}{3}\right)\ 즉,\ \left(\dfrac{a}{3},\ \dfrac{6-a}{3}\right)$$

한편 직선 DF의 방정식은 $x-y+2=0$이고 무게중심 G와 직선 DF 사이의 거리가 $\sqrt{2}$이므로

$$\dfrac{\left|\dfrac{a}{3}-\dfrac{6-a}{3}+2\right|}{\sqrt{1^2+(-1)^2}}=\dfrac{\left|\dfrac{2a}{3}\right|}{\sqrt{2}}=\sqrt{2}$$

$$\dfrac{2a}{3}=\pm2 \quad \therefore a=\pm3$$

(ⅰ) $a=3$이면 $b=-1$이므로 점 E는 제4사분면 위의 점이다.

(ⅱ) $a=-3$이면 $b=5$이므로 점 E는 제2사분면 위의 점이다.

(ⅰ), (ⅱ)에서 $a=-3$, $b=5$이므로
$$a^2+b^2=(-3)^2+5^2=34$$

답 ③

068 두 점 A$(2,\ 1)$, B$(87,\ 371)$을 지나는 직선의 기울기는

$$\dfrac{371-1}{87-2}=\dfrac{370}{85}=\dfrac{74}{17}$$

즉, 자연수 k에 대하여 x의 값이 $17k$만큼 증가할 때, y의 값이 $74k$만큼 증가하면 x좌표와 y좌표가 모두 자연수인 점이다.

따라서 구하는 점의 개수는
$$(2,\ 1),\ (19,\ 75),\ (36,\ 149),\ (53,\ 223),$$
$$(70,\ 297),\ (87,\ 371)$$
의 6이다.

답 6

069 주어진 세 직선을
$$l:12x-5y+20=0,\ m:3x+4y-16=0,$$
$$n:x-y-3=0$$
이라 하면 A$(0,\ 4)$이고 직선 l과 n, 직선 m과 n의 방정식을 연립하여 두 점 B, C의 좌표를 각각 구하면
$$B(-5,\ -8),\ C(4,\ 1)$$

이때 $\overline{AC}=\sqrt{4^2+(-3)^2}=\sqrt{25}=5$이므로 $\overline{AD}=5$이고, $\overline{AB}=\sqrt{5^2+12^2}=\sqrt{169}=13$이므로 $\overline{BD}=8$이다.

즉, 점 D는 선분 AB를 $5:8$로 내분하는 점이므로 점 D의 좌표는

$$\left(\dfrac{5\cdot(-5)+8\cdot0}{5+8},\ \dfrac{5\cdot(-8)+8\cdot4}{5+8}\right),\ 즉$$

$$\left(-\dfrac{25}{13},\ -\dfrac{8}{13}\right)$$

따라서 $a=-\dfrac{25}{13}$, $b=-\dfrac{8}{13}$이므로

$$b-a=-\dfrac{8}{13}+\dfrac{25}{13}=\dfrac{17}{13}$$

$$\therefore p+q=13+17=30$$

답 30

070 점 P$(a,\ b)$는 직선 $x+y=k$ 위의 점이므로
$$a+b=k \quad \therefore b=k-a$$
즉, 점 P의 좌표는 $(a,\ k-a)$이므로
$$Q(a,\ 0),\ R(0,\ k-a)$$

이때 두 점 Q, R을 지나는 직선의 기울기는 $\dfrac{a-k}{a}$이므로 직선 l의 기울기는 $\dfrac{a}{k-a}$이다.

따라서 직선 l의 방정식은

$$y=\dfrac{a}{k-a}(x-a)+k-a$$

$$y(k-a)=a(x-a)+(k-a)^2\ (\because ab\neq0)$$

직선 l이 점 P를 지나므로 a에 대한 항등식으로 정리하면
$$a(x+y-2k)+k(k-y)=0$$
$$x+y-2k=0,\ k=y$$

즉, $x=k$, $y=k$이므로 직선 l은 점 P의 위치에 관계없이 항상 점 $(k,\ k)$를 지난다.

답 풀이 참조

071 주어진 그림에서 삼각형 AOB의 넓이는 $\dfrac{1}{2}\cdot6\cdot6=18$이고,

$$\triangle PAO:\triangle POB:\triangle PBA=1:2:3$$

이므로

$$\triangle PAO=\dfrac{1}{1+2+3}\cdot18=3$$

$$\triangle POB=\dfrac{2}{1+2+3}\cdot18=6$$

$$\triangle PBA=\dfrac{3}{1+2+3}\cdot18=9$$

삼각형 PBA에서 $\overline{AB}=6$이고, $\triangle PBA=9$이므로 삼

각형 PBA의 높이를 h_1이라 하면 $\dfrac{1}{2}\cdot6\cdot h_1=9$

$$\therefore h_1=3$$

점 P의 좌표를 $(a,\ b)$ $(0<a<8,\ 0<b<6)$이라 하면

삼각형 PBA의 높이가 3이므로 $6-b=3$에서 $b=3$

따라서 점 P의 좌표를 $(a,\ 3)$으로 놓을 수 있다.

같은 방법으로 $\triangle PAO=3$이고,

$$\overline{OA}=\sqrt{2^2+6^2}=\sqrt{40}=2\sqrt{10}$$

이므로 삼각형 PAO의 높이를 h_2라 하면

$$\frac{1}{2}\cdot2\sqrt{10}\cdot h_2=3 \qquad \therefore h_2=\frac{3}{\sqrt{10}}$$

이때 h_2는 점 $\mathrm{P}(a,\ 3)$과 직선 $3x-y=0$ 사이의 거리와

같으므로

$$\frac{|3a-3|}{\sqrt{3^2+(-1)^2}}=\frac{3}{\sqrt{10}},\ |a-1|=1$$

$$a-1=\pm1 \qquad \therefore a=2\ (\because\ 0<a<8)$$

$$\therefore a+b=2+3=5$$

답 5

| 본문 23p |

STEP 3 　072 2　　073 16　　074 10　　075 3

---

072 △ABC는 정삼각형이므로 오른쪽 그림과 같이 꼭짓점 A에서 변 BC에 내린 수선의 발을 M, 꼭짓점 C에서 변 AB에 내린 수선의 발을 N이라 하면

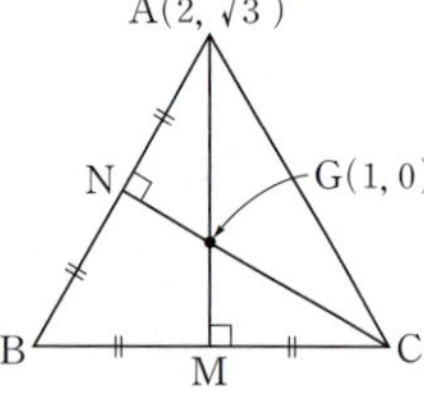

$$\overline{GM}=\overline{GN}=\frac{1}{2}\overline{AG}$$

$$\overline{AG}=\sqrt{1^2+(\sqrt{3})^2}=\sqrt{4}=2$$이므로

$$\overline{GM}=\overline{GN}=\frac{1}{2}\cdot2=1$$

한편 직선 AB의 기울기를 m이라 하면 직선 AB는 점 A를 지나므로 직선 AB의 방정식은

$$y=m(x-2)+\sqrt{3},\ \text{즉}\ mx-y-2m+\sqrt{3}=0$$

이고, 무게중심 G와 직선 $mx-y-2m+\sqrt{3}=0$ 사이의 거리가 선분 GN의 길이와 같으므로

$$\frac{|m-2m+\sqrt{3}|}{\sqrt{m^2+(-1)^2}}=\frac{|-m+\sqrt{3}|}{\sqrt{m^2+1}}=1$$

$$|-m+\sqrt{3}|=\sqrt{m^2+1}$$

$$m^2-2\sqrt{3}m+3=m^2+1,\ 2\sqrt{3}m=2$$

$$\therefore m=\frac{1}{\sqrt{3}}$$

따라서 직선 AB의 방정식은

$$y=\frac{1}{\sqrt{3}}(x-2)+\sqrt{3},\ \text{즉}\ x-\sqrt{3}y+1=0$$

이므로 $a^2-b=(-\sqrt{3})^2-1=2$

답 2

---

073 직사각형 ABCD의 꼭짓점 A를 원점, 선분 AB를 x축, 선분 AD를 y축 위에 위치하도록 좌표평면 위에 나타내면 두 점 C, M은 C(8, 12), M(8, 6)이다.

이때 두 점 A, C를 지나는 직선의 방정식이 $y=\dfrac{3}{2}x$이

므로 점 P의 좌표를 $\left(a,\ \dfrac{3}{2}a\right)(0<a<8)$로 놓으면

$$\overline{PR}=8-a$$

두 점 A, M을 지나는 직선의 방정식은

$$y=\frac{3}{4}x,\ \text{즉}\ 3x-4y=0$$

이고 $\overline{PQ}=\overline{PS}$이므로

$$\frac{\left|3a-4\cdot\dfrac{3}{2}a\right|}{\sqrt{3^2+(-4)^2}}=12-\frac{3}{2}a$$

$$\frac{|-3a|}{5}=12-\frac{3}{2}a$$

$0<a<8$이므로 $\dfrac{3a}{5}=12-\dfrac{3}{2}a$에서

$$6a=120-15a,\ 21a=120$$

$$\therefore a=\frac{40}{7}$$

즉, 선분 PR의 길이는 $8-\dfrac{40}{7}=\dfrac{16}{7}$이므로

$$7l=7\cdot\frac{16}{7}=16$$

답 16

---

074 오른쪽 그림과 같이 정사각형 ABCD에서 두 점 A, B는 이차함수 $y=x^2$의 그래프 위에 있으므로 두 점 A, B를 각각 A$(a,\ a^2)$, B$(b,\ b^2)$으로 놓으면 일차함수 $y=x$의 그래프 위의 두 점 C, D는 C$(a,\ a)$, D$(b^2,\ b^2)$이다.

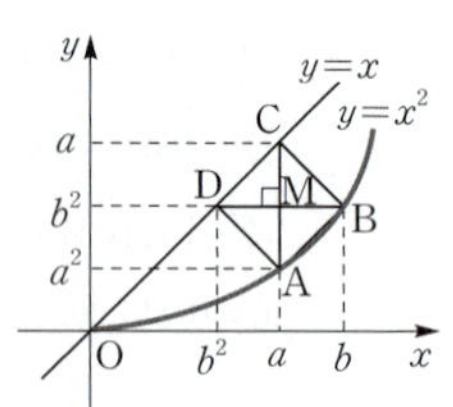

이때 직선 AB와 직선 CD의 기울기가 1이므로

$$\frac{b^2-a^2}{b-a}=1,\ \frac{(b+a)(b-a)}{b-a}=1$$

$$\therefore a+b=1\ (\because\ a\neq b) \qquad\qquad \cdots\cdots\ \text{㉠}$$

또 정사각형 ABCD의 두 대각선 BD와 AC의 교점을 M이라 하면 점 M의 좌표는 $(a,\ b^2)$이고, 선분 BD의 길이를 이등분하므로

$$b-b^2=2(b-a)$$

$$\therefore b^2+b-2a=0 \qquad\qquad \cdots\cdots\ \text{㉡}$$

$\bigcirc$에서 $a=1-b$이므로 $\bigcirc$에 대입하면
$$b^2+b-2(1-b)=0$$
$$b^2+3b-2=0$$
$$\therefore b=\frac{-3+\sqrt{17}}{2}\ (\because b>0)$$

따라서 대각선 BD의 길이는
$$\overline{BD}=b-b^2=b(1-b)$$
$$=\left(\frac{-3+\sqrt{17}}{2}\right)\cdot\left(\frac{5-\sqrt{17}}{2}\right)$$
$$=2\sqrt{17}-8$$
이므로 $p=2$, $q=-8$
$$\therefore p-q=10$$

답 10

075 오른쪽 그림에서 선분 PQ를 접는 선으로 하여 종이를 접었으므로 선분 OO$'$과 선분 FF$'$의 중점을 각각 M, N이라 하면 두 점 M, N은 직선 P, Q 위에 있다.

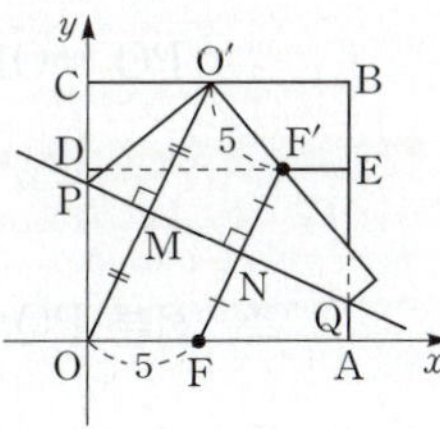

또 삼각형 POO$'$과 삼각형 PFF$'$은 이등변삼각형이므로
$$\overline{PM}\perp\overline{OO'},\ \overline{PN}\perp\overline{FF'}$$
따라서 선분 OO$'$과 선분 FF$'$은 서로 평행하다.

이때 두 상수 a, b에 대하여 점 O$'$의 좌표를 $(a,\ 12)$라 하고, 두 점 D, E를 지나는 직선의 방정식은 $y=8$이므로 점 F$'$의 좌표를 $(b,\ 8)$로 놓으면 $\overline{OO'}\ /\!/\ \overline{FF'}$이므로 두 직선의 기울기가 같다.

즉, $\dfrac{12-0}{a-0}=\dfrac{8-0}{b-5}$에서 $\dfrac{12}{a}=\dfrac{8}{b-5}$이므로
$$2a=3b-15$$
$$\therefore 2a-3b=-15 \qquad\qquad \cdots\cdots\ \bigcirc$$
또 $\overline{OF}=\overline{O'F'}$이므로
$$\sqrt{(b-a)^2+(-4)^2}=5,\ (a-b)^2=9$$
$$\therefore a-b=-3\ (\because a<b) \qquad\qquad \cdots\cdots\ \bigcirc$$
$\bigcirc$, $\bigcirc$을 연립하여 풀면
$$a=6,\ b=9$$
따라서 직선 PQ는 직선 OO$'$과 수직이고 점 M$(3,\ 6)$을 지나는 직선이므로 직선 PQ의 방정식은
$$y=-\frac{1}{2}(x-3)+6,\ \text{즉}\ y=-\frac{1}{2}x+\frac{15}{2}$$
이때 점 Q의 y좌표는 $x=12$일 때, y의 값이므로
$$y=-\frac{1}{2}\cdot12+\frac{15}{2}=\frac{3}{2}$$
$$\therefore 2k=3$$

답 3

03 원의 방정식

STEP 1			
076 ④	077 ②	078 ②	079 3
080 ③	081 ④	082 13	083 8	084 3
085 8	086 ④	087 40	088 ①	089 ②

076 방정식 $x^2+y^2+2mx-2my+3m^2+4m-5=0$에서
$$(x+m)^2+(y-m)^2=-m^2-4m+5$$
이 방정식이 원을 나타내려면 $-m^2-4m+5>0$이어야 하므로
$$m^2+4m-5<0,\ (m+5)(m-1)<0$$
$$\therefore -5<m<1$$
따라서 정수 m은 -4, -3, -2, -1, 0이고, 그 개수는 5이다.

답 ④

077 원 $x^2+y^2=36$ 위를 움직이는 점 P를 P$(a,\ b)$라 하고 삼각형 PAB의 무게중심을 G$(x,\ y)$라 하면
$$x=\frac{9-3+a}{3}=\frac{a+6}{3}$$에서 $a=3x-6$
$$y=\frac{-1+4+b}{3}=\frac{b+3}{3}$$에서 $b=3y-3$
이때 점 P$(a,\ b)$는 원 $x^2+y^2=36$ 위의 점이므로
$$a^2+b^2=36,\ (3x-6)^2+(3y-3)^2=36$$
$$9\{(x-2)^2+(y-1)^2\}=36$$
따라서 $(x-2)^2+(y-1)^2=4$이므로
$$p+q+r=2+1+2=5$$

답 ②

078 $\overline{AP}:\overline{BP}=2:1$이므로 $\overline{AP}=2\overline{BP}$
$$\therefore \overline{AP}^2=4\overline{BP}^2$$
점 P의 좌표를 $(x,\ y)$라 하면
$$\overline{AP}^2=(x+4)^2+y^2,\ \overline{BP}^2=(x+1)^2+y^2$$
이므로 $(x+4)^2+y^2=4\{(x+1)^2+y^2\}$
$$\therefore x^2+y^2=4$$
즉, 점 P가 나타내는 도형은 중심이 원점 O이고, 반지름의 길이가 2인 원이다.

이때 θ가 최대이려면 오른쪽 그림과 같이 $\overline{AQ}$가 원의 접선이어야 한다.

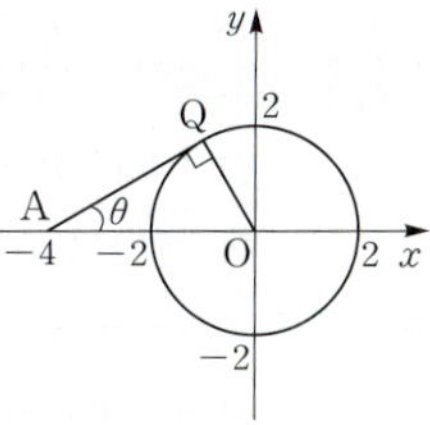

따라서 $\overline{OA}=4$, $\overline{OQ}=2$이고, $\angle AQO=90°$이므로
$$\sin\theta=\frac{\overline{OQ}}{\overline{OA}}=\frac{2}{4}=\frac{1}{2}$$

답 ②

079 원 $x^2+y^2+ax-4\sqrt{3}y+b=0$에서
$$\left(x+\frac{a}{2}\right)^2+(y-2\sqrt{3})^2=\frac{a^2-4b+48}{4}$$
이고, x축에 접하므로 $2\sqrt{3}=\sqrt{\dfrac{a^2-4b+48}{4}}$

즉, $12=\dfrac{a^2-4b+48}{4}$에서 $48=a^2-4b+48$
$$\therefore a^2=4b \qquad \cdots\cdots \text{㉠}$$
또 주어진 원이 점 $(2,\sqrt{3})$을 지나므로
$$4+3+2a-12+b=0,\ 2a+b=5$$
$$\therefore b=-2a+5 \qquad \cdots\cdots \text{㉡}$$
㉡을 ㉠에 대입하면
$$a^2=4(-2a+5),\ a^2+8a-20=0$$
$$(a+10)(a-2)=0 \qquad \therefore a=2\ (\because a>0)$$
$a=2$를 ㉡에 대입하면 $b=1$
$$\therefore a+b=2+1=3$$

답 3

080 원 C의 방정식은 $(x-2)^2+(y-2)^2=4$이고, 점 $A(4,6)$에서 원 C에 그은 접선의 기울기를 m이라 하면 접선의 방정식은 $y=m(x-4)+6$, 즉 $mx-y-4m+6=0$

이때 원의 중심 $(2,2)$에서 원의 접선에 이르는 거리는 원의 반지름의 길이와 같으므로
$$\frac{|2m-2-4m+6|}{\sqrt{m^2+1}}=2,\ \frac{|2-m|}{\sqrt{m^2+1}}=1$$
양변을 제곱하여 정리하면
$$m^2+1=m^2-4m+4,\ 4m=3 \qquad \therefore m=\frac{3}{4}$$

오른쪽 그림에서 원 C의
접선의 방정식은
$$y=\frac{3}{4}(x-4)+6$$
또는 $x=4$

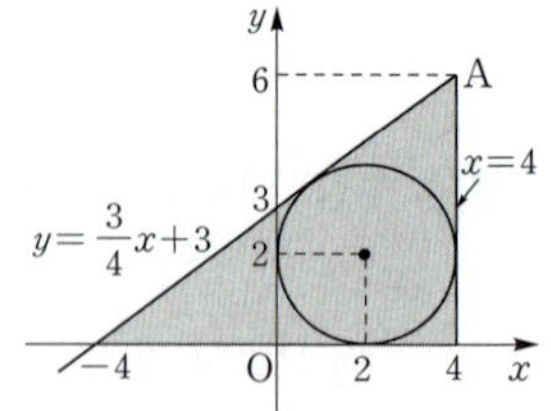

이고, 원의 접선 $y=\dfrac{3}{4}x+3$
의 x절편이 -4이므로 구하는 도형의 넓이는
$$\frac{1}{2}\cdot8\cdot6=24$$

답 ③

081 오른쪽 그림과 같이 원의 중심을 C, 점 $P(x,y)$에서 원에 그은 두 접선의 접점을 A, B라 하면
$$\overline{CA}\perp\overline{PA},\ \overline{CB}\perp\overline{PB}$$
이고, 주어진 조건에서 $\overline{PA}\perp\overline{PB}$이므로 사각형 PACB는 정사각형이다.

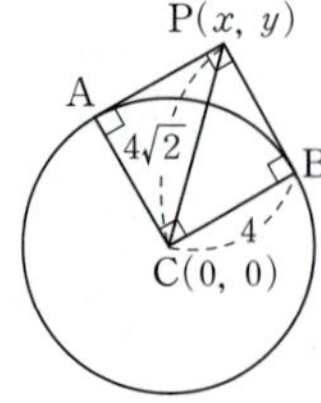

이때 $\overline{CP}=\sqrt{4^2+4^2}=\sqrt{32}=4\sqrt{2}$이므로 점 P가 나타내는 도형은 중심이 $(0,0)$이고, 반지름의 길이가 $4\sqrt{2}$인 원이다.

따라서 구하는 도형의 넓이는
$$\pi\cdot(4\sqrt{2})^2=32\pi$$

답 ④

082 점 P는 이차함수 $y=-x^2+4$의 그래프 위의 점이므로 점 P의 좌표를 $(a,-a^2+4)$라 하고, 원 $x^2+y^2=1$의 중심을 O라 하면
$$\overline{OP}=\sqrt{a^2+(-a^2+4)^2}=\sqrt{a^4-7a^2+16}$$
또 원의 반지름의 길이가 1이므로 피타고라스 정리에 의하여
$$\overline{PQ}^2=\overline{OP}^2-\overline{OQ}^2=a^4-7a^2+16-1$$
$$=a^4-7a^2+15=\left(a^2-\frac{7}{2}\right)^2+\frac{11}{4}$$

즉, 선분 PQ의 길이의 최솟값은 $a^2=\dfrac{7}{2}$일 때, $\dfrac{\sqrt{11}}{2}$이므로 $p=2,\ q=11$
$$\therefore p+q=13$$

답 13

다른 풀이

점 P는 이차함수 $y=-x^2+4$의 그래프 위의 점이므로 점 P의 좌표를 $(a,-a^2+4)$라 하고, 점 P에서 원 $x^2+y^2=1$에 그은 접선의 접점이 Q이므로 접선의 길이 $\overline{PQ}$는
$$\overline{PQ}=\sqrt{a^2+(-a^2+4)^2-1}$$
$$=\sqrt{a^4-7a^2+15}$$
$$=\sqrt{\left(a^2-\frac{7}{2}\right)^2+\frac{11}{4}}$$
따라서 선분 PQ의 길이의 최솟값은 $a^2=\dfrac{7}{2}$일 때, $\dfrac{\sqrt{11}}{2}$이다.

083 원 $x^2+y^2-2x-2y-2=0$에서
$$(x-1)^2+(y-1)^2=4$$
이고, 원의 중심을 $C(1,1)$이라 하면
$$\overline{CA}=\sqrt{(-3)^2+2^2}=\sqrt{13}$$
이때 원 위를 움직이는 점 P와 점 A 사이의 거리를 d라 하면 원의 반지름의 길이가 2이므로 d의 최솟값과 최댓값은 각각 $\sqrt{13}-2,\ \sqrt{13}+2$이다.

즉, $\sqrt{13}-2\leq d\leq\sqrt{13}+2$이고, $3<\sqrt{13}<4$이므로
$$1<d<6$$
따라서 자연수 $d=2,3,4,5$이고, 원 밖의 한 점과 원 위의 한 점을 연결한 선분 중 길이가 같은 선분은 2개씩 존재하므로 구하는 점 P의 개수는
$$2\times4=8$$

답 8

084 점 $(\sqrt{2},\ 4\sqrt{2})$로부터 거리가 1인 점 P가 나타내는 도형은
$$(x-\sqrt{2})^2+(y-4\sqrt{2})^2=1$$
이때 원의 중심을 $C(\sqrt{2},\ 4\sqrt{2})$라 하면 점 P와 함수 $y=|x|$의 그래프 위의 한 점 사이의 거리의 최댓값은 오른쪽 그림에서 점 C와 직선 $y=-x$ 사이의 거리에 반지름의 길이를 더한 값과 같으므로

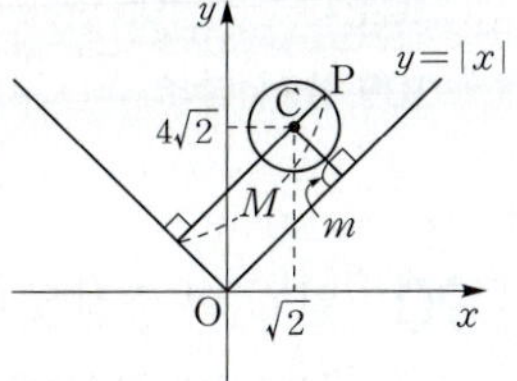

$$M=\frac{|\sqrt{2}+4\sqrt{2}|}{\sqrt{1^2+1^2}}+1$$
$$=5+1$$
$$=6$$

또 점 P와 함수 $y=|x|$의 그래프 위의 한 점 사이의 거리의 최솟값은 점 C와 직선 $y=x$ 사이의 거리에서 반지름의 길이를 뺀 값과 같으므로
$$m=\frac{|\sqrt{2}-4\sqrt{2}|}{\sqrt{1^2+1^2}}-1=3-1=2$$
$$\therefore \frac{M}{m}=\frac{6}{2}=3$$

🅰 3

085 두 점 A, B를 지나는 직선의 방정식은
$$y=-(x+1)+4,\ 즉\ x+y-3=0$$
이고,
$$\overline{AB}=\sqrt{4^2+(-4)^2}=4\sqrt{2}$$
이므로 삼각형 PAB의 넓이가 최대이려면 밑변의 길이가 일정하므로 높이가 최대이어야 한다.
이때 삼각형 PAB의 넓이가 최대인 경우의 삼각형의 높이는 오른쪽 그림과 같이 원 위의 점 P와 직선 $x+y-3=0$ 사이의 거리가 최대인 경우이다.

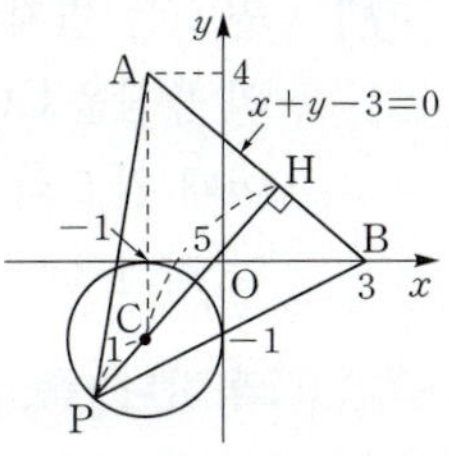

즉, 원의 중심을 $C(-1,\ -1)$이라 하고 점 C에서 직선 $x+y-3=0$에 내린 수선의 발을 H라 하면
$$\overline{CH}+1=\frac{|-5|}{\sqrt{1^2+1^2}}+1=\frac{5}{\sqrt{2}}+1$$
$$=\frac{5\sqrt{2}}{2}+1$$
따라서 삼각형 PAB의 넓이의 최댓값은
$$\frac{1}{2}\cdot4\sqrt{2}\cdot\left(\frac{5}{2}\sqrt{2}+1\right)=10+2\sqrt{2}$$
이므로
$$a-b=10-2=8$$

🅰 8

086 원의 중심을 $C(3,\ 4)$라 하면 점 C와 점 $P(7,\ 2)$를 지나는 직선의 기울기는
$$\frac{2-4}{7-3}=-\frac{1}{2}$$

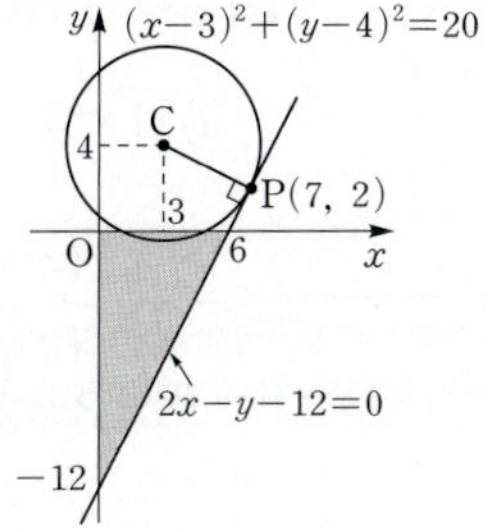

이고, 원 위의 점 $P(7,\ 2)$에서의 접선과 선분 CP는 수직이므로 접선의 기울기는 2이다.
따라서 기울기가 2이고 점 $P(7,\ 2)$를 지나는 직선의 방정식은
$$y=2(x-7)+2,\ 즉\ 2x-y-12=0$$
이고, 직선 $2x-y-12=0$의 x절편과 y절편은 각각 $6,\ -12$이므로 구하는 도형의 넓이는
$$\frac{1}{2}\cdot6\cdot|-12|=36$$

🅰 ④

087 주어진 조건에서 $S=T$이므로 두 활꼴에서 두 현의 길이는 같고, 한 원에서 길이가 같은 두 현은 원의 중심으로부터 같은 거리에 있으므로 원의 중심 $(2,\ 2)$로부터 두 직선 $y=\dfrac{3}{4}x,\ y=kx$에 이르는 거리가 같다.

즉, $\dfrac{|6-8|}{\sqrt{3^2+(-4)^2}}=\dfrac{|2k-2|}{\sqrt{k^2+(-1)^2}}$ 이므로
$$\frac{2}{5}=\frac{|2k-2|}{\sqrt{k^2+(-1)^2}},\ \frac{1}{5}=\frac{|k-1|}{\sqrt{k^2+1}}$$
양변을 제곱하여 정리하면
$$k^2+1=25(k-1)^2$$
$$12k^2-25k+12=0$$
$$(4k-3)(3k-4)=0$$
$$\therefore k=\frac{3}{4}\ 또는\ k=\frac{4}{3}$$
$k>\dfrac{3}{4}$이므로 $k=\dfrac{4}{3}$
$$\therefore 30k=30\cdot\frac{4}{3}=40$$

🅰 40

088 오른쪽 그림과 같이 선분 OP와 선분 AB의 교점을 H라 하면
$$\overline{OP}=\sqrt{3^2+4^2}=5$$

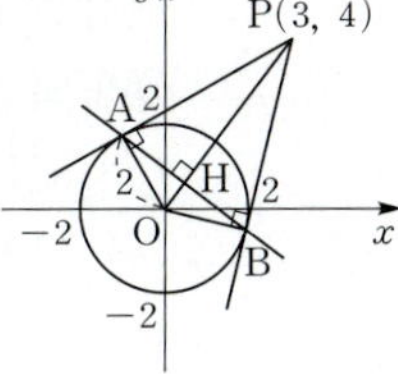

이고, 두 직각삼각형 AOH와 POA가 닮음이므로
$$\overline{AO}:\overline{PO}=\overline{OH}:\overline{AO},\ 즉$$
$$\overline{OA}^2=\overline{OH}\cdot\overline{OP}에서$$
$$2^2=\overline{OH}\cdot5\qquad\therefore \overline{OH}=\frac{4}{5}$$

직각삼각형 AOH에서 $\overline{AH}^2=\overline{OA}^2-\overline{OH}^2$이므로

$$\overline{AH}^2=4-\frac{16}{25}=\frac{84}{25}$$

$$\therefore \overline{AH}=\frac{2\sqrt{21}}{5} \ (\because \overline{AH}>0)$$

$$\therefore \overline{AB}=2\overline{AH}=2\cdot\frac{2\sqrt{21}}{5}=\frac{4\sqrt{21}}{5}$$

답 ①

선분 AB는 원 $x^2+y^2=4$와 두 점 O, P를 지름의 양 끝점으로 하는 원의 공통현이다.
이때 두 점 O, P를 지름의 양 끝점으로 하는 원의 방정식은
$$(x-0)(x-3)+(y-0)(y-4)=0$$
$$x^2+y^2-3x-4y=0$$
이고, 두 원 $x^2+y^2=4$와 $x^2+y^2-3x-4y=0$의 공통현의 방정식은 $3x+4y-4=0$이므로 원의 중심 O와 직선 $3x+4y-4=0$ 사이의 거리는
$$\overline{OH}=\frac{|-4|}{\sqrt{3^2+4^2}}=\frac{4}{5}$$
직각삼각형 AOH에서 $\overline{AH}^2=\overline{OA}^2-\overline{OH}^2$이므로
$$\overline{AH}^2=4-\frac{16}{25}=\frac{84}{25} \qquad \therefore \overline{AH}=\frac{2\sqrt{21}}{5} \ (\because \overline{AH}>0)$$
$$\therefore \overline{AB}=2\overline{AH}=2\cdot\frac{2\sqrt{21}}{5}=\frac{4\sqrt{21}}{5}$$

089 (i) 오른쪽 그림과 같이 두 원의 반지름의 길이가 각각 1, 2이고, 두 원의 중심을 O, O′이라 하면 두 원의 중심 사이의 거리는
$$\overline{OO'}=\sqrt{3^2+4^2}=5$$

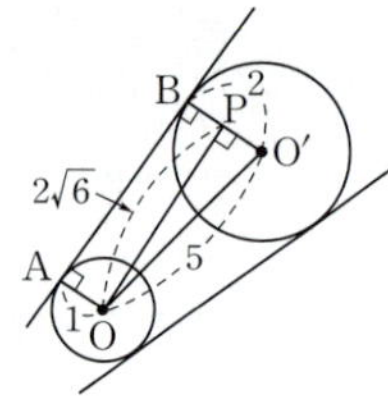

이때 두 원의 공통인 접선의 접점을 A, B라 하고, 점 O에서 $\overline{O'B}$에 내린 수선의 발을 P라 하면
$$\overline{AB}=\overline{OP}=\sqrt{\overline{OO'}^2-\overline{O'P}^2}$$
$$=\sqrt{5^2-1}=\sqrt{24}=2\sqrt{6}$$

(ii) 오른쪽 그림과 같이 두 원의 공통인 접선의 접점을 C, D라 하고, 점 O에서 $\overline{O'D}$의 연장선에 내린 수선의 발을 Q라 하면

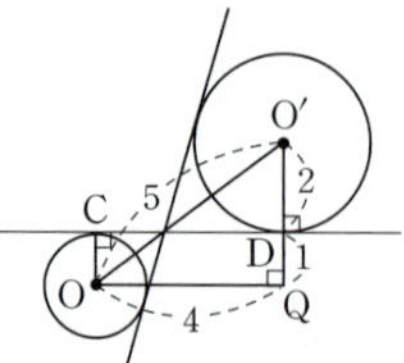

$$\overline{CD}=\overline{OQ}$$
$$=\sqrt{\overline{OO'}^2-\overline{O'Q}^2}$$
$$=\sqrt{5^2-3^2}=\sqrt{16}=4$$

이때 (i), (ii)는 각각 2개씩 존재하고 접선의 길이는 각각 같으므로 구하는 합은
$$2(2\sqrt{6}+4)=8+4\sqrt{6}$$

답 ②

STEP **2**			
090 ①	**091** 48	**092** 2	**093** 38
094 ①	**095** ①	**096** ②	**097** ⑤	**098** ①
099 12	**100** ④	**101** ④	**102** 3	**103** 7
104 12	**105** ⑤	**106** 15	**107** ③	**108** 136
109 풀이 참조		**110** 20	**111** 24	

090 원 C_1의 중심을 (a, a) $(a>0)$이라 하면 중심이 직선 $3x+4y-14=0$ 위에 있으므로
$$3a+4a-14=0, \ 7a=14 \qquad \therefore a=2$$
즉, 원 C_1의 중심의 좌표는 $(2, 2)$이다.
이때 원 C_2의 중심을 (b, c) $(b>0, c>0)$이라 하면 조건 ㈐에서 중심이 직선 $3x+4y-14=0$ 위에 있으므로
$$3b+4c-14=0 \qquad \cdots\cdots ㉠$$
또 조건 ㈎에서 원 C_2의 반지름의 길이는 c이고, 조건 ㈏에서 두 원이 외접하므로
$$\sqrt{(b-2)^2+(c-2)^2}=|2+c|$$
양변을 제곱하여 정리하면 $(b-2)^2=8c$이고, ㉠에서 $4c=-3b+14$, $8c=-6b+28$이므로
$$(b-2)^2=-6b+28 \ , \ b^2+2b-24=0$$
$$(b+6)(b-4)=0 \qquad \therefore b=4 \ (\because b>0)$$

따라서 $b=4$를 ㉠에 대입하면 $c=\frac{1}{2}$이므로 원 C_2의 넓이는 $\pi\cdot\left(\frac{1}{2}\right)^2=\frac{\pi}{4}$

답 ①

091 원 C는 반지름의 길이가 1이고, y축에 접하므로 원 C의 중심을 $C(1, k)$ $(k>0)$으로 놓을 수 있다.
이때 원 C와 직선 $3x-4y=0$이 접하므로 원의 중심 C와 직선 $3x-4y=0$ 사이의 거리가 원의 반지름의 길이와 같다. 즉, $\frac{|3\cdot1-4\cdot k|}{\sqrt{3^2+(-4)^2}}=1$, $|3-4k|=5$
양변을 제곱하여 정리하면
$$(3-4k)^2=25, \ 2k^2-3k-2=0$$
$$(2k+1)(k-2)=0 \qquad \therefore k=2 \ (\because k>0)$$
한편 직선 CP는 직선 $3x-4y=0$과 수직이므로 직선 CP의 기울기는 $-\frac{4}{3}$이고, 원 C의 중심 $(1, 2)$를 지나므로 직선 CP의 방정식은
$$y=-\frac{4}{3}(x-1)+2, \ 즉 \ y=-\frac{4}{3}x+\frac{10}{3}$$

따라서 두 식을 연립하여 풀면 점 P의 좌표는 $\left(\frac{8}{5}, \frac{6}{5}\right)$이므로 $25ab=25\cdot\frac{8}{5}\cdot\frac{6}{5}=48$

답 48

092 점 $P(a, b)$는 원 $x^2+y^2=10$ 위의 점이므로 $a^2+b^2=10$

이때 $(a-6)^2+(b-2)^2$의 값이 최대이면

$\sqrt{(a-6)^2+(b-2)^2}$의 값도 최대이고, 점 Q의 좌표를

$(6, 2)$라 하면 $\sqrt{(a-6)^2+(b-2)^2}$의 값은 선분 PQ의

길이이다.

오른쪽 그림과 같이 선분 PQ
의 길이가 최대이려면 선분
OQ의 연장선과 원이 만나는
점이 P이어야 한다.

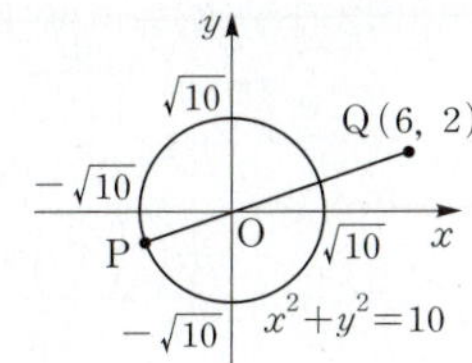

한편 두 점 O, Q를 지나는

직선의 방정식이 $y=\dfrac{1}{3}x$이므로

직선 $y=\dfrac{1}{3}x$와 원 $x^2+y^2=10$의 교점의 좌표는

$$x^2+\left(\dfrac{x}{3}\right)^2=10,\ \dfrac{10x^2}{9}=10,\ x^2=9$$

에서 $(-3, -1), (3, 1)$이다.

따라서 선분 PQ의 길이가 최대가 되는 점 P의 좌표는
$(-3, -1)$이므로

$$b-a=-1+3=2$$

답 2

093 원 $x^2+y^2-2x-4y+1=0$에서 $(x-1)^2+(y-2)^2=4$

이고, 원 $(x-1)^2+(y-2)^2=4$ 밖의 한 점 $P(4, 4)$에

서 원에 그은 접선의 기울기를 m이라 하면 접선의 방

정식은

$$y=m(x-4)+4,\ \text{즉}\ mx-y-4m+4=0$$

이때 원의 중심 $(1, 2)$와 직선 $mx-y-4m+4=0$ 사

이의 거리는 원의 반지름의 길이와 같으므로

$$\dfrac{|m-2-4m+4|}{\sqrt{m^2+1}}=2,\ (2-3m)^2=4(m^2+1)$$

$$5m^2-12m=0,\ m(5m-12)=0$$

$$\therefore m=0\ \text{또는}\ m=\dfrac{12}{5}$$

따라서 접선의 방정식은

$$y=4\ \text{또는}\ y=\dfrac{12}{5}x-\dfrac{28}{5}$$

이고, 직선 $y=\dfrac{12}{5}x-\dfrac{28}{5}$의 x절편이 $\dfrac{7}{3}$이므로 두 접

선과 x축 및 y축으로 둘러싸인 부분의 넓이 S는 아래

그림의 어두운 부분의 넓이와 같다. 즉,

$$S=\dfrac{1}{2}\cdot 4\cdot\left(\dfrac{7}{3}+4\right)$$

$$=2\cdot\dfrac{19}{3}=\dfrac{38}{3}$$

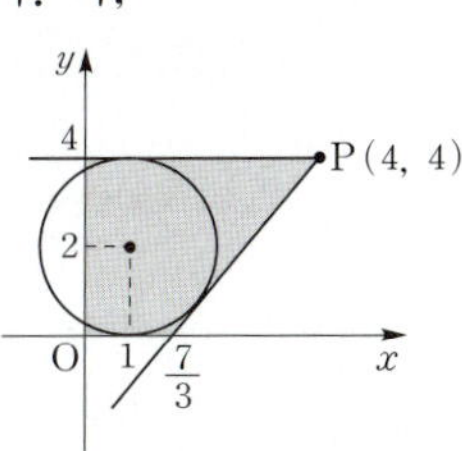

$$\therefore 3S=3\cdot\dfrac{38}{3}=38$$

답 38

094 (i) 원과 직선이 제
1사분면에서 접
할 때, 함수
$y=m|x|$에서
$x>0$이므로

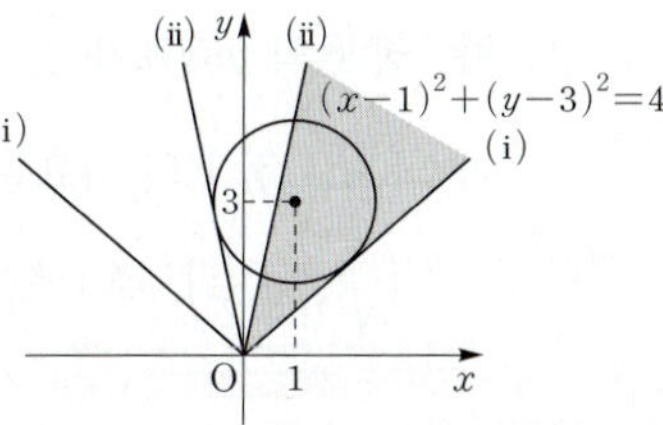

$$mx-y=0$$

이때 원의 중심 $(1, 3)$과 직선 $mx-y=0$ 사이의 거

리가 원의 반지름의 길이와 같으므로

$$\dfrac{|m-3|}{\sqrt{m^2+(-1)^2}}=2$$

$$(m-3)^2=4(m^2+1)$$

$$3m^2+6m-5=0$$

$$\therefore m=\dfrac{-3+\sqrt{24}}{3}=\dfrac{-3+2\sqrt{6}}{3}\ (\because m>0)$$

(ii) 원과 직선이 제2사분면에서 접할 때,

함수 $y=m|x|$에서 $x<0$이므로 $mx+y=0$

이때 원의 중심 $(1, 3)$과 직선 $mx+y=0$ 사이의

거리가 원의 반지름의 길이와 같으므로

$$\dfrac{|m+3|}{\sqrt{m^2+1}}=2$$

$$(m+3)^2=4(m^2+1)$$

$$3m^2-6m-5=0$$

$$\therefore m=\dfrac{3+\sqrt{24}}{3}=\dfrac{3+2\sqrt{6}}{3}\ (\because m>0)$$

(i), (ii)에 의하여 $\dfrac{-3+2\sqrt{6}}{3}<m<\dfrac{3+2\sqrt{6}}{3}$이고

$0<\dfrac{-3+2\sqrt{6}}{3}<1,\ 2<\dfrac{3+2\sqrt{6}}{3}<3$이므로 모든 자연

수 m의 값의 합은 $1+2=3$

답 ①

095 오른쪽 그림에서 원
$x^2+(y-2)^2=1$의 중심을
$O'(0, 2)$, 원 C의 반지름의 길
이를 r, 두 원의 접점을 Q라 하
면

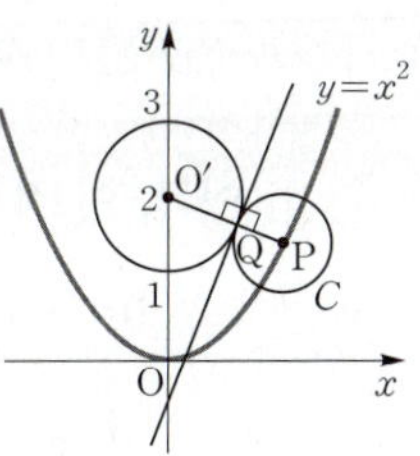

$$\overline{O'P}=\overline{O'Q}+\overline{PQ}=1+r$$

이므로 선분 $O'P$의 길이는 선분 PQ의 길이가 최소일

때, 최소가 된다.

이때 점 P는 곡선 $y=x^2$ 위에 있으므로 점 P의 좌표를
$(a, a^2)\ (a>0)$으로 놓으면

$$\overline{O'P}=\sqrt{a^2+(a^2-2)^2}$$

$$=\sqrt{\left(a^2-\dfrac{3}{2}\right)^2+\dfrac{7}{4}}$$

즉, 점 P의 y좌표가 $\dfrac{3}{2}$일 때, 선분 O'P의 길이가 최소

가 되므로 점 P의 좌표는

$$\left(\sqrt{\dfrac{3}{2}},\ \dfrac{3}{2}\right),\ \text{즉}\ \left(\dfrac{\sqrt{6}}{2},\ \dfrac{3}{2}\right)$$

한편 선분 O'P의 기울기는 $\dfrac{\frac{3}{2}-2}{\frac{\sqrt{6}}{2}-0}=-\dfrac{1}{\sqrt{6}}$이므로

두 원에 동시에 접하는 접선의 기울기는 $\sqrt{6}$이다.

이때 접선의 방정식을 $y=\sqrt{6}x+b\ (b<2)$로 놓으면 점 O'$(0,\ 2)$와 직선 $\sqrt{6}x-y+b=0$ 사이의 거리가 원의 반지름의 길이와 같으므로

$$\dfrac{|-2+b|}{\sqrt{(\sqrt{6})^2+(-1)^2}}=1,\ \dfrac{|b-2|}{\sqrt{7}}=1$$
$$|b-2|=\sqrt{7}\quad\therefore b=2-\sqrt{7}\ (\because b<2)$$

따라서 두 원의 접점을 지나는 접선의 y절편은 $2-\sqrt{7}$ 이다.

답 ①

096 점 $P_n(x_n,\ y_n)$은 원
$x^2+y^2=1$ 위의 점이므로
$$x_n{}^2+y_n{}^2=1\quad\cdots\ \bigcirc$$
이때 원 $x^2+y^2=1$의 중심을
O라 하면 직선 OP_n의 기울

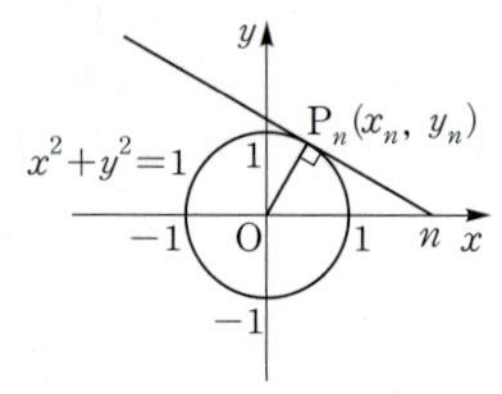

기는 $\dfrac{y_n}{x_n}$이고, 직선 OP_n과 점 $(n,\ 0)$에서 원에 그은

접선은 수직이므로 접선의 기울기는 $-\dfrac{x_n}{y_n}$이다.

따라서 기울기가 $-\dfrac{x_n}{y_n}$이고 점 $P_n(x_n,\ y_n)$을 지나는

접선의 방정식은

$$y=-\dfrac{x_n}{y_n}(x-x_n)+y_n=-\dfrac{x_n}{y_n}x+\dfrac{x_n{}^2+y_n{}^2}{y_n}$$
$$=-\dfrac{x_n}{y_n}x+\dfrac{1}{y_n}\ (\because\ \bigcirc)$$

이고, 이 직선이 점 $(n,\ 0)$을 지나므로

$$0=-\dfrac{x_n}{y_n}n+\dfrac{1}{y_n}\quad\therefore x_n=\dfrac{1}{n}$$

$x_n=\dfrac{1}{n}$을 $\bigcirc$에 대입하면 $\left(\dfrac{1}{n}\right)^2+y_n{}^2=1$이므로

$$y_n{}^2=1-\dfrac{1}{n^2}=\dfrac{n^2-1}{n^2}=\dfrac{(n-1)(n+1)}{n\cdot n}$$
$$\therefore y_2{}^2\times y_3{}^2\times y_4{}^2\times\ \cdots\ \times y_{35}{}^2$$
$$=\left(\dfrac{1\cdot3}{2\cdot2}\right)\times\left(\dfrac{2\cdot4}{3\cdot3}\right)\times\left(\dfrac{3\cdot5}{4\cdot4}\right)\times\cdots\times\left(\dfrac{34\cdot36}{35\cdot35}\right)$$
$$=\dfrac{1}{2}\times\dfrac{36}{35}=\dfrac{18}{35}$$

답 ②

원 $x^2+y^2=1$ 위의 점 $P_n(x_n,\ y_n)$에서 원에 그은 접선의 방정식
은 $x_nx+y_ny=1$이고, 이 직선이 점 $(n,\ 0)$을 지나므로

$$x_n\cdot n+y_n\cdot0=1\quad\therefore x_n=\dfrac{1}{n}$$

$x_n=\dfrac{1}{n}$을 $x^2+y^2=1$에 대입하면 $\left(\dfrac{1}{n}\right)^2+y_n{}^2=1$이므로

$$y_n{}^2=1-\dfrac{1}{n^2}=\dfrac{n^2-1}{n^2}=\dfrac{(n-1)(n+1)}{n\cdot n}$$
$$\therefore y_2{}^2\times y_3{}^2\times y_4{}^2\times\ \cdots\ \times y_{35}{}^2$$
$$=\left(\dfrac{1\cdot3}{2\cdot2}\right)\times\left(\dfrac{2\cdot4}{3\cdot3}\right)\times\left(\dfrac{3\cdot5}{4\cdot4}\right)\times\ \cdots\ \times\left(\dfrac{34\cdot36}{35\cdot35}\right)$$
$$=\dfrac{1}{2}\times\dfrac{36}{35}=\dfrac{18}{35}$$

097 점 P의 좌표를 $(a,\ b)$라 하면 점 P에서 원 $x^2+y^2=1$

에 그은 접선의 방정식은 $ax+by=1$이고, 직선

$ax+by=1$의 x절편과 y절편이 각각 $\dfrac{1}{a},\ \dfrac{1}{b}$이므로 두

점 Q, R은

$$Q\left(\dfrac{1}{a},\ 0\right),\ R\left(0,\ \dfrac{1}{b}\right)$$

이때 $\overline{QR}=3$이므로 $\sqrt{\dfrac{1}{a^2}+\dfrac{1}{b^2}}=3$에서

$$\dfrac{1}{a^2}+\dfrac{1}{b^2}=9,\ \dfrac{a^2+b^2}{a^2b^2}=9$$
$$\therefore a^2+b^2=9a^2b^2\qquad\cdots\cdots\ \bigcirc$$

또 점 $P(a,\ b)$는 원 $x^2+y^2=1$ 위의 점이므로

$$a^2+b^2=1\qquad\cdots\cdots\ \bigcirc$$

$\bigcirc$, $\bigcirc$에서

$$9a^2b^2=1,\ a^2b^2=\dfrac{1}{9}$$
$$\therefore ab=\dfrac{1}{3}\ (\because\ a>0,\ b>0)$$

한편

$$(a+b)^2=a^2+b^2+2ab=1+\dfrac{2}{3}=\dfrac{5}{3}$$

이므로

$$a+b=\sqrt{\dfrac{5}{3}}=\dfrac{\sqrt{15}}{3}\ (\because\ a+b>0)$$
$$\therefore \overline{OQ}+\overline{OR}=\dfrac{1}{a}+\dfrac{1}{b}$$
$$=\dfrac{a+b}{ab}$$
$$=\dfrac{\dfrac{\sqrt{15}}{3}}{\dfrac{1}{3}}$$
$$=\sqrt{15}$$

답 ⑤

직각삼각형 OQR에서 $\overline{OP} \perp \overline{QR}$이므로 $\overline{OP}^2 = \overline{PQ} \cdot \overline{PR}$
$\overline{PQ} = \alpha$, $\overline{PR} = \beta$라 하면 $\alpha + \beta = 3$, $\alpha\beta = 1$
$\therefore \alpha^2 + \beta^2 = (\alpha + \beta)^2 - 2\alpha\beta = 9 - 2 = 7$
$\triangle OPQ$에서 $\overline{OP}^2 + \overline{PQ}^2 = \overline{OQ}^2$이므로 $\overline{OQ} = \sqrt{1 + \alpha^2}$
또 $\triangle OPR$에서 $\overline{OP}^2 + \overline{PR}^2 = \overline{OR}^2$이므로 $\overline{OR} = \sqrt{1 + \beta^2}$
따라서
$$(\overline{OQ} + \overline{OR})^2 = (\sqrt{1 + \alpha^2} + \sqrt{1 + \beta^2})^2$$
$$= 2 + \alpha^2 + \beta^2 + 2\sqrt{1 + \alpha^2 + \beta^2 + \alpha^2\beta^2}$$
$$= 2 + 7 + 2\sqrt{1 + 7 + 1} = 15$$
이므로 $\overline{OQ} + \overline{OR} = \sqrt{15}$

098 오른쪽 그림과 같이 두 원
$$x^2 + y^2 = 4,$$
$$(x-3)^2 + (y-2)^2 = 9$$
에서 선분 AB는 두 원의 공통현이므로 공통현의 방정식은

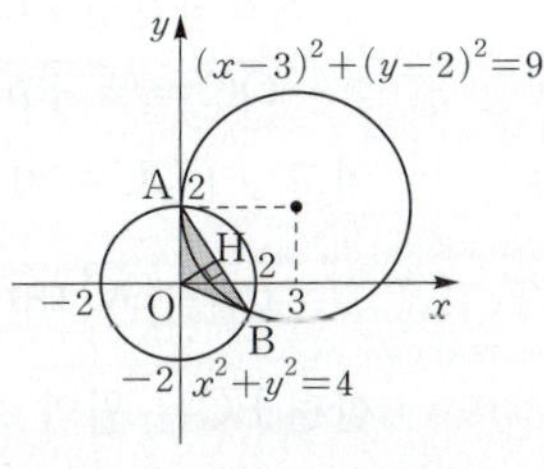

$$(x^2 + y^2 - 4) - \{(x-3)^2 + (y-2)^2 - 9\} = 0$$
$$\therefore 3x + 2y - 4 = 0$$

이때 원점 O에서 선분 AB에 내린 수선의 발을 H라 하면 직선 AB의 방정식이 $3x + 2y - 4 = 0$이므로
$$\overline{OH} = \frac{|-4|}{\sqrt{3^2 + 2^2}} = \frac{4}{\sqrt{13}}$$
직각삼각형 AOH에서 $\overline{AH}^2 = \overline{OA}^2 - \overline{OH}^2$이므로
$$\overline{AH}^2 = 4 - \frac{16}{13} = \frac{36}{13}$$
$$\therefore \overline{AH} = \sqrt{\frac{36}{13}} = \frac{6\sqrt{13}}{13} \ (\because \overline{AH} > 0)$$
이때 $\overline{AB} = 2\overline{AH} = \frac{12\sqrt{13}}{13}$이므로 삼각형 AOB의 넓이는 $\frac{1}{2} \cdot \frac{12\sqrt{13}}{13} \cdot \frac{4}{\sqrt{13}} = \frac{24}{13}$

답 ①

099 오른쪽 그림과 같이 점 P에서 원 $x^2 + y^2 = 9$에 그은 두 접선 l_1, l_2와 원의 접점을 A, B라 하고, 원의 중심을 O라 하면

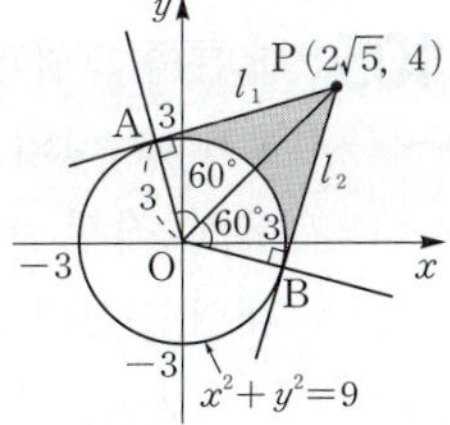

$$\overline{OP} = \sqrt{(2\sqrt{5})^2 + 4^2} = \sqrt{36} = 6$$
삼각형 PAO는 직각삼각형이므로
$$\overline{AP} = \sqrt{\overline{OP}^2 - \overline{OA}^2} = \sqrt{36 - 9} = \sqrt{27} = 3\sqrt{3}$$
즉, $\overline{OA} : \overline{AP} : \overline{OP} = 1 : \sqrt{3} : 2$이므로
$$\angle AOP = 60° \qquad \therefore \angle AOB = 120°$$
이때 $\triangle PAO \equiv \triangle PBO$이므로 구하는 부분의 넓이는
$$2\left(\frac{1}{2} \times 3 \times 3\sqrt{3}\right) - \pi \cdot 3^2 \times \frac{120}{360} = 9\sqrt{3} - 3\pi$$
따라서 $a = 9$, $b = 3$이므로 $a + b = 9 + 3 = 12$　**답** 12

100 오른쪽 그림과 같이 점 P의 좌표를 (a, b) $(a > 0)$이라 하면 점 P에서 원 $x^2 + y^2 = 36$에 그은 접선 l의 방정식은 $ax + by = 36$이고, 점 P는 원 $x^2 + y^2 = 36$ 위의 점이므로 $a^2 + b^2 = 36$

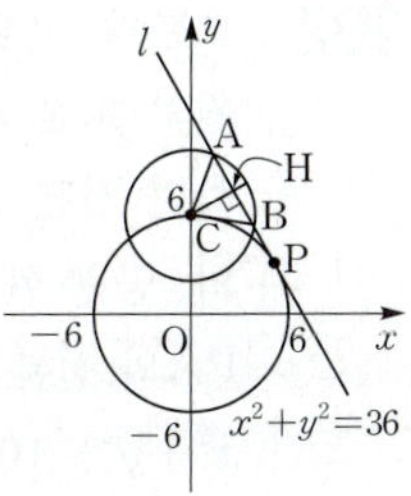

또 원 $x^2 + (y-6)^2 = 16$의 중심을 $C(0, 6)$, 점 C에서 직선 l에 내린 수선의 발을 H라 하면 $\overline{AB} = 2\sqrt{7}$이므로
$$\overline{AH} = \frac{1}{2}\overline{AB} = \frac{1}{2} \cdot 2\sqrt{7} = \sqrt{7}, \quad \overline{AC} = 4$$
$$\therefore \overline{CH} = \sqrt{\overline{AC}^2 - \overline{AH}^2} = \sqrt{16 - 7} = \sqrt{9} = 3$$
이때 $\overline{CH} = \frac{|6b - 36|}{\sqrt{a^2 + b^2}} = 3$이므로
$$\frac{6|b - 6|}{\sqrt{36}} = 3, \quad |b - 6| = 3$$
$$\therefore b = 3 \ (\because 0 < b < 6)$$
$b = 3$을 $a^2 + b^2 = 36$에 대입하면 $a^2 = 27$이므로
$$a = 3\sqrt{3} \ (\because a > 0)$$
따라서 직선 l의 방정식은 $3\sqrt{3}x + 3y = 36$, 즉 $\sqrt{3}x + y = 12$이므로 직선의 기울기는 $-\sqrt{3}$이다.

답 ④

101 삼각형 ABC는 직각삼각형이므로
$$\overline{BC} = \sqrt{12^2 + 9^2} = \sqrt{225} = 15 \ (\because \overline{BC} > 0)$$
오른쪽 그림과 같이 두 접선 AB, AC와 원의 접점을 각각 P, Q, 원의 반지름의 길이를 r이라 하고, 두 점 A, O를 연결하면

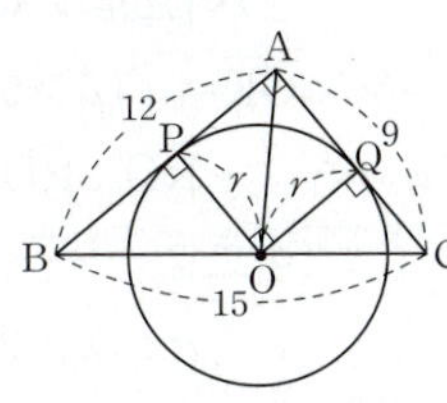

$$\triangle ABC = \triangle ABO + \triangle AOC$$
$$\frac{1}{2} \cdot 12 \cdot 9 = \frac{1}{2}r(12 + 9)$$
$$108 = 21r$$
$$\therefore r = \frac{36}{7}$$
이때 두 직각삼각형 ABC와 QOC는 서로 닮은 도형이므로 $\overline{AB} : \overline{BC} = \overline{QO} : \overline{OC}$에서
$$12 : 15 = \frac{36}{7} : \overline{OC}$$
$$12\overline{OC} = 15 \cdot \frac{36}{7}$$
$$\therefore \overline{OC} = \frac{45}{7}$$

답 ④

102 오른쪽 그림과 같이 두 원의 교점 A, B를 연결하면 선분 AB는 두 원의 공통현이고, 선분 PA와 선분 PB는 원 $x^2+y^2=10$의 접선이므로 $\overline{PA}=\overline{PB}$

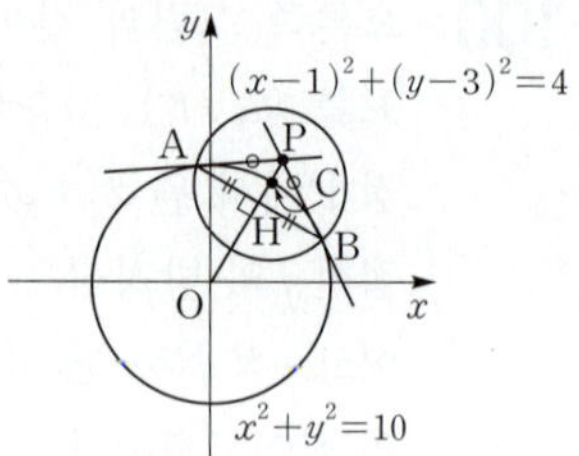

이때 원 $(x-1)^2+(y-3)^2=4$의 중심을 C(1, 3)이라 하면 $1^2+3^2=10$이므로 점 C는 원 $x^2+y^2=10$ 위의 점이다.

또 삼각형 PAB는 이등변삼각형이므로 꼭짓점 P에서 선분 AB에 내린 수선의 발을 H라 하면 직선 PH는 원의 중심 C를 지난다.

따라서 네 점 P, C, H, O는 한 직선 위에 있으므로

(직선 OP의 기울기)=(직선 OC의 기울기)

$$\therefore \frac{b}{a}=3$$

답 3

103 오른쪽 그림과 같이 2개의 접선 중 한 접선을 l이라 하고, 원 $x^2+(y-2)^2=4$의 중심을 O′, 직선 l과 두 원 $x^2+(y-2)^2=4$, $x^2+y^2=1$의 접점을 각각 P, Q, y축과 만나는 점을 R이라 하면 $\overline{O'P}\perp l$, $\overline{OQ}\perp l$이므로 $\triangle O'RP \sim \triangle ORQ$

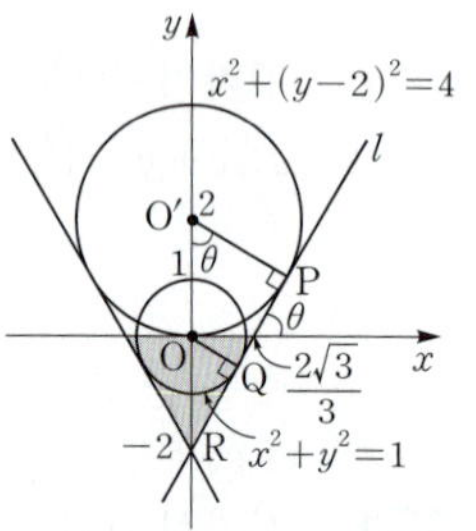

$\overline{OR}=a \ (a>0)$이라 하면

$$\overline{RO}:\overline{RO'}=\overline{OQ}:\overline{O'P}=1:2$$

이므로

$$a:(a+2)=1:2, \ 2a=a+2$$
$$\therefore a=2$$

이때

$$\overline{PR}=\sqrt{\overline{O'R}^2-\overline{O'P}^2}=\sqrt{4^2-2^2}=\sqrt{12}=2\sqrt{3}$$

이고, 직선 l이 x축의 양의 방향과 이루는 각의 크기를 θ라 하면 $\angle OO'P=\theta$이므로

$$\tan \theta=\frac{\overline{PR}}{\overline{O'P}}=\frac{2\sqrt{3}}{2}=\sqrt{3}$$

즉, 직선 l의 방정식은 $y=\sqrt{3}x-2$이고, x절편은

$$\frac{2}{\sqrt{3}}=\frac{2\sqrt{3}}{3}$$이므로 구하는 넓이는

$$\frac{1}{2}\cdot 2\cdot \frac{2\sqrt{3}}{3}\cdot 2=\frac{4\sqrt{3}}{3}$$

따라서 $p=4$, $q=3$이므로

$$p+q=4+3=7$$

답 7

104 오른쪽 그림과 같이 원 C의 중심을 C(a, b)라 하면 두 직선 l, l'은 원 C의 평행한 접선이므로 두 접점 P, Q를 지나는 직선은 원의 중심을 지난다.

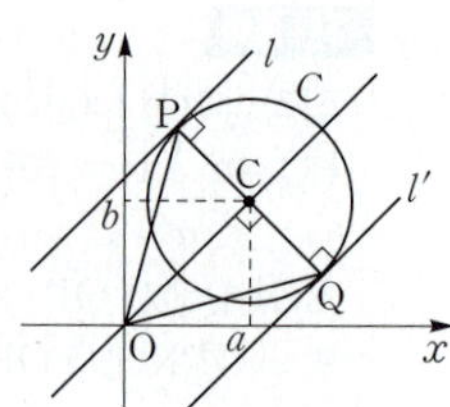

이때 삼각형 POQ가 정삼각형이므로 선분 OC는 선분 PQ를 수직이등분하고, 직선 l과 평행하다.

즉, 직선 OC와 직선 l의 기울기가 같으므로 $\frac{b}{a}=1$에서

$$a=b$$

또 직각삼각형 POC에서

$$\overline{OC}=\sqrt{a^2+b^2}=\sqrt{a^2+a^2}=\sqrt{2}a$$

이고 $\angle POC=30°$이므로

$$\overline{PC}=\overline{OC}\tan 30°=\sqrt{2}a\cdot \frac{1}{\sqrt{3}}=\frac{\sqrt{6}}{3}a$$

한편 $\overline{PC}$는 원의 중심 C(a, b)와 직선 l 사이의 거리이므로 $\frac{|a-b+4|}{\sqrt{1^2+1^2}}=\frac{|a-a+4|}{\sqrt{2}}=\frac{4}{\sqrt{2}}=2\sqrt{2}$

따라서 $\frac{\sqrt{6}}{3}a=2\sqrt{2}$에서 $a=\frac{3}{\sqrt{6}}\cdot 2\sqrt{2}=2\sqrt{3}$이므로

$$a^2=(2\sqrt{3})^2=12$$

답 12

위의 그림에서 직선 OC의 방정식은 $y=x$이고, 원의 중심 C는 직선 $y=x$ 위에 있으므로 점 C의 좌표는 (a, a)이다.

이때 선분 CP의 길이는 원 C의 중심 C(a, a)와 직선 l 사이의 거리이므로 $\overline{CP}=\frac{|a-a+4|}{\sqrt{1^2+1^2}}=\frac{4}{\sqrt{2}}=2\sqrt{2}$

$$\therefore \overline{PQ}=2\overline{CP}=4\sqrt{2}$$

한편 한 변의 길이가 $4\sqrt{2}$인 정삼각형의 높이는

$$\frac{\sqrt{3}}{2}\cdot 4\sqrt{2}=2\sqrt{6}$$

이고, $\overline{OC}$는 그 높이이므로 $\overline{OC}=\sqrt{a^2+a^2}=\sqrt{2}a=2\sqrt{6}$에서

$$a=2\sqrt{3} \quad \therefore a^2=(2\sqrt{3})^2=12$$

105 오른쪽 그림과 같이 원 $x^2+y^2=4$의 중심 O(0, 0)에서 직선 $y=-x+4\sqrt{2}$에 내린 수선의 발을 H라 하면

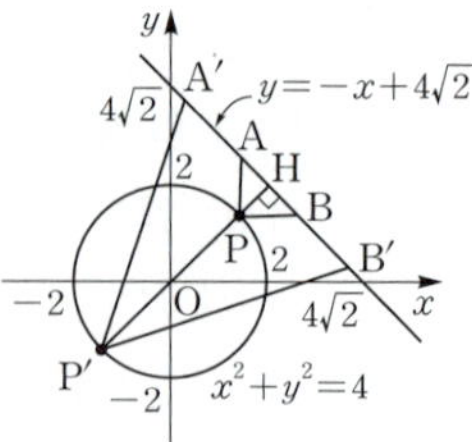

$$\overline{OH}=\frac{|-4\sqrt{2}|}{\sqrt{1+1}}=\frac{4\sqrt{2}}{\sqrt{2}}$$
$$=4$$

이므로 선분 PH의 길이의 최솟값은 $4-2=2$이다.

이때 정삼각형 PAB의 높이가 2이므로 정삼각형의 한 변의 길이를 $a \ (a>0)$이라 하면 $\frac{\sqrt{3}}{2}a=2$에서 $a=\frac{4}{\sqrt{3}}$

따라서 정삼각형 PAB의 넓이의 최솟값 m은

$$m=\frac{\sqrt{3}}{4}a^2=\frac{\sqrt{3}}{4}\cdot \frac{16}{3}=\frac{4\sqrt{3}}{3}$$

또 선분 PH의 길이의 최댓값은 $4+2=6$이므로 정삼각형 $P'A'B'$의 높이는 6이다.

이때 정삼각형 $P'A'B'$의 한 변의 길이를 b $(b>0)$이라 하면 $\dfrac{\sqrt{3}}{2}b=6$에서 $b=\dfrac{12}{\sqrt{3}}$이므로 정삼각형 $P'A'B'$의 넓이의 최댓값 M은

$$M=\frac{\sqrt{3}}{4}b^2=\frac{\sqrt{3}}{4}\cdot\frac{144}{3}=12\sqrt{3}$$

$$\therefore Mm=12\sqrt{3}\cdot\frac{4\sqrt{3}}{3}=48$$

답 ⑤

106 (i) 직선 $y=mx$가 원 $(x-2)^2+y^2=1$과 접할 때, 원의 중심 $(2,\,0)$과 직선 $mx-y=0$ 사이의 거리는 원의 반지름의 길이와 같으므로

$$\frac{|2m|}{\sqrt{m^2+(-1)^2}}=1,\ 4m^2=m^2+1$$

$$3m^2=1\qquad\therefore m=\pm\frac{\sqrt{3}}{3}$$

(ii) 직선 $y=mx$가 원 $x^2+(y-k)^2=4$와 접할 때, 원의 중심 $(0,\,k)$와 직선 $mx-y=0$ 사이의 거리는 원의 반지름의 길이와 같으므로

$$\frac{|-k|}{\sqrt{m^2+(-1)^2}}=2,\ k^2=4(m^2+1)$$

$$4m^2=k^2-4\qquad\therefore m=\pm\frac{\sqrt{k^2-4}}{2}$$

(i), (ii)에 의하여

$$\frac{\sqrt{3}}{3}<m<\frac{\sqrt{k^2-4}}{2}\ \text{또는}\ -\frac{\sqrt{k^2-4}}{2}<m<-\frac{\sqrt{3}}{3}$$

이고 위의 식은 y축에 대하여 대칭이므로

$$\frac{\sqrt{3}}{3}<m<\frac{\sqrt{k^2-4}}{2}$$를 만족하는 정수 m의 개수가 3이면 된다.

이때 $0<\dfrac{\sqrt{3}}{3}<1$이므로 정수 m이 3개 존재하려면

$$3<\frac{\sqrt{k^2-4}}{2}\le4,\ 6<\sqrt{k^2-4}\le8$$

$6<\sqrt{k^2-4}$에서 $36<k^2-4$이므로 $40<k^2$ $\cdots$ ㉠

또 $\sqrt{k^2-4}\le8$에서 $k^2-4\le64$이므로 $k^2\le68$ $\cdots$ ㉡

㉠, ㉡에서 $40<k^2\le68$이므로 자연수 k는 7, 8의 2개이다.

따라서 모든 자연수 k의 값의 합은 $7+8=15$

답 15

107 직선 $4x+3y-12=0$과 x축, y축이 각각 만나는 점을 A, B라 하면 직선 $4x+3y-12=0$의 x절편, y절편이 각각 3, 4이므로 A$(3,\,0)$, B$(0,\,4)$이다.

삼각형 OAB는 직각삼각형이므로

$$\overline{AB}=\sqrt{3^2+4^2}=5$$

이고, 직각삼각형 OAB의 빗변의 중점을 C라 하면 점 C는 직각삼각형 OAB의 외심이다.

이때 점 C의 좌표가 $\left(\dfrac{3}{2},\,2\right)$이므로 삼각형 OAB의 외접원의 방정식은 $\left(x-\dfrac{3}{2}\right)^2+(y-2)^2=\dfrac{25}{4}$

또 직각삼각형 OAB의 내접원의 반지름의 길이를 r이라 하면 삼각형 OAB의 넓이는

$$\frac{1}{2}\cdot3\cdot4=\frac{1}{2}r(3+4+5)\qquad\therefore r=1$$

삼각형 OAB의 내접원이 제1사분면에서 x축, y축에 동시에 접하므로 내접원의 방정식은

$$(x-1)^2+(y-1)^2=1$$

이때 두 원의 중심 사이의 거리를 d라 하면

$$d=\sqrt{\left(\frac{3}{2}-1\right)^2+(2-1)^2}=\frac{\sqrt{5}}{2}$$

이므로 오른쪽 그림에서 선분 PQ의 길이의 최댓값 M과 최솟값 m은

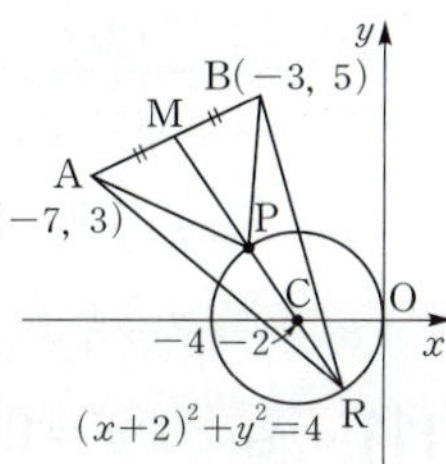

$$M=\frac{\sqrt{5}}{2}+\left(\frac{5}{2}+1\right)$$

$$=\frac{7+\sqrt{5}}{2}$$

$$m=\frac{5}{2}-\frac{\sqrt{5}}{2}-1=\frac{3-\sqrt{5}}{2}$$

$$\therefore M-m=\frac{7+\sqrt{5}}{2}-\frac{3-\sqrt{5}}{2}$$

$$=2+\sqrt{5}$$

답 ③

108 선분 AB의 중점을 M이라 하면 M$(-5,\,4)$이므로

$$\overline{AM}=\sqrt{2^2+1^2}=\sqrt{5}$$

오른쪽 그림과 같이 원 $(x+2)^2+y^2=4$ 위를 움직이는 점 P에 대하여 삼각형의 중선 정리가 성립하므로

$$\overline{AP}^2+\overline{BP}^2$$
$$=2(\overline{PM}^2+\overline{AM}^2)=2(\overline{PM}^2+5)$$

즉, $\overline{AP}^2+\overline{BP}^2$의 값이 최대이려면 $\overline{PM}^2$의 값이 최대이어야 하고, 최소이려면 $\overline{PM}^2$의 값이 최소이어야 한다.

한편 원 $(x+2)^2+y^2=4$의 중심을 C$(-2,\,0)$이라 하면 $\overline{CM}=\sqrt{(-3)^2+4^2}=5$이고, $\overline{PM}$의 최댓값과 최솟값은 각각 $\overline{CM}+2$, $\overline{CM}-2$이므로 7, 3이다.

따라서 $\overline{AP}^2+\overline{BP}^2$의 최댓값과 최솟값 M과 m은

$$M=2(7^2+5)=108,\ m=2(3^2+5)=28$$

이므로 $M+m=108+28=136$

답 136

109 점 $P(a, b)$ $(0<a, b<r)$이라 하면 점 P는

원 $x^2+y^2=r^2$ 위의 점이므로 $a^2+b^2=r^2$

이때 직선 AP의 방정식은 $y=\dfrac{b}{a+r}(x+r)$이므로

점 Q의 좌표는 $\left(0, \dfrac{br}{a+r}\right)$

또 직선 BP의 방정식은 $y=\dfrac{b}{a-r}(x-r)$이므로 점 R

의 좌표는 $\left(0, -\dfrac{br}{a-r}\right)$

$$\therefore \overline{OQ}\cdot\overline{OR}=\dfrac{br}{a+r}\cdot\left(-\dfrac{br}{a-r}\right)=-\dfrac{b^2r^2}{a^2-r^2}$$
$$=r^2 \text{ (일정)} (\because a^2-r^2=-b^2)$$

📄 풀이 참조

110 오른쪽 그림과 같이 직선

$y=ax$와 원 $(x-3)^2+y^2=4$

의 교점을 각각 A, B, 원의

중심을 C라 하면 중심각의 크

기는 호의 길이에 비례하므로

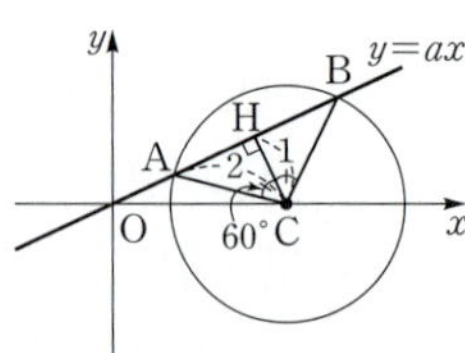

$$\angle ACB=\dfrac{1}{3}\times360°=120°$$

이때 원의 중심 C에서 $\overline{AB}$에 내린 수선의 발을 H라 하

면 $\angle ACH=\angle BCH=60°$

직각삼각형 ACH에서 $\overline{AC}=2$이므로

$$\overline{CH}=\overline{AC}\cos60°=2\cdot\dfrac{1}{2}=1$$

즉, 원의 중심 $C(3, 0)$과 직선 $ax-y=0$ 사이의 거리

가 1이므로

$$\dfrac{|3a|}{\sqrt{a^2+1}}=1, 9a^2=a^2+1, a^2=\dfrac{1}{8}$$

$$\therefore 160a^2=160\cdot\dfrac{1}{8}=20$$

📄 20

111 원 $x^2+y^2=13$ 위의 점 중 x좌표와 y좌표가 모두 자연

수인 점은 $(2, 3)$, $(3, 2)$이고, 두 점 P, P′을 P(2, 3),

P′(3, 2), 원 $(x-7)^2+(y-9)^2=9$의 중심을 C(7, 9)

라 하자.

(i) 선분 PQ의 길이가 자연수일 때,

$\overline{CP}=\sqrt{5^2+6^2}=\sqrt{61}$이므로 $\overline{PQ}$의 길이는

$$\sqrt{61}-3\leq\overline{PQ}\leq\sqrt{61}+3$$

$7<\sqrt{61}<8$이므로 선분 PQ의 길이가 자연수인 경우

는 5, 6, 7, 8, 9, 10의 6개이다.

이때 원 밖의 한 점과 원 위의 한 점을 연결한 선분

중 길이가 같은 선분은 2개씩 존재하므로 구하는 점

Q의 개수는 $2\times6=12$

(ii) 선분 P′Q의 길이가 자연수일 때,

$\overline{CP'}=\sqrt{4^2+7^2}=\sqrt{65}$이므로 $\overline{P'Q}$의 길이는

$$\sqrt{65}-3\leq\overline{P'Q}\leq\sqrt{65}+3$$

$8<\sqrt{65}<9$이므로 선분 P′Q의 길이가 자연수인 경

우는 6, 7, 8, 9, 10, 11의 6개이다.

(i)과 같은 방법으로 하면 점 Q의 개수는 $2\times6=12$

(i), (ii)에 의하여 두 점 P, Q의 순서쌍 (P, Q)의 개수

는 $12+12=24$

📄 24

| 본문 33p |

STEP 3   112 ①   113 4   114 ②

112 오른쪽 그림과 같이 원의 중심

O에서 선분 AB에 내린 수선의

발을 D, 선분 BC의 연장선에

내린 수선의 발을 E, $\overline{BE}=a$,

$\overline{OE}=b$ $(0<a, b<2\sqrt{10})$이라 하

면 $\triangle ODA$에서 $\overline{OD}=\overline{BE}=a$,

$\overline{AD}=8-b$이므로

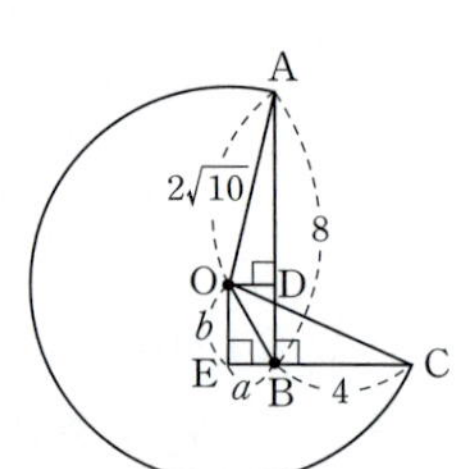

$$a^2+(8-b)^2=40, a^2+b^2-16b+24=0 \cdots ㉠$$

또 $\triangle OEC$에서 $\overline{OC}=\overline{OA}=2\sqrt{10}$, $\overline{CE}=4+a$이므로

$$b^2+(a+4)^2=40, a^2+b^2+8a-24=0 \cdots ㉡$$

㉡$-$㉠을 하면 $8a+16b-48=0$

$$a+2b-6=0 \qquad \therefore a=-2b+6(b<3)$$
$$\cdots\cdots ㉢$$

㉢을 ㉠에 대입하면

$$(-2b+6)^2+b^2-16b+24=0, 5b^2-40b+60=0$$
$$b^2-8b+12=0, (b-2)(b-6)=0$$
$$\therefore b=2 (\because 0<b<3)$$

$b=2$를 ㉢에 대입하면 $a=2$

$$\therefore l^2=a^2+b^2=4+4=8$$

📄 ①

113 원 $(x-3a)^2+(y-a^2)^2=25$의 중심을 $C(3a, a^2)$이라

하면 $\overline{CP}=\sqrt{(2a)^2+(a^2-1)^2}=\sqrt{(a^2+1)^2}=a^2+1$

(i) 점 P가 원 $(x-3a)^2+(y-a^2)^2=25$의 내부 또는

원 위에 있을 때, $\overline{CP}\leq5$이므로 $a^2+1\leq5$에서 $a^2\leq4$

따라서 $-2\leq a\leq2$일 때

$$f(a)=5-(a^2+1)=-a^2+4$$

(ii) 점 P가 원 $(x-3a)^2+(y-a^2)^2=25$의 외부에 있을

때, $\overline{CP}>5$이므로 $a^2+1>5$에서 $a^2>4$

따라서 $a<-2$ 또는 $a>2$일 때

$$f(a)=a^2+1-5=a^2-4$$

(ⅰ), (ⅱ)에 의하여
$$f(a)=\begin{cases} a^2-4 & (a<-2 \text{ 또는 } a>2) \\ -a^2+4 & (-2\leq a\leq 2) \end{cases}$$

이므로 함수 $y=f(a)$의 그래프는 오른쪽 그림과 같고, 직선 $y=ma+2m$은 $y=m(a+2)$이므로 m의 값에 관계없이 항상 점 $(-2,\ 0)$을 지난다.

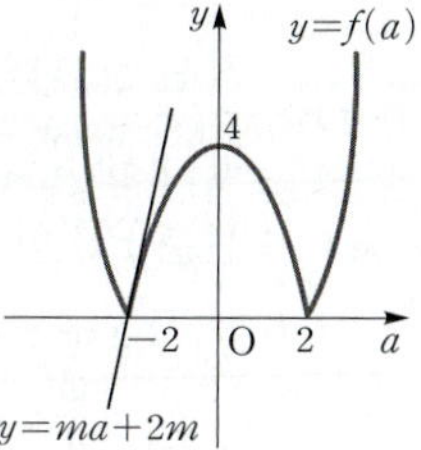

이때 $a>2$에서 이차함수 $y=a^2-4$의 그래프와 직선 $y=m(a+2)$가 한 점에서 만나므로 $a=-2$일 때, 이차함수 $y=-a^2+4$의 그래프와 직선 $y=m(a+2)$는 한 점에서 만나야 한다.

즉, $-a^2+4=m(a+2)$에서 이차방정식 $a^2+ma+2m-4=0$이 중근을 가져야 하므로 판별식을 D라 하면
$$D=m^2-4(2m-4)=m^2-8m+16=0$$
$$(m-4)^2=0 \qquad \therefore m=4$$
따라서 함수 $y=f(a)$의 그래프와 직선 $y=ma+2m$은 $m\geq 4$일 때, 서로 다른 두 점에서 만나므로 양수 m의 최솟값은 4이다. **답** 4

114 다음 그림과 같이 선분 $\mathrm{P_1P_2}$를 지름으로 하는 원을 O_3, 세 원의 교점을 Q라 하면 $\overline{\mathrm{P_1Q}}$, $\overline{\mathrm{P_2Q}}$는 각각 두 원 O_1, O_2의 반지름이므로 $\overline{\mathrm{P_1Q}}=a+1$, $\overline{\mathrm{P_2Q}}=b+1$

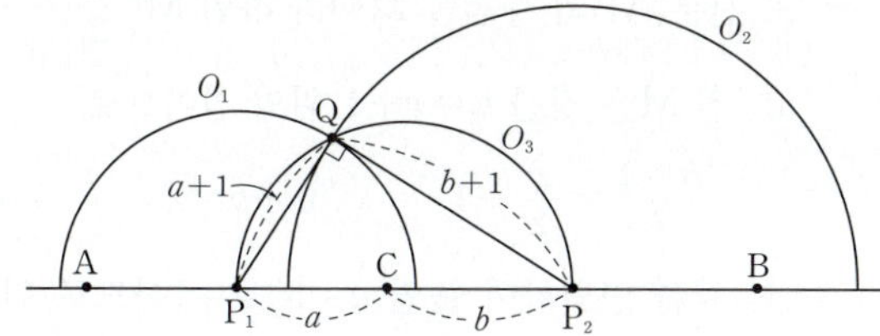

또 $\overline{\mathrm{P_1P_2}}=a+b=\dfrac{1}{2}\overline{\mathrm{AB}}=\dfrac{1}{2}\cdot 12=6$이고, 삼각형 $\mathrm{QP_1P_2}$에서 $\angle \mathrm{P_1QP_2}=90\degree$이므로
$$(a+b)^2=(a+1)^2+(b+1)^2$$
$$2ab=2(a+b)+2$$
$$\therefore ab=a+b+1=6+1=7$$
즉, $a+b=6$, $ab=7$이므로 a, b를 두 근으로 하고 이차항의 계수가 1인 t에 대한 이차방정식은
$$t^2-(a+b)t+ab=0$$
$$t^2-6t+7=0 \qquad \therefore t=3\pm\sqrt{2}$$
이때 $a<b$이므로
$$a=3-\sqrt{2},\ b=3+\sqrt{2}$$
$$\therefore 2a+b=2(3-\sqrt{2})+3+\sqrt{2}=9-\sqrt{2} \qquad \textbf{답} ②$$

04 도형의 이동

STEP 1   115 ⑤   116 4   117 1   118 ①
119 2   120 ③   121 60   122 1

115 주어진 평행이동을 x축의 방향으로 m만큼, y축의 방향으로 n만큼 평행이동한 것이라 하면 점 $(-1,\ a)$는 점 $(-1+m,\ a+n)$으로 옮겨지므로
$$-1+m=4,\ a+n=-2 \qquad \cdots\cdots ㉠$$
또 점 $(b,\ 2)$는 점 $(b+m,\ 2+n)$으로 옮겨지므로
$$b+m=-3,\ 2+n=1 \qquad \cdots\cdots ㉡$$
㉠, ㉡을 연립하여 풀면
$$m=5,\ n=-1,\ a=-1,\ b=-8$$
따라서 점 $(-1,\ -8)$은 점 $(-1+5,\ -8-1)$, 즉 점 $(4,\ -9)$로 옮겨진다. **답** ⑤

116 원 $(x-1)^2+(y-2)^2=8$을 x축의 방향으로 k만큼, y축의 방향으로 -1만큼 평행이동한 원의 방정식은 $(x-k-1)^2+(y-1)^2=8$이고, 이 원이 직선 $y=x-2$와 접하므로
$$\frac{|k+1-1-2|}{\sqrt{1^2+(-1)^2}}=2\sqrt{2},\ |k-2|=4$$
즉, $k-2=\pm 4$이므로 $k=-2$ 또는 $k=6$
따라서 모든 상수 k의 값의 합은 $-2+6=4$ **답** 4

117 점 $(2,\ -3)$을 f, g, h, $\cdots$ 에 의하여 차례로 이동시킨 점은
$$(2,\ -3)\xrightarrow{f}(2,\ 3)\xrightarrow{g}(-2,\ 3)\xrightarrow{h}(3,\ -2)$$
$$\xrightarrow{f}(3,\ 2)\xrightarrow{g}(-3,\ 2)\xrightarrow{h}(2,\ -3)\xrightarrow{f}\cdots$$
즉, f, g, h, f, g, h의 순서로 6번 이동시키면 원래의 점이 된다.
이때 $2032=6\times 338+4$이므로 점 $(2,\ -3)$을 2032번 이동시킨 점은 $(3,\ 2)$이다.
따라서 $a=3$, $b=2$이므로 $a-b=1$ **답** 1

118 직선 $l : y=ax+2$를 x축의 방향으로 -4만큼, y축의 방향으로 3만큼 평행이동한 직선의 방정식은 $y-3=a(x+4)+2$에서 $y=a(x+4)+5$이고, 이 직선을 직선 $y=x$에 대하여 대칭이동한 직선 l'의 방정식은
$$l' : x=a(y+4)+5$$

이때 두 직선 l, l'의 교점의 x좌표는
$$x=a(ax+2+4)+5=a^2x+6a+5$$
$$\therefore x=\frac{6a+5}{1-a^2} \ (\because a\neq\pm1)$$
한편 두 직선 l, l'의 교점이 y축 위에 있으므로 교점의 x좌표가 0이다.

즉, $6a+5=0$에서 $a=-\dfrac{5}{6}$

$$\therefore 30a=30\cdot\left(-\frac{5}{6}\right)=-25$$
🔵답 ①

119 선분 AP의 중점을 M이라 하면 점 M의 좌표는
$\left(\dfrac{x+1}{2},\ \dfrac{y}{2}\right)$이고, 점 M은 직선 $y=mx$ 위에 있으므로

$$\frac{y}{2}=m\cdot\frac{x+1}{2} \qquad \therefore y=m(x+1) \quad \cdots \bigcirc$$

또 두 점 A, P를 지나는 직선과 직선 $y=mx$가 수직이므로 두 직선의 기울기의 곱이 -1이다. 즉,

$$\frac{y}{x-1}\cdot m=-1 \qquad \therefore m=-\frac{x-1}{y} \quad \cdots \bigcirc$$

$\bigcirc$을 $\bigcirc$에 대입하면
$$y=\left(-\frac{x-1}{y}\right)(x+1) \ (단,\ x\neq-1)$$
$$y^2=-(x-1)(x+1)=-x^2+1$$
$$\therefore x^2+y^2=1 \ (단,\ 점\ (-1,\ 0)은\ 제외)$$
즉, 점 $P(x,\ y)$가 나타내는 도형은 중심이 원점이고 반지름의 길이가 1인 원 중에서 점 $(-1,\ 0)$을 제외한 도형이므로 점 P가 나타내는 도형의 길이는 2π이다.

따라서 자연수 a의 값은 2이다.
🔵답 2

120 점 $A(4,\ 6)$을 y축에 대하여 대칭이동한 점을 P, 직선 $y=x$에 대하여 대칭이동한 점을 Q라 하면
$$P(-4,\ 6),\ Q(6,\ 4)$$
오른쪽 그림에서
$\overline{AB}=\overline{PB}$,
$\overline{AC}=\overline{CQ}$이므로
$$\overline{AB}+\overline{BC}+\overline{CA}$$
$$=\overline{PB}+\overline{BC}+\overline{CQ}$$
$$\geq\overline{PQ}$$
따라서 선분 PQ와 y축이 만나는 점을 B, 직선 $y=x$와 만나는 점을 C로 잡으면 삼각형 ABC의 둘레의 길이가 최소가 되므로 구하는 최솟값은
$$\overline{PQ}=\sqrt{10^2+(-2)^2}=\sqrt{104}=2\sqrt{26}$$
🔵답 ③

121 주어진 평행이동은 x축의 방향으로 2만큼, y축의 방향으로 -1만큼 평행이동한 것이므로 직선 $y=x+k$를 이 평행이동에 의하여 이동시킨 직선의 방정식은
$$y+1=x-2+k \qquad \therefore y=x+k-3 \qquad \cdots \bigcirc$$
직선 $\bigcirc$ 위의 한 점을 $P(x,\ y)$라 하고, 점 $(2,\ 2)$에 대하여 대칭이동한 점을 $P'(x',\ y')$이라 하면 점 $(2,\ 2)$는 선분 PP'의 중점이므로
$$\frac{x+x'}{2}=2,\ \frac{y+y'}{2}=2$$
$$\therefore x=4-x',\ y=4-y' \qquad \cdots \bigcirc$$
$\bigcirc$을 $\bigcirc$에 대입하면
$$4-y'=4-x'+k-3 \qquad \therefore y'=x'-k+3$$
즉, 점 $P'(x',\ y')$은 직선 $y=x-k+3$ 위의 점이다.

이때 직선 $y=x-k+3$과 직선 $y=x+k$가 일치하므로
$$-k+3=k에서\ k=\frac{3}{2}$$
$$\therefore 40k=40\cdot\frac{3}{2}=60$$
🔵답 60

122 원 $x^2+(y-4)^2=1$을 C_1, 원 C_1을 직선 $y=x+1$에 대하여 대칭이동한 원을 C_2라 하고, 원 C_1의 중심을 $A(0,\ 4)$, 원 C_2의 중심을 $B(a,\ b)$라 하면 두 점 A, B는 직선 $y=x+1$에 대하여 대칭이므로 직선 AB와 직선 $y=x+1$은 수직이다.

즉, $\dfrac{b-4}{a}=-1$에서 $a+b=4$ $\qquad \cdots \bigcirc$

또 선분 AB의 중점을 M이라 하면 $M\left(\dfrac{a}{2},\ \dfrac{b+4}{2}\right)$이고, 점 M은 직선 $y=x+1$ 위의 점이므로
$$\frac{b+4}{2}=\frac{a}{2}+1 \qquad \therefore a-b=2 \qquad \cdots \bigcirc$$
$\bigcirc$, $\bigcirc$을 연립하여 풀면 $a=3$, $b=1$이므로 원 C_2의 방정식은 $(x-3)^2+(y-1)^2=1$

이때 선분 PQ의 길이의 최댓값은 두 원의 중심 사이의 거리와 두 원의 반지름의 길이의 합과 같으므로
$$\sqrt{3^2+(-3)^2}+1+1=3\sqrt{2}+2$$
따라서 $p=2$, $q=3$이므로
$$q-p=3-2=1$$
🔵답 1

| 본문 36~38p |

STEP 2	123 ④	124 5	125 ⑤	126 45
127 ①	128 10	129 ④	130 ③	131 ①
132 4	133 3	134 10	135 8	

123 조건 ㈎에서 $ab>0$, 즉 점 $(a,\ b)$가 제1사분면 또는 제3사분면 위의 점이면 x축의 방향으로 -3만큼, y축의 방향으로 1만큼 평행이동한다.

조건 ㈏에서 $ab<0$, 즉 점 $(a,\ b)$가 제2사분면 또는 제4사분면 위의 점이면 x축의 방향으로 2만큼, y축의 방향으로 -2만큼 평행이동한다.

또 조건 ㈐에서 $ab=0$, 즉 점 $(a,\ b)$가 x축 또는 y축 위의 점이면 멈춘다.

따라서 주어진 규칙대로 점 $(5,\ 2)$를 이동시키면
$$(5,\ 2)\rightarrow(2,\ 3)\rightarrow(-1,\ 4)\rightarrow(1,\ 2)\rightarrow$$
$$(-2,\ 3)\rightarrow(0,\ 1)$$
이므로 점 P의 좌표는 $(0,\ 1)$이다. **답** ④

124 원 C는 반지름의 길이가 1이고, y축과 직선 l에 동시에 접하므로 원 C의 중심을 $C(1,\ k)$ $(k<8)$로 놓으면
$$\frac{|2+k-8|}{\sqrt{2^2+1^2}}=1,\ |k-6|=\sqrt{5}$$
$$\therefore k=6-\sqrt{5}\ (\because k<8)$$
이때 원 C'은 중심이 $(1+a,\ k+b)$, 반지름의 길이가 1이고, x축에 접하므로
원 C'의 중심은 $(1+a,\ 1)$
또 원 C'이 직선 l과 접하므로
$$\frac{|2(a+1)+1-8|}{\sqrt{2^2+1^2}}=1,\ \frac{|2a-5|}{\sqrt{5}}=1$$
$$2a-5=\pm\sqrt{5}\quad\therefore a=\frac{5\pm\sqrt{5}}{2}$$
따라서 모든 상수 a의 값의 합은
$$\frac{5+\sqrt{5}}{2}+\frac{5-\sqrt{5}}{2}=5$$
답 5

125 원 $(x-2)^2+(y-2)^2=8$의 제1사분면에 있는 부분을 x축, y축, 원점에 대하여 각각 대칭이동한 도형은 오른쪽 그림과 같다.

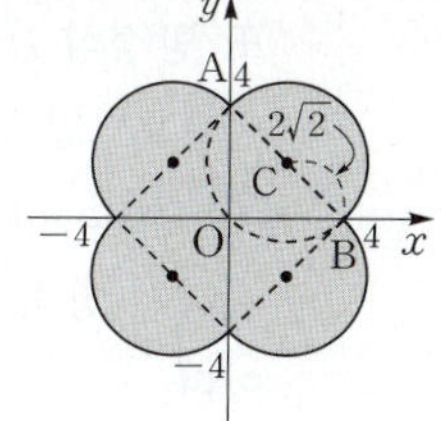

이때 제1사분면에서 원 $(x-2)^2+(y-2)^2=8$과 y축, x축이 만나는 점을 각각 A, B, 원의 중심을 C라 하면 $\overline{AB}=4\sqrt{2}$이므로 $\overline{AC}=\overline{BC}=2\sqrt{2}$
따라서 구하는 부분의 넓이는
$$4\cdot\left\{\frac{1}{2}\cdot4\cdot4+\frac{1}{2}\cdot(2\sqrt{2})^2\pi\right\}=4(8+4\pi)$$
$$=16\pi+32$$
답 ⑤

126 $A(4,\ 2)$, $B(1,\ -2)$로 놓으면 점 $P(x,\ y)$에 대하여
$$\overline{AP}=\sqrt{(x-4)^2+(y-2)^2},$$
$$\overline{BP}=\sqrt{(x-1)^2+(y+2)^2}$$
이므로
$$\sqrt{(x-4)^2+(y-2)^2}+\sqrt{(x-1)^2+(y+2)^2}$$
$$=\overline{AP}+\overline{BP}$$
이때 점 $A(4,\ 2)$를 직선 $y=3x$에 대하여 대칭이동한 점을 $A'(a,\ b)$라 하면 직선 AA'과 직선 $y=3x$가 수직이므로
$$\frac{b-2}{a-4}=-\frac{1}{3}\quad\therefore a+3b=10\quad\cdots\cdots\ \bigcirc$$
또 선분 AA'의 중점을 M이라 하면 점 M의 좌표는 $\left(\dfrac{4+a}{2},\ \dfrac{2+b}{2}\right)$이고, 점 M은 직선 $y=3x$ 위의 점이므로
$$\frac{2+b}{2}=3\cdot\frac{4+a}{2}\quad\therefore 3a-b=-10\quad\cdots\cdots\ \bigcirc\!\!\bigcirc$$
$\bigcirc$, $\bigcirc\!\!\bigcirc$을 연립하여 풀면
$$a=-2,\ b=4$$
즉, $A'(-2,\ 4)$이고 점 P는 직선 $y=3x$ 위의 점이므로 $\overline{AP}+\overline{BP}$의 최솟값은 $\overline{A'B}$의 길이와 같다.
따라서 $\overline{AP}+\overline{BP}$의 최솟값 m은
$$m=\overline{A'B}=\sqrt{3^2+(-6)^2}=\sqrt{45}$$
이므로 $m^2=45$ **답** 45

127 두 점 A, B가 직선 $y=-x$에 대하여 대칭이므로 점 A의 좌표를 $(a,\ -a^2+1)$이라 하면 점 B의 좌표는 $(a^2-1,\ -a)$이다.
이때 점 B는 이차함수 $y=-x^2+1$의 그래프 위의 점이므로
$$-a=-(a^2-1)^2+1$$
$$a^4-2a^2-a=0$$
$$a(a+1)(a^2-a-1)=0$$
$$\therefore a=-1 \text{ 또는 } a=0 \text{ 또는 } a^2-a-1=0$$
(i) $a=-1$일 때, $A(-1,\ 0)$, $B(0,\ 1)$이므로
$$\overline{AB}=\sqrt{1^2+1^2}=\sqrt{2}$$
(ii) $a=0$일 때, $A(0,\ 1)$, $B(-1,\ 0)$이므로
$$\overline{AB}=\sqrt{1^2+1^2}=\sqrt{2}$$
(iii) $a^2-a-1=0$일 때, $-a=-a^2+1$이므로
$$A(a,\ -a),\ B(a,\ -a),$$
즉, 두 점 A, B는 같은 점이 되므로 조건을 만족하지 않는다.
(i), (ii), (iii)에 의하여 $\overline{AB}=\sqrt{2}$
답 ①

128 점 A를 직선 $y=x+2$에 대하여 대칭이동한 점을 C(a, b)라 하면 직선 AC의 기울기는 -1이므로

$$\frac{b-2}{a-4}=-1\text{에서 } a+b=6 \qquad \cdots\cdots \ \text{㉠}$$

선분 AC의 중점을 M이라 하면 M$\left(\dfrac{a+4}{2},\ \dfrac{b+2}{2}\right)$이고, 점 M은 직선 $y=x+2$ 위의 점이므로

$$\frac{b+2}{2}=\frac{a+4}{2}+2 \qquad \therefore\ a-b=-6 \ \cdots\cdots \ \text{㉡}$$

㉠, ㉡을 연립하여 풀면 $a=0$, $b=6$이므로 점 C의 좌표는 $(0, 6)$이다.

또 점 B를 직선 $y=x+2$에 대하여 대칭이동한 점을 D(c, d)라 하면 직선 BD의 기울기는 -1이므로

$$\frac{d-2}{c-6}=-1\text{에서 } c+d=8 \qquad \cdots\cdots \ \text{㉢}$$

선분 BD의 중점을 M′이라 하면 M′$\left(\dfrac{c+6}{2},\ \dfrac{d+2}{2}\right)$이고, 점 M′은 직선 $y=x+2$ 위의 점이므로

$$\frac{d+2}{2}=\frac{c+6}{2}+2 \qquad \therefore\ c-d=-8 \ \cdots\cdots \ \text{㉣}$$

㉢, ㉣을 연립하여 풀면 $c=0$, $d=8$이므로 점 D의 좌표는 $(0, 8)$이다.

따라서 사각형 ABDC의 넓이는 오른쪽 그림에서

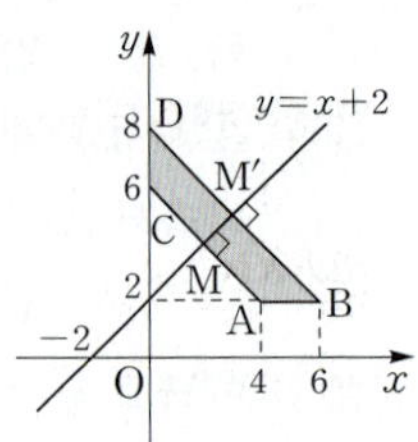

$$\frac{1}{2}\cdot6\cdot6-\frac{1}{2}\cdot4\cdot4=10$$

답 10

129 점 $(2, 3)$을 직선 $y=-x$에 대하여 대칭이동한 점은 $(-3, -2)$이고, 이 점을 다시 x축에 대하여 대칭이동한 점은 $(-3, 2)$이므로 P$(-3, 2)$

이때 점 P를 지나고 원 $(x-2)^2+(y-1)^2=4$에 접하는 접선의 기울기를 m이라 하면 접선의 방정식은

$$y-2=m(x+3), \text{ 즉 } mx-y+3m+2=0$$

원의 중심 $(2, 1)$과 직선 $mx-y+3m+2=0$ 사이의 거리가 원의 반지름의 길이와 같으므로

$$\frac{|2m-1+3m+2|}{\sqrt{m^2+(-1)^2}}=2, \ \frac{|5m+1|}{\sqrt{m^2+1}}=2$$

양변을 제곱하여 정리하면

$$(5m+1)^2=4(m^2+1)$$
$$25m^2+10m+1=4m^2+4$$
$$\therefore\ 21m^2+10m-3=0 \qquad \cdots\cdots \ \text{㉠}$$

이차방정식 ㉠의 두 근이 m_1, m_2이므로 근과 계수의 관계에 의하여 두 근의 곱은 $-\dfrac{3}{21}=-\dfrac{1}{7}$이다.

답 ④

130 원 $C_1 : (x+3)^2+(y-1)^2=4$를 직선 $y=x$에 대하여 대칭이동한 원의 방정식은

$$(x-1)^2+(y+3)^2=4 \qquad \cdots\cdots \ \text{㉠}$$

이고, ㉠을 x축의 방향으로 a만큼, y축의 방향으로 2만큼 평행이동한 원 C_2의 방정식은

$$(x-a-1)^2+(y-2+3)^2=4, \text{ 즉}$$
$$(x-a-1)^2+(y+1)^2=4$$

오른쪽 그림과 같이 두 원 C_1, C_2의 중심을 각각

$$C_1(-3, 1),$$
$$C_2(a+1, -1)$$

이라 하면 $\triangle C_1AB$는 이등변 삼각형이므로 꼭짓점 C_1에서 선분 AB에 내린 수선의 발을 H라 하면 $\overline{C_1H}\perp\overline{AB}$, $\overline{AH}=\overline{BH}$이다. 이때

$$\overline{C_1H}=\sqrt{\overline{C_1A}^2-\overline{AH}^2}$$
$$=\sqrt{2^2-\left(\frac{\sqrt{11}}{2}\right)^2}$$
$$=\sqrt{\frac{5}{4}}=\frac{\sqrt{5}}{2}$$

이고, 두 원 C_1, C_2의 반지름의 길이가 같으므로

$$\overline{C_1C_2}=2\,\overline{C_1H}=\sqrt{5}$$

즉, $\overline{C_1C_2}=\sqrt{(a+4)^2+(-2)^2}=\sqrt{5}$이므로

$$(a+4)^2+4=5, \ (a+4)^2=1$$
$$a+4=\pm1 \qquad \therefore\ a=-5 \text{ 또는 } a=-3$$

따라서 모든 상수 a의 값의 합은 -8이다.

답 ③

131 방정식 $f(x, y)=0$이 나타내는 도형을 직선 $y=x$에 대하여 대칭이동한 도형의 방정식은 $f(y, x)=0$이고, 방정식 $f(y, x)=0$이 나타내는 도형을 x축에 대하여 대칭이동한 도형의 방정식은 $f(-y, x)=0$이다.

또 방정식 $f(-y, x)=0$이 나타내는 도형을 x축의 방향으로 1만큼 평행이동한 도형의 방정식은 $f(-y, x-1)=0$이다.

따라서 방정식 $f(-y, x-1)=0$이 나타내는 도형은 ①이다.

답 ①

132 세 원 C_1, C_2, C_3의 방정식은

$$C_1 : x^2+y^2=4$$
$$C_2 : (x-2)^2+y^2=4$$
$$C_3 : (x+2)^2+y^2=4$$

이므로 세 원 C_1, C_2, C_3
을 좌표평면 위에 나타내
면 오른쪽 그림과 같다.
이때 세 원 C_1, C_2, C_3의
중심을 각각 C_1, C_2, C_3,
두 원 C_1, C_2의 교점을 A, B,
점 A에서 x축에 내린 수선의 발을 H라 하면

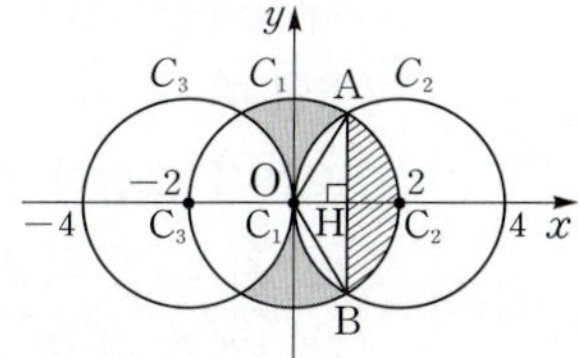

$$\overline{C_1H}=\frac{1}{2}\overline{C_1C_2}=1$$이므로

$$\overline{AH}=\sqrt{\overline{C_1A}^2-\overline{C_1H}^2}=\sqrt{2^2-1^2}=\sqrt{3}$$

즉, 삼각형 AC_1H에서 $\overline{C_1H}:\overline{AH}:\overline{AC_1}=1:\sqrt{3}:2$이

므로 $\angle AC_1H=60°$

$$\therefore \angle AC_1B=2\angle AC_1H=120°$$

한편 위의 그림에서 빗금친 부분의 넓이는

(부채꼴 AC_1B의 넓이) $-$ (삼각형 AC_1B의 넓이)

$$=\pi\cdot2^2\cdot\frac{120}{360}-\frac{1}{2}\cdot2\sqrt{3}\cdot1=\frac{4}{3}\pi-\sqrt{3}$$

이므로 세 원 C_1, C_2, C_3으로 둘러싸인 부분의 넓이는

$$\pi\cdot2^2-4\left(\frac{4}{3}\pi-\sqrt{3}\right)=4\sqrt{3}-\frac{4}{3}\pi=4\left(\sqrt{3}-\frac{\pi}{3}\right)$$

$$\therefore k=4$$
답 4

133 오른쪽 그림과 같이 $\overline{OP}$, $\overline{OQ}$에
대하여 점 C의 대칭점을 각각
C', C''이라 하면
$$\overline{AC}=\overline{AC'}, \overline{BC}=\overline{BC''}$$
이므로
$$\overline{AB}+\overline{BC}+\overline{CA}$$
$$=\overline{AB}+\overline{BC''}+\overline{AC'}\geq\overline{C'C''}$$
즉, $\overline{AB}+\overline{BC}+\overline{CA}$의 최솟값은 $\overline{C'C''}$의 길이와 같다.
이때 두 점 O와 C를 연결하면
$$\angle C'OP=\angle COP, \angle COQ=\angle C''OQ$$
이고 $\angle POQ=45°$이므로 $\angle C'OC''=90°$
따라서 $\triangle OC'C''$은 $\angle C'OC''=90°$인 직각삼각형이므
로 $\overline{C'C''}=\sqrt{\overline{C'O}^2+\overline{C''O}^2}=\sqrt{5^2+5^2}=5\sqrt{2}$에서
$$a-b=5-2=3$$
답 3

134 점 Q의 좌표를 (a, b)라 하면 직선 PQ는 직선 $y=mx$
와 수직이므로 기울기의 곱이 -1이다.

즉, $\dfrac{b}{a-2}=-\dfrac{1}{m}$에서
$$a+bm-2=0 \qquad \cdots\cdots ㉠$$

또 선분 PQ의 중점을 M이라 하면 $M\left(\dfrac{a+2}{2}, \dfrac{b}{2}\right)$이고,

점 M은 직선 $y=mx$ 위에 있으므로 $\dfrac{b}{2}=m\cdot\dfrac{a+2}{2}$

$$\therefore ma-b+2m=0 \qquad \cdots\cdots ㉡$$

㉠, ㉡을 연립하여 풀면

$$a=\frac{-2m^2+2}{m^2+1}, b=\frac{4m}{m^2+1}$$

이므로 점 Q의 좌표는 $\left(\dfrac{-2m^2+2}{m^2+1}, \dfrac{4m}{m^2+1}\right)$이다.

다시 점 Q를 직선 $y=x$에 대하여 대칭이동한 점 R의

좌표는 $\left(\dfrac{4m}{m^2+1}, \dfrac{-2m^2+2}{m^2+1}\right)$이고, 점 R은 직선

$y=mx$ 위의 점이므로

$$\frac{-2m^2+2}{m^2+1}=m\cdot\frac{4m}{m^2+1}$$

$$-2m^2+2=4m^2, m^2=\frac{1}{3}$$

$$\therefore 30m^2=30\cdot\frac{1}{3}=10$$
답 10

135 방정식 $f(y, x)=0$이 나타내
는 도형은 방정식 $f(x, y)=0$
이 나타내는 도형을 직선 $y=x$
에 대하여 대칭이동한 것이므
로 좌표평면 위에 나타내면 오
른쪽 그림과 같다.

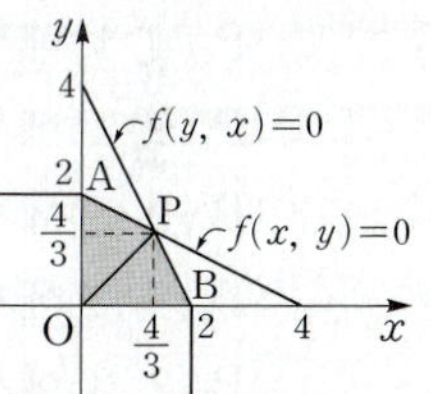

이때 방정식 $f(x, y)=0$이 나타내는 도형과 y축의 교
점을 A, 방정식 $f(y, x)=0$이 나타내는 도형과 x축의
교점을 B, 두 도형의 교점을 P라 하면 직선 AP의 방정
식은

$$\frac{x}{4}+\frac{y}{2}=1, 즉 y=-\frac{x}{2}+2 \qquad \cdots\cdots ㉠$$

또 직선 BP의 방정식은

$$\frac{x}{2}+\frac{y}{4}=1, 즉 y=-2x+4 \qquad \cdots\cdots ㉡$$

㉠, ㉡을 연립하여 풀면 $x=\dfrac{4}{3}, y=\dfrac{4}{3}$

따라서 점 P의 좌표는 $\left(\dfrac{4}{3}, \dfrac{4}{3}\right)$이고, 직선 OP가 어두

운 부분의 넓이를 이등분하므로

$$S=2\left(\frac{1}{2}\cdot2\cdot\frac{4}{3}\right)=\frac{8}{3}$$

$$\therefore 3S=3\cdot\frac{8}{3}=8$$
답 8

| 본문 39p |

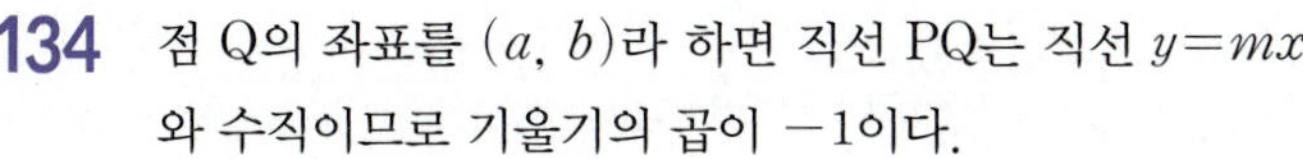

136 삼각형 ABC는 한 변의 길이가 2인 정삼각형이므로 꼭
짓점 A에서 선분 BC에 내린 수선의 발을 H라 하자.

$$\overline{\mathrm{BH}}=\frac{1}{2}\overline{\mathrm{BC}}=1,$$
$$\overline{\mathrm{AH}}=\frac{\sqrt{3}}{2}\cdot 2=\sqrt{3}$$

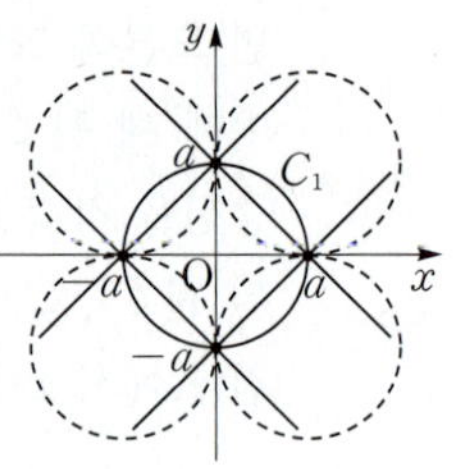

이때 점 A는 점 B를 x축의 방향으로 1만큼, y축의 방향으로 $\sqrt{3}$만큼 평행이동한 점이므로 점 A는 원 $(x-1)^2+y^2=1$을 x축의 방향으로 1만큼, y축의 방향으로 $\sqrt{3}$만큼 평행이동한 원 위를 움직인다.

즉, 점 A가 나타내는 도형의 방정식은
$$(x-2)^2+(y-\sqrt{3})^2=1$$
이므로
$$a=2,\ b=\sqrt{3},\ c=1$$
$$\therefore a+b^2+c=2+3+1=6$$

답 6

137 주어진 규칙에 따라 점 $\mathrm{P}_1(4,\ 1)$을 이동시키면

$\mathrm{P}_1(4,\ 1)$에서 $x_1>y_1$이므로 $\mathrm{P}_2(1,\ 4)$

$\mathrm{P}_2(1,\ 4)$에서 $x_2<y_2$이므로 $\mathrm{P}_3(2,\ 3)$

$\mathrm{P}_3(2,\ 3)$에서 $x_3<y_3$이므로 $\mathrm{P}_4(3,\ 2)$

$\mathrm{P}_4(3,\ 2)$에서 $x_4>y_4$이므로 $\mathrm{P}_5(2,\ 3)$

$\mathrm{P}_5(2,\ 3)$에서 $x_5<y_5$이므로 $\mathrm{P}_6(3,\ 2)$

$$\vdots$$

ㄱ. $\mathrm{P}_1(4,\ 1)$, $\mathrm{P}_3(2,\ 3)$이므로
$$\overline{\mathrm{P}_1\mathrm{P}_3}=\sqrt{(-2)^2+2^2}$$
$$=\sqrt{8}=2\sqrt{2}$$

$\mathrm{P}_2(1,\ 4)$, $\mathrm{P}_4(3,\ 2)$이므로
$$\overline{\mathrm{P}_2\mathrm{P}_4}=\sqrt{2^2+(-2)^2}$$
$$=\sqrt{8}=2\sqrt{2}$$
$$\therefore \overline{\mathrm{P}_1\mathrm{P}_3}=\overline{\mathrm{P}_2\mathrm{P}_4}\ (참)$$

ㄴ. 모든 자연수 n에 대하여 점 P_n은 직선 $y=-x+5$ 위에 있으므로 자연수 k에 직선 $\mathrm{P}_n\mathrm{P}_k$의 기울기는 -1이다. (참)

ㄷ. $\mathrm{P}_9=\mathrm{P}_7=\mathrm{P}_5=\mathrm{P}_3$이므로
$$\mathrm{P}_9(2,\ 3)$$
따라서 세 점 $\mathrm{P}_1(4,\ 1)$, $\mathrm{O}(0,\ 0)$, $\mathrm{P}_9(2,\ 3)$을 세 꼭짓점으로 하는 삼각형 $\mathrm{OP}_1\mathrm{P}_9$의 넓이는 오른쪽 그림에서
$$4\cdot 3-\frac{1}{2}(4\cdot 1+2\cdot 2+2\cdot 3)=12-7$$
$$=5\ (참)$$

따라서 옳은 것은 ㄱ, ㄴ, ㄷ이다.

답 ⑤

138 원 $x^2+y^2=a^2\ (a>0)$을 C_1, 원 C_1을 직선 l에 대하여 대칭이동한 원을 C_2라 하자.

(i) 대칭이동시키기 전의 점들과 일치하는 점의 개수가 2일 때,

오른쪽 그림과 같이 직선 l은 원 C_1이 좌표축과 만나는 4개의 점 중 x축, y축과 만나는 점을 각각 1개씩 지나고, 기울기가 ± 1인 직선이어야 하므로 직선 l이 될 수 있는 것은

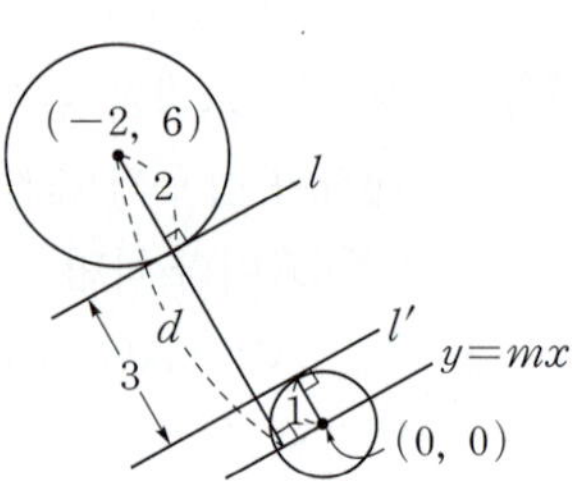

$$y=x+a,\ y=x-a,\ y=-x+a,\ y=-x-a$$
의 4개이다.

(ii) 대칭이동시키기 전의 점들과 일치하는 점의 개수가 3 이상일 때, 원 C_1을 직선 l에 대하여 대칭이동한 원 C_2가 원 C_1과 일치해야 하므로 직선 l이 될 수 있는 것은
$$y=x,\ y=-x,\ y=0,\ x=0$$
의 4개이다.

(i), (ii)에 의하여 직선 l이 될 수 있는 것의 개수는 8이다.

답 8

139 원 C가 주어진 두 원과 만나지 않고 기울기 m의 방향으로 평행이동하려면 오른쪽 그림과 같이 기울기가 m이고 두 원에 접하는 접선을 각 l, l'이라 할 때, 두 접선 l, l' 사이의 거리가 3보다 커야 한다.

즉, 기울기가 m이고 원 $x^2+y^2=1$의 중심을 지나는 직선의 방정식은 $y=mx$이고, 두 원 $(x+2)^2+(y-6)^2=4$, $x^2+y^2=1$의 반지름의 길이가 각각 2, 1이므로 원 $(x+2)^2+(y-6)^2=4$의 중심 $(-2,\ 6)$과 직선 $mx-y=0$ 사이의 거리를 d라 하면 $d>6$이다.

이때 $d=\dfrac{|-2m-6|}{\sqrt{m^2+1}}>6$이므로
$$\frac{|-m-3|}{\sqrt{m^2+1}}>3$$
$$(m+3)^2>9(m^2+1),\ 2m(4m-3)<0$$
$$\therefore 0<m<\frac{3}{4}$$

따라서 $k=\dfrac{3}{4}$이므로
$$100k=100\cdot\frac{3}{4}=75$$

답 75

05 집합

| 본문 42~43p |

STEP 1	140 ②	141 ④	142 ④	143 17
	144 ②	145 100	146 ④	147 ④	148 −1
	149 ④	150 ③	151 432	152 1	153 ④
	154 16	155 ④			

140 ㈎ $A \cap B = B$이므로 $A - B \neq \varnothing$

㈏ $C \cap D = D$이므로 $D - C = \varnothing$

답 ②

141 $A \cup B = U$, $A \cap B = \varnothing$이므로

$(A - B) \cup B = A \cup B = U$이다.

답 ④

142 $A - B = A$이므로 $A \cap B = \varnothing$이다.

따라서 집합 B는 전체집합 U의 부분집합 중에서 원소 1, 3, 5, 7, 9를 포함하지 않는 집합이므로 집합 B의 개수는

$$2^{10-5} = 32$$

답 ④

143 $A = \{1, 2, 3, 4, 5, x\}$에서

원소 1을 포함하는 부분집합의 개수 : 2^5

원소 2를 포함하는 부분집합의 개수 : 2^5

⋮

따라서

(모든 부분집합의 원소들의 총합)

$$= (1+2+3+4+5+x) \times 2^5 = 1024$$

$$1+2+3+4+5+x = 2^5$$

$$15 + x = 32$$

$$\therefore x = 17$$

답 17

144 $A \cap X = X$, $(A \cap B^c) \cup X = X$에서

$$(A \cap B^c) \subset X \subset A$$

집합 X는 집합 A의 부분집합 중에서 원소 1, 2, 4, 5를 반드시 포함하는 집합이므로 집합 X의 개수는

$$2^{6-4} = 4$$

답 ②

145 집합 A의 부분집합 중에서 원소의 개수가 2이면서 원소 1을 포함하는 집합은

$$\{1, 3\}, \{1, 5\}, \{1, 7\}, \{1, 9\}$$

의 4개이다.

같은 방법으로 하면 원소의 개수가 2이면서 집합 A의 각 원소를 포함하는 A의 부분집합은 원소마다 4개씩 있으므로

$$a_1 + a_2 + a_3 + \cdots + a_{10}$$

$$= 4(1+3+5+7+9)$$

$$= 100$$

답 100

146 $\{(A-B) \cup (B-A)\} \cap B = B$이므로

$\{(A-B) \cup (B-A)\} \supset B$를 만족해야 한다.

답 ④

147 오른쪽 그림과 같이

$(A-B) \cup (B-A) = \varnothing$에서

$A \subset B$이고 $B \subset A$이므로

$$A = B$$

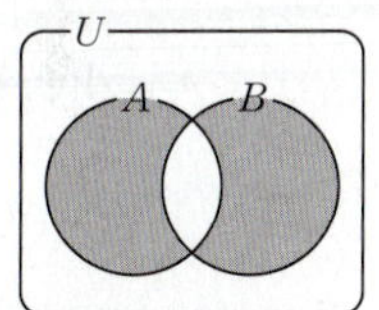

따라서 $A = \{1, 3, a\}$, $B = \{5, b, c\}$에서

$a = 5$, $b = 1$, $c = 3$ 또는 $a = 5$, $b = 3$, $c = 1$이므로

$$abc = 15$$

답 ④

148 $S(A) = a_1 + a_2 + a_3 + a_4 + a_5 = 30$

$S(B) = 2(a_1 + a_2 + a_3 + a_4 + a_5) + 5k$

$\quad\quad = 60 + 5k$

$S(A \cup B) = S(A) + S(B) - S(A \cap B)$이므로

$$67 = 30 + (60 + 5k) - (7 + 11)$$

$$= 72 + 5k$$

$$5k = -5 \quad \therefore k = -1$$

따라서 조건을 만족하는 상수 k의 값은 -1이다.

답 −1

149 $(B-A) \cup (C-A) = (B \cap A^c) \cup (C \cap A^c)$

$\quad\quad\quad\quad\quad\quad\quad = (B \cup C) \cap A^c$

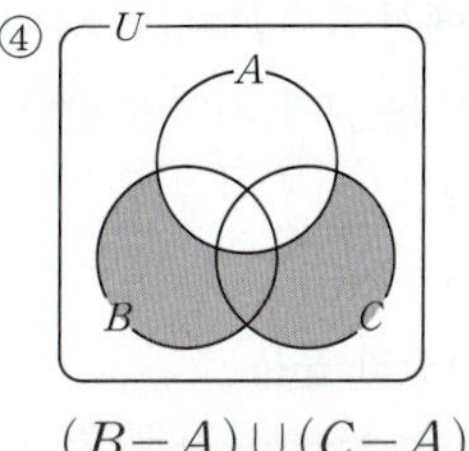

$(B-A) \cup (C-A)$

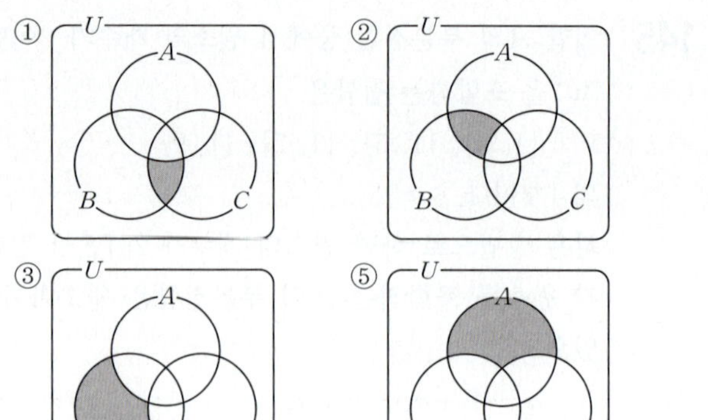

답 ④

150 $A \odot B = (A-B) \cup (B \cap A^c)$
$\qquad\quad = (A-B) \cup (B-A)$

일 때,

ㄱ. $A \odot A = (A-A) \cup (A-A)$
$\qquad\quad = \varnothing \cup \varnothing = \varnothing$ (거짓)

ㄴ. $A \odot A^c = (A-A^c) \cup (A^c-A)$
$\qquad\qquad = (A \cap A) \cup (A^c \cap A^c)$
$\qquad\qquad = A \cup A^c = U$ (거짓)

ㄷ. $A \odot (A-B) = [A-(A-B)] \cup [(A-B)-A]$
$\qquad\qquad\quad = (A \cap B) \cup \varnothing$
$\qquad\qquad\quad = A \cap B$ (참)

따라서 옳은 것은 ㄷ뿐이다.

답 ③

151 $A \cap B = \{4, 6\}$이므로 $A = \{a, b, 4, 6\}$이라 하면
$B = \{x+k \mid x \in A\}$에서
$\qquad B = \{a+k, b+k, 4+k, 6+k\}$
(A의 원소의 합) $= a+b+4+6 = 21$이므로
$\qquad a+b = 11$

따라서
$\qquad (A \cup B$의 원소의 합)
$\qquad = (A$의 원소의 합) $+ (B$의 원소의 합)
$\qquad\quad - (A \cap B$의 원소의 합)

이므로
$\qquad 40 = 21 + (21+4k) - 10$
$\qquad \therefore k = 2$

$B = \{6, 8, a+2, b+2\}$에서 $A \cap B = \{4, 6\}$이므로
$a+2$, $b+2$ 중의 어느 하나는 4가 되어야 한다. 즉,
$a+2 = 4$이면 $a = 2$, $b = 9$
$b+2 = 4$이면 $b = 2$, $a = 9$

따라서 집합 A의 모든 원소의 곱은
$\qquad 2 \times 4 \times 6 \times 9 = 432$

답 432

152 $A = \{pq, 25\}$, $B = \{6, 12, p^2+q^2\}$에서
$A^c \cup B = N$이려면 $A \subset B$이어야 하므로

(ⅰ) $p^2+q^2 = 25$이고 $pq = 6$일 때
$\qquad (p+q)^2 = p^2+q^2+2pq = 37$인 두 자연수 p, q는 존
$\qquad$ 재하지 않는다.

(ⅱ) $p^2+q^2 = 25$이고 $pq = 12$일 때
$\qquad\quad (p+q)^2 = p^2+q^2+2pq$
$\qquad\qquad\qquad = 25+2 \cdot 12 = 49$

$\qquad$ 이므로 $p+q = 7$
$\qquad\qquad \therefore p=4$, $q=3$ 또는 $p=3$, $q=4$

따라서 $|p-q|$의 값은
$\qquad |p-q| = 1$

답 1

153 $A_{12} = \{1, 5, 7, 11, 13, 17, \cdots\}$
$A_{15} = \{1, 2, 4, 7, 8, 11, 13, 14, 16, 17, \cdots\}$
$A_{12} \cap A_{15} = \{1, 7, 11, 13, 17, \cdots\}$
$\qquad\qquad\quad = A_{30} = A_{60} = \cdots$

즉, 2, 3, 5의 배수가 아닌 수들의 모임이므로 최소의
자연수 k는 30이다.

답 ④

154 집합 $A_4 \cap A_6$은 4와 6의 공배수의 집합, 즉 12의 배수
의 집합이므로
$\qquad A_4 \cap A_6 = A_{12}$
따라서 $A_p \subset A_{12}$를 만족하는 p는 12의 배수이므로 자연
수 p의 최솟값은 12이다.
$\qquad \therefore m = 12$
집합 $A_8 \cup A_{12}$는 8과 12의 공약수의 집합, 즉 4의 약수
의 집합에 포함된다.
따라서 $(A_8 \cup A_{12}) \subset A_4 \subset A_q$를 만족하는 q는 4의 약수
이므로 자연수 q의 최댓값은 4이다.
$\qquad \therefore M = 4$
$\qquad \therefore M+m = 4+12 = 16$

답 16

155 학생 전체의 집합을 U, 유클리드를 좋아하는 학생의 집
합을 A, 가우스를 좋아하는 학생의 집합을 B라 하면
$\qquad n(U) = 50$, $n(A) = 30$, $n(B) = 35$,
$\qquad n((A \cup B)^c) = 10$
이므로
$\qquad n(A \cup B) = n(U) - n((A \cup B)^c)$
$\qquad\qquad\qquad = 50-10 = 40$
$\qquad \therefore n(A \cap B) = n(A)+n(B)-n(A \cup B)$
$\qquad\qquad\qquad\quad = 30+35-40 = 25$

답 ④

STEP 2

	156 80	**157** ②	**158** ⑤	**159** ⑤
160 ③	**161** 24	**162** 23	**163** 12	**164** 5
165 17	**166** ②	**167** ②	**168** ⑤	**169** ①
170 ②	**171** ④	**172** ②	**173** ②	**174** 495
175 128	**176** 384	**177** 12	**178** 15	

156 오른쪽 그림과 같이 1, 3, 5, 7은 반드시 집합 A에 속해야 하므로 경우의 수가 각각 1가지씩 가능하고, 원소 2, 4, 6, 8은 $A \cap B$, $B-A$, $(A \cup B)^C$에 속해야 한다.

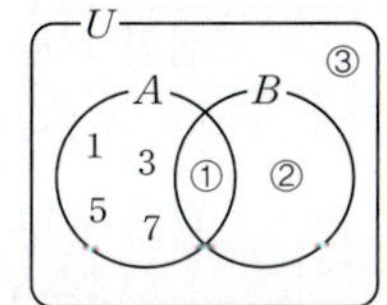

즉, ①, ②, ③에 원소 2, 4, 6, 8이 위치하면 되므로 각 원소별로 경우의 수가 3개씩 생긴다.

단, 2, 4, 6, 8이 모두 $(A \cup B)^C$으로 간 경우 1가지를 제외해야 하므로 구하는 순서쌍 (A, B)의 개수는

$$1 \times 1 \times 1 \times 1 \times 3 \times 3 \times 3 \times 3 - 1 = 80$$

답 80

157 $X = \{1, 2, 5, 9\}$, $Y = \{2, 4, 6, 7, 9\}$, $Z = \{3, 5, 6, 7, 9\}$이므로

$$\begin{aligned} X \triangle Y &= (X-Y) \cup (Y-X) \\ &= \{1, 5\} \cup \{4, 6, 7\} \\ &= \{1, 4, 5, 6, 7\} \end{aligned}$$

에서 $7 \in Y$, 즉 $X \triangleleft Y$

$$\begin{aligned} Y \triangle Z &= (Y-Z) \cup (Z-Y) \\ &= \{2, 4\} \cup \{3, 5\} \\ &= \{2, 3, 4, 5\} \end{aligned}$$

에서 $5 \in Z$, 즉 $Y \triangleleft Z$

$$\therefore X \triangleleft Y \triangleleft Z$$

답 ②

158 $6^2 = 2^2 \cdot 3^2$, $15^2 = 3^2 \cdot 5^2$이므로 6^2과 15^2의 최대공약수는 3^2이다.

$$S(A) = (1+2+2^2)(1+3+3^2) = 91$$
$$S(B) = (1+3+3^2)(1+5+5^2) = 403$$

이고 $A \cap B$는 3^2의 양의 약수의 집합이므로

$$S(A \cap B) = 1+3+3^2 = 13$$
$$\therefore S(A \cup B) = S(A) + S(B) - S(A \cap B)$$
$$= 91 + 403 - 13 = 481$$

답 ⑤

159 $n(A \cup B) = n(A) + n(B) - n(A \cap B)$
$$= n(A) + 20 - 10 = n(A) + 10$$

$n(A) \geq n(A \cap B)$이므로 $n(A)$의 최솟값은 10

$n(A \cup B) = n(A) + 10$이고 $n(A \cup B) \leq n(U)$이므로

$$n(A \cup B) = n(A) + 10 \leq n(U)$$

따라서 $n(A)$의 최댓값은 40이다.

즉, 구하는 최솟값과 최댓값의 합은

$$10 + 40 = 50$$

답 ⑤

160 두 집합 $A \cup B^C$, $(A \cap B)^C$을 벤 다이어그램으로 나타내면 다음과 같다.

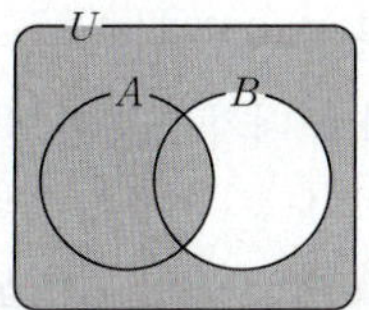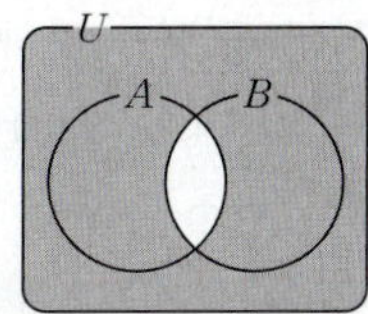

ㄱ. 위의 벤 다이어그램이 나타내는 집합에서 두 집합의 합집합이 전체집합과 같음을 알 수 있다.

따라서

$$\begin{aligned} U &= (A \cup B^C) \cup (A \cap B)^C \\ &= \{2, 4, 5, 8, 12\} \cup \{1, 3, 5, 9\} \\ &= \{1, 2, 3, 4, 5, 8, 9, 12\} \ (참) \end{aligned}$$

ㄴ. 위의 벤 다이어그램에서 $A \cap B = (A \cup B^C) - (A \cap B)^C$이 성립하므로

$$\begin{aligned} A \cap B &= \{2, 4, 5, 8, 12\} - \{1, 3, 5, 9\} \\ &= \{2, 4, 8, 12\} \ (거짓) \end{aligned}$$

ㄷ. 드모르간의 법칙에 의해 $A^C \cap B = (A \cup B^C)^C$이므로

$$\begin{aligned} A^C \cap B &= (A \cup B^C)^C \\ &= U - (A \cup B^C) \\ &= U - \{2, 4, 5, 8, 12\} \\ &= \{1, 3, 9\} \end{aligned}$$

따라서 집합 $A^C \cap B$의 원소의 개수는 3이다. (참)

따라서 옳은 것은 ㄱ, ㄷ이다.

답 ③

161 전체집합을 U, $n(A \cap B \cap C) = x$, $n((B \cap C) - A) = y$라 하고 다음 그림과 같이 벤 다이어그램에 각각의 영역에 해당하는 원소의 개수를 표시하면

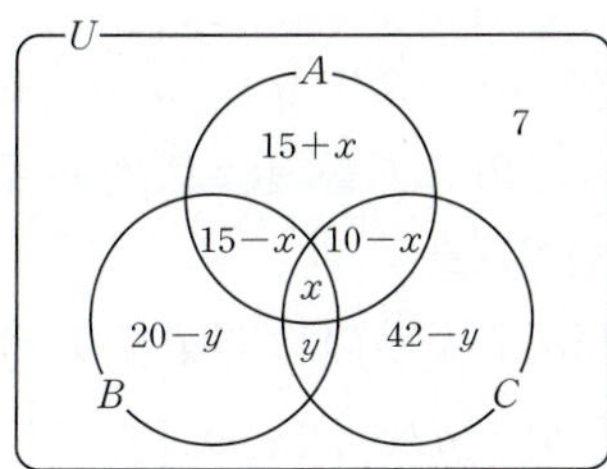

$n(A \cup B \cup C) = 102 - y = 93$이므로 $y = 9$

x의 값의 범위는 $0 \leq x \leq 10$이고 두 문제 이상 맞힌 학생 수는 $34 - x$이므로 $24 \leq 34 - x \leq 34$

따라서 구하는 최솟값은 $x = 10$일 때 24이다.

답 24

162 52 이하의 자연수 중 5로 나눈 나머지가 r ($r=0$, 1, 2, 3, 4)인 수 전체의 집합을 $R(r)$이라 하면
$$n(R(0))=10,\ n(R(1))=11,\ n(R(2))=11,$$
$$n(R(3))=10,\ n(R(4))=10$$
이때 $a+b=5k$인 경우는 (a, b)가 $(R(0), R(0))$, $(R(1), R(4))$, $(R(2), R(3))$이므로 집합 A의 원소에는 $R(1)$과 $R(4)$ 중 어느 하나만 들어가고 $R(2)$와 $R(3)$ 중 어느 하나만 들어가야 한다.
따라서 $n(A)$의 값이 최대가 되려면 집합 A는 $R(1)$의 모든 원소와 $R(2)$의 모든 원소를 포함하고, $R(0)$의 원소는 1개만 포함해야 하므로 $n(A)$의 최댓값은
$$11+11+1=23 \hspace{2cm} \text{답 } 23$$

163 $A=\{x_1, x_2, x_3, x_4, x_5\}$라 하면
$$x_1+x_2+x_3+x_4+x_5=28$$
$$B=\left\{\frac{x_1+a}{2},\ \frac{x_2+a}{2},\ \frac{x_3+a}{2},\ \frac{x_4+a}{2},\ \frac{x_5+a}{2}\right\}$$
이므로 B의 모든 원소의 합은
$$\frac{1}{2}(x_1+x_2+x_3+x_4+x_5)+\frac{5}{2}a$$
$$=\frac{1}{2}\times28+\frac{5}{2}a$$
$$=14+\frac{5}{2}a$$
$A\cup B$의 모든 원소의 합은 A의 모든 원소의 합과 B의 모든 원소의 합에서 $A\cap B$의 모든 원소의 합을 뺀 것과 같으므로
$$49=28+\left(14+\frac{5}{2}a\right)-(10+13)$$
$$\frac{5}{2}a=30$$
$$\therefore a=12 \hspace{2cm} \text{답 } 12$$

164 X는 $\varnothing$, $\{a\}$, $\{b\}$, $\{c\}$, $\{a, b\}$, $\{a, c\}$, $\{b, c\}$, $\{a, b, c\}$의 일부를 원소로 하고 주어진 조건을 만족하는 집합이므로
$$\{\{a, b, c\}, \varnothing\},\ \{\{a\}, \{b, c\}, \{a, b, c\}, \varnothing\},$$
$$\{\{b\}, \{a, c\}, \{a, b, c\}, \varnothing\},$$
$$\{\{c\}, \{a, b\}, \{a, b, c\}, \varnothing\},$$
$$\{\{a\}, \{b\}, \{c\}, \{a, b\}, \{a, c\}, \{b, c\},$$
$$\{a, b, c\}, \varnothing\}$$
따라서 집합 X의 개수는 5이다. $\hspace{1cm} \text{답 } 5$

165 집합 A의 이차부등식 $x^2-x-6>0$에서
$$(x+2)(x-3)>0 \qquad \therefore x<-2 \text{ 또는 } x>3$$
따라서 조건 ㈎와 ㈏를 만족하는 범위를 수직선 위에 나타내면 다음 그림과 같다.

즉, $B=\{x\,|-5\leq x\leq3\}$이므로
집합 B를 만족하는 이차부등식은
$$(x+5)(x-3)\leq0,\ x^2+2x-15\leq0$$
$B=\{x\,|\,x^2+ax+b\leq0\}$에서
$$a=2,\ b=-15$$
$$\therefore a-b=2-(-15)=17 \hspace{1cm} \text{답 } 17$$

166 $n(P(A))=2^{n(A)}=2^4$, $n(P(B))=2^{n(B)}=2^4$, $n(P(C))=2^{n(C)}=2^c$, $n(P(A\cup B\cup C))=2^{n(A\cup B\cup C)}=2^d$
이므로 문제의 조건에서
$$2^4+2^4+2^c=2^d$$
양변을 2^5으로 나누면 $1+2^{c-5}=2^{d-5}$에서
$$c=5,\ d=6$$
$$n(A\cup B\cup C)$$
$$=n(A)+n(B)+n(C)-n(A\cap B)$$
$$\quad-n(B\cap C)-n(C\cap A)+n(A\cap B\cap C)$$
이므로
$$n(A\cap B\cap C)$$
$$=n(A\cap B)+n(B\cap C)+n(C\cap A)$$
$$\quad-\{n(A)+n(B)+n(C)-n(A\cup B\cup C)\}$$
$$=n(A)+n(B)-n(A\cup B)$$
$$\quad+n(B)+n(C)-n(B\cup C)$$
$$\quad+n(C)+n(A)-n(C\cup A)$$
$$\quad-n(A)-n(B)-n(C)+n(A\cup B\cup C)$$
$$=[n(A)+n(B)+n(C)+n(A\cup B\cup C)]$$
$$\quad-n(A\cup B)-n(B\cup C)-n(C\cup A)$$
$$\geq(4+4+5+6)-3\times6=1 \hspace{1cm} \text{답 } ②$$

167 집합 A의 방정식 $x^3+ax^2+bx=0$에서
$$x(x^2+ax+b)=0$$
$$\therefore x=0 \text{ 또는 } x^2+ax+b=0$$
집합 B의 방정식 $x^3+bx^2+ax=0$에서
$$x(x^2+bx+a)=0$$
$$\therefore x=0 \text{ 또는 } x^2+bx+a=0$$

$n(A \cap B)=2$이므로 두 이차방정식 $x^2+ax+b=0$,
$x^2+bx+a=0$이 공통근을 갖는다. 즉, 공통근을 α라
하면

$$\alpha^2+a\alpha+b=0 \qquad \cdots\cdots \ \text{㉠}$$
$$\alpha^2+b\alpha+a=0 \qquad \cdots\cdots \ \text{㉡}$$

㉠$-$㉡을 하면

$$\alpha(a-b)+b-a=(a-b)(\alpha-1)=0$$
$$\therefore \ \alpha=1 \ (\because \ a\neq b)$$

근과 계수의 관계에 의하여 $x^2+ax+b=0$의 한 근이 1
이므로 다른 한 근은 b
$x^2+bx+a=0$의 한 근이 1이므로 다른 한 근은 a
$n(A \cup B)=4$, $n(A \cap B)=2$이므로 a, b는 모두 0도
아니고 1도 아니다.

$$\therefore \ A=\{0, 1, a\}, \ B=\{0, 1, b\}$$

$(A \cup B)-(A \cap B)=\{a, \ b\}$이고 $x^2+ax+b=0$,
$x^2+bx+a=0$에 $x=1$을 대입하면 $a+b=-1$이므로
원소의 합은 -1 　　　　　　　　　　　　　　 **답** ②

168 ㄱ. $S=\{2, 3, 4\}$의 원소 중 소수는 2, 3이므로
　　　$N(S)=2$이다. (참)
ㄴ. S가 U의 원소 중 소수 2, 3, 5, 7을 모두 원소로 갖
　　는 집합일 때, $N(S)$의 최댓값은 4이다. (참)
ㄷ. $N(S)=1$인 집합 S는 집합 $\{1, 4, 6, 8, 9, 10\}$의
　　부분집합에 소수 2, 3, 5, 7 중 하나만을 포함시킨
　　집합이므로 집합 S의 개수는 $2^6 \times 4=2^8$이다. (참)
따라서 옳은 것은 ㄱ, ㄴ, ㄷ이다. 　　　　　　 **답** ⑤

169 $A_n=\left\{x \mid x-[x]=\dfrac{1}{n}, \ x \in Q\right\}$이므로

ㄱ. $\left(-\dfrac{6}{5}\right)-\left[-\dfrac{6}{5}\right]=-\dfrac{6}{5}+2=\dfrac{4}{5}\neq\dfrac{1}{5}$ (거짓)

ㄴ. $\dfrac{2008}{9}-\left[\dfrac{2008}{9}\right]=\dfrac{2008}{9}-223=\dfrac{1}{9}\in A_9$ (참)

ㄷ. $A_3=\left\{\cdots, (-1)+\dfrac{1}{3}, 0+\dfrac{1}{3}, 1+\dfrac{1}{3}, \cdots\right\}$

　　$A_6=\left\{\cdots, (-1)+\dfrac{1}{6}, 0+\dfrac{1}{6}, 1+\dfrac{1}{6}, \cdots\right\}$

　　　　$\therefore \ A_3 \not\subset A_6$ (거짓)

따라서 옳은 것은 ㄴ뿐이다. 　　　　　　　　 **답** ①

170 ㄱ. [반례] $A=\{1, 2\}$, $B=\{4\}$이면
　　　　$f(A-B)\neq f(A)-f(B)$ (거짓)
ㄴ. [반례] $A=\{1, 9\}$, $B=\{2, 8\}$이면
　　　　$f(A)=f(B)$이지만 $A\neq B$이다. (거짓)

ㄷ. (i) $A \cap B=\varnothing$일 때, $f(A \cap B)=0$
　　$A=\{a_1, a_2, \cdots, a_m\}$, $B=\{b_1, b_2, \cdots, b_n\}$이라
　　하면

$$f(A \cup B)=a_1+a_2+\cdots+a_m+b_1+b_2+$$
$$\cdots+b_n$$
$$f(A)=a_1+a_2+\cdots+a_m$$
$$f(B)=b_1+b_2+\cdots+b_n$$
$$\therefore \ f(A \cup B)=f(A)+f(B)-f(A \cap B)$$

(ii) $A \cap B\neq\varnothing$일 때,
　　$A=\{a_1, a_2, \cdots, a_m\}$, $B=\{b_1, b_2, \cdots, b_n\}$,
　　$A \cap B=\{c_1, c_2, \cdots, c_l\}$이라 하면
　　$A \cap B\subset A$, $A \cap B\subset B$이므로

$$f(A \cup B)=a_1+a_2+\cdots+a_m+b_1+b_2+$$
$$\cdots+b_n-(c_1+c_2+\cdots+c_l)$$
$$f(A)=a_1+a_2+\cdots+a_m$$
$$f(B)=b_1+b_2+\cdots+b_n$$
$$f(A \cup B)+f(A \cap B)=f(A)+f(B)$$이므로
$$f(A \cup B)=f(A)+f(B)-f(A \cap B) \ (참)$$

따라서 옳은 것은 ㄷ뿐이다. 　　　　　　　　 **답** ②

171 두 집합 A, B의 교집합은 존재하지 않아야 하고 집합
A과 집합 B의 원소의 합은 3의 배수이다.

1, 2, 3, 4 중 일부를 택하여 3의 배
수를 만들 수 있는 경우는
(3), (1, 2), (2, 4), (1, 2, 3),
(2, 3, 4)이고 각각의 경우들은 오

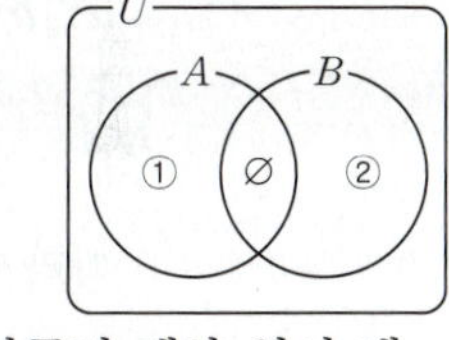

른쪽 그림과 같이 영역 ①과 ②에 아무런 제약 없이 배
분이 가능하므로
(i) $A \cup B=\{3\}$일 때, 배분하는 방법의 수는 $2^1=2$
(ii) $A \cup B=\{1, 2\}$ 또는 $\{2, 4\}$일 때, 배분하는 방법의
　　수는 $2^2=4$
(iii) $A \cup B=\{1, 2, 3\}$ 또는 $\{2, 3, 4\}$일 때, 배분하는 방
　　법의 수는 $2^3=8$
(i), (ii), (iii)에 의하여 두 집합 A, B의 순서쌍 (A, B)
의 총 개수는

$$2+2^2\times2+2^3\times2=2+8+16=26 \qquad \text{**답** ④}$$

172 두 집합 $X=\{1, 2, 3, 4, 5\}$, $Y=\{1, 3, 5, 7\}$에 대하
여 $a\in X$, $b\in Y$일 때, 이차방정식 $x^2-2ax+b=0$은
실근을 가지므로 이 이차방정식의 판별식을 D라 하면

$$\dfrac{D}{4}=a^2-b\geq0 \qquad \cdots\cdots \ \text{㉠}$$

이차방정식 $x^2+ax+b=0$은 실근을 가지지 않으므로
이 이차방정식의 판별식을 D'이라 하면
$$D'=a^2-4b<0 \qquad \cdots\cdots ㉡$$
㉠, ㉡에 의하여 $b\leq a^2<4b$
(i) $b=1$인 경우
　　$1\leq a^2<4$이므로 가능한 a는 1의 1개
(ii) $b=3$인 경우
　　$3\leq a^2<12$이므로 가능한 a는 2, 3의 2개
(iii) $b=5$인 경우
　　$5\leq a^2<20$이므로 가능한 a는 3, 4의 2개
(iv) $b=7$인 경우
　　$7\leq a^2<28$이므로 가능한 a는 3, 4, 5의 3개
(i)~(iv)에 의하여 가능한 순서쌍 (a, b)의 개수는
$$1+2+2+3=8$$
　　　　　　　　　　　　　　　　　　답 ②

173 $X=\{1, 2, 3\}$에서 $a\in\{1, 2, 3\}$, $b\in\{1, 2, 3, 4\}$, $c\in\{1, 2, 3, 4, 5\}$이므로 전체의 경우의 수에서 여사건의 경우의 수를 빼주자.
(i) 순서쌍 (a, b, c)를 선택하는 전체 경우의 수는
$$3\times4\times5=60$$
(ii) $a\leq b$이고 $b<c$인 경우, 즉 $a\leq b<c$인 경우의 수는 c의 값에 따라 분류해보면
　① $c=5$
　　　$a\leq b<5$에서 $a\neq b$, 즉 $a<b$인 경우는
　　　1, 2, 3, 4 중 두 수를 선택하는 경우와 같으므로
　　　　$_4C_2=6$
　　　따라서 $a=b$인 경우는 3가지이다.
　② $c=4$
　　　$a\leq b<4$에서 $a\neq b$, 즉 $a<b$인 경우는 1, 2, 3 중
　　　두 수를 선택하는 경우와 같으므로 $_3C_2=3$
　　　따라서 $a=b$인 경우는 3가지이다.
　③ $c=3$
　　　$a\leq b<3$에서 $a\neq b$, $a<b$인 경우는 1, 2 중 두 수
　　　를 선택하는 경우와 같으므로 $_2C_2=1$
　　　따라서 $a=b$인 경우는 2가지이다.
　④ $c=2$
　　　$a\leq b<2$에서 가능한 경우는 $a=b=1$의 1가지
　⑤ $c=1$
　　　$a\leq b<1$이므로 가능한 경우가 존재하지 않는다.
　　따라서 (ii)의 경우의 수는
$$(6+3)+(3+3)+(1+2)+1+0=19$$
따라서 $a>b$이거나 $b\geq c$를 만족하는 a, b, c의 순서쌍 (a, b, c)의 개수는
$$60-19=41$$
　　　　　　　　　　　　　　　　　　답 ②

($a>b$이거나 $b\geq c$인 경우)
$=$($a>b$인 경우)$+$($b\geq c$인 경우)$-$($a>b\geq c$인 경우)
$=$($a>b$인 경우)$+$($b=c$인 경우$+b>c$인 경우)
　$-$($a>b=c$인 경우$+a>b>c$인 경우)
$=_3C_2\times5+_4C_1\times3+_4C_2\times3-_3C_2-_3C_3$
$=15+12+18-3-1=41$

174 조건 ㈎에서 $n(A)=4$이므로 $A=\{a, b, c, d\}$라 하면 $(e, f, g, h, i, j, k, l, m, n, o)$ 배열 사이가 12개이므로 A의 원소들을 하나씩 배치하고 $(1, \cdots, 15)$를 순서대로 배정하면 조건 ㈏를 만족한다. 즉,
$$_{12}C_4=\frac{12\times11\times10\times9}{4\times3\times2\times1}=495$$
　　　　　　　　　　　　　　　　　　답 495

175 조건 ㈎에서 $A\cup X=X$이므로 집합 A는 집합 X의 부분집합이다. 즉, $A\subset X$이다.
즉, 집합 A의 두 원소 1과 2는 집합 X의 원소이다.
또 두 집합 A와 B에서 $A=\{1, 2\}$이고 $B=\{2, 3, 5, 7\}$이므로
$$B-A=\{3, 5, 7\}$$
조건 ㈏에서 $(B-A)\cap X=\{5, 7\}$이므로
$$\{3, 5, 7\}\cap X=\{5, 7\}$$
$$\therefore 5, 7\in X, 3\not\in X$$
따라서 1, 2, 5, 7은 반드시 집합 X에 속해야 하고 3은 속하지 않아야 한다.
그런데 전체집합 $U=\{x\,|\,1\leq x\leq12, x는 자연수\}$의 원소의 개수는 12이므로 주어진 조건을 만족하는 집합 X의 개수는
$$2^{12-4-1}=2^7=128$$
　　　　　　　　　　　　　　　　　　답 128

176 (i) 집합 A의 부분집합 중에서 원소 2를 반드시 포함하는 집합의 개수는 $2^{6-1}=2^5$이고, 이 집합의 가장 작은 원소는 2이다.
(ii) 집합 A의 부분집합 중에서 원소 2는 포함하지 않고, 원소 2^2을 반드시 포함하는 집합의 개수는 $2^{6-1-1}=2^4$이다.
　　이때 이 집합의 가장 작은 원소는 2^2이다.
(iii) 집합 A의 부분집합 중에서 원소 2, 2^2은 포함하지 않고, 원소 2^3을 반드시 포함하는 집합의 개수는 $2^{6-2-1}=2^3$이다.
　　이때 이 집합의 가장 작은 원소는 2^3이다.
(iv) 집합 A의 부분집합 중에서 원소 2, 2^2, 2^3은 포함하

지 않고, 원소 2^4을 반드시 포함하는 집합의 개수는
$2^{6-3-1}=2^2=4$이다.

이때 이 집합의 가장 작은 원소는 2^4이다.

(v) 집합 A의 부분집합 중에서 원소 2, 2^2, 2^3, 2^4은 포함하지 않고, 원소 2^5을 반드시 포함하는 집합의 개수는 $2^{6-4-1}=2$이다.

이때 이 집합의 가장 작은 원소는 2^5이다.

(vi) 집합 A의 부분집합 중에서 원소 2^6으로만 이루어진 집합은 1개이고, 이 집합의 가장 작은 원소는 2^6이다.

(i)~(vi)에 의하여
$$a_1+a_2+a_3+\cdots+a_n$$
$$=2\cdot2^5+2^2\cdot2^4+2^3\cdot2^3+2^4\cdot2^2+2^5\cdot2+2^6\cdot1$$
$$=2^6+2^6+2^6+2^6+2^6+2^6$$
$$=6\cdot2^6=6\cdot64=384$$

답 384

177 $A_n=\{x\,|\,n^2+3n+2\leq x\leq n^2+3n+6\}$,
$B_n=\{x\,|\,2n^2+2\leq x\leq 2n^2+5\}$에서
$$n^2+3n+2-(2n^2+2)=3n-n^2=n(3-n)$$
$n>3$이면 $n^2+3n+2<2n^2+2$이므로 $A_n\triangle B_n$의 원소의 최솟값 $f(n)$은
$$f(n)=n^2+3n+2$$
$$\frac{1}{AB}=\frac{1}{B-A}\left(\frac{1}{A}-\frac{1}{B}\right)\,(단,\,A\neq B)에서$$
$$\frac{1}{f(n)}=\frac{1}{n^2+3n+2}=\frac{1}{(n+1)(n+2)}$$
$$=\frac{1}{n+1}-\frac{1}{n+2}$$
이므로
$$\frac{1}{f(4)}+\frac{1}{f(5)}+\cdots+\frac{1}{f(9)}$$
$$=\left(\frac{1}{5}-\frac{1}{6}\right)+\left(\frac{1}{6}-\frac{1}{7}\right)+\cdots+\left(\frac{1}{10}-\frac{1}{11}\right)$$
$$=\frac{1}{5}-\frac{1}{11}=\frac{6}{55}=K$$
$$\therefore 110K=110\times\frac{6}{55}=12$$

답 12

178 병원을 찾은 환자 전체의 집합을 U, 고열이 나는 환자들의 집합을 A, 기침을 하는 환자들의 집합을 B, 목통증이 있는 환자들의 집합을 C라 하면 구하는 집합은 오른쪽 벤 다이어그램과 같으므로
$$n(U)=n(A\cup B\cup C)=90,$$
$$n(A)=45,\ n(B)=37,\ n(C)=29,$$

$$n(B\cap C)=6$$
$$n(B\cup C)=n(B)+n(C)-n(B\cap C)$$
$$=37+29-6$$
$$=60$$
A에만 속하는 원소들의 개수는
$$n(A\cup B\cup C)-n(B\cup C)=90-60=30$$
이므로 일차 분류된 환자의 수는
$$45-30=15$$

답 15

| 본문 50~51p |

STEP 3   179 ⑤   180 127   181 80   182 ⑤
183 151   184 54

179 ㄱ. A_4는 $2^a=\dfrac{4}{b}$에서 $4=2^a\times b$인 자연수의 순서쌍을 원소로 갖는 집합이므로
$$4=2^1\times2,\ 4=2^2\times1$$
$$A_4=\{(1,\,2),\,(2,\,1)\}\ (참)$$

ㄴ. $m=2^k$일 때, A_m은 $2^a=\dfrac{2^k}{b}$에서 $2^k=2^a\times b$인 자연수의 순서쌍을 원소로 갖는 집합이므로
$$A_m=\{(1,\,2^{k-1}),\,(2,\,2^{k-2}),\,(3,\,2^{k-3}),$$
$$\cdots,\,(k,\,2^0)\}$$
$$\therefore n(A_m)=k\ (참)$$

ㄷ. A_m은 $2^a=\dfrac{m}{b}$에서 $m=2^a\times b$인 자연수의 순서쌍을 원소로 갖는 집합이다.

$n(A_m)=1$이 되기 위해서는 $b=\dfrac{m}{2^a}$이 자연수가 되도록 하는 자연수 a가 오직 하나만 존재하므로 $a=1$이어야 한다.

따라서 $m=2^1\times(홀수)$이어야 하므로 한 자리 자연수 중에서 $2^1\times(홀수)$인 자연수는 2×1, 2×3의 2개이다. (참)

따라서 옳은 것은 ㄱ, ㄴ, ㄷ이다.

답 ⑤

180 $50=2\times5^2$이므로 집합 B의 모든 원소는 2의 배수도 아니고 5의 배수도 아니다.

조건 ㈏에서 $X\cap B=\varnothing$이므로 집합 X의 모든 원소는 2의 배수이거나 5의 배수이어야 한다.

조건 ㈐에서 $12=2^2\times3$이므로 집합 X의 모든 원소는 2의 배수도 아니고 3의 배수도 아니다.

따라서 집합 X의 모든 원소는 100 이하의 5의 배수 중에서 2의 배수도 아니고 3의 배수도 아닌 수이므로 집

합 X의 원소가 될 수 있는 수는
$$5,\ 25,\ 35,\ 55,\ 65,\ 85,\ 95$$
이다.
조건 ㈎에서 집합 X는 집합
$$\{5,\ 25,\ 35,\ 55,\ 65,\ 85,\ 95\}$$
의 공집합이 아닌 부분집합이어야 하므로 집합 X의 개수는
$$2^7-1=128-1$$
$$=127$$

답 127

181 집합 $\{1,\ 2,\ 3,\ 4,\ 5\}$의 2^5개의 부분집합 중 최대의 원소인 5를 포함하는 것과 5를 포함하지 않는 것을 다음과 같이 대응시킬 수 있다.
$$\varnothing \leftrightarrow \{5\}$$
$$\{1\} \leftrightarrow \{1,\ 5\}$$
$$\{2\} \leftrightarrow \{2,\ 5\}$$
$$\{3\} \leftrightarrow \{3,\ 5\}$$
$$\vdots$$
$$\{1,\ 2,\ 3,\ 4\} \leftrightarrow \{1,\ 2,\ 3,\ 4,\ 5\}$$
두 집합 A, B가 위와 같이 대응될 때 $m(\varnothing)=0$으로 정하고 $m(A)+m(B)$의 값을 구하면
$$\varnothing \leftrightarrow \{5\}의\ 경우 : 0+5=5$$
$$\{1\} \leftrightarrow \{1,\ 5\}의\ 경우 : 1+(5-1)=5$$
$$\{2\} \leftrightarrow \{2,\ 5\}의\ 경우 : 2+(5-2)=5$$
$$\{3\} \leftrightarrow \{3,\ 5\}의\ 경우 : 3+(5-3)=5$$
$$\vdots$$
$$\{1,\ 2,\ 3,\ 4\} \leftrightarrow \{1,\ 2,\ 3,\ 4,\ 5\}의\ 경우 :$$
$$(4-3+2-1)+(5-4+3-2+1)=5$$
이와 같은 경우가 부분집합의 개수의 절반인
$$\frac{2^5}{2}=16(가지)만큼\ 존재하므로$$
$$m(X_1)+m(X_2)+\cdots+m(X_{31})=5\times16=80$$

답 80

182 두 집합 A, B를 벤 다이어그램으로 나타내면 오른쪽 그림과 같다.
조건 ㈎에 의하여 $2\notin A\cap B^C$이므로 2는 $A\cap B$ 또는 $B\cap A^C$ 또는 $(A\cup B)^C$에 존재해야 한다.

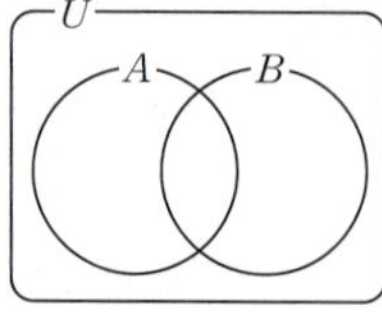

(i) 원소 2가 $B\cap A^C$, 즉 $B-A$에 존재하는 경우
$n(B-A)=3$이므로 $B-A$에 들어갈 2가 아닌 다른 원소 두 개를 뽑는 경우의 수는 $_5C_2=10$

그리고 나머지 세 원소는 $A-B$, $A\cap B$, $(A\cup B)^C$에 들어갈 수 있으므로 세 원소를 배치하는 방법의 수는 $3\times3\times3=27$
따라서 원소 2가 $B-A$에 존재하는 경우의 수는
$$10\times27=270$$
(ii) 원소 2가 $B\cap A^C$, 즉 $B-A$에 존재하지 않는 경우
원소 2는 $A\cap B$ 혹은 $(A\cup B)^C$에 존재해야 하므로 선택하는 경우의 수는 2가지이다.
$n(B-A)=3$이므로 $B-A$에 들어갈 세 원소를 뽑는 경우의 수는 $_5C_3=10$
그리고 나머지 두 원소는 $A-B$, $A\cap B$, $(A\cup B)^C$에 들어갈 수 있으므로 두 원소를 배치하는 방법의 수는 $3\times3=9$
따라서 원소 2가 $B-A$에 존재하지 않는 경우의 수는
$$2\times10\times9=180$$
(i), (ii)에 의하여 순서쌍 $(A,\ B)$의 개수는
$$270+180=450$$

답 ⑤

183 집합 A의 원소를 작은 수부터 차례로 a_1, a_2, a_3이라 할 때, $\left[\dfrac{a_1}{2}\right]=\left[\dfrac{a_2}{3}\right]=\left[\dfrac{a_3}{4}\right]=k$라 하면
$$a_1\in\{2k,\ 2k+1\},\ a_2\in\{3k,\ 3k+1,\ 3k+2\},$$
$$a_3\in\{4k,\ 4k+1,\ 4k+2,\ 4k+3\}$$
$a_1<a_2<a_3$에서
(i) $k=7$일 때, $4k+3>30$이므로 $2\times3\times3=18$
(ii) $k=6,\ 5,\ 4,\ 3$일 때, $2\times3\times4=24$
(iii) $k=2$일 때, $a_1=\{4,\ 5\}$, $a_2=\{6,\ 7,\ 8\}$, $a_3=\{8,\ 9,\ 10,\ 11\}$이고 $a_1<a_2<a_3$을 만족해야 하므로 전체 경우에서 위 조건을 만족하지 않는 경우의 수를 빼면 $a_1<a_2=a_3$인 경우는
$$2\times1\times1=2$$
$$\therefore 2\times3\times4-2=22$$
(iv) $k=1$일 때, $a_1=\{2,\ 3\}$, $a_2=\{3,\ 4,\ 5\}$, $a_3=\{4,\ 5,\ 6,\ 7\}$이고 $a_1<a_2<a_3$을 만족해야 하므로 전체 경우에서 위 조건을 만족하지 않는 경우를 빼면
① $a_1=a_2=a_3$인 경우는 없다.
② $a_1=a_2<a_3$인 경우는 $1\times4=4$
③ $a_1<a_2=a_3$인 경우는 $2\times2=4$
④ $a_1<a_3<a_2$인 경우는 2
$$2\times3\times4-(4+4+2)=14$$
(v) $k=0$일 때, $(a_1,\ a_2,\ a_3)=(1,\ 2,\ 3)$의 1개
(i)~(v)에 의하여 순서쌍 $(a_1,\ a_2,\ a_3)$의 개수는
$$18+24\times4+22+14+1=151$$

답 151

184 1은 조건 ㈎에 의하여 1행에, 10은 조건 ㈏에 의하여 3행에 존재하고 2는 조건 ㈎, ㈐에 의하여 2행에 존재해야 한다. 또한 3은 조건 ㈐에 의하여 3행에 존재할 수 없다.

3이 2행에 있을 경우 3 위에는 1 또는 2가 배치되어야 하는데 2는 2행에 배치되면서 위에는 1이어야 하므로 조건을 만족할 수 없다.

즉, 3은 1행에 존재해야 하므로 1행에는 $(1, 3, 5)$ 또는 $(1, 3, 7)$이 배치되어야 한다.

이때 9개의 빈칸에 수를 배치하는 경우를 4를 기준으로 나누면

(i) 4가 3행에 존재하는 경우 한 열에는 $\begin{pmatrix} 1 \\ 2 \\ 4 \end{pmatrix}$의 형태가

배치되어야 한다.

① $(1, 3, 5)$가 1행에 배치되었을 때 1행에 수를 배열하는 경우의 수는 $3!=6$

6, 7은 각각 조건 ㈏, ㈐에 의하여 3행에 올 수 없으므로 2행에 배열하는 경우의 수는 $2!$, 나머지 8, 10을 3행에 배열하는 경우의 수는 $2!=2$
$$\therefore 6\times2\times2=24$$

② $(1, 3, 7)$이 1행에 배치되었을 때, 7을 포함하는

열은 $\begin{pmatrix} 7 \\ 8 \\ 10 \end{pmatrix}$의 형태로 배치되어야 하므로 1행의

수만 배치하면 나머지 수들이 자동으로 결정된다.
$$\therefore 3!=6$$

(ii) 4가 2행에 존재하는 경우 2, 4 위에는 각각 1, 3이 존재해야 한다.

① $(1, 3, 5)$가 1행에 배치되었을 때 1행에 $(1, 3, 5)$를 배치하는 경우의 수는 $3!$. 7은 조건

㈐에 의하여 5 아래에 존재해야 하지만 $\begin{pmatrix} 5 \\ 7 \\ 6 \end{pmatrix}$의

형태가 되는 경우를 제외해야 하므로 조건 ㈐를 만족하도록 하는 열의 가짓수는 $(3!-2!)=4$
$$\therefore 3!\times4=24$$

② $(1, 3, 7)$이 1행에 배치되었을 때 5가 배치될 수 없으므로 성립하지 않는다.

따라서 규칙을 만족하는 경우의 수는
$$24+6+24=54$$ 🔳 54

06 명제

| 본문 54~55p |

STEP 1	185 ④	186 ②	187 2	188 8
189 15	190 ②	191 ㄴ, ㄷ	192 ㄷ	193 ④
194 ④	195 ⑤	196 $c<a<b$		197 12
198 10				

185 $p : x>0$, $q : y>0$, $r : x<0$, $s : y<0$일 때,
$$xy>0 \Longleftrightarrow (x>0, y>0) \ \text{또는} \ (x<0, y<0)$$
따라서 주어진 조건의 진리집합은
$$(P\cap Q)\cup(R\cap S)$$ 🔳 ④

186 $P\cup Q=P$에서 $Q\subset P$
$Q^C\subset R^C$에서 $R\subset Q$
따라서 $R\subset Q\subset P$이므로
$$r\Longrightarrow q\Longrightarrow p, \ \sim p\Longrightarrow \sim q\Longrightarrow \sim r$$ 🔳 ②

187 $\sim q : a<x\leq 4a$이므로 $p\Longrightarrow \sim q$
즉, $\{x\,|\,2\leq x<4\}\subset\{x\,|\,a<x\leq 4a\}$를 만족해야 하므로
$a<2$이고 $4a\geq 4$
$$\therefore 1\leq a<2$$
$a=1$, $\beta=2$이므로 $\alpha\beta=2$ 🔳 2

188 주어진 조건에서 $Q=\{4, 8, 10, 12, 14\}$이므로
$$P=\{2, 4, 6, 8, 12, 14\}$$
이때 명제 $p \longrightarrow q$가 거짓임을 보여주는 반례는 집합 $P-Q=\{2, 6\}$의 원소이다.
따라서 구하는 원소의 합은 $2+6=8$ 🔳 8

189 세 조건 p, q, r의 진리집합은 각각 A, $A-B$, C이다.
$\sim p\Longrightarrow \sim r$, 즉 $r\Longrightarrow p$이므로 $C\subset A$
$q\Longrightarrow r$이므로 $(A-B)\subset C$
$$\therefore (A-B)\subset C\subset A$$
한편 $A-B=\{x\,|\,1\leq x\leq 4\}$이므로
$$\{x\,|\,1\leq x\leq 4\}\subset\{x\,|\,1\leq x\leq a\}\subset\{x\,|\,1\leq x\leq 6\}$$
이때 집합 사이의 포함관계를 수직선 위에 나타내어 구하면 $4\leq a\leq 6$
따라서 조건을 만족하는 정수 a는 4, 5, 6이므로 구하는 정수 a의 값의 합은
$$4+5+6=15$$ 🔳 15

190 ㄱ. 어떤 x에 대하여 $p(x)$가 참이므로 P에는 적어도 하나의 원소가 존재한다.

$$\therefore P \neq \varnothing \text{ (거짓)}$$

ㄴ. 모든 x에 대하여 $p(x)$가 참이므로 전체집합 U의 모든 x에 대하여 조건 $p(x)$가 참이다.

즉, $P = U$이다. (참)

ㄷ. 어떤 x에 대하여 $p(x)$가 거짓이므로 이 명제의 부정은 참이다. 즉, 모든 x에 대하여 $\sim p(x)$가 참이므로 $P^c = U$이다.

$$\therefore P = \varnothing \text{ (거짓)}$$

따라서 참인 명제는 ㄴ뿐이다. **답** ②

191 ㄱ. [반례] 카드의 한 면이 B일 때, 다른 면이 C이어도 모순이 아니다. (거짓)

ㄴ. ㄴ의 명제의 대우는 '카드의 한 면이 A이면 다른 면은 C가 아니다.'이므로 조건 ㉮에서 참이다. (참)

ㄷ. 주어진 두 명제와 삼단논법에 의해 카드의 한 면이 A이면 다른 면에는 숫자 1이 적혀 있다.

이때 ㄷ의 명제는 위 명제의 대우이므로 참이다. (참)

따라서 옳은 것은 ㄴ, ㄷ이다. **답** ㄴ, ㄷ

192 각 보기의 조건을 p, 조건 q를 '세 실수 a, b, c가 모두 0이 아니다.'로 놓으면

p가 q이기 위한 필요조건이려면 $p \Longleftarrow q$

ㄱ. $p : abc \neq 0 \iff q$ $\therefore$ 필요충분조건

ㄴ. $p : a+b+c \neq 0 \;{\not\longrightarrow}\!{\not\longleftarrow}\; q$

$[\longrightarrow$의 반례$]$ $a=0$, $b=0$, $c=-1$

$[\longleftarrow$의 반례$]$ $a=-1$, $b=-1$, $c=2$

$\therefore$ 아무 조건도 아니다.

ㄷ. $p : a^2+b^2+c^2 \neq 0 \;{\longleftarrow}\!{\not\longrightarrow}\; q$

$[\longrightarrow$의 반례$]$ $a=0$, $b=0$, $c=-1$

$\therefore$ 필요조건

따라서 세 실수 a, b, c가 모두 0이 아니기 위한 조건의 필요조건이 될 수 있는 것은 ㄷ이다. **답** ㄷ

193 $|x+y| = |x-y|$의 양변을 제곱하면

$$x^2 + 2xy + y^2 = x^2 - 2xy + y^2$$
$$\therefore xy = 0$$

따라서 $x=0$ 또는 $y=0$이다.

① $xy < 0$는 $x=0$ 또는 $y=0$이기 위한 아무 조건도 아니다.

② $xy > 0$는 $x=0$ 또는 $y=0$이기 위한 아무 조건도 아니다.

③ 명제 '$xy \geq 0$이면 $x=0$ 또는 $y=0$'은 거짓이고 (반례 : $x=1$, $y=1$), 명제 '$x=0$ 또는 $y=0$이면 $xy \geq 0$'는 참이다.

따라서 $xy \geq 0$는 $|x+y| = |x-y|$이기 위한 필요조건이다.

④ 명제 '$x=0$이고 $y=0$이면 $x=0$ 또는 $y=0$'은 참이고, 명제 '$x=0$ 또는 $y=0$이면 $x=0$이고 $y=0$'은 거짓이다. (반례 : $x=0$, $y=1$)

따라서 $x=0$이고 $y=0$은 $|x+y| = |x-y|$이기 위한 충분조건이지만 필요조건은 아니다.

⑤ $x=0$ 또는 $y=0$은 $|x+y| = |x-y|$이기 위한 필요충분조건이다. **답** ④

194 (i) 사랑이의 말이 참일 때

사랑 : 파란 모자, 유진 : 파란 모자,

재영 : 흰색 모자

이 경우 빨간 모자를 쓰고 있는 사람이 없으므로 모순이다.

(ii) 유진이의 말이 참일 때

사랑 : 빨간 모자 또는 흰색 모자

유진 : 빨간 모자 또는 흰색 모자

재영 : 흰색 모자

이 경우 파란 모자를 쓰고 있는 사람이 없으므로 모순이다.

(iii) 재영이의 말이 참일 때

사랑 : 빨간 모자 또는 흰색 모자

유진 : 파란 모자

재영 : 빨간 모자 또는 파란 모자

(i), (ii), (iii)에 의하여 사랑, 유진, 재영이가 쓰고 있는 모자는 차례로 흰색 모자, 파란 모자, 빨간 모자이다.

따라서 빨간 모자, 파란 모자, 흰색 모자를 쓰고 있는 사람은 차례로 재영, 유진, 사랑이다. **답** ④

195 ① $(\sqrt{b}-\sqrt{a})^2 - (\sqrt{b-a})^2 = b - 2\sqrt{ab} + a - (b-a)$

$$= 2a - 2\sqrt{ab}$$
$$= 2\sqrt{a}(\sqrt{a} - \sqrt{b}) < 0$$
$$\therefore \sqrt{b} - \sqrt{a} < \sqrt{b-a}$$

② $(\sqrt{b}-\sqrt{a}) - (\sqrt{a}+\sqrt{b}) = -2\sqrt{a} < 0$

$$\therefore \sqrt{b} - \sqrt{a} < \sqrt{a} + \sqrt{b}$$

③ $(\sqrt{b-a})^2-(\sqrt{a}+\sqrt{b})^2=b-a-(a+2\sqrt{ab}+b)$
$$=-2a-2\sqrt{ab}<0$$
$$\therefore \sqrt{b-a}<\sqrt{a}+\sqrt{b}$$

④ $(\sqrt{b-a})^2-1^2=b-a-1$
$$=1-a-a-1 \ (\because b=1-a)$$
$$=-2a<0$$
$$\therefore \sqrt{b-a}<1$$

⑤ $(\sqrt{a}+\sqrt{b})^2-1^2=a+b+2\sqrt{ab}-1$
$$=2\sqrt{ab} \ (\because a+b=1)$$
$$>0$$
$$\therefore \sqrt{a}+\sqrt{b}>1$$

탑 ⑤

196 $3a-b+c=3$ $\qquad$ ……⊙

$a+b+c=5$ $\qquad$ ……ⓒ

⊙−ⓒ을 하면

$$2a-2b=-2 \qquad \therefore b=a+1$$

⊙+ⓒ을 하면

$$4a+2c=8 \qquad \therefore c=-2a+4$$

따라서 $a-b=a-(a+1)=-1<0$

$$\therefore a<b \qquad ……ⓒ$$

$a-c=a-(-2a+4)$

$$=3a-4>0\left(\because a>\frac{4}{3}\right)$$

$$\therefore a>c \qquad ……ⓔ$$

ⓒ, ⓔ에 의하여 $c<a<b$ $\qquad$ **탑** $c<a<b$

197 $a^2+b^2+c^2\geq ab+bc+ca$의 양변에 $2(ab+bc+ca)$를
더하면

$$(a+b+c)^2\geq 3(ab+bc+ca)$$

이고 $a+b+c=6$이므로

$$36\geq 3(ab+bc+ca)$$

$$\therefore ab+bc+ca\leq 12$$

따라서 $ab+bc+ca$의 최댓값은 12이다. $\qquad$ **탑** 12

198 $a^2+b^2=\left(x+\dfrac{1}{y}\right)^2+\left(y+\dfrac{1}{x}\right)^2$

$$=x^2+\frac{2x}{y}+\frac{1}{y^2}+y^2+\frac{2y}{x}+\frac{1}{x^2}$$

$$=\left(x^2+\frac{1}{x^2}\right)+2\left(\frac{x}{y}+\frac{y}{x}\right)+\left(y^2+\frac{1}{y^2}\right) \ …⊙$$

산술평균과 기하평균의 관계에 의하여

$$x^2+\frac{1}{x^2}\geq 2\sqrt{x^2\cdot\frac{1}{x^2}}=2$$

$$\left(\text{단, 등호는 } x^2=\frac{1}{x^2}\text{일 때 성립}\right) \ …ⓒ$$

$$\frac{x}{y}+\frac{y}{x}\geq 2\sqrt{\frac{x}{y}\cdot\frac{y}{x}}=2$$

$$\left(\text{단, 등호는 } \frac{x}{y}=\frac{y}{x}\text{일 때 성립}\right) \ …ⓒ$$

$$y^2+\frac{1}{y^2}\geq 2\sqrt{y^2\cdot\frac{1}{y^2}}=2$$

$$\left(\text{단, 등호는 } y^2=\frac{1}{y^2}\text{일 때 성립}\right) \ …ⓔ$$

이므로 ⊙에서 $a^2+b^2\geq 2+2\cdot 2+2=8$

ⓒ에서 $x^2=\dfrac{1}{x^2}$, 즉 $x^4=1$이므로

$$x=1 \ (\because x>0)$$

ⓒ에서 $\dfrac{x}{y}=\dfrac{y}{x}$, 즉 $x^2=y^2$이므로

$$x=y \ (\because x>0, \ y>0)$$

ⓔ에서 $y^2=\dfrac{1}{y^2}$, 즉 $y^4=1$이므로

$$y=1 \ (\because y>0)$$

따라서 a^2+b^2의 최솟값은 $m=8$이고 그 때의 x, y의
값은 $\alpha=1$, $\beta=1$이므로

$$m+\alpha+\beta=8+1+1=10 \qquad \text{**탑** } 10$$

| 본문 56~60p |

STEP 2	199 ②	200 ④	201 16	202 6
203 ⑤	**204** 73	**205** ③	**206** ②	**207** 72
208 ①	**209** 2	**210** ④	**211** ②	**212** ⑤
213 ②	**214** 25	**215** 세종대왕, 링컨		
216 4장	**217** 풀이 참조		**218** 풀이 참조	

199 ㄱ. [반례] $A=\{0\}$이면 $0\in A$이고 $\dfrac{0}{3}=0\in A$이므로

집합 A는 주어진 조건을 만족한다.

이때 집합 A의 원소는 1개뿐이므로 A는 유한집
합이다. (거짓)

ㄴ. $9\in A$이면 $\dfrac{9}{3}=3\in A$

$3\in A$이므로 $\dfrac{3}{3}=1\in A$

$1\in A$이므로 $\dfrac{1}{3}\in A$

$\dfrac{1}{3}\in A$이므로 $\dfrac{1}{9}\in A$

따라서 $9\in A$이면 $\dfrac{1}{9}\in A$이다. (참)

ㄷ. [반례] $A=\left\{\cdots,\ \dfrac{1}{27},\ \dfrac{1}{9},\ \dfrac{1}{3},\ 1\right\}$이면 $1\in A$이고

$x\in A$일 때, $\dfrac{x}{3}\in A$이지만 $3\notin A$이다. (거짓)

따라서 옳은 것은 ㄴ뿐이다. **답** ②

200 주어진 명제의 부정은 '모든 실수 x에 대하여

$f(x)g(x)=0$이다.'이고 이것은 참이다.

즉, 모든 실수 x에 대하여 $f(x)=0$ 또는 $g(x)=0$이므로 $A\cup B$는 실수 전체의 집합이다.

따라서 B가 유한집합이면 A가 무한집합이 되어야 하므로 항상 옳은 것은 ④이다. **답** ④

201 주어진 명제가 참이라 하면 $P\cap Q\ne\varnothing$이다.

따라서 구간의 경계점을 비교하면

$$-2\le k+2,\ k-1<3$$

즉, $-4\le k<4$이므로 모든 정수 k의 절댓값은

$$|-4|+|-3|+|-2|+|-1|+0+1+2+3$$
$$=4+2(3+2+1)$$
$$=4+12=16$$

답 16

202 조건 p, q의 진리집합을 각각 P, Q라 하자.

(i) $0<x<5$일 때, $\overline{OA}=x$, $\overline{AB}=5-x$이므로

$$x(5-x)=4$$
$$x^2-5x+4=0$$
$$(x-1)(x-4)=0$$
$$\therefore\ x=1\ \text{또는}\ x=4$$

(ii) $x\ge 5$일 때, $\overline{OA}=x$, $\overline{AB}=x-5$이므로

$$x(x-5)=4$$
$$x^2-5x-4=0$$
$$\therefore\ x=\dfrac{5+\sqrt{41}}{2}\quad(\because\ x\ge 5)$$

(i), (ii)에 의하여

$$P=\left\{x\,\middle|\,x=\dfrac{5+\sqrt{41}}{2}\ \text{또는}\ x=1\ \text{또는}\ x=4\right\},$$
$$Q=\{x\,|\,0<x<k\}$$

명제 $p\Longrightarrow q$가 참이려면 $P\subset Q$이므로

$$k>\dfrac{5+\sqrt{41}}{2}$$

그런데 $6<\sqrt{41}<7$이므로

$$\dfrac{11}{2}<\dfrac{5+\sqrt{41}}{2}<6$$

따라서 구하는 자연수 k의 최솟값은 6이다. **답** 6

203 부등식 $x^2-8x+7<0$에서

$$(x-1)(x-7)<0\qquad\therefore\ 1<x<7$$

그러므로 ㉮의 명제가 참이려면 집합 X는 $\{2,\ 3,\ 4,\ 5,\ 6\}$의 부분집합이어야 한다.

부등식 $x^2-4x-5\ge 0$에서

$$(x+1)(x-5)\ge 0$$
$$\therefore\ x\le -1\ \text{또는}\ x\ge 5$$

그러므로 ㉯의 명제가 참이려면 집합 X의 원소 중 적어도 하나는 -1 이하의 정수이거나 5 이상의 정수이어야 한다.

따라서 집합 X가 될 수 있는 집합은 $\{2,\ 3,\ 4,\ 5,\ 6\}$의 부분집합 중 원소의 개수가 2이면서 5 또는 6을 원소로 갖는 집합이므로 $\{2,\ 5\}$, $\{3,\ 5\}$, $\{4,\ 5\}$, $\{2,\ 6\}$, $\{3,\ 6\}$, $\{4,\ 6\}$, $\{5,\ 6\}$의 7개이다. **답** ⑤

204 두 조건 p, q의 진리집합을 각각 P, Q라 하면 조건 '$\sim p$ 또는 q'의 진리집합은 $P^C\cup Q$이다.

조건 p가 조건 '$\sim p$ 또는 q'이기 위한 충분조건이 되려면 $P\subset(P^C\cup Q)$이어야 한다.

이때 $P\cap P^C=\varnothing$이므로 조건을 만족시키려면 $P\subset Q$이어야 한다.

$P=\{1,\ 2,\ 3,\ 6\}$이고 자연수 k는 1, 2, 3, 6과 각각 서로소이어야 하므로 $k=1$ 또는 k는 2의 배수도 아니고 3의 배수도 아닌 수이다.

이때 k는 20 이하의 자연수이므로

$$k=5,\ 7,\ 11,\ 13,\ 17,\ 19$$

또, 1은 모든 자연수와 서로소이므로 k의 합은

$$1+5+7+11+13+17+19=73$$

답 73

205 a, b, c가 양수이므로

$$(7a+8b+9c)\left(\dfrac{1}{7a+8b}+\dfrac{1}{c}\right)$$
$$=1+\dfrac{9c}{7a+8b}+\dfrac{7a+8b}{c}+9$$
$$=\dfrac{9c}{7a+8b}+\dfrac{7a+8b}{c}+10$$

산술평균과 기하평균의 관계에 의하여

$$\dfrac{9c}{7a+8b}+\dfrac{7a+8b}{c}+10$$
$$\ge 2\sqrt{\dfrac{9c}{7a+8b}\cdot\dfrac{7a+8b}{c}}+10$$
$$=6+10=16$$

$$\left(\text{단, 등호는}\ \dfrac{9c}{7a+8b}=\dfrac{7a+8b}{c}\ \text{일 때 성립}\right)$$

이므로 구하는 최솟값은 16이다. **답** ③

206 $X=\sqrt{13-4x}+\sqrt{9-2y}$로 놓으면

$$X^2=22-4x-2y+2\sqrt{(13-4x)(9-2y)}$$
$$=8+2\sqrt{(13-4x)(9-2y)}\ (\because 2x+y=7)$$

이때 X^2은 $\sqrt{(13-4x)(9-2y)}$가 최대일 때 최댓값을
가지므로 산술평균과 기하평균의 관계에 의하여

$$\frac{(13-4x)+(9-2y)}{2}\geq\sqrt{(13-4x)(9-2y)}$$
$$\therefore 4\geq\sqrt{(13-4x)(9-2y)}\ (\because 2x+y=7)$$
$$(단,\ 등호는\ 13-4x=9-2y일\ 때\ 성립)$$

따라서 $X^2\leq8+2\times4=16$이므로 X의 최댓값은 4이다.

답 ②

다른 풀이

평균부등식에서

$$\sqrt{\frac{(13-4x)+(9-2y)}{2}}\geq\frac{\sqrt{13-4x}+\sqrt{9-2y}}{2}$$
$$2\geq\frac{\sqrt{13-4x}+\sqrt{9-2y}}{2}\ (\because 2x+y=7)$$
$$\therefore 4\geq\sqrt{13-4x}+\sqrt{9-2y}$$

207 $\dfrac{x^2}{9}+\dfrac{y^2}{4}=1$

산술평균과 기하평균의 관계에 의하여
$$4x^2+9y^2=36\geq12xy\ (단,\ 등호는\ 2x=3y일\ 때\ 성립)$$
$$\therefore (2x+3y)^2=4x^2+9y^2+12xy$$
$$\leq36+36=72$$

답 72

다른 풀이

코시-슈바르츠의 부등식을 사용하면
$$(2x+3y)^2=\left(6\cdot\frac{x}{3}+6\cdot\frac{y}{2}\right)^2\leq(36+36)\left(\frac{x^2}{9}+\frac{y^2}{4}\right)=72$$

208 주어진 관계식을 변형하면
$$a^2-4a+\frac{a}{b}+\frac{4b}{a}=(a-2)^2-4+\frac{a}{b}+\frac{4b}{a}$$

이므로 $a=2$이고 $\dfrac{a}{b}+\dfrac{4b}{a}$가 최소일 때 최솟값을 갖는
다. 따라서 산술평균과 기하평균의 관계에 의하여
$$\frac{a}{b}+\frac{4b}{a}\geq2\sqrt{\frac{a}{b}\cdot\frac{4b}{a}}=4$$
$$(단,\ 등호는\ a=2b일\ 때\ 성립)$$

이므로 주어진 식에서 $a=2$, $b=1$일 때, 최솟값은 0이다.
$$\therefore m+n+k=2+1+0=3$$

답 ①

209 오른쪽 그림과 같이 직선 OA가 원
O와 만나는 점을 각각 B, C라 하면
두 삼각형 APB와 AQC에서 맞꼭
지각의 성질에 의하여
$$\angle BAP=\angle CAQ$$

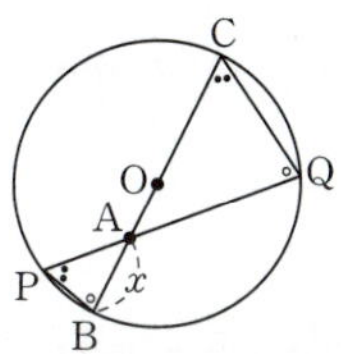

원주각의 성질에 의하여
$$\angle PBA=\angle QAC,\ \angle APB=\angle ACQ$$
$$\therefore\ \triangle APB\infty\triangle ACQ\qquad\cdots\cdots\ \bigcirc$$

$\bigcirc$에 의하여 $\overline{AP}:\overline{AB}=\overline{AC}:\overline{AQ}$

즉, $\overline{PA}\cdot\overline{AQ}=\overline{AC}\cdot\overline{AB}$가 성립하고 $\overline{AB}=x\ (0\leq x\leq2)$
라 하면
$$\overline{AC}\cdot\overline{AB}=x(2-x)=-x^2+2x$$

따라서 산술평균과 기하평균의 관계에 의하여
$$\frac{1}{\overline{PA}}+\frac{1}{\overline{AQ}}\geq\frac{2}{\sqrt{\overline{PA}\cdot\overline{AQ}}}=\frac{2}{\sqrt{-x^2+2x}}$$
$$=\frac{2}{\sqrt{-(x-1)^2+1}}\geq2$$
$$(단,\ 등호는\ x=1일\ 때\ 성립)$$

즉, 점 A가 원의 중심에 있을 때, 최솟값 2를 갖는다.

답 2

210 코시-슈바르츠의 부등식에 의하여
$$(a^2+b^2)(c^2+d^2)\geq(ac+bd)^2$$
$$64\geq(ac+bd)^2$$

$-8\leq ac+bd\leq8$이므로 $ac+bd$의 최댓값은 8이다.

$(a-b)^2\geq0$에서 $a^2+b^2\geq2ab$이므로
$$4\geq2ab,\ ab\leq2$$

$(c-d)^2\geq0$에서 $c^2+d^2\geq2cd$이므로
$$16\geq2cd,\ cd\leq8$$
$$\therefore\ ab+cd\leq10$$

즉, $ab+cd$의 최댓값은 10이다.

따라서 $ac+bd$의 최댓값과 $ab+cd$의 최댓값의 합은
$$8+10=18$$

답 ④

211 $\overline{BC}=x$, $\overline{CD}=y$라 하면 □ABCD의 둘레의 길이는
$$x+y+8$$

한편 △ABD와 △BCD는 빗변을 공유하는 직각삼각
형이므로
$$x^2+y^2=1^2+7^2=50$$

이고 코시-슈바르츠의 부등식에 의하여
$$(1^2+1^2)(x^2+y^2)\geq(x+y)^2$$
$$(단,\ 등호는\ x=y일\ 때\ 성립)$$

이므로 $(x+y)^2\leq100$

그런데 x, y는 길이이므로 $x>0$, $y>0$

즉, $0<x+y\leq10$에서
$$8<x+y+8\leq18$$

따라서 구하는 둘레의 길이의 최댓값은 18이다.

답 ②

212 $a+b+c=2$에서 $a+b=2-c$

$a^2+b^2+c^2=4$에서 $a^2+b^2=4-c^2$

이고 코시-슈바르츠의 부등식에 의하여

$$(1^2+1^2)(a^2+b^2)\geq(a+b)^2$$
$$\text{(단, 등호는 } a=b \text{일 때 성립)} \cdots\cdots \bigcirc$$

이므로

$$2(4-c^2)\geq(2-c)^2,\ 8-2c^2\geq4-4c+c^2$$
$$3c^2-4c-4\leq0,\ (3c+2)(c-2)\leq0$$
$$\therefore -\frac{2}{3}\leq c\leq2$$

따라서 c의 최솟값은 $-\dfrac{2}{3}$이고, $\bigcirc$에 의하여

$$a=b=\frac{4}{3}$$
$$\therefore m=-\frac{2}{3},\ p=q=\frac{4}{3}$$
$$\therefore m+2p+3q=-\frac{2}{3}+\frac{8}{3}+4=6 \qquad \text{탑 ⑤}$$

213 $x,\ y,\ z$가 실수이므로 코시-슈바르츠의 부등식에 의하여

$$\{1^2+(\sqrt{2})^2+(\sqrt{3})^2\}\{x^2+(-\sqrt{2}y)^2+(\sqrt{3}z)^2\}$$
$$\geq\{x+\sqrt{2}(-\sqrt{2}y)+\sqrt{3}(\sqrt{3}z)\}^2$$
$$\text{(단, 등호는 } x=-y=z \text{일 때 성립)}$$
$$6(x^2+2y^2+3z^2)\geq(x-2y+3z)^2$$

그런데 $x^2+2y^2+3z^2\leq24$이므로

$$(x-2y+3z)^2\leq6\cdot24=144$$
$$\therefore -12\leq x-2y+3z\leq12$$

따라서 $M=12,\ m=-12$이므로

$$M-m=24 \qquad \text{탑 ②}$$

214 $\mathrm{P}(x,\ x^2+2x+9),\ \mathrm{H}(x,\ 0)\ (x\geq0)$이라 하면

$\mathrm{A}(-2,\ 0)$이므로

$$\frac{\overline{\mathrm{AH}}}{\overline{\mathrm{PH}}}=\frac{x+2}{x^2+2x+9}=\frac{x+2}{x(x+2)+9}$$
$$=\frac{1}{x+\dfrac{9}{x+2}}$$
$$=\frac{1}{x+2+\dfrac{9}{x+2}-2}$$

$x+2>0,\ \dfrac{9}{x+2}>0$이므로 산술평균과 기하평균의 관계에 의하여

$$x+2+\frac{9}{x+2}\geq2\sqrt{(x+2)\cdot\frac{9}{x+2}}=6$$
$$\left(\text{단, 등호는 } x+2=\frac{9}{x+2} \text{일 때 성립}\right)$$
$$\therefore \frac{x+2}{x^2+2x+9}\leq\frac{1}{6-2}=\frac{1}{4}$$

이때 $x+2=\dfrac{9}{x+2}$에서

$$(x+2)^2=9,\ x+2=\pm3$$
$$\therefore x=1 \text{ 또는 } x=-5$$

$x\geq0$이므로 등호는 $x=1$일 때 성립한다.

$$\therefore a=1,\ b=\frac{1}{4}$$
$$\therefore 20(a+b)=20\left(1+\frac{1}{4}\right)=25 \qquad \text{탑 } 25$$

215

훌륭함＼참인 말	나폴레옹	맥아더	세종대왕	링컨	징기즈칸
나폴레옹	○	×	○	○	×
맥아더	×	×	○	○	×
세종대왕	×	×	×	×	×
링컨	×	○	○	×	○
징기즈칸	×	×	○	○	×

한 명의 말만이 참인 경우의 가장 훌륭했던 지도자와 참인 말을 한 지도자는 세종대왕, 링컨이다.

$$\text{탑 세종대왕, 링컨}$$

216 '카드의 한 쪽 면에 음이 아닌 정수가 적혀 있으면 다른 쪽 면에는 대문자가 적혀 있다.'의 대우 명제는 '카드의 한 쪽 면에 소문자가 적혀 있으면 다른 쪽 면에는 음의 정수가 적혀 있다.'이다.

따라서 두 명제의 가정 부분에 해당하는 [음이 아닌 정수]와 [소문자]에 해당하는 카드를 확인해야 한다.

따라서 Q, -1, 0, g, 6, A, -3, r에서 [음이 아닌 정수]에 해당하는 카드는 0, 6, [소문자]에 해당하는 카드는 g, r이다.

따라서 0, g, 6, r이 적혀 있는 카드 4장을 확인해야 한다. $\qquad$ 탑 4장

217 증명1 : 공집합이 A의 부분집합임을 증명하기 위해 명제 '만일 $x\in\varnothing$이면 $x\in A$이다.'가 참임을 증명한다.

그런데 공집합에는 원소가 존재할 수 없으므로 $x\in\varnothing$라는 문장은 거짓이다. 따라서 명제의 함축에 의해 '만일 $x\in\varnothing$이면 $x\in A$이다.'라는 문장은 참이다.

그러므로 공집합은 집합 A의 부분집합이다.

증명2 : [귀류법을 사용]

공집합이 어떤 집합 A의 부분집합이 아니라고 가정해 보면 공집합은 반드시 A에 속하지 않는 원소를 갖고 있어야 한다. 그런데 공집합은 어

떠한 원소도 포함하고 있지 않는다. 이는 가정에 모순이므로 공집합은 모든 집합의 부분집합이다.　　　**답** 풀이 참조

 명제의 함축이란 $p \longrightarrow q$인 경우 p가 참이고 q가 거짓일 때만 거짓이고 그렇지 않은 경우에는 모두 참이 되는 명제를 말한다. 즉, 가정 p가 거짓이면 결론 q에 상관없이 무조건 참이고 결론 q가 참이면 가정 p에 상관없이 무조건 참이다.

218 $b+c=x$, $c+a=y$, $a+b=z$라 하면

$a+b+c=\dfrac{1}{2}(x+y+z)$이므로

$$a=\dfrac{1}{2}(y+z-x), \quad b=\dfrac{1}{2}(z+x-y)$$

$$c=\dfrac{1}{2}(x+y-z)$$

이다. 즉,

$$\dfrac{a}{b+c}+\dfrac{b}{c+a}+\dfrac{c}{a+b}$$

$$=\dfrac{1}{2}\left(\dfrac{y}{x}+\dfrac{z}{x}+\dfrac{z}{y}+\dfrac{x}{y}+\dfrac{x}{z}+\dfrac{y}{z}\right)-\dfrac{3}{2}$$

$$\geq\left(\sqrt{\dfrac{y}{x}\cdot\dfrac{x}{y}}+\sqrt{\dfrac{z}{y}\cdot\dfrac{y}{z}}+\sqrt{\dfrac{x}{z}\cdot\dfrac{z}{x}}\right)-\dfrac{3}{2}$$

$$=3-\dfrac{3}{2}=\dfrac{3}{2} \text{ (단, 등호는 }x=y=z\text{일 때 성립)}$$

따라서 세 양수 a, b, c에 대하여 주어진 부등식이 성립한다.　　　**답** 풀이 참조

| 본문 61p |

219 $\dfrac{3x^2+18xy+15y^2}{x^2+4xy+4y^2}$

$$=\dfrac{3(x+y)(x+5y)}{(x+2y)^2}$$

$$=\left(\dfrac{3x+3y}{x+2y}\right)\left(\dfrac{x+5y}{x+2y}\right)$$

$$\leq\left\{\dfrac{\left(\dfrac{3x+3y}{x+2y}\right)+\left(\dfrac{x+5y}{x+2y}\right)}{2}\right\}^2$$

$$=\left\{\dfrac{\dfrac{4(x+2y)}{x+2y}}{2}\right\}^2$$

$$=4　　　\text{**답** } 4$$

$$\dfrac{3x^2+18xy+15y^2}{x^2+4xy+4y^2}=\dfrac{3(x^2+6xy+5y^2)}{(x+2y)^2}$$

$$=\dfrac{3\{(x+2y)^2+2xy+y^2\}}{(x+2y)^2}$$

$$=3+\dfrac{6xy+3y^2}{(x+2y)^2}$$

$$=3+\dfrac{4xy+3y^2+2xy}{(x+2y)^2}$$

$$\leq3+\dfrac{(4xy+3y^2)+x^2+y^2}{(x+2y)^2} \quad(\because x^2+y^2\geq2xy)$$

$$=3+\dfrac{(x+2y)^2}{(x+2y)^2}=4$$

220 직각삼각형 ABC에서 $\overline{CA}=\sqrt{4^2+3^2}=5$

$\overline{PD}=a$, $\overline{PE}=b$, $\overline{PF}=c$라 하면

$\triangle PAB+\triangle PBC+\triangle PCA=\triangle ABC$이므로

$$\dfrac{1}{2}(3a+4b+5c)=\dfrac{1}{2}\times3\times4$$

$$\therefore 3a+4b+5c=12$$

이때 코시–슈바르츠 부등식에 의하여

$$\left\{\left(\dfrac{1}{\sqrt{3}}\right)^2+\left(\dfrac{1}{\sqrt{4}}\right)^2+\left(\dfrac{1}{\sqrt{5}}\right)^2\right\}$$

$$\times\{(\sqrt{3a})^2+(\sqrt{4b})^2+(\sqrt{5c})^2\}$$

$$\geq(\sqrt{a}+\sqrt{b}+\sqrt{c})^2$$

$$\left(\dfrac{1}{3}+\dfrac{1}{4}+\dfrac{1}{5}\right)(3a+4b+5c)=\dfrac{47}{60}\times12=\dfrac{47}{5}$$

이므로

$$\dfrac{47}{5}\geq(\sqrt{a}+\sqrt{b}+\sqrt{c})^2$$

$$\sqrt{a}+\sqrt{b}+\sqrt{c}\leq\dfrac{\sqrt{235}}{5}$$

즉, $\sqrt{\overline{PD}}+\sqrt{\overline{PE}}+\sqrt{\overline{PF}}$의 최댓값은 $\dfrac{\sqrt{235}}{5}$

답 $\dfrac{\sqrt{235}}{5}$

<코시 엥겔폼 이용>

$$12\geq\dfrac{(\sqrt{a}+\sqrt{b}+\sqrt{c})^2}{\dfrac{1}{3}+\dfrac{1}{4}+\dfrac{1}{5}}\text{이므로}$$

$$\dfrac{47}{5}\geq(\sqrt{a}+\sqrt{b}+\sqrt{c})^2$$

$$\therefore \sqrt{a}+\sqrt{b}+\sqrt{c}\leq\dfrac{\sqrt{235}}{5}$$

221 $\dfrac{x}{y+z}+\dfrac{9y}{z+x}+\dfrac{16z}{x+y}$

$$=\dfrac{x+y+z}{y+z}-1+\dfrac{9(x+y+z)}{z+x}-9$$

$$+\dfrac{16(x+y+z)}{x+y}-16$$

$$=(x+y+z)\left(\frac{1}{y+z}+\frac{9}{z+x}+\frac{16}{x+y}\right)-26$$

$$=2(x+y+z)\left(\frac{1}{y+z}+\frac{9}{z+x}+\frac{16}{x+y}\right)\cdot\frac{1}{2}-26$$

$$\geq(1+3+4)^2\cdot\frac{1}{2}-26=32-26=6$$

답 6

다른 풀이

<네스빗 부등식의 응용>

$$\frac{a^2x}{y+z}+\frac{b^2y}{z+x}+\frac{c^2z}{x+y}\geq\frac{(a+b+c)^2-2(a^2+b^2+c^2)}{2}$$

에서

$$\frac{x}{y+z}+\frac{9y}{z+x}+\frac{16z}{x+y}$$
$$\geq\frac{(1+3+4)^2-2\times(1+9+16)}{2}$$
$$=\frac{64-52}{2}=6$$

참고 네스빗 부등식의 응용 증명

$$\{(y+z)+(z+x)+(x+y)\}\left(\frac{a^2}{y+z}+\frac{b^2}{z+x}+\frac{c^2}{x+y}\right)$$
$$=2\left(\frac{a^2x}{y+z}+\frac{b^2y}{z+x}+\frac{c^2z}{x+y}+a^2+b^2+c^2\right)$$
$$\geq(a+b+c)^2$$
$$\therefore\ \frac{a^2x}{y+z}+\frac{b^2y}{z+x}+\frac{c^2z}{x+y}$$
$$\geq\frac{(a+b+c)^2-2(a^2+b^2+c^2)}{2}$$

222 농작물 A를 심은 밭의 한 변의 길이를 $x\,\mathrm{m}$, 농작물 B를 심은 밭의 한 변의 길이를 $y\,\mathrm{m}$, 농작물 C를 심은 밭의 한 변의 길이를 $z\,\mathrm{m}$라 하면

$$4x+4y+4z=400$$
$$\therefore\ x+y+z=100$$

피해금은 설치된 안전장치의 한 변의 길이에 반비례하므로

$$\frac{10000}{x}+\frac{40000}{y}+\frac{90000}{z}$$

코시$-$슈바르츠의 부등식에 의하여

$$(x+y+z)\left(\frac{10000}{x}+\frac{40000}{y}+\frac{90000}{z}\right)$$
$$\geq(100+200+300)^2$$

이므로

$$\frac{10000}{x}+\frac{40000}{y}+\frac{90000}{z}\geq\frac{360000}{100}=3600$$

따라서 피해금의 최솟값은 3600원이다. **답** 3600원

다른 풀이

<코시 엥겔폼 이용>

$$\frac{10000}{x}+\frac{40000}{y}+\frac{90000}{z}\geq\frac{(100+200+300)^2}{x+y+z}$$
$$=\frac{360000}{100}=3600$$

07 함수

| 본문 64~65p |

STEP 1

223 ②	**224** ②	**225** 162	**226** 155
227 ⑤	**228** -3	**229** 1	**230** ②	**231** ③
232 13	**233** ②	**234** 1		
235 $2029g\left(\frac{1}{2}x\right)+2029$		**236** ⑤	**237** ④

223 집합 X의 임의의 원소 x에 대하여 $f(x)=g(x)$이어야 하므로

$$2x^3-ax^2+a=2x^2$$
$$2x^3-(a+2)x^2+a=0$$

조립제법을 이용하면

$$\begin{array}{c|cccc} 1 & 2 & -a-2 & 0 & a \\ & & 2 & -a & -a \\ \hline & 2 & -a & -a & \boxed{0} \end{array}$$

$$\therefore\ 2x^3-(a+2)x^2+a=(x-1)(2x^2-ax-a)$$

$f=g$가 성립하도록 하는 공집합이 아닌 집합 X의 개수가 3이므로 집합 X의 원소의 개수는 2가 된다.
즉, $f(x)=g(x)$를 만족하는 해는 2개이므로

(i) $x=1$이 중근일 때,
$$2-2a=0\qquad\therefore\ a=1$$

(ii) $2x^2-ax-a=0$이 중근일 때,
이 이차방정식의 판별식을 D라 하면
$$a^2+8a=0,\ a(a+8)=0$$
$$\therefore\ a=0\ \text{또는}\ a=-8$$

(i), (ii)에 의하여 모든 실수 a의 값의 합은
$$0+1+(-8)=-7$$
답 ②

224 $f(x)=\begin{cases}(a+1)(x-2)^2+1 & (x\geq2)\\(a-1)(x-2)^2+1 & (x<2)\end{cases}$ 가 일대일대응이려면 실수 전체의 집합에서 계속 증가하거나 감소하는 모양이어야 한다.

$$(a+1)(a-1)<0$$
$$\therefore\ -1<a<1$$
답 ②

225 $f(2025)=3f\left(\frac{2025}{3}\right)=3^2f\left(\frac{2025}{3^2}\right)=\cdots$
$$=3^6f\left(\frac{2025}{3^6}\right)$$

이므로

$$f\left(\frac{2025}{3^6}\right)=1-\left|\frac{2025}{3^6}-2\right|=3-\frac{2025}{3^6}$$

$$\therefore f(2025)=3^6 f\left(\frac{2025}{3^6}\right)=3^6\left(3-\frac{2025}{3^6}\right)$$
$$=3^7-2025=162 \qquad \text{답 } 162$$

226 집합 $A=\{-2,\,-1,\,0,\,1,\,2\}$에 대하여

$x\in\{-2,\,-1,\,0,\,1,\,2\}$

㈎ $f(-x)=-f(x)$에서

$$f(-2)=-f(2)$$
$$f(-1)=-f(1)$$
$$f(0)=-f(0),\ \text{즉 } f(0)=0$$

$f(1)$, $f(2)$가 결정되면 $f(-1)$, $f(-2)$도 자동으로 결정된다.

즉, $f(1)$은 5가지, $f(2)$는 5가지, $f(0)=0$의 1가지이므로 함수의 개수는 $a=5^2=25$

㈏ $f(-x)=f(x)$에서

$$f(-2)=f(2)$$
$$f(-1)=f(1)$$
$$f(0)=f(0)$$

$f(1)$, $f(2)$가 결정되면 $f(-1)$, $f(-2)$도 자동으로 결정되고 $f(0)$도 결정해 주어야 한다.

즉, $f(1)$은 5가지, $f(2)$는 5가지, $f(0)$은 5가지이므로 $b=5^3=125$

㈐ $xf(x)=0$에서

$-2f(-2)=0$이므로 $f(-2)=0$의 1가지

$-f(-1)=0$이므로 $f(-1)=0$의 1가지

$0f(0)=0$이므로 $f(0)=-2,\ -1,\ 0,\ 1,\ 2$의 5가지

$f(1)=0$이므로 1가지

$2f(2)=0$이므로 $f(2)=0$의 1가지

$$\therefore c=5$$

따라서 $a=25$, $b=125$, $c=5$이므로

$$a+b+c=25+125+5=155 \qquad \text{답 } 155$$

227 ① $f(x+y)=f(x)f(y)$이므로 $x=0$, $y=0$을 대입하면

$$f(0)=f(0)\cdot f(0)$$
$$\therefore f(0)=1\ (\because f(x)>0)$$

② $x=\frac{1}{2}$, $y=\frac{1}{2}$이면

$$f\left(\frac{1}{2}+\frac{1}{2}\right)=f\left(\frac{1}{2}\right)\cdot f\left(\frac{1}{2}\right)$$
$$f(1)=\left\{f\left(\frac{1}{2}\right)\right\}^2=4$$
$$\therefore f\left(\frac{1}{2}\right)=2\ (\because f(x)>0)$$

③ $f(2)=f(1+1)=f(1)\cdot f(1)=4\cdot4=16,$

$f(3)=f(2+1)=f(2)\cdot f(1)=16\cdot4=64$

④ $f(2x)=f(x+x)=f(x)\cdot f(x)=\{f(x)\}^2$

⑤ y에 $-x$를 대입하면 $f(0)=f(x)f(-x)$

$f(0)=1$이므로 $f(-x)=\dfrac{1}{f(x)}$

y에 $-y$를 대입하면 $f(x-y)=f(x)f(-y)$

$f(-y)=\dfrac{1}{f(y)}$이므로 $f(x-y)=\dfrac{f(x)}{f(y)}$

따라서 옳지 않은 것은 ⑤이다. 　　　　 답 ⑤

228 $f(x)+3f\left(\dfrac{1}{x}\right)=4x$ 　　　 $\cdots\cdots$ ㉠

x에 $\dfrac{1}{x}$을 대입하면 $f\left(\dfrac{1}{x}\right)+3f(x)=\dfrac{4}{x}$ $\cdots\cdots$ ㉡

㉡ $\times3-$㉠을 하면 $8f(x)=\dfrac{12}{x}-4x$

$$\therefore f(x)=\frac{3}{2x}-\frac{1}{2}x$$

이때 $f(-x)=-\dfrac{3}{2x}+\dfrac{1}{2}x$이고 $f(x)=f(-x)$이므로

$$x=\frac{3}{x},\ x^2=3 \qquad \therefore x=\pm\sqrt{3}$$

따라서 모든 실수 x의 값의 곱은 -3이다. 　　 답 -3

229 $y=|x+1|-|x-1|$의 그래프를 $x<-1$, $-1\leq x<1$, $x\geq1$로 구간을 나누어 그리면

(i) $x<-1$일 때,

$$y=-x-1-(-x+1)=-2$$

(ii) $-1\leq x<1$일 때,

$$y=x+1-(-x+1)=2x$$

(iii) $x\geq1$일 때,

$$y=x+1-(x-1)=2$$

이므로

$y=||x+1|-|x-1||$

의 그래프는 오른쪽 그림과 같다.

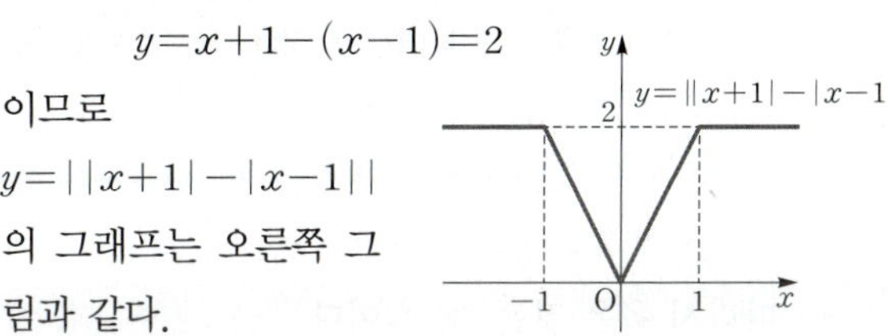

따라서
$$y=||x+1|-|x-1||$$
과 직선 $y=k$와의 교점이 2개이므로
$$0<k<2$$
이때 k는 정수이므로 $k=1$ 답 1

230 $X=\{1, 2, 3\}$이고 $f:X\longrightarrow X$, $g:X\longrightarrow X$이므로
ㄱ. $f(x)$, $g(x)$가 모두 항등함수이면
$$(g\circ f)(1)=g(f(1))=g(1)=1,$$
$$(g\circ f)(2)=g(f(2))=g(2)=2,$$
$$(g\circ f)(3)=g(f(3))=g(3)=3$$
이므로 $g\circ f$는 항등함수이다. (참)

ㄴ. $g\circ f$가 항등함수이면 정의역과 치역이 모두 같으므로 f, g는 모두 일대일대응이다. (참)

ㄷ. [반례]

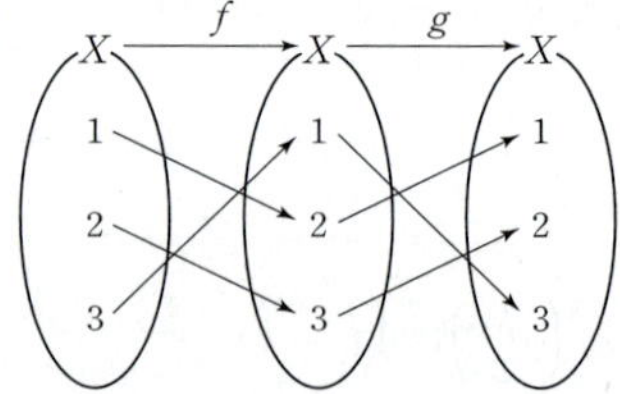

$g\circ f$는 항등함수이지만 f, g는 항등함수가 아니다. (거짓)

따라서 옳은 것은 ㄱ, ㄴ이다. 답 ②

231 주어진 조건에서
$$f(1)=f(10\cdot 0+1)=f(0)+1=1$$
$$f(2)=f(10\cdot 0+2)=f(0)+2=2$$
$$\vdots$$
$$f(9)=f(10\cdot 0+9)=f(0)+9=9$$
ㄱ. $f(100)=f(10\cdot 10)=f(10)=f(10\cdot 1)=f(1)=1$
(참)

ㄴ. $f(999)=f(10\cdot 99+9)=f(99)+9$
$$=f(10\cdot 9+9)+9$$
$$=f(9)+18=9+18=27$$
$$\therefore (f\circ f)(999)=f(f(999))=f(27)$$
$$=f(10\cdot 2+7)$$
$$=f(2)+7=2+7=9 \text{ (참)}$$

ㄷ. $f(6)=6$, $f(15)=f(1)+5=6$,
$f(24)=f(2)+4=6$, $f(33)=f(3)+3=6$,
$f(39)=f(3)+9=12$, $\cdots$
따라서 $f(n)$이 6의 배수일 때, n은 6의 배수가 아닌 경우도 있다. (거짓)

따라서 옳은 것은 ㄱ, ㄴ이다. 답 ③

232 함수 $g(x)=\begin{cases}4 \ (x>-3)\\3 \ (x\leq -3)\end{cases}$에 대하여
$(g\circ f)(x)=g(f(x))=3$을 만족하므로
$$f(x)\leq -3$$
$f(x)=-x^2+1(-2\leq x\leq 2)$의
그래프는 오른쪽 그림과 같으므로 $x=-2$ 또는 $x=2$일 때
$f(x)\leq -3$을 만족한다.
조건 (나)에서 $f(x+4)=f(x)$이므로 x가 4 간격으로 $f(x)=-3$이 된다.
$$(g\circ f)(x)=\begin{cases}4 \ (x\neq 4k+2, \ k\text{는 정수})\\3 \ (x=4k+2, \ k\text{는 정수})\end{cases}$$
따라서 $(g\circ f)(x)=3$이 되는 x의 개수는 2, 6, 10, $\cdots$, 50, 즉 13이다. 답 13

233 $f(x)=-x^2+2x+12=-(x-1)^2+13$이고, 공역 $X=\{x|x\leq a\}$와 치역이 일치해야 하므로
$$a\leq 1, f(a)=a$$
즉, $f(a)=a$에서
$$-a^2+2a+12=a$$
$$a^2-a-12=0$$
$$(a+3)(a-4)=0$$
$$\therefore a=-3 \ (\because a\leq 1)$$ 답 ②

234 $f\left(2g(x)-\dfrac{4+x}{x}\right)=x$이므로
$$2g(x)-\frac{4+x}{x}=g(x)$$
$$\therefore g(x)=\frac{4+x}{x}$$
$f(5)=k$라 하면 $g(k)=5$이므로
$$g(k)=\frac{4+k}{k}=5$$
$$4+k=5k \qquad \therefore k=1$$
따라서 $f(5)=1$이다. 답 1

235 $2f\left(\dfrac{1}{2029}x-1\right)$의 역함수를 $h(x)$라 하면
$$2f\left(\frac{1}{2029}h(x)-1\right)=x$$
$$f\left(\frac{1}{2029}h(x)-1\right)=\frac{1}{2}x$$
함수 $f(x)$의 역함수는 $g(x)$이므로

$$g\!\left(f\!\left(\frac{1}{2029}h(x)-1\right)\right)=g\!\left(\frac{1}{2}x\right)$$

$$\frac{1}{2029}h(x)-1=g\!\left(\frac{1}{2}x\right)$$

$$\frac{1}{2029}h(x)=g\!\left(\frac{1}{2}x\right)+1$$

$$\therefore h(x)=2029g\!\left(\frac{1}{2}x\right)+2029$$

답 $2029g\!\left(\dfrac{1}{2}x\right)+2029$

236 ㄱ. $f(a+b)=f^{-1}(a)+f^{-1}(b)$이므로 a 대신 $f(a)$, b 대신 $f(b)$를 대입하면
$$f(f(a)+f(b))=f^{-1}(f(a))+f^{-1}(f(b))$$
$$=a+b \;(참)$$

ㄴ. ㄱ에 의하여
$$f(a)+f(b)=f^{-1}(a+b) \;(참)$$

ㄷ. ㄱ에 $a=1$, $b=1$을 대입하면
$$f(f(1)+f(1))=f(2)=1+1=2$$
$$f(f(2)+f(2))=f(4)=2+2=4 \;(참)$$
따라서 옳은 것은 ㄱ, ㄴ, ㄷ이다. 답 ⑤

237 $f(x)$는 x의 값이 증가할 때, $f(x)$의 값도 증가하므로 직선 $y=x$와의 교점이 함수 $f(x)$와 함수 $g(x)$의 그래프의 교점이다.

(i) $y=x$가 $y=2(x-1)^2+k$와 접할 때,
$$2(x-1)^2+k=x$$
$$2(x^2-2x+1)+k=x$$
$$2x^2-5x+2+k=0$$
이 이차방정식의 판별식을 D라 하면
$$D=(-5)^2-4\cdot2\cdot(2+k)=0$$
$$9-8k=0 \quad \therefore k=\frac{9}{8}$$

(ii) $y=x$가 $y=-2(x-1)^2+k$와 접할 때,
$$-2(x-1)^2+k=x$$
$$-2(x^2-2x+1)+k=x$$
$$2x^2-3x+2-k=0$$
이 이차방정식의 판별식을 D라 하면
$$D=(-3)^2-4\cdot2\cdot(2-k)=0$$
$$-7+8k=0 \quad \therefore k=\frac{7}{8}$$

따라서 두 곡선 $y=f(x)$, $y=g(x)$가 서로 다른 세 점에서 만나려면 $\dfrac{7}{8}<k<\dfrac{9}{8}$이어야 하므로
$$\frac{7}{8}+\frac{9}{8}=\frac{16}{8}=2$$
답 ④

238 $g(1)=(\,f(1)$을 10으로 나눈 나머지$)=1$
$g(2)=(\,f(2)$를 10으로 나눈 나머지$)=3$
$g(3)=(\,f(3)$을 10으로 나눈 나머지$)=9$
$g(4)=(\,f(4)$를 10으로 나눈 나머지$)=3$
$g(5)=(\,f(5)$를 10으로 나눈 나머지$)=3$
$$\vdots$$
$g(n)=(\,f(n)$을 10으로 나눈 나머지$)=3$
$$\therefore g(1)+g(2)+\cdots+g(2027)$$
$$=1+3+9+3\times2024=6085$$
답 ②

239 $f(x)=x-7\left[\dfrac{x}{7}\right]$에서
$$f(1)=1-7\left[\frac{1}{7}\right]=1,$$
$$f(2)=2-7\left[\frac{2}{7}\right]=2,$$
$$f(3)=3-7\left[\frac{3}{7}\right]=3,$$
$$\vdots$$
$$f(7)=7-7\left[\frac{7}{7}\right]=0,$$
$$f(8)=8-7\left[\frac{8}{7}\right]=1,$$
$$\vdots$$
이므로 $f(x)=x-7\left[\dfrac{x}{7}\right]$는 x를 7로 나눈 나머지와 같다. 따라서 구하는 값은
$$0+1+2+3+4+5+6=21$$
답 ③

240 오른쪽 그림과 같이 두 함수 $y=ax+1$과 $y=x^2-[x^2]$의 그래프에서 그래프의 교점의 개수가 4가 되려면

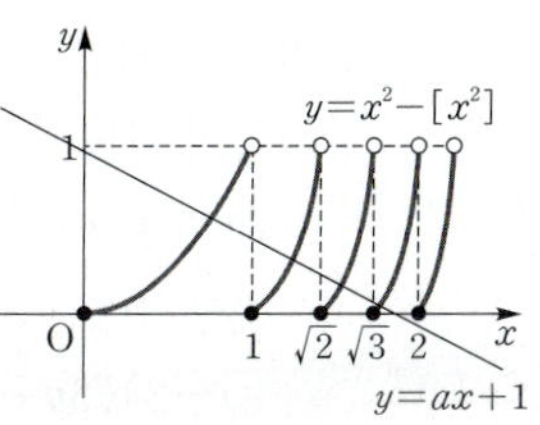

$$\sqrt{3}a+1\geq 0 \qquad \therefore a\geq -\frac{\sqrt{3}}{3}$$

또 $2a+1<0$이므로

$$a<-\frac{1}{2}$$

따라서 실수 a의 값의 범위는

$$-\frac{\sqrt{3}}{3}\leq a<-\frac{1}{2}$$ 답 ①

241 이차방정식 $x^2+x+1=0$의 양변에 $x-1$을 곱하면

$$x^3=1$$

이때 α, β는 주어진 이차방정식의 두 근이므로

$$\alpha^3=1,\ \beta^3=1,\ \alpha+\beta=-1,\ \alpha\beta=1$$

ㄱ. $f(n+3)=\alpha^{n+3}+\beta^{n+3}=\alpha^n+\beta^n$,

$\quad f(n)=\alpha^n+\beta^n$이므로

$$f(n+3)=f(n)\ (참)$$

ㄴ. (i) $n=3k$이면

$$f(n)=\alpha^{3k}+\beta^{3k}=2$$

(ii) $n=3k+1$이면

$$f(n)=\alpha^{3k+1}+\beta^{3k+1}=\alpha+\beta=-1$$

(iii) $n=3k+2$이면

$$\begin{aligned}f(n)&=\alpha^{3k+2}+\beta^{3k+2}=\alpha^2+\beta^2\\&=(\alpha+\beta)^2-2\alpha\beta\\&=(-1)^2-2\cdot 1\\&=-1\end{aligned}$$

따라서 치역은 -1, 2이므로 치역의 모든 원소의 합은

$$(-1)+2=1\ (참)$$

ㄷ. $f(n+2)=\alpha^{n+2}+\beta^{n+2}$

$$\begin{aligned}&=(\alpha^{n+1}+\beta^{n+1})(\alpha+\beta)-\alpha\beta(\alpha^n+\beta^n)\\&=-f(n+1)-f(n)\end{aligned}$$

$$\therefore f(n+2)+f(n+1)+f(n)=0$$

즉, $p=1$, $q=1$이므로 $p+q=2$ (참)

따라서 옳은 것은 ㄱ, ㄴ, ㄷ이다. 답 ㄱ, ㄴ, ㄷ

242 $y=\dfrac{x^2+x+1}{x^2-x+1}$, $yx^2-yx+y=x^2+x+1$

$$(y-1)x^2-(y+1)x+y-1=0$$

위의 x에 대한 이차방정식이 실근을 가지므로 이 이차방정식의 판별식을 D라 하면

$$D=(y+1)^2-4(y-1)^2\geq 0$$

$$3y^2-10y+3\leq 0$$

$$(y-3)(3y-1)\leq 0$$

$$\therefore \frac{1}{3}\leq y\leq 3$$

따라서 최댓값은 3, 최솟값은 $\dfrac{1}{3}$이므로

$$M=3,\ m=\frac{1}{3}$$

$$\therefore M+m=3+\frac{1}{3}=\frac{10}{3}$$ 답 $\dfrac{10}{3}$

243 $2f(x)+f(2-x)=3x^2 \qquad \cdots\cdots\ ㉠$

x에 $2-x$를 대입하면

$$2f(2-x)+f(x)=3(2-x)^2 \qquad \cdots\cdots\ ㉡$$

$2\times㉠-㉡$을 하면

$$3f(x)=3x^2+12x-12$$

$$\therefore f(x)=x^2+4x-4$$

ㄱ. $f(1)=1^2+4\cdot 1-4=1$ (참)

ㄴ. $f(x)=(x+2)^2-8$이므로 $x=-2$일 때, 최솟값은 -8이다. (참)

ㄷ. $f(x)=(x+2)^2-8$이므로 축의 방정식은 $x=-2$이고 $x=-2$에 대하여 대칭이다.

$\quad$ 따라서 $f(-2-x)=f(-2+x)$이다. (참)

따라서 옳은 것은 ㄱ, ㄴ, ㄷ이다. 답 ⑤

244 $f(x-y)=f(x)-(2x-y+1)y$에서 $x=0$, $y=-x$를 대입하면

$$f(x)=f(0)-(x+1)(-x)$$

$$\therefore f(x)=x^2+x+1=\left(x+\frac{1}{2}\right)^2+\frac{3}{4}$$

이때 $f(-4)=16-4+1=13$, $f(-1)=1-1+1=1$이므로 최댓값은 13, 최솟값은 1이다.

따라서 $M=13$, $m=1$이므로

$$M+m=13+1=14$$ 답 ③

245 함수 f의 치역의 원소의 개수는 $_5\mathrm{C}_4$이고, 이 치역을 $\{a,\ b,\ c,\ d\}$라 하면

(i) $f(1)=f(3)\neq f(2)$인 경우

$$4\times 1\times 3\times 2=24$$

(ii) $f(1)\neq f(2)\neq f(3)$이고 $f(4)=f(5)$인 경우

$$4\times 3\times 2\times 1=24$$

(iii) $f(1)\neq f(2)\neq f(3)$이고 $f(4)\neq f(5)$인 경우

$$4\times 3\times 2\times 2\times 3=144$$

(i), (ii), (iii)에 의하여 함수 f의 개수는

$$_5\mathrm{C}_4\times(24+24+144)=960$$ 답 960

246 조건 ㈎에서 $f(3)f(4)=0$이므로 $f(3)=0$ 또는 $f(4)=0$

(i) $f(3)=0$일 때

$f(3)=0$으로 고정하면 집합 Y의 원소 -3, -2, -1 중에서 2개를 뽑아 크기가 작은 것부터 차례로 $f(1)$, $f(2)$에 대응시키고 집합 Y의 원소 1, 2, 3, 4 중에서 2개를 뽑아 크기가 작은 것부터 차례로 $f(4)$, $f(5)$에 대응시키는 방법의 수와 같으므로

$$_3C_2 \times _4C_2 = 3 \times 6 = 18$$

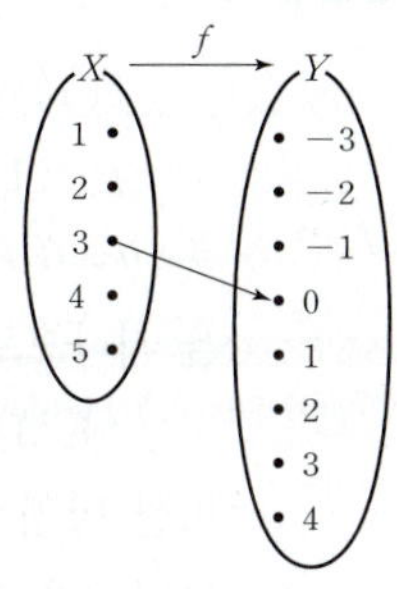

(ii) $f(4)=0$일 때

$f(4)=0$으로 고정하면 집합 Y의 원소 -3, -2, -1 중에서 3개를 뽑아 크기가 작은 것부터 차례로 $f(1)$, $f(2)$, $f(3)$에 대응시키고 집합 Y의 원소 1, 2, 3, 4 중에서 1개를 뽑아 크기가 작은 것부터 차례로 $f(5)$에 대응시키는 방법의 수와 같으므로

$$_3C_3 \times _4C_1 = 1 \times 4 = 4$$

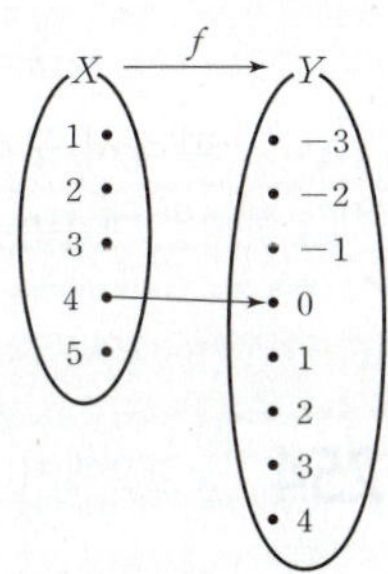

(i), (ii)에 의하여 함수 f의 개수는

$$18+4=22$$

달 22

247 (1) 모든 원소 x에 대하여 $f(-x)+f(x)=0$이므로

(i) $x=1$을 대입하면 $f(-1)+f(1)=0$이므로 $f(1)$은 7개 중에서 선택 가능하고, $f(-1)$은 조건에 의하여 결정된다.

(ii) $x=2$를 대입하면 마찬가지로 $f(2)$는 7개 중에서 선택 가능하고, $f(-2)$는 조건에 의하여 결정된다.

(iii) $x=3$을 대입하면 마찬가지로 $f(3)$은 7개 중에서 선택 가능하고, $f(-3)$은 조건에 의하여 결정된다.

(iv) $x=0$을 대입하면 조건에 의하여 $f(0)=0$이므로 1개이다.

(i)~(iv)에 의하여 구하는 함수의 개수는

$$7 \times 7 \times 7 \times 1 = 343$$

(2) 모든 원소 x에 대하여 $f(-x)=f(x)$이므로

(i) $x=1$을 대입하면 $f(1)=f(-1)$이므로 $f(1)$은 7개 중에서 선택 가능하고, $f(-1)$은 조건에 의하여 결정된다.

(ii) $x=2$를 대입하면 마찬가지로 $f(2)$는 7개 중에

서 선택 가능하고, $f(-2)$는 조건에 의하여 결정된다.

(iii) $x=3$을 대입하면 마찬가지로 $f(3)$은 7개 중에서 선택 가능하고, $f(-3)$은 조건에 의하여 결정된다.

(iv) $x=0$을 대입하면 $f(0)=f(0)$이 되므로 $f(0)$은 7개 중에서 선택 가능하다.

(i)~(iv)에 의하여 구하는 함수의 개수는

$$7 \times 7 \times 7 \times 7 = 2401$$

(3) 주어진 조건에서

$$-3 \leq f(-3) \leq f(-2) \leq f(-1) < f(0) < f(1)$$
$$\leq f(2) \leq f(3) \leq 3$$

이므로

$$-3 \leq f(-3) < f(-2)+1 < f(-1)+2$$
$$< f(0)+2 < f(1)+2 < f(2)+3 < f(3)+4 \leq 7$$

즉, 정의역이 7개, 공역이 11개일 때의 함수의 개수와 같다.

따라서 구하는 함수의 개수는

$$_{11}C_7 = _{11}C_4 = \frac{11 \times 10 \times 9 \times 8}{4 \times 3 \times 2 \times 1} = 330$$

달 (1) 343 (2) 2401 (3) 330

248 $f(x)=[x]+[-x]$에서

(i) $ax+b$가 정수일 때,

$$(f \circ g)(x)=[g(x)]+[-g(x)]$$
$$=[ax+b]+[-ax-b]$$
$$=ax+b+(-ax-b)=0$$

(ii) $ax+b$가 정수가 아닐 때,

$n<ax+b<n+1$이라 하면

$$(f \circ g)(x)=[g(x)]+[-g(x)]$$
$$=[ax+b]+[-ax-b]$$
$$=n+(-n-1)=-1$$

(i), (ii)에 의하여 $(f \circ g)(x)$의 치역의 모든 원소의 합은

$$0+(-1)=-1$$

달 ②

249 $f(x)=\begin{cases} x & (x \leq 1) \\ -\dfrac{1}{2}x+\dfrac{3}{2} & (x>1) \end{cases}$ 이고 $f(x) \leq 1$이므로

$$(f \circ f)(x)=f(x)$$

오른쪽 그림에서 $(f \circ f)(x)=x^2+k$가 오직 한 개의 실근을 갖기 위해서는 $y=x$의 그래프와 $y=x^2+k$의 그래프가 접해야 한다.

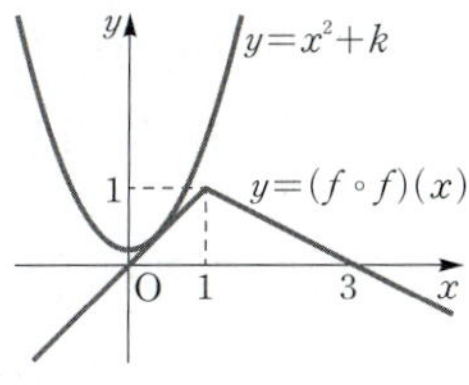

$$x^2+k=x, \quad x^2-x+k=0$$
이 이차방정식의 판별식을 D라 하면
$$D=1-4k=0 \quad \therefore k=\frac{1}{4}$$
답 ①

250 $f(x)=\begin{cases} 2 & (x\geq 1) \\ 1 & (x<1) \end{cases} \Longrightarrow (f\circ g)(x)=\begin{cases} 2 & (g(x)\geq 1) \\ 1 & (g(x)<1) \end{cases}$

$\cdots -\dfrac{1}{2}<x<\dfrac{1}{2},\ \dfrac{3}{2}<x<\dfrac{5}{2},\ \dfrac{7}{2}<x<\dfrac{9}{2}\cdots$일 때,

$0\leq g(x)<1$이므로 $(f\circ g)(x)=1$

$\cdots -\dfrac{3}{2}\leq x\leq -\dfrac{1}{2},\ \dfrac{1}{2}\leq x\leq \dfrac{3}{2},\ \dfrac{5}{2}\leq x\leq \dfrac{7}{2}\cdots$일 때,

$1\leq g(x)\leq 2$이므로 $(f\circ g)(x)=2$

따라서 $y=(f\circ g)(x)$의 그래프는 ④이다.
답 ④

251 조건 ㈎에서 $(g\circ f)(4)=3$이고 함수 $y=g(x)$는 상수
함수이므로 $g(x)=3$
$$\therefore (f\circ g)(4)=f(3)=1$$
조건 ㈏에서 $f(2)g(2)=3f(2)=12$이므로
$$f(2)=4$$
함수 f는 일대일대응이므로 조건 ㈎, ㈏에 의하여
$f(1)=2$이면 $f(4)=3$이고 $f(1)=3$이면 $f(4)=2$
이때 조건 ㈐에 의하여 $f(1)>f(4)$이므로
$$f(1)=3,\ f(4)=2$$
$$\therefore f(1)+(f\circ g)(3)=f(1)+f(3)=3+1=4$$
답 4

252 ㄱ. 양의 두 실수 $a,\ b$에 대하여 $f(a)=f(b)$이면
$$f(af(a))=f(af(b))=bf(a),$$
$$f(af(a))=af(a)$$
이므로 $a=b$이다.
따라서 $f(a)=f(b)$이면 $a=b$이므로 일대일함수이
다. (참)

ㄴ. $f(af(b))=bf(a)$에서 $a=1$, $b=\dfrac{x}{f(1)}$를 대입하면
$$f\left(f\left(\frac{x}{f(1)}\right)\right)=\frac{x}{f(1)}\cdot f(1)=x$$
이므로 $f(x)$의 역함수가 존재한다. (참)

ㄷ. $f(f(af(b)))=f(bf(a))=af(b)$에서
$a=\dfrac{x}{f(1)}$, $b=1$을 대입하면
$$f(f(x))=x \quad \therefore f^{-1}(x)=f(x)\ (참)$$
따라서 옳은 것은 ㄱ, ㄴ, ㄷ이다.
답 ⑤

253 $f(x)=-\dfrac{1}{2}x^2+x+\dfrac{5}{2}$이므로
$$f(1)=3 \quad \therefore f^{-1}(3)=1$$
$$f^{-1}(1)=3 \quad \therefore f(3)=1$$
즉, $y=f(x)$와 $y=f^{-1}(x)$의 그래프는 점 $(1,\ 3)$, $(3,\ 1)$
을 지나므로 $f(x)=f^{-1}(x)$의 교점은
$$(1,\ 3),\ (3,\ 1)$$
또한 방정식 $f(x)=f^{-1}(x)$의 실근은 함수 $y=f(x)$의
그래프와 직선 $y=x$의 교점의 x좌표와 같으므로
$$-\frac{1}{2}x^2+x+\frac{5}{2}=x$$
$$x^2=5$$
$$\therefore x=\sqrt{5}\ (\because x\geq 1)$$
따라서 구하는 모든 실근의 합은
$$1+3+\sqrt{5}=4+\sqrt{5}$$
답 ①

254 $x\geq 2$에서 $f(x)=\dfrac{1}{2}x^2-2x+a$는 증가하는 함수이므
로 $f(x)=f^{-1}(x)$의 해는 $f(x)=x$의 해와 같다.
$$\frac{1}{2}x^2-2x+a=x$$
$$x^2-6x+2a=0$$
이 이차방정식의 판별식을 D라 하면
$$\frac{D}{4}=9-2a>0$$
$$\therefore a<\frac{9}{2} \qquad \cdots\cdots\ \bigcirc$$
두 근이 2보다 크거나 같고 서로 다른 두 실근이므로
$$4-12+2a\geq 0$$
$$\therefore a\geq 4 \qquad \cdots\cdots\ \bigcirc$$
$\bigcirc$, $\bigcirc$에 의하여
$$4\leq a<\frac{9}{2}$$
답 ⑤

255 (1) $\{n\{x\}\}=n\{x\}-[n\{x\}]$
$$=n(x-[x])-[nx-n[x]]$$
$$=nx-n[x]-[nx]+n[x]$$
$$=nx-[nx]=\{nx\}$$

(2) $f(x)=\begin{cases} 2x & \left(0\leq x<\dfrac{1}{2}\right) \\ 2x-1 & \left(\dfrac{1}{2}\leq x<1\right) \end{cases}$
$$=2x-[2x]=\{2x\}$$
이므로
$$(f\circ f\circ f\circ f\circ f)(x)=\{2\{2\{2\{2\{2x\}\}\}\}\}$$
$$=\{32x\}$$

따라서 주어진 방정식은

$$32x-[32x]=x,\ 31x=[32x]$$

$32x$의 정수 부분이 $31x$이고 $0\le x<1$이므로

$$31x=0,\ 1,\ 2,\ \cdots,\ 30$$

$$\therefore x=0,\ \frac{1}{31},\ \frac{2}{31},\ \cdots,\ \frac{30}{31}$$

답 (1) 풀이 참조 (2) $0,\ \dfrac{1}{31},\ \dfrac{2}{31},\ \cdots,\ \dfrac{30}{31}$

256 (1) $f(x+1)=-f(x)$

$\Longrightarrow 1\le x<2$의 $f(x)$는 $0\le x<1$의 $f(x)$를 x축 대칭시킨 것과 같다.

$\Longrightarrow 2\le x<3$의 $f(x)$는 $1\le x<2$의 $f(x)$를 x축 대칭시킨 것과 같다.

$$\vdots$$

즉, $f(x)$를 x축의 방향으로 -1만큼 평행시킨 그래프는 $f(x)$를 x축 대칭시킨 것과 같으므로

$$f(x)=-2x+2\ (1\le x<2)$$

(2) $f(x)-x+2=0$의 실근은 $y=f(x)$와 $y=x-2$의 교점의 x좌표와 같다.

이때 $f(x)$의 그래프는 오른쪽 그림과 같으므로 실근의 개수는 2이다.

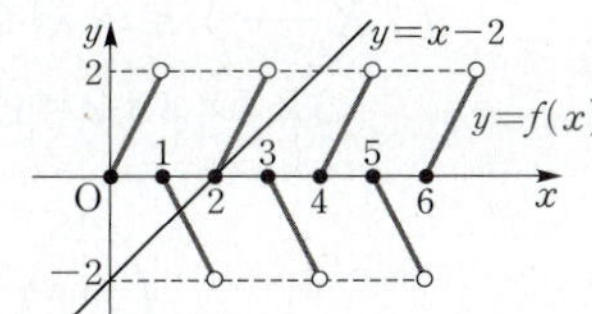

답 (1) $f(x)=-2x+2$ (2) 2

257 $f(x)$는 X에서 X로의 함수이므로

$$f(1)=1^2=1,\ f(2)=2^2=4$$

따라서 $x=3$, $x=4$일 때의 치역이 2, 3이므로

(i) $3+a=2$, $4+a=3$이면 $a=-1$

(ii) $3+a=3$, $4+a=2$이면 식을 만족하는 a의 값이 존재하지 않는다.

$$\therefore f(x)=\begin{cases} x^2 & (x=1,\ 2)\\ x-1 & (x=3,\ 4)\end{cases}$$

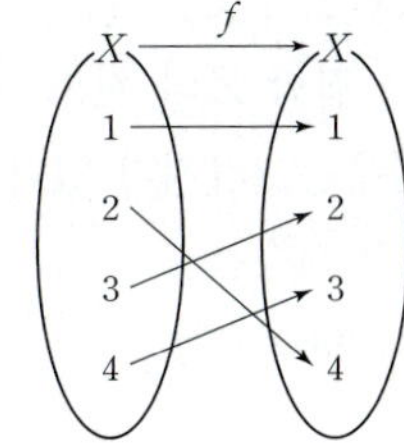 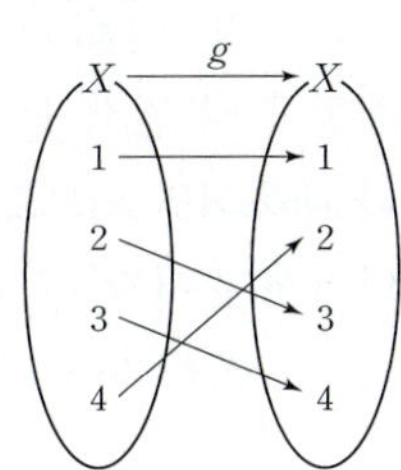

위 그림에서 $g^3(x)=x$이므로

$$a+g^{20}(2)+g^{30}(3)=-1+g^2(2)+3$$
$$=-1+g(g(2))+3$$
$$=-1+4+3=6$$

답 6

258 함수 $y=f(x)$의 그래프와 그 역함수 $y=f^{-1}(x)$의 그래프는 직선 $y=x$에 대하여 대칭이므로 함수 $y=f(x)$의 그래프와 그 역함수 $y=f^{-1}(x)$의 그래프로 둘러싸인 부분의 넓이는 함수 $y=f(x)$의 그래프와 직선 $y=x$로 둘러싸인 부분의 넓이의 2배이다.

이때 함수 $f(x)=\begin{cases} 2x-3 & (x\ge 1)\\ \dfrac{1}{2}x-\dfrac{3}{2} & (x<1)\end{cases}$ 과 직선 $y=x$의

교점의 좌표는

(i) $x\ge 1$일 때, $2x-3=x$에서 $x=3$

$$\therefore (3,\ 3)$$

(ii) $x<1$일 때, $\dfrac{1}{2}x-\dfrac{3}{2}=x$에서 $x=-3$

$$\therefore (-3,\ -3)$$

따라서 함수 $y=f(x)$의 그래프와 직선 $y=x$로 둘러싸인 부분은 오른쪽 그림의 어두운 부분과 같다.

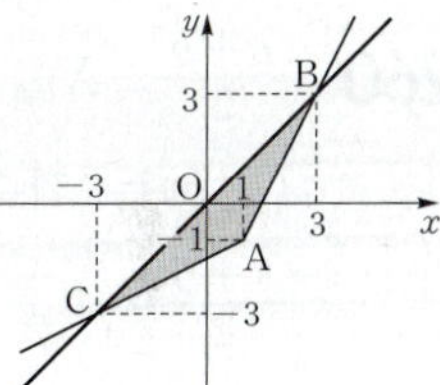

이때 $\triangle ABC$의 밑변인 $\overline{BC}$의 길이는

$$\overline{BC}=\sqrt{(3+3)^2+(3+3)^2}=6\sqrt{2}$$

이고, 높이는 점 $A(1,\ -1)$과 직선 $y=x$ 사이의 거리이므로

$$\frac{|1+1|}{\sqrt{1^2+(-1)^2}}=\frac{2}{\sqrt{2}}=\sqrt{2}$$

따라서 구하는 넓이는

$$2\times\left(\frac{1}{2}\times 6\sqrt{2}\times\sqrt{2}\right)=12$$

답 12

다른 풀이

함수 $y=f(x)$와 $y=f^{-1}(x)$의 그래프로 둘러싸인 부분은 두 대각선의 길이가 $2\sqrt{2}$, $6\sqrt{2}$인 마름모이므로

$$\frac{1}{2}\times 2\sqrt{2}\times 6\sqrt{2}=12$$

| 본문 72~73p |

STEP 3　　259 729　260 27　261 12960　262 26
263 ⑤　264 20

259 조건 ㈎에 의하여 함수 f는 일대일대응이므로 $f(1)$, $f(2)$, $\cdots$, $f(10)$의 최댓값은 10이고 최솟값은 1이다.
조건 ㈏, ㈐, ㈑에 의하여 $f(1)$, $f(2)$, $\cdots$, $f(10)$의 최댓값은 $f(10)$ 또는 $f(p)$이다.

$$\therefore f(10)=10\ (\because f(p)=9)$$

조건 ㈏, ㈐, ㈑에 의하여 $f(1)$, $f(2)$, $\cdots$, $f(10)$의 최
솟값은 $f(1)$ 또는 $f(q)$이다.
$$\therefore f(q)=1 \ (\because f(1)=2)$$
따라서 함수 f의 정의역의 원소 중 1, p, q, 10을 제외
한 나머지 원소들이 공역의 원소 3, 4, 5, 6, 7, 8에 대
응되어야 한다.

조건 ㈏, ㈐, ㈑에 의하여 정의역의 구간이 결정되면 같
은 구간 안의 원소에 대응되는 치역의 대소 관계는 결정
되어 있으므로 함수 f의 개수는 서로 다른 6개의 원소를
서로 다른 3개의 구간에 집어넣는 경우의 수와 같다.
따라서 함수 f의 개수는
$$3 \times 3 \times 3 \times 3 \times 3 \times 3 = 729$$

답 729

260 $\dfrac{a+b}{2} \in X$를 만족하는 정의역의 원소를 만들려면
$(a,\ b)$는 (짝수, 짝수)이거나 (홀수, 홀수)이어야 한다.
$\dfrac{1+5}{2} = \dfrac{2+4}{2} = 3$이므로 $(a,\ b)=(2,\ 4)$를 기준으로
나누면

(i) $f(2)=f(4)$일 때
　① $f(2)=f(4)=1$일 때
　　$f(2) > \dfrac{f(1)+f(3)}{2}$ 을 만족하는 $f(1)$이 존재하
　　지 않는다.
　② $f(2)=f(4)=2$일 때
　　$f(3) \geq 3$이므로 조건을 만족하는 $f(1)$이 존재하
　　지 않는다.
　③ $f(2)=f(4)=3$일 때
　　$f(3)=4$일 때 $f(1)=1$, $f(5)=1$이다.
　　$f(3)=5$일 때 조건을 만족하는 $f(1)$이 존재하지
　　않는다.
　④ $f(2)=f(4)=4$일 때
　　$f(3)=5$이므로 $f(1)=1$ 또는 2이고 $f(5)=1$ 또
　　는 2이다.
따라서 (i)에서의 함수의 개수는 $1+2 \times 2 = 5$

(ii) $f(2)<f(4)$일 때
　① $f(2)=1$일 때
　　$f(2) > \dfrac{f(1)+f(3)}{2}$ 을 만족하는 $f(1)$이 존재하
　　지 않는다.
　② $f(2)=2$일 때
　　$f(4) \geq 3$이므로 $f(3) > \dfrac{f(2)+f(4)}{2} \geq 2.5$이다.
　　즉, $f(3) \geq 3$이므로 조건을 만족하는 $f(1)$이 존재
　　하지 않는다.

③ $f(2)=3$일 때
　$f(4)=4$이면 $f(3)=4$ 또는 $f(3)=5$이지만
　$f(3)=5$이면 조건을 만족하는 $f(1)$이 존재하지
　않는다.
　그러면 $f(1)=1$이고 $f(5)=1$ 또는 2 또는 3이므
　로 가능한 함수의 개수는 $1 \times 3 = 3$
　$f(4)=5$이면 $f(3)=5$이고 위와 같은 이유로 조
　건을 만족하는 $f(1)$이 존재하지 않는다.
④ $f(2)=4$일 때
　$f(4)=5$이고 $f(3)=5$이다. 그러면 $f(1)=1$ 또는
　2이고 $f(5)=1$ 또는 2 또는 3 또는 4이므로 가능
　한 함수의 개수는 $2 \times 4 = 8$
따라서 (ii)에서의 함수의 개수는 $3+8=11$
(iii) $f(2)>f(4)$일 때
　(ii)와 같은 방법으로 11개의 함수가 있다.
(i), (ii), (iii)에 의하여 함수 f의 개수는
$$5+11+11=27$$

답 27

261 함수 f는 조건 ㈎에 의하여 일대일대응이므로
$f : X \longrightarrow Y$로의 함수의 수는
$$5 \times 4 \times 3 \times 2 = 120$$

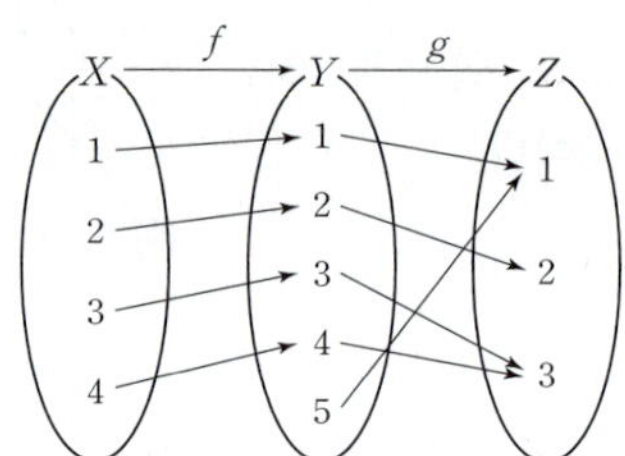

위 그림에서 f의 치역은 $\{1,\ 2,\ 3,\ 4\}$이고 조건 ㈏를 만
족하는 $g \circ f$의 치역이 Z가 되려면 f의 치역이 반드시
Z의 모든 원소에 대응되어야 한다.
조건을 만족하는 g의 개수는
　(f의 치역이 g의 공역에 대응되는 함수의 개수)
　　$-\,(g$의 공역 중 2개에 대응되는 함수의 개수
　　$+\,g$의 공역 중 1개에 대응되는 함수의 개수)
　$\therefore 3^4 - \{{}_3C_2 \times (2^4-2) + {}_3C_1 \times 1\} = 36$
집합 Y의 원소 중 5는 집합 Z의 원소 중 아무 원소에
나 대응되면 되므로 경우는 3가지가 있다.
따라서 순서쌍 $(f,\ g)$의 개수는
$$120 \times (36 \times 3) = 12960$$

답 12960

262 (i) $n=1$일 때,
$$f(1+k) = 3f(1)+k \ (1 \leq k \leq 3)$$
$$f(2)=4,\ f(3)=5,\ f(4)=6$$

(ii) $n=2$일 때,
$$f(4+k)=3f(2)+k \ (1\le k\le 5)$$
$$f(5)=13,\ f(6)=14,\ f(7)=15,\ f(8)=16,$$
$$f(9)=17$$
(iii) $n=3$일 때,
$$f(9+k)=3f(3)+k \ (1\le k\le 7)$$
$$f(10)=16,\ f(11)=17,\ \cdots,\ f(16)=22$$
(iv) $n=4$일 때,
$$f(16+k)=3f(4)+k \ (1\le k\le 9)$$
$$f(17)=19,\ f(18)=20,\ \cdots,\ f(25)=27$$
(v) $n=5$일 때,
$$f(25+k)=3f(5)+k \ (1\le k\le 11)$$
$f(26)=40$이므로 x의 값이 26 이상이면 모든 함숫
값은 30을 넘는다.
이때 $10\le (f\circ f)(m)$을 만족하는 m의 값을 구하면
$$f(f(2))=f(4)=6,\ f(f(3))=f(5)=13$$
즉, m의 최솟값은 3
$(f\circ f)(m)\le 30$을 만족하는 m의 값을 구하면
$f(25)=27,\ f(26)=40$이므로 $f(f(m))\le 30$을 만족하
는 $f(m)$은 25 이하이다.
그런데 $f(23)=25$이므로 m의 최댓값은 23
따라서 $a=3,\ b=23$이므로
$$a+b=26$$
🈷 26

263 ㄱ. 조건 ㈎에서 $f(0)\ge 0$이므로 조건 ㈏에 $y=0$을 대입
하면
$$f(x)\ge f(x)+f(0)$$
즉, $f(0)\le 0$이므로 $f(0)=0$ (참)
ㄴ. 조건 ㈏에서 y 대신 $-x$를 대입하면
$$f(0)\ge f(x)+f(-x),\ -f(-x)\ge f(x)$$
조건 ㈎에서 x 대신 $-x$를 대입하면
$$f(-x)\ge -x,\ -f(-x)\le x$$
따라서 $x\le f(x)\le -f(-x)\le x$이므로
$$f(x)=x \ (참)$$
ㄷ. ㄴ에서 $f(x)=x$이므로 증가하는 함수이다. (참)
ㄹ. $f(f(x))=f(x)=x$ (참)
따라서 옳은 것은 ㄱ, ㄴ, ㄷ, ㄹ이다.
🈷 ⑤

264 함수 $f(x)$의 역함수 $f^{-1}(x)$가 존재하므로 $f(x)$는 증가
하는 함수이거나 감소하는 함수이다.
(i) $f(x)$가 증가하는 함수일 때
$f(x)$가 증가하는 함수이므로 두 곡선 $y=f(x)$와
$y=f^{-1}(x)$의 교점은 직선 $y=x$ 위에 존재한다.

따라서 $f(-1)=-1,\ f(1)=1,\ f(2)=2$이고 주어
진 조건에 대입하면
$$f(1)=c+\frac{5}{2}=1\text{에서 } c=-\frac{3}{2}\text{이고}$$
$$f(2)=4c+5=2\text{에서 } c=-\frac{3}{4}\text{이므로 모순이다.}$$
(ii) $f(x)$가 감소하는 함수일 때
$f(x)$가 감소하는 함수이므로 곡선 $y=f(x)$는 직선
$y=x$와 한 점에서 만나고, 곡선 $y=f^{-1}(x)$와 두 점
에서 만난다.
두 곡선 $y=f(x)$와 $y=f^{-1}(x)$의 교점은 직선 $y=x$
에 대하여 대칭이므로 곡선 $y=f(x)$는 직선 $y=x$
와 $x=1$에서 만나고, 곡선 $y=f^{-1}(x)$와 $x=-1,\ 2$
에서 만난다.
따라서 세 교점의 좌표는 $(-1,\ 2),\ (1,\ 1),\ (2,\ -1)$
이 되고 주어진 조건에 대입하면
$$f(-1)=-a+b=2$$
$$f(1)=a+b=c+\frac{5}{2}=1$$
$$f(2)=4c+5=-1$$
이므로 위의 연립방정식을 풀면
$$a=-\frac{1}{2},\ b=\frac{3}{2},\ c=-\frac{3}{2}$$
$$\therefore 2a+4b-10c=2\left(-\frac{1}{2}\right)+4\cdot\frac{3}{2}-10\left(-\frac{3}{2}\right)$$
$$=-1+6+15=20$$
🈷 20

08 유리함수와 무리함수

| 본문 76~77p |

STEP 1	265 ⑤	266 1	267 4	268 ⑤
	269 $x=-1$, $y=4$	270 ⑤	271 $\dfrac{1}{2}$	272 10
	273 ⑤	274 ②	275 ⑤	276 ③	277 ③
	278 ④	279 4			

265

ㄱ. $f(x)=\dfrac{2x-5}{x-2}=\dfrac{2(x-2)-1}{x-2}$

$\qquad =2+\dfrac{-1}{x-2}$

이므로 $f(x)$의 그래프는

$y=\dfrac{-1}{x}$을 x축의 방향으로

로 2만큼, y축의 방향으로

2만큼 평행이동한 것이다.

따라서 오른쪽 그림과 같

이 그래프가 지나지 않는 사분면은 제3사분면이다.

(참)

ㄴ. $y=\dfrac{2x-5}{x-2}$라 하면

$\qquad y(x-2)=2x-5$

$\qquad (y-2)x=2y-5$

$\qquad \therefore x=\dfrac{2y-5}{y-2}$

x와 y를 서로 바꾸면

$\qquad y=\dfrac{2x-5}{x-2}$

$\qquad \therefore f^{-1}(x)=\dfrac{2x-5}{x-2}$

$f^{-1}(x)=g(x)$이므로 $f(x)=g(x)$이다. (참)

ㄷ. $\dfrac{2x-5}{x-2}=x+k$

$\qquad 2x-5=(x+k)(x-2)$

$\qquad\qquad =x^2-(2-k)x-2k$

$\qquad \therefore x^2-(4-k)x-2k+5=0$

이 이차방정식의 판별식을 D라 하면

$\qquad D=(4-k)^2-4(-2k+5)<0$

$\qquad k^2-8k+16+8k-20<0$

$\qquad k^2-4<0$

$\qquad (k+2)(k-2)<0$

$-2<k<2$에서 교점이 없으므로 $-2<k<2$ 사이

의 정수 k의 최댓값은 1이다. (참)

따라서 옳은 것은 ㄱ, ㄴ, ㄷ이다.

답 ⑤

266 $f(x)=\dfrac{2x-3}{x-1}=\dfrac{2(x-1)-1}{x-1}=2+\dfrac{-1}{x-1}$이므로 점

근선의 방정식은 $x=1$, $y=2$

$y=\dfrac{2x-3}{x-1}$이라 하면 $y(x-1)=2x-3$

$\qquad (y-2)x=y-3 \qquad \therefore x=\dfrac{y-3}{y-2}$

x와 y를 서로 바꾸면 $y=\dfrac{x-3}{x-2}$

$\qquad \therefore f^{-1}(x)=\dfrac{x-3}{x-2}=\dfrac{(x-2)-1}{x-2}=1+\dfrac{-1}{x-2}$

따라서 $f^{-1}(x)$의 그래프의 점근선의 방정식은

$\qquad x=2$, $y=1$

두 함수의 그래프의 점근선으로

이루어진 도형은 오른쪽 그림과

같으므로 도형의 넓이는

$\qquad 1\times1=1$

답 1

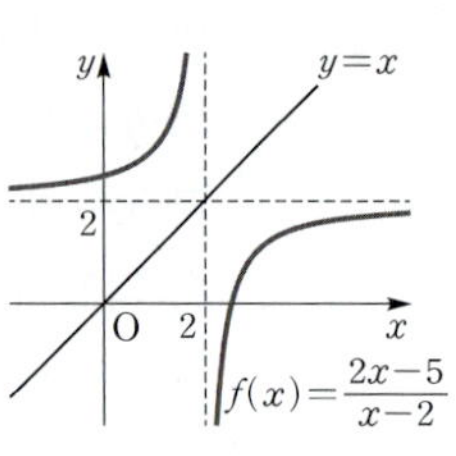

267 $y=\dfrac{2x+3}{x-1}=\dfrac{2(x-1)+5}{x-1}=2+\dfrac{5}{x-1}$가 $y=ax+b$,

$y=cx+d$에 대칭이려면 기울기 a, c는 ±1 둘 중 하나

여야 하고 그 직선은 반드시 점근선의 교점을 지나야

한다.

$a=1$, $c=-1$이라 하면 $y=x+b$, $y=-x+d$이고 점

근선이 $x=1$, $y=2$이므로 점 $(1, 2)$를 지난다. 즉,

$\qquad 1+b=2 \qquad \therefore b=1$

$\qquad -1+d=2 \qquad \therefore d=3$

$\qquad \therefore b+d=1+3=4$

답 4

268 유리함수 $y=\dfrac{c}{ax+b}+d$에서 $\dfrac{c}{a}$의 값이 같으면 평행

이동하여 겹쳐질 수 있다.

ㄱ. $y=\dfrac{3x+1}{2x+1}=\dfrac{\frac{3}{2}(2x+1)-\frac{1}{2}}{2x+1}=\dfrac{-\frac{1}{2}}{2x+1}+\dfrac{3}{2}$이

므로 $\dfrac{c}{a}=-\dfrac{1}{4}$

ㄴ. $y=\dfrac{1}{2x-4}$에서 $\dfrac{c}{a}=\dfrac{1}{2}$

ㄷ. $y=\dfrac{4x-1}{2x-1}=\dfrac{2(2x-1)+1}{2x-1}=\dfrac{1}{2x-1}+2$이므로

$\qquad \dfrac{c}{a}=\dfrac{1}{2}$

ㄹ. $y=\dfrac{-2x+5}{2x-4}=\dfrac{-(2x-4)+1}{2x-4}=\dfrac{1}{2x-4}-1$이

므로 $\dfrac{c}{a}=\dfrac{1}{2}$

따라서 평행이동하여 겹칠 수 있는 것은 ㄴ, ㄷ, ㄹ이다.

답 ⑤

269 $y=(f \circ g)(x)=f(g(x))=\dfrac{g(x)+2}{g(x)-1}$

$$=\dfrac{\dfrac{2x-1}{x-2}+2}{\dfrac{2x-1}{x-2}-1}=\dfrac{\dfrac{4x-5}{x-2}}{\dfrac{x+1}{x-2}}$$

$$=\dfrac{4x-5}{x+1}=\dfrac{4(x+1)-9}{x+1}$$

$$=4+\dfrac{-9}{x+1}$$

따라서 $y=(f \circ g)(x)$의 점근선의 방정식은

$$x=-1,\ y=4$$

답 $x=-1,\ y=4$

270 $f(x)+f(4-x)=-4$를 만족하는 $f(x)$는

점 $(2, -2)$에 대하여 대칭이고

$$f(x)=\dfrac{bx+1}{x+a}=\dfrac{b(x+a)-ab+1}{x+a}$$

$$=\dfrac{-ab+1}{x+a}+b$$

는 점 $(-a, b)$에 대하여 대칭이므로

$$a=-2,\ b=-2$$

또한 $y=x+c$는 점 $(2, -2)$를 지나므로

$$-2=2+c \quad \therefore c=-4$$

$$\therefore a^2+b^2+c^2=4+4+16=24$$

답 ⑤

271 $f(x)=\dfrac{2x-1}{3x-1}$

$$f^2(x)=(f \circ f)(x)=\dfrac{2f(x)-1}{3f(x)-1}$$

$$=\dfrac{2 \cdot \dfrac{2x-1}{3x-1}-1}{3 \cdot \dfrac{2x-1}{3x-1}-1}=\dfrac{\dfrac{4x-2-3x+1}{3x-1}}{\dfrac{6x-3-3x+1}{3x-1}}$$

$$=\dfrac{\dfrac{x-1}{3x-1}}{\dfrac{3x-2}{3x-1}}=\dfrac{x-1}{3x-2}$$

$$f^3(x)=(f^2 \circ f)(x)=\dfrac{f(x)-1}{3f(x)-2}$$

$$=\dfrac{\dfrac{2x-1}{3x-1}-1}{3 \cdot \dfrac{2x-1}{3x-1}-2}=\dfrac{\dfrac{2x-1-3x+1}{3x-1}}{\dfrac{6x-3-6x+2}{3x-1}}$$

$$=\dfrac{\dfrac{-x}{3x-1}}{\dfrac{-1}{3x-1}}=x$$

$f^3(x)=x$이므로 주기가 3이다.

따라서 $f^{2030}(x)=f^2(x)$이므로

$$f^{2030}(0)=f^2(0)=\dfrac{1}{2}$$

답 $\dfrac{1}{2}$

272 $f(x)=\dfrac{2x+4}{3x+a}=\dfrac{\dfrac{2}{3}(3x+a)-\dfrac{2}{3}a+4}{3x+a}$

$$=\dfrac{-\dfrac{2}{3}a+4}{3x+a}+\dfrac{2}{3}$$

$$g(x)=\dfrac{bx-1}{x+c}=\dfrac{b(x+c)-bc-1}{x+c}=\dfrac{-bc-1}{x+c}+b$$

이고 두 함수의 점근선이 서로 같으므로

$$-\dfrac{a}{3}=-c,\ \dfrac{2}{3}=b \quad \therefore a=3c,\ b=\dfrac{2}{3}$$

$f^{-1}(-2)=1$에서 $f(1)=-2$이므로

$$f(1)=\dfrac{6}{3+a}=-2,\ 3=-a-3$$

$$\therefore a=-6,\ c=-2$$

$$\therefore 3b-(a+c)=3 \cdot \left(\dfrac{2}{3}\right)-(-6-2)=10$$

답 10

273 ㄱ. $y=\sqrt{3x-1}-1=\sqrt{3\left(x-\dfrac{1}{3}\right)}-1$이므로

$y=\sqrt{3x-1}$의 그래프는 $y=\sqrt{-3x}$의 그래프를 y축

에 대하여 대칭이동한 후 x축의 방향으로 $\dfrac{1}{3}$만큼,

y축의 방향으로 -1만큼 평행이동한 것이다.

ㄴ. $y=3\sqrt{1-x}+2=\sqrt{9-9x}+2$

ㄷ. $y=\sqrt{3-3x}=\sqrt{-3(x-1)}$이므로 $y=\sqrt{-3x}$의 그

래프를 x축의 방향으로 1만큼 평행이동한 것이다.

ㄹ. $y=-\sqrt{3x}$의 그래프는 $y=\sqrt{-3x}$의 그래프를 x축

에 대하여 대칭이동한 후 y축에 대하여 대칭이동한

것이다.

따라서 평행이동 또는 대칭이동하여 겹쳐지는 것은 ㄱ,

ㄷ, ㄹ이다.

답 ⑤

274 $y=a\sqrt{bx+c}+d=a\sqrt{b\left(x+\dfrac{c}{b}\right)}+d$이므로

$y=a\sqrt{bx}$의 그래프를 x축의 방향으로 $-\dfrac{c}{b}$만큼, y축

의 방향으로 d만큼 평행이동한 그래프이다.

주어진 그래프의 모양에서 $a<0,\ b>0$이고 점 $\left(-\dfrac{c}{b},\ d\right)$

가 제2사분면 위에 있으므로

$$-\dfrac{c}{b}<0,\ d>0$$

$-\dfrac{c}{b}<0$이므로 $\dfrac{c}{b}>0$이고 $c>0$이다.

① $cd>0$(참) ② $bd>0$(거짓) ③ $ab<0$(참)

④ $ac<0$(참) ⑤ $ad<0$(참)

답 ②

275 $f(x)$가 증가함수이므로 두 곡선 $f(x)$와 $f^{-1}(x)$가 만나지 않으려면 곡선 $f(x)$와 직선 $y=x$도 만나지 않아야 하므로 $\sqrt{5x-b}=x$의 양변을 제곱하면

$$5x-b=x^2$$
$$\therefore x^2-5x+b=0$$

이 이차방정식의 판별식을 D라 하면

$$D=25-4b<0 \qquad \therefore b>\frac{25}{4}=6.\times\times\times$$

따라서 무리함수 $f(x)=\sqrt{5x-b}$의 그래프와 역함수 $f^{-1}(x)$의 그래프가 만나지 않도록 하는 정수 b의 최솟값은 7이다. **답** ⑤

276 $y=\sqrt{x-1}+1$과 $y=mx+1$의 그래프가 두 점에서 만나므로 $\sqrt{x-1}+1=mx+1$의 양변을 제곱하면

$$x-1=m^2x^2$$
$$\therefore m^2x^2-x+1=0$$

이 이차방정식의 판별식을 D라 하면

$$D=1-4m^2>0, \ 4m^2-1<0$$
$$(2m+1)(2m-1)<0$$
$$\therefore -\frac{1}{2}<m<\frac{1}{2}$$

이때 $m>0$이므로 구하는 m의 값의 범위는

$$0<m<\frac{1}{2}$$ **답** ③

277 함수 $y=\sqrt{x+2|x|}=\begin{cases}\sqrt{3x} & (x\geq0)\\ \sqrt{-x} & (x<0)\end{cases}$ 이므로

오른쪽 그림에서 $y=x+k$가 $y=\sqrt{3x}$의 그래프와 접할 때, $\sqrt{3x}=x+k$에서 양변을 제곱하면

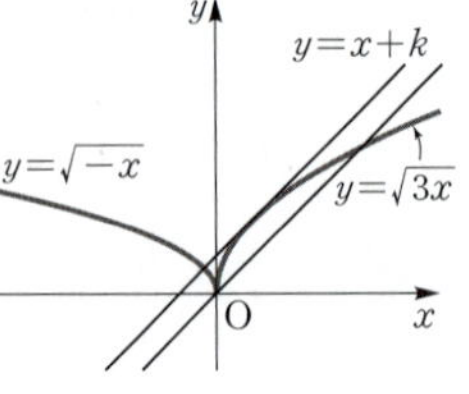

$$3x=x^2+2kx+k^2$$
$$x^2+(2k-3)x+k^2=0$$

이 이차방정식의 판별식을 D라 하면

$$D=(2k-3)^2-4k^2=0$$
$$-12k+9=0 \qquad \therefore k=\frac{3}{4}$$

따라서 곡선과 직선이 서로 다른 세 점에서 만나기 위한 k의 값의 범위는

$$0<k<\frac{3}{4}$$
$$\therefore 8a=8\times\frac{3}{4}=6$$ **답** ③

278 $y=\dfrac{bx+c}{x+a}=\dfrac{b(x+a)-ab+c}{x+a}$

$$=\frac{-ab+c}{x+a}+b$$

이므로 점근선의 방정식은 $x=-a$, $y=b$이다.

주어진 그래프에서 점근선의 방정식이 $x=2$, $y=4$이므로

$$a=-2, \ b=4$$

이때 $y=\dfrac{4x+c}{x-2}$의 그래프가 점 $(0,\,2)$를 지나므로

$$2=\frac{c}{-2} \qquad \therefore c=-4$$

따라서 $y=\sqrt{ax+b}+c$의 그래프는

$$y=\sqrt{-2x+4}-4=\sqrt{-2(x-2)}-4$$

이므로 $y=\sqrt{-2x}$의 그래프를 x축의 방향으로 2만큼, y축의 방향으로 -4만큼 평행이동한 것이다. **답** ④

279 $y=\sqrt{3-x}+2=\sqrt{-(x-3)}+2$이므로 무리함수 $y=\sqrt{3-x}+2$의 그래프는 함수 $y=\sqrt{-x}$의 그래프를 x축의 방향으로 3만큼, y축의 방향으로 2만큼 평행이동한 것이다.

따라서 그래프는 오른쪽 그림과 같고 정의역이 $\{x|-6\leq x\leq a\}$ 이므로 무리함수 $y=\sqrt{3-x}+2$는 $x=-6$일 때 최댓값 b, $x=a$일 때 최솟값 4를 갖는다.

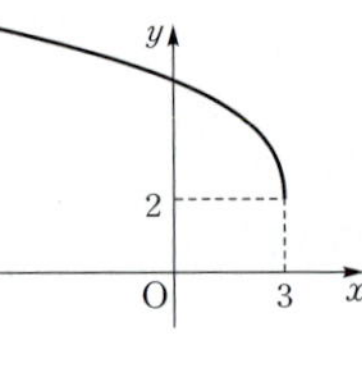

즉, $b=\sqrt{3-(-6)}+2=3+2=5$,
$4=\sqrt{3-a}+2$에서

$$\sqrt{3-a}=2, \ 3-a=4 \qquad \therefore a=-1$$
$$\therefore a+b=-1+5=4$$ **답** 4

| 본문 78~84p |

STEP 2	280 ①	281 ②	282 ②	283 11
284 ⑤	285 ③	286 ⑤	287 ⑤	288 $\dfrac{4}{3}$
289 ④	290 ④	291 ①	292 ④	293 ③
294 ⑤	295 ⑤	296 ②	297 ②	298 -8
299 $-2\leq k\leq2$	300 ④	301 ③	302 $2\sqrt{2}$
303 2	304 18	305 $m<-2$ 또는 $-\dfrac{1}{2}<m<0$
306 25				

280

$$f(x)=\frac{ax-b}{cx+d}$$

$$=\frac{\frac{a}{c}(cx+d)-\frac{ad}{c}-b}{cx+d}$$

$$=\frac{a}{c}+\frac{-\frac{ad}{c}-b}{cx+d}$$

이고 $X=\{x\,|\,x>-2,\ x$는 실수$\}$, $Y=\{y\,|\,y<5,\ y$는 실수$\}$
에서 점근선의 교점의 좌표가 $(-2,\ 5)$이므로

$$-\frac{d}{c}=-2 \qquad \therefore\ d=2c \qquad \cdots\cdots\ \text{㉠}$$

$$\frac{a}{c}=5 \qquad \therefore\ a=5c \qquad \cdots\cdots\ \text{㉡}$$

함수 f가 일대일대응이 되려면

$$-\frac{ad}{c}-b<0,\ \frac{ad}{c}+b>0$$

㉠, ㉡에 의하여

$$\frac{5c\cdot 2c}{c}+b>0 \qquad \therefore\ 10c+b>0$$

$$\therefore\ c=1일\ 때,\ d=2,\ a=5$$
$$c=2일\ 때,\ d=4,\ a=10$$
$$c=3일\ 때,\ d=6,\ a=15$$

이때 $a+b+c+d$가 최소이려면 $b=1$이고,
$a+c+d=8c$이므로 $8c+1=9$
$a+b+c+d$가 최대이려면 $b=15$이고,
$a+c+d=8c$이므로 $8c+15=24+15=39$
따라서 $a+b+c+d$의 최솟값과 최댓값의 합은

$$9+39=48$$

답 ①

281

$$y=\frac{x+1}{x-3}=\frac{(x-3)+4}{x-3}=\frac{4}{x-3}+1\ (x>3)$$이므로

그래프 위의 임의의 한 점을 $\mathrm{P}(a,\ b)$라 하면
$$\overline{\mathrm{PA}}=b,\ \overline{\mathrm{PB}}=a$$
점 $\mathrm{P}(a,\ b)$는 $y=\dfrac{4}{x-3}+1$ 위의 점이므로

$$b=\frac{4}{a-3}+1$$

$$\therefore\ \overline{\mathrm{PA}}+\overline{\mathrm{PB}}=a+b=a+1+\frac{4}{a-3}$$

$$=a-3+\frac{4}{a-3}+1+3$$

$$\geq 2\sqrt{(a-3)\cdot\frac{4}{a-3}}+4$$

$$=4+4=8$$

$$\left(단,\ 등호는\ a-3=\frac{4}{a-3}일\ 때\ 성립\right)$$

따라서 $\overline{\mathrm{PA}}+\overline{\mathrm{PB}}$의 최솟값은 8이다. **답** ②

282

함수 $y=f^{-1}(x)$의 그래프가 점 $(1,\ 2)$에 대하여 대칭이
므로 $f(x)$의 그래프는 점 $(2,\ 1)$에 대하여 대칭이 되어야
한다.

$$f(x)=\frac{bx+1}{x+a}=\frac{b(x+a)-ab+1}{x+a}$$

$$=b+\frac{-ab+1}{x+a}$$

에서 $x=-a,\ y=b$가 점근선이므로 점 $(-a,\ b)$에 대
하여 대칭이다.
따라서 $a=-2,\ b=1$이므로
$$a+b=-2+1=-1$$

답 ②

283

함수 $y=\dfrac{6}{x}$ 을 x축의 방향으로 -3만큼, y축의 방향으
로 $-n$만큼 평행이동하면

$$f(x)=\frac{6}{x+3}-n$$

$|f(x)|=\left|\dfrac{6}{x+3}-n\right|$이 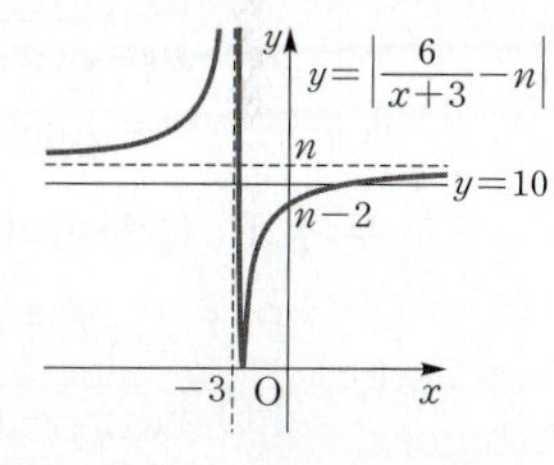

므로 $|f(x)|=10$의 교점
이 서로 다른 부호를 가지
려면 오른쪽 그림에서

$$n-2<10<n$$

$$\therefore\ 10<n<12$$

따라서 $|f(x)|=10$이 서로 다른 부호의 실근을 갖도록
하는 자연수 n의 값은 11이다. **답** 11

284

$$y=\frac{2x-3}{x-4}=\frac{2(x-4)+5}{x-4}=\frac{5}{x-4}+2$$이고 점근선
은 $x=4,\ y=2$이므로 $\mathrm{A}(4,\ 2)$

두 점근선과 직선 $y=mx-m+3$의 교점이 각각 B, C
이므로 $\mathrm{B}(4,\ 3m+3)$, $\mathrm{C}\left(1-\dfrac{1}{m},\ 2\right)$

오른쪽 그림에서 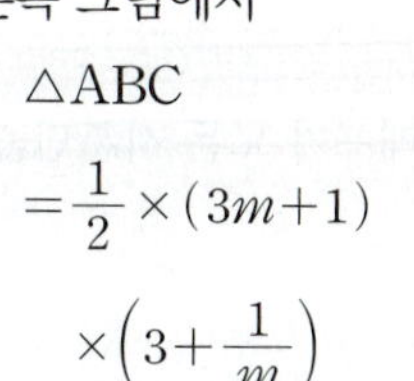

$\triangle\mathrm{ABC}$

$$=\frac{1}{2}\times(3m+1)$$

$$\times\left(3+\frac{1}{m}\right)$$

$$=\frac{1}{2}\left(9m+\frac{1}{m}+3+3\right)$$

$$\geq\frac{1}{2}\left(2\sqrt{9m\cdot\frac{1}{m}}+6\right)$$

$$=\frac{1}{2}\times(6+6)=6$$

$$\left(단,\ 등호는\ 9m=\frac{1}{m}일\ 때\ 성립\right)$$

따라서 삼각형 ABC의 넓이 S의 최솟값은 6이다.

답 ⑤

285 곡선 $xy-2x-2y=k$에서
$$x(y-2)-2(y-2)-4=k$$
$$(x-2)(y-2)=k+4$$
$$\therefore\ y-2=\frac{k+4}{x-2}$$

$xy-2x-2y=k$에 $y=-x+8$을 대입하면
$$x(-x+8)-2x-2(-x+8)=k$$
$$-x^2+8x-2x+2x-16=k$$
$$x^2-8x+16+k=0 \qquad \cdots\cdots \ \boxdot$$

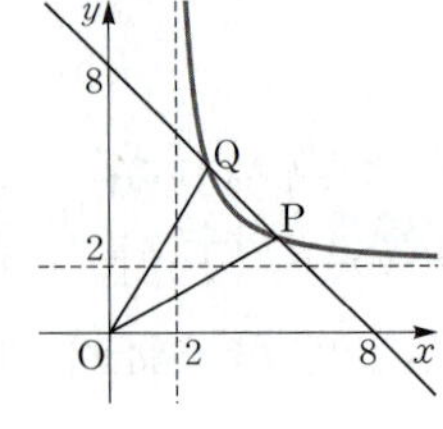

오른쪽 그림에서 두 점 P, Q의 x좌표를 각각 x_1, x_2라 하면 두 점 P, Q의 x좌표의 곱이 14이므로
$$x_1 x_2=16+k=14$$
$$\therefore\ k=-2$$

$\boxdot$에서 두 점 P, Q의 x좌표의 합이 8이므로
$$x_1-x_2=\sqrt{(x_1+x_2)^2-4x_1 x_2}$$
$$=\sqrt{64-56}=2\sqrt{2}$$

두 점 P, Q 사이의 거리는
$$P(x_1, -x_1+8),\ Q(x_2, -x_2+8)$$
$$\overline{PQ}=\sqrt{(x_1-x_2)^2+(x_1-x_2)^2}$$
$$=\sqrt{2}(x_1-x_2)=\sqrt{2}\cdot 2\sqrt{2}=4$$

원점 O에서 직선 $x+y=8$까지의 거리는
$$\frac{|-8|}{\sqrt{2}}=4\sqrt{2}$$
$$\therefore\ \triangle OPQ=\frac{1}{2}\times 4\times 4\sqrt{2}$$
$$=8\sqrt{2}$$

따라서 $S=8\sqrt{2}$이므로 $S^2=128$　**답** ③

---

286 $f(x)=\dfrac{k}{x-1}-2$의 그래프가 모든 사분면을 지나려면
$$k<0$$

$x=0$일 때, $-k-2>0$　$\therefore\ k<-2$　$\cdots\cdots\ \boxdot$

$g(x)=\dfrac{k}{x+3}+1$의 그래프가 제4사분면을 지나지 않으려면

$x=0$일 때, $\dfrac{k}{3}+1\geq 0$
$$\frac{k}{3}\geq -1 \qquad \therefore\ k\geq -3 \qquad \cdots\cdots\ \boxdot$$

$\boxdot$, $\boxdot$에 의하여 $-3\leq k<-2$이므로
$$\alpha=-3,\ \beta=-2$$
$$\therefore\ \alpha\beta=(-3)\cdot(-2)=6$$　**답** ⑤

---

287 $f_1(x)=\dfrac{1-2x}{x+2}$

$$f_2(x)=\frac{1-2f(x)}{f(x)+2}=\frac{1-\dfrac{2-4x}{x+2}}{\dfrac{1-2x}{x+2}+2}$$

$$=\frac{\dfrac{x+2-2+4x}{x+2}}{\dfrac{2x+4+1-2x}{x+2}}$$

$$=\frac{5x}{5}=x$$

$f_2(x)=x$이므로 $f_n(x)$에서 n이 짝수이면 $f_n(x)=x$

$$\therefore\ f_n(x)=\begin{cases} x & (n\text{이 짝수일 때}) \\ \dfrac{1-2x}{x+2} & (n\text{이 홀수일 때}) \end{cases}$$

따라서 $f_{2026}(2)=2$이다.　**답** ⑤

---

288 $y=\dfrac{x+1}{x-1}=\dfrac{x-1+2}{x-1}=\dfrac{2}{x-1}+1$이고 $2\leq x\leq 3$일 때 $2\leq y\leq 3$이므로 함수 $y=\dfrac{x+1}{x-1}$의 그래프는 오른쪽 그림과 같다.

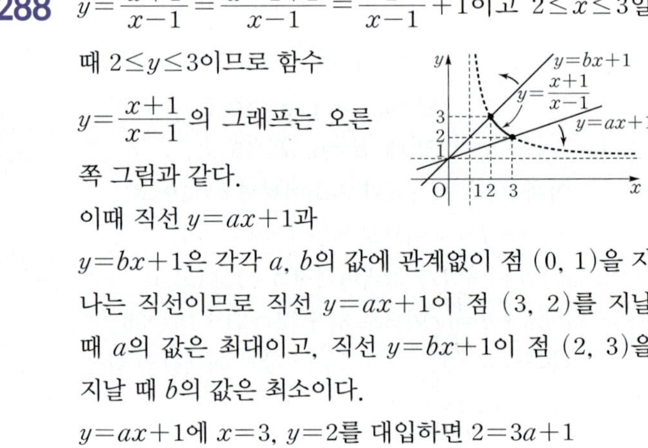

이때 직선 $y=ax+1$과 $y=bx+1$은 각각 a, b의 값에 관계없이 점 $(0, 1)$을 지나는 직선이므로 직선 $y=ax+1$이 점 $(3, 2)$를 지날 때 a의 값은 최대이고, 직선 $y=bx+1$이 점 $(2, 3)$을 지날 때 b의 값은 최소이다.

$y=ax+1$에 $x=3$, $y=2$를 대입하면 $2=3a+1$
$$\therefore\ a=\frac{1}{3}$$

$y=bx+1$에 $x=2$, $y=3$을 대입하면 $3=2b+1$
$$\therefore\ b=1$$

따라서 a의 최댓값은 $\dfrac{1}{3}$, b의 최솟값은 1이므로 구하는 합은 $\dfrac{1}{3}+1=\dfrac{4}{3}$　**답** $\dfrac{4}{3}$

---

289 $y=\dfrac{2x+1}{x-1}=\dfrac{2(x-1)+3}{x-1}=\dfrac{3}{x-1}+2$이므로

점근선의 방정식은 $x=1$, $y=2$

오른쪽 그림과 같이 함수 $y=\dfrac{2x+1}{x-1}$의 그래프와 중심의 좌표가 $(1, 2)$인 원이 만나는 네 점을 각각 P, Q, R, S라 하면 두 점 P, R과 S, Q는 각각 점 $(1, 2)$에 대하여 대칭이다.

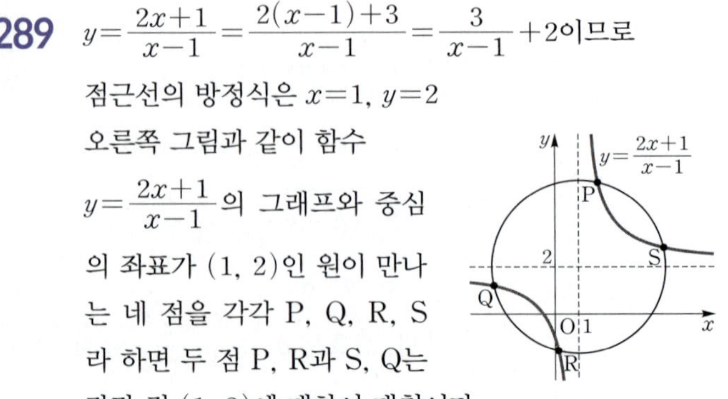

따라서 네 점 P, Q, R, S의 x좌표가 각각 x_1, x_2, x_3, x_4이므로

$$\frac{x_1+x_3}{2}=1, \quad \frac{x_2+x_4}{2}=1$$

$$\therefore x_1+x_3=2, \quad x_2+x_4=2$$

$$\therefore 2(x_1+x_2+x_3+x_4)=8$$

답 ④

290 오른쪽 그림과 같이 $y=\dfrac{|x|-1}{|x+1|}$의 그래프는

(ⅰ) $x<-1$일 때, $y=1$

(ⅱ) $-1<x<0$일 때, $y=-1$

(ⅲ) $x\geq0$일 때, $y=\dfrac{x-1}{x+1}$

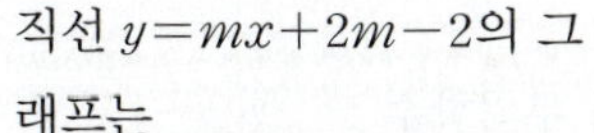

직선 $y=mx+2m-2$의 그래프는

$$y=mx+2m-2=m(x+2)-2$$

이므로 점 $(-2, -2)$를 지나고 함수 $y=\dfrac{|x|-1}{|x+1|}$의 그래프와 직선 $y=mx+2m-2$의 그래프가 만나지 않으려면

① 직선 $y=mx+2m-2$가 점 $(-1, 1)$을 지날 때, $m=3$

② 직선 $y=mx+2m-2$가 점 $(-1, -1)$을 지날 때, $m=1$

①, ②에 의하여 직선 $y=mx+2m-2$가 함수 $y=\dfrac{|x|-1}{|x+1|}$과 만나지 않는 m의 범위는

$$1\leq m\leq3$$

따라서 상수 m의 최댓값은 3이고 최솟값은 1이므로

$$3+1=4$$

답 ④

291 오른쪽 그림과 같이 직선 PQ는 직선 $y=x$와 수직으로 만나므로 기울기가 -1이고 점 $P(a, b)$를 지나므로

$$y=-x+a+b$$

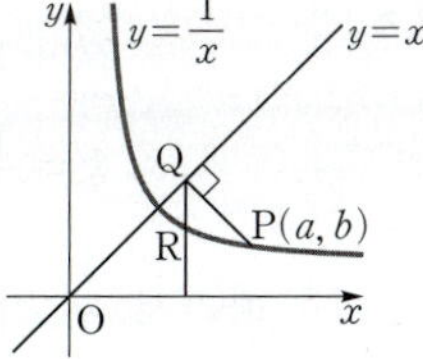

이때 두 직선의 교점이 Q이므로

$$x=-x+a+b \quad \therefore x=\frac{a+b}{2}$$

점 Q는 $y=x$ 위에 있으므로 $Q\left(\dfrac{a+b}{2}, \dfrac{a+b}{2}\right)$

따라서 점 Q에서 x축에 내린 수선이 함수 $y=\dfrac{1}{x}$의 그래프와 만나는 점 R의 좌표는

$$R\left(\frac{a+b}{2}, \frac{2}{a+b}\right)$$

답 ①

292 오른쪽 그림에서 $P(0, 1)$, $Q(3, 4)$이므로 $\overline{PQ}=3\sqrt{2}$

$$f(0)=\frac{b}{c}=1$$

$$\therefore b=c \quad \cdots\cdots \ \ominus$$

$$f(3)=\frac{3a+b}{3+c}=4$$

$$\therefore a=b+4 \quad \cdots\cdots \ \ominus$$

□PQRS는 직사각형이고 $\overline{PQ}=3\sqrt{2}$, 넓이는 30이므로

$$\overline{PS}=5\sqrt{2}$$

$\overline{PQ}\perp\overline{PS}$이므로 직선 PS의 기울기는 -1이고, 점 $(0, 1)$을 지나는 직선이므로 $y=-x+1$

$f(x)=\dfrac{ax+b}{x+c}$와 직선 $y=-x+1$이 두 점에서 만나므로

$$\frac{ax+b}{x+c}=-x+1$$

$$\frac{ax+b}{x+b}=-x+1 \ (\because \ominus)$$

$$x^2+(a+b-1)x=0$$

$$x^2+(2b+3)x=0 \ (\because \ominus)$$

$$\therefore x=0 \ \text{또는} \ x=-2b-3$$

따라서 함수 $f(x)$와 직선 $y=-x+1$의 교점의 x좌표는 $x=0$, $x=-2b-3$이다.

$S(-2b-3, 2b+4)$이고 $\overline{PS}=5\sqrt{2}$이므로

$$\overline{PS}=\sqrt{(-2b-3)^2+(2b+3)^2}=5\sqrt{2}$$

$$2(2b+3)^2=50, \ (2b+3)^2=25$$

$$2b+3=\pm5$$

$$\therefore b=-4 \ \text{또는} \ b=1$$

$b<0$이므로 $b=-4$

$b=c$이므로 $c=-4$, $a=b+4$이므로 $a=0$

즉, $f(x)=\dfrac{-4}{x-4}$이므로

$$f(2)=\frac{-4}{2-4}=2$$

답 ④

293 함수 $y=4\sqrt{x}$의 그래프를 x축의 방향으로 a만큼 평행이동한 그래프의 식은

$$y=4\sqrt{x-a}$$

함수 $y=f(x)$의 그래프와 그 역함수 $y=f^{-1}(x)$의 그래프는 직선 $y=x$에 대하여 대칭이므로 두 함수 $y=f(x)$, $y=f^{-1}(x)$의 그래프가 접하면 $y=f(x)$의 그래프는 위 그림과 같이 직선 $y=x$에 접한다.

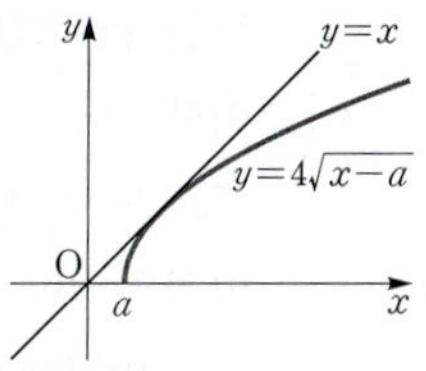

$4\sqrt{x-a}=x$의 양변을 제곱하면
$$16(x-a)=x^2$$
$$\therefore x^2-16x+16a=0$$
이 이차방정식의 판별식을 D라 하면
$$\frac{D}{4}=64-16a=0 \qquad \therefore a=4$$
답 ③

294 $f(x)=\dfrac{3x+4}{2x+3}=\dfrac{\frac{3}{2}(2x+3)-\frac{1}{2}}{2x+3}$

$$=\frac{-\frac{1}{2}}{2x+3}+\frac{3}{2}$$

이므로

$$f(x)=\begin{cases} \dfrac{-\frac{1}{2}}{2x+3}+\dfrac{3}{2} & (x\geq -1) \\ -\sqrt{-x-1}+1 & (x\leq -1) \end{cases}$$

즉, 주어진 함수의 그래프는 오른쪽 그림과 같다.

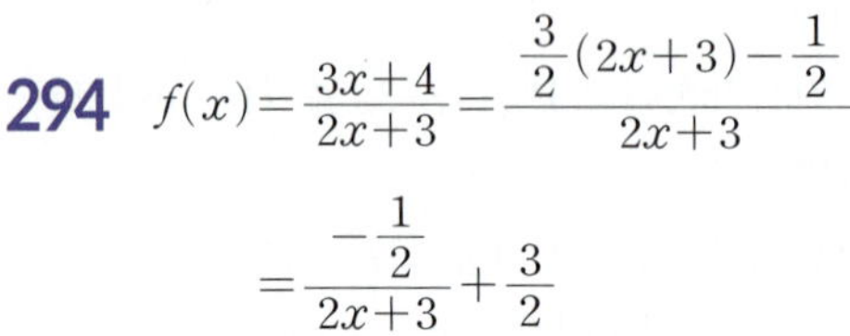

ㄱ. 점근선이 $y=\dfrac{3}{2}$이므로

함수 $f(x)$의 치역은 $\left\{y\,\middle|\,y<\dfrac{3}{2}\right\}$이다. (참)

ㄴ. 주어진 그래프는 제1, 2, 3사분면을 지난다. (참)

ㄷ. 일대일함수이므로 $f(x_1)=f(x_2)$이면 $x_1=x_2$이다. (참)

ㄹ. 주어진 함수는 x의 값이 증가할 때, y의 값도 증가하는 함수이므로 $x_1<x_2$이면 $f(x_1)<f(x_2)$이다. (참)

따라서 옳은 것은 ㄱ, ㄴ, ㄷ, ㄹ이다. 답 ⑤

295 $f(x)=\sqrt{8-x}+\sqrt{x-2}$에서
$$8-x\geq 0,\ x-2\geq 0$$
$$\therefore 2\leq x\leq 8$$
즉, 주어진 함수의 정의역은 $2\leq x\leq 8$이다.
$f(x)=\sqrt{8-x}+\sqrt{x-2}$의 양변을 제곱하면
$$\{f(x)\}^2=8-x+x-2+2\sqrt{(8-x)(x-2)}$$
$$=6+2\sqrt{-x^2+10x-16}$$
$$=6+2\sqrt{-(x-5)^2+9}$$
따라서 $\{f(x)\}^2$은 $x=5$일 때, 최댓값 12를 갖고 $x=2$ 또는 $x=8$일 때, 최솟값 6을 갖는다.
이때 $f(x)\geq 0$이므로 $\{f(x)\}^2$이 최대 또는 최소일 때 $f(x)$도 최대 또는 최소가 된다.
따라서 $m=\sqrt{6},\ M=2\sqrt{3}$이므로
$$m^2+M^2=(\sqrt{6})^2+(2\sqrt{3})^2$$
$$=6+12=18$$
답 ⑤

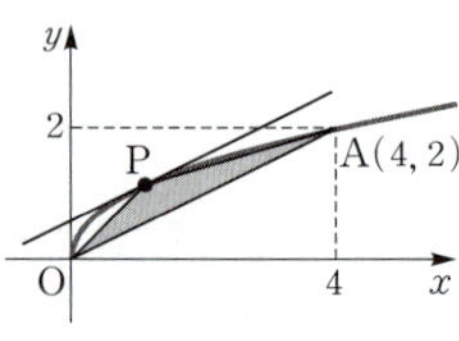

296 오른쪽 그림과 같이 무리함수 $y=\sqrt{x}$에서 삼각형 OAP의 넓이는 점 P가 직선 OA와 평행한 접선 위의 접점일 때 최대이다.

직선 OA의 방정식은 $y=\dfrac{1}{2}x$이므로 직선 OA와 평행한 접선의 방정식을 $y=\dfrac{1}{2}x+k$ (k는 실수)라 하면

$y=\sqrt{x}$와 $y=\dfrac{1}{2}x+k$의 그래프가 접한다.

$\sqrt{x}=\dfrac{1}{2}x+k$의 양변을 제곱하면

$$x=\frac{1}{4}x^2+kx+k^2$$

$$\therefore \frac{1}{4}x^2+(k-1)x+k^2=0$$

이 이차방정식의 판별식을 D라 하면

$$D=(k-1)^2-4\cdot\frac{1}{4}\cdot k^2=0$$
$$-2k+1=0$$
$$\therefore k=\frac{1}{2}$$

따라서 두 직선 $y=\dfrac{1}{2}x,\ y=\dfrac{1}{2}x+\dfrac{1}{2}$ 사이의 거리는

직선 $y=\dfrac{1}{2}x$ 위의 점 $(0,\ 0)$과 직선 $y=\dfrac{1}{2}x+\dfrac{1}{2}$,

즉 $x-2y+1=0$ 사이의 거리와 같으므로

$$\frac{1}{\sqrt{1^2+(-2)^2}}=\frac{\sqrt{5}}{5}$$

이때 $\overline{OA}=\sqrt{4^2+2^2}=2\sqrt{5}$이므로 삼각형 OAP의 넓이의 최댓값은

$$\frac{1}{2}\cdot 2\sqrt{5}\cdot\frac{\sqrt{5}}{5}=1$$
답 ②

297 함수 $y=h(x)$의 그래프를 직선 $y=x$에 대하여 대칭이
동하면 함수 $y=g(x)$가 되므로 $g(x)$는 $h(x)$의 역함
수이다.

$g\left(\dfrac{1}{6}\right)=k$라 하면 $h(k)=\dfrac{1}{6}$이므로

$$h(k)=\frac{k}{f^{-1}(k)}=\frac{1}{6}$$

$y=\sqrt{x+4}-2$라 하면

$$y+2=\sqrt{x+4}$$
$$\therefore\ x=(y+2)^2-4$$
$$=y^2+4y$$

x와 y를 서로 바꾸면

$$y=x^2+4x$$

$f^{-1}(x)=x^2+4x$이므로

$$h(k)=\frac{k}{k^2+4k}=\frac{1}{6}$$
$$k^2+4k=6k$$
$$k(k-2)=0$$
$$\therefore\ k=0\ 또는\ k=2$$

$k>0$이므로 $k=2$

따라서 $g\left(\dfrac{1}{6}\right)$의 값은 2이다.

답 ②

298 $y=\left|\dfrac{2x-1}{x-1}\right|=\left|\dfrac{2(x-1)+1}{x-1}\right|=\left|\dfrac{1}{x-1}+2\right|$이므로

점근선의 방정식은 $x=1$, $y=2$

$y=mx-2m=m(x-2)$이므로 직선 $y=mx-2m$은 m
의 값에 관계없이 항상 점 $(2,\ 0)$을 지난다.

따라서 오른쪽 그림과
같이 직선 $y=mx-2m$
과 $y=\dfrac{2x-1}{x-1}$의 그래
프가 서로 접할 때의 m
의 값이 α와 β가 되므로

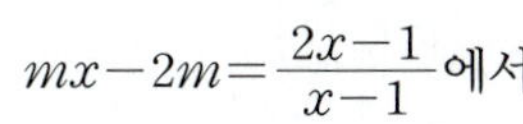

$mx-2m=\dfrac{2x-1}{x-1}$에서

$$m(x-2)(x-1)=2x-1$$
$$mx^2-(3m+2)x+2m+1=0$$

이 이차방정식의 판별식을 D라 하면

$$D=(3m+2)^2-4m(2m+1)=0$$
$$m^2+8m+4=0 \quad\cdots\cdots ㉠$$

㉠의 두 근이 α, β이므로 근과 계수의 관계에 의하여

$$\alpha+\beta=-8$$

답 -8

299 오른쪽 그림과 같이
$y=\sqrt{x+3}$의 그래프는
$y=\sqrt{x}$의 그래프를 x축의
방향으로 -3만큼 평행이
동한 것이고
$y=\sqrt{1-x}+k$의 그래프는
$y=\sqrt{-x}$의 그래프를 x축의 방향으로 1만큼, y축의 방
향으로 k만큼 평행이동한 것이다.

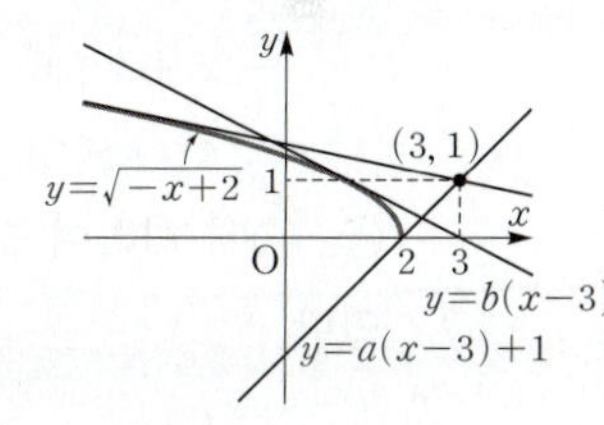

두 그래프가 만나려면 $y=\sqrt{1-x}+k$가 점 $(1,\ 2)$를 지
날 때 k의 값이 최대가 되고 점 $(-3,\ 0)$을 지날 때 k의
값이 최소가 되므로

$$2=\sqrt{1-1}+k \quad \therefore\ k=2$$
$$0=\sqrt{1-(-3)}+k \quad \therefore\ k=-2$$

즉, $-2\le k\le 2$일 때 두 그래프가 만난다.

답 $-2\le k\le 2$

300 $0\le x\le 2$에서 $a(x-3)+1\le\sqrt{-x+2}\le b(x-3)$이므
로 오른쪽 그림과 같이
$y=a(x-3)+1$이 점
$(2,\ 0)$을 지날 때,

$$0=a(2-3)+1$$
$$\therefore\ a=1$$

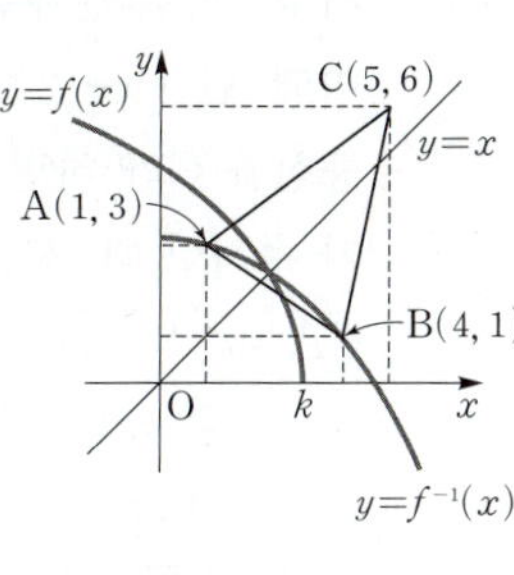

따라서 주어진 부등식이 항상 성립하려면 $a\ge 1$

$y=b(x-3)$이 $y=\sqrt{-x+2}$와 접할 때,

$b(x-3)=\sqrt{-x+2}$의 양변을 제곱하면

$$b^2(x-3)^2=-x+2$$
$$b^2x^2-(6b^2-1)x+9b^2-2=0$$

이 이차방정식의 판별식을 D라 하면

$$D=(6b^2-1)^2-4b^2(9b^2-2)=0$$
$$36b^4-12b^2+1-36b^4+8b^2=0$$
$$4b^2=1 \quad \therefore\ b=\pm\frac{1}{2}$$

따라서 $b\le -\dfrac{1}{2}$ $(\because b<0)$이므로 $a=1$, $\beta=-\dfrac{1}{2}$

$$\therefore\ (a-2\beta)^2=\left\{1-2\cdot\left(-\frac{1}{2}\right)\right\}^2$$
$$=(1+1)^2=4$$

답 ④

301 오른쪽 그림에서

(i) $y=f(x)$와 $\triangle ABC$가
만나는 조건
$f(x)$의 그래프가
$\triangle ABC$와 만나려면
$f(4)\ge 1$, $f(5)\le 6$을
만족해야 한다.

$f(4)=\sqrt{-4+k}\geq1$이므로
$$-4+k\geq1 \qquad \therefore k\geq5$$
$f(5)=\sqrt{-5+k}\leq6$이므로
$$-5+k\leq36 \qquad \therefore k\leq41$$
$$\therefore 5\leq k\leq41 \qquad\cdots\cdots\ \text{㉠}$$
(ii) $y=f^{-1}(x)$와 $\triangle ABC$가 만나는 조건

$y=\sqrt{-x+k}$에서 양변을 제곱하면
$$y^2=-x+k$$
$$x=-y^2+k$$
x와 y를 서로 바꾸면
$$y=-x^2+k$$
즉, 함수 $y=-x^2+k$ (단, $x\geq0$)는 함수 $f(x)$의 역함수이다.

$y=f^{-1}(x)$의 그래프가 $\triangle ABC$와 만나려면
$f^{-1}(1)\geq3$이므로
$$-1+k\geq3 \qquad \therefore k\geq4$$
$f^{-1}(5)\leq6$이므로
$$-25+k\leq6 \qquad \therefore k\leq31$$
$$\therefore 4\leq k\leq31 \qquad\cdots\cdots\ \text{㉡}$$
㉠, ㉡에 의하여 $5\leq k\leq31$이므로 k의 최댓값은 31
이다. 🄰 ③

302 $y=mx-3m+1=m(x-3)+1$이므로 직선
$y=mx-3m+1$은 m의 값에 관계없이 점 $(3, 1)$을 지
난다.

한편 무리함수 $y=\sqrt{4x-x^2}$에서 $4x-x^2\geq0$이므로
$$x^2-4\leq0,\ x(x-4)\leq0$$
$$\therefore 0\leq x\leq4$$
또 $y=\sqrt{4x-x^2}=\sqrt{-(x-2)^2+4}$에서 $0\leq y\leq2$이고,
$y=\sqrt{4x-x^2}$의 양변을 제곱하면
$$y^2=4x-x^2,\ x^2-4x+y^2=0$$
$$(x-2)^2+y^2=4 \ (\text{단},\ 0\leq y\leq2)$$
이므로 무리함수 $y=\sqrt{4x-x^2}$
의 그래프는 오른쪽 그림과
같이 원 $(x-2)^2+y^2=4$에
서 $0\leq y\leq2$인 부분이다.
이때 원 $(x-2)^2+y^2=4$의
중심을 C라 하면 $\overline{CA}$와 $\overline{PQ}$
가 수직일 때, 선분 PQ의 길이가 최소이다.
$\overline{CA}=\sqrt{(3-2)^2+(1-0)^2}=\sqrt{2},\ \overline{CP}=2$이므로
$$\overline{AP}=\sqrt{2^2-(\sqrt{2})^2}=\sqrt{2}$$
$$\therefore \overline{PQ}=2\sqrt{2}$$
따라서 $\overline{PQ}$의 길이의 최솟값은 $2\sqrt{2}$이다. 🄰 $2\sqrt{2}$

303 $f(x)=\dfrac{2}{x}$의 그래프와 $y=mx$의 교점 A를 구하면
$$\frac{2}{x}=mx,\ x^2=\frac{2}{m}$$
$$\therefore x=\pm\sqrt{\frac{2}{m}}$$
x의 값이 양수이므로 $x=\sqrt{\dfrac{2}{m}}$

즉, $A\left(\sqrt{\dfrac{2}{m}},\ m\sqrt{\dfrac{2}{m}}\right)$이므로

$\overline{OA}$의 길이는 $O(0,\ 0)$, $A\left(\sqrt{\dfrac{2}{m}},\ m\sqrt{\dfrac{2}{m}}\right)$ 사이의

거리이므로
$$\overline{OA}=\sqrt{\frac{2}{m}+m^2\cdot\frac{2}{m}}=\sqrt{2\left(m+\frac{1}{m}\right)}$$
이때 산술평균과 기하평균에 의하여
$$m+\frac{1}{m}\geq2\sqrt{m\cdot\frac{1}{m}}=2$$
$$\left(\text{단},\ m=\frac{1}{m}\text{일 때 등호 성립}\right)$$
이므로 $\overline{OA}\geq\sqrt{2\cdot2}=2$
따라서 $\overline{OA}$의 길이의 최솟값은 2이다. 🄰 2

304 오른쪽 그림에서 점 P는

$y=\dfrac{2}{x}$ 위에 있으므로

$P\left(a,\ \dfrac{2}{a}\right)$라 하면 점 Q는
$$Q(a,\ -a)$$

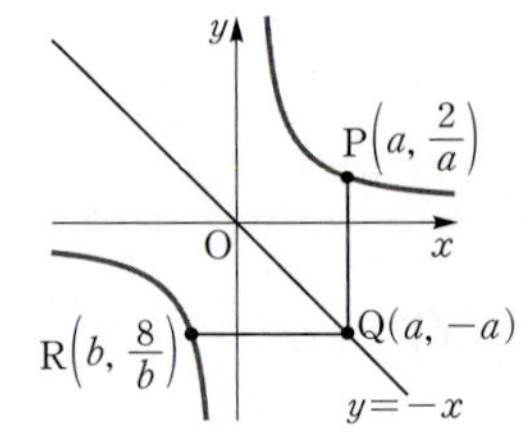

점 R은 $y=\dfrac{8}{x}$ 위에 있으므로 $R\left(b,\ \dfrac{8}{b}\right)$이라 하자.

점 Q와 점 R의 y좌표가 같으므로
$$\frac{8}{b}=-a \qquad \therefore b=-\frac{8}{a}$$

즉, $R\left(-\dfrac{8}{a},\ -a\right)$에서 $\overline{PQ}=\dfrac{2}{a}-(-a)=a+\dfrac{2}{a}$이고

$\overline{QR}=a-\left(-\dfrac{8}{a}\right)=a+\dfrac{8}{a}$이므로
$$\overline{PQ}\times\overline{QR}=\left(a+\frac{2}{a}\right)\left(a+\frac{8}{a}\right)$$
$$=a^2+10+\frac{16}{a^2}$$

$a^2>0,\ \dfrac{16}{a^2}>0$이므로
$$a^2+\frac{16}{a^2}+10\geq2\sqrt{a^2\cdot\frac{16}{a^2}}+10$$
$$=8+10=18$$
$$\left(\text{단, 등호는}\ a^2=\frac{16}{a^2}\text{일 때 성립}\right)$$
따라서 $\overline{PQ}\times\overline{QR}$의 최솟값은 18이다. 🄰 18

305 방정식 $\sqrt{x-[x]}-[x]=m(x-2)-1$이 서로 다른 두 실근을 가지려면 함수 $y=\sqrt{x-[x]}-[x]$의 그래프와 직선 $y=m(x-2)-1$이 서로 다른 두 점에서 만나야 한다.

$$y=\sqrt{x-[x]}-[x]$$

$$=\begin{cases} \quad\vdots \\ \sqrt{x} & (0\le x<1) \\ \sqrt{x-1}-1 & (1\le x<2) \\ \sqrt{x-2}-2 & (2\le x<3) \\ \quad\vdots \end{cases}$$

$y=m(x-2)-1$은 점 $(2,-1)$을 지나고 기울기가 m인 직선이므로 오른쪽 그림에서

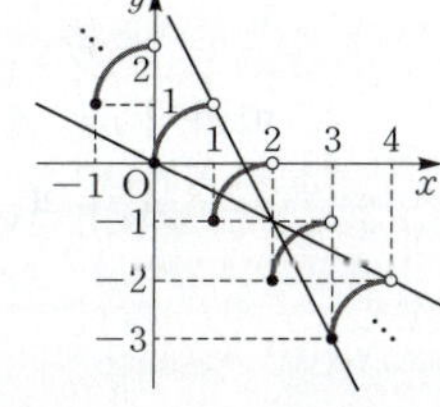

(i) 직선 $y=m(x-2)-1$이 점 $(1,1)$을 지날 때,
$$1=-m-1$$
$$\therefore m=-2$$

(ii) 직선 $y=m(x-2)-1$이 점 $(0,0)$을 지날 때,
$$0=-2m-1$$
$$\therefore m=-\frac{1}{2}$$

(i), (ii)에 의하여 $m<-2$ 또는 $-\dfrac{1}{2}<m<0$일 때 서로 다른 두 점에서 만난다.

$$\boxed{\text{답}}\ m<-2 \ \text{또는} \ -\frac{1}{2}<m<0$$

---

306 두 함수 $y=\sqrt{x}$와 $y=\sqrt{x-2}$의 그래프가 y축에 평행한 직선 $x=k$와 만나는 점을 각각 P_k, Q_k라 할 때, $\overline{P_kQ_k}=\sqrt{k}-\sqrt{k-2}$이므로

$$\overline{P_2Q_2}+\overline{P_3Q_3}+\overline{P_4Q_4}+\overline{P_5Q_5}+$$
$$\cdots+\overline{P_{18}Q_{18}}+\overline{P_{19}Q_{19}}+\overline{P_{20}Q_{20}}$$
$$=(\sqrt{2}-\sqrt{0})+(\sqrt{3}-\sqrt{1})+(\sqrt{4}-\sqrt{2})+$$
$$\cdots+(\sqrt{18}-\sqrt{16})+(\sqrt{19}-\sqrt{17})+(\sqrt{20}-\sqrt{18})$$
$$=\sqrt{19}+\sqrt{20}-1=\sqrt{19}+2\sqrt{5}-1$$

따라서 $a=5$, $b=19$, $c=1$이므로
$$a+b+c=5+19+1=25 \qquad \boxed{\text{답}}\ 25$$

| 본문 85p |

STEP 3   **307** ③   **308** 24   **309** 22   **310** 4

307 $y=\left|\dfrac{-2x}{x-1}\right|=\left|\dfrac{-2(x-1)-2}{x-1}\right|=\left|\dfrac{-2}{x-1}-2\right|$이므로

함수의 그래프는 오른쪽 그림과 같다.

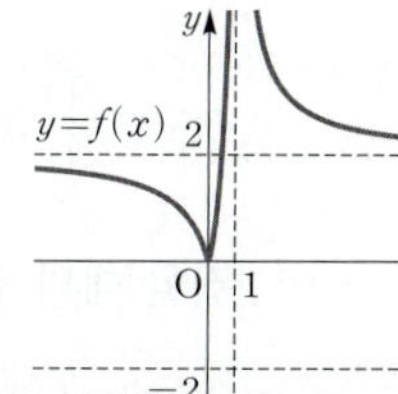

ㄱ. $k=2$일 때, 교점의 개수는 1이다. (거짓)

ㄴ. $f(c)=f(a)=f(b)$를 만족하는 순서쌍 $(a,\ b,\ c)$는 존재하지 않는다. (거짓)

ㄷ. $f(x)=\begin{cases} \dfrac{2x}{x-1} & (x<0) \\[2mm] \dfrac{-2x}{x-1} & (0\le x<1) \\[2mm] \dfrac{2x}{x-1} & (x>1) \end{cases}$이므로

(i) $f(a)=f(b)$를 만족하려면 $0<a<1<b$이므로
$$\frac{-2a}{a-1}=\frac{2b}{b-1}$$
$$-2a(b-1)=2b(a-1)$$
$$a+b=2ab,\ \frac{a+b}{ab}=2$$
$$\therefore \frac{1}{a}+\frac{1}{b}=2$$

(ii) $f(c)=f(a)$를 만족하려면 $c<0<a<1$이므로
$$\frac{2c}{c-1}=\frac{-2a}{a-1}$$
$$2c(a-1)=-2a(c-1)$$
$$2ac=a+c,\ 2=\frac{a+c}{ac}$$
$$\therefore \frac{1}{a}+\frac{1}{c}=2$$

(i), (ii)에 의하여 $p=2$, $q=2$이므로 $pq=4$이다. (참)

따라서 옳은 것은 ㄷ뿐이다. $\qquad \boxed{\text{답}}\ ③$

---

308 $y=\dfrac{|4x|-1}{|4x-1|}$의 그래프는

(i) $x<0$일 때,
$$y=\frac{-4x-1}{-4x+1}=\frac{4x+1}{4x-1}=\frac{4x-1+2}{4x-1}=\frac{2}{4x-1}+1$$

(ii) $0\le x<\dfrac{1}{4}$일 때, $y=\dfrac{4x-1}{-4x+1}=-1$

(iii) $x>\dfrac{1}{4}$일 때, $y=\dfrac{4x-1}{4x-1}=1$

이 그래프를 x축의 방향으로 $-\dfrac{1}{2}$만큼 평행이동한 함수의 그래프는 오른쪽 그림과 같다.

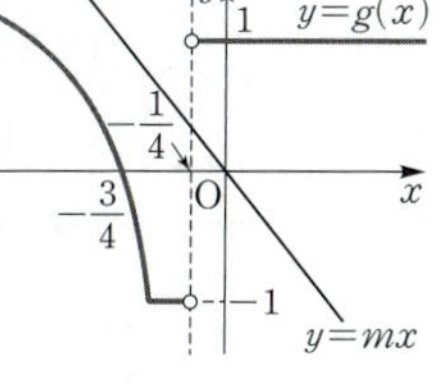

직선 $y=mx$가 $y=g(x)$의 그래프와 만나지 않으려면

$x>-\dfrac{1}{4}$일 때, $y=1$과 만나지 않아야 하고

$x<-\dfrac{1}{4}$일 때, $y=\dfrac{4\left(x+\frac{1}{2}\right)+1}{4\left(x+\frac{1}{2}\right)-1}$, 즉 $y=\dfrac{4x+3}{4x+1}$ 과

접할 때의 접선의 기울기보다 작아야 한다.

① $x>-\dfrac{1}{4}$일 때, 직선 $y=mx$는 점 $(0,\,0)$, $\left(-\dfrac{1}{4},\,1\right)$

을 지날 때의 기울기가 최소이고

$$m=\dfrac{1}{-\dfrac{1}{4}}=-4$$

② $x<-\dfrac{1}{4}$일 때,

$$\dfrac{4x+3}{4x+1}=mx$$

$$4x+3=mx(4x+1)$$

$$4mx^2+(m-4)x-3=0$$

이 이차방정식의 판별식을 D라 하면

$$D=(m-4)^2-4\cdot4m\cdot(-3)=0$$

$$m^2-8m+16+48m=0$$

$$m^2+40m+16=0$$

$$\therefore m=-20\pm8\sqrt{6}$$

m의 값이 -4보다 커야 하므로

$$m=-20+8\sqrt{6}$$

따라서 직선 $y=mx$가 함수 $y=g(x)$의 그래프와 만나지 않는 기울기 m의 값의 범위는

$$-4\le m<-20+8\sqrt{6}$$

이때 정수 m은 -4, -3, -2, -1이므로 정수 m의 값의 곱은 24이다. **답** 24

309 (i) $n=1$ 또는 $n=2$일 때,

주어진 조건을 만족하는 점 $\mathrm{P}(a,\,b)$는 없다.

$$\therefore A_1=0,\ A_2=0$$

(ii) $n=3$일 때,

$$f(x)=\dfrac{1}{x-3}+3,\ g(x)=\sqrt{x+3}$$이므로

$$\mathrm{P}(4,\,3),\ \mathrm{P}(5,\,3)\qquad\therefore A_3=2$$

(iii) $n=4$일 때,

$$f(x)=\dfrac{1}{x-4}+4,\ g(x)=\sqrt{x+4}$$이므로

$$\mathrm{P}(5,\,4),\ \mathrm{P}(6,\,4),\ \mathrm{P}(7,\,4),\ \cdots,\ \mathrm{P}(11,\,4)$$

$$\therefore A_4=7$$

(iv) $n=5$일 때,

$$f(x)=\dfrac{1}{x-5}+5,\ g(x)=\sqrt{x+5}$$이므로

$$\mathrm{P}(6,\,4),\ \mathrm{P}(7,\,4),\ \mathrm{P}(8,\,4),\ \cdots,\ \mathrm{P}(10,\,4)$$

$$\mathrm{P}(6,\,5),\ \mathrm{P}(7,\,5),\ \mathrm{P}(8,\,5),\ \cdots,\ \mathrm{P}(15,\,5)$$

$$\therefore A_5=15$$

(v) $n\ge6$일 때,

$$f(x)=\dfrac{1}{x-n}+n,\ g(x)=\sqrt{x+n}$$이므로

① y좌표가 n이면

$(n+1,\,n)$, $(n+2,\,n)$, $\cdots$, $(3n,\,n)$의 개수는

$$3n-(n+1)+1=2n$$

② y좌표가 $n-1$이면

$(n+1,\,n-1)$, $(n+2,\,n-1)$, $\cdots$, $(3n,\,n-1)$

의 개수는

$$3n-(n+1)+1=2n$$

$$\therefore A_n=4n\ (모순)\ (\because A_n\le3n)$$

따라서 $n\le A_n\le3n$을 만족시키는 모든 A_n의 값의 합은

$$A_4+A_5=7+15=22\qquad\text{답 }22$$

310 점 $\mathrm{B}(-1,\,2)$는 $y=a\sqrt{x+1}+b$ 위의 점이므로

$$2=a\sqrt{-1+1}+b\qquad\therefore b=2$$

삼각형 ABC는 $\overline{\mathrm{AB}}=\overline{\mathrm{AC}}$인 이등변삼각형이고 점 B는 $y=f(x)$ 위에, 점 C는 $y=f^{-1}(x)$ 위에 있으므로 점 B와 점 C는 $y=x$에 대하여 대칭이다.

$$\therefore \mathrm{C}(2,\,-1)$$

오른쪽 그림과 같이 $\overline{\mathrm{BC}}$의 중점을 M이라 하면 삼각형 ABC의 넓이가 $\dfrac{45}{2}$이고, $\overline{\mathrm{BC}}=3\sqrt{2}$이므로

$$\overline{\mathrm{AM}}=\dfrac{15\sqrt{2}}{2}$$

이때 $\mathrm{M}\left(\dfrac{1}{2},\,\dfrac{1}{2}\right)$, $\mathrm{A}(t,\,t)$라 하면

$$\overline{\mathrm{AM}}=\sqrt{\left(t-\dfrac{1}{2}\right)^2+\left(t-\dfrac{1}{2}\right)^2}=\sqrt{2\left(t-\dfrac{1}{2}\right)^2}$$

$$=\sqrt{2}\left(t-\dfrac{1}{2}\right)=\dfrac{15\sqrt{2}}{2}$$

$$t-\dfrac{1}{2}=\dfrac{15}{2}\qquad\therefore t=8$$

즉, $y=a\sqrt{x+1}+2$의 그래프는 점 $(8,\,8)$을 지나므로

$$8=a\sqrt{8+1}+2\qquad\therefore a=2$$

$$\therefore ab=4\qquad\text{답 }4$$

부록

01
$\overline{\text{PA}}^2=(x+1)^2+(y-4)^2=x^2+2x+y^2-8y+17$,
$\overline{\text{PB}}^2=(x-2)^2+(y+2)^2=x^2-4x+y^2+4y+8$,
$\overline{\text{PC}}^2=(x-5)^2+(y-1)^2=x^2-10x+y^2-2y+26$이므로
$$\overline{\text{PA}}^2+\overline{\text{PB}}^2+\overline{\text{PC}}^2$$
$$=3x^2-12x+3y^2-6y+51$$
$$=3(x^2-4x+4)+3(y^2-2y+1)+36$$
$$=3(x-2)^2+3(y-1)^2+36$$
이때 $(x-2)^2\geq0$, $(y-1)^2\geq0$이므로 $x=2$, $y=1$일 때, $\overline{\text{PA}}^2+\overline{\text{PB}}^2+\overline{\text{PC}}^2$은 최솟값 36을 갖는다.
$$\therefore \alpha+\beta+m=2+1+36=39$$
답 ⑤

다른 풀이

$\overline{\text{PA}}^2+\overline{\text{PB}}^2+\overline{\text{PC}}^2$의 값이 최소가 되는 점 P는 세 점 A, B, C를 꼭짓점으로 하는 삼각형 ABC의 무게중심이므로 점 P의 좌표는
$$\left(\frac{-1+2+5}{3}, \frac{4-2+1}{3}\right), \text{즉 } (2, 1)$$
이고, 최솟값 m은
$$m=\overline{\text{PA}}^2+\overline{\text{PB}}^2+\overline{\text{PC}}^2=(\sqrt{18})^2+3^2+3^2=36$$
$$\therefore \alpha+\beta+m=2+1+36=39$$

02 $A(x_1, y_1)$, $B(x_2, y_2)$, $C(x_3, y_3)$이라 하면
ㄱ. $D(A, B)=\sqrt{(x_2-x_1)^2+(y_2-y_1)^2}\geq0$ (참)
ㄴ. $D(A, B)=\sqrt{(x_2-x_1)^2+(y_2-y_1)^2}=D(B, A)$ (참)
ㄷ. [반례] $A(0, 0)$, $B(1, 0)$, $C(0, 1)$이라 하면
$\quad D(A, B)=D(A, C)=1$이지만 두 점 B와 C는 일치하지 않는다. (거짓)
ㄹ. 점 B가 선분 AC 위에 있지 않은 경우는
$\quad D(A, B)+D(B, C)>D(A, C)$
가 성립하고, 점 B가 선분 AC 위에 있는 경우는
$\quad D(A, B)+D(B, C)=D(A, C)$
이므로 주어진 부등식은 항상 성립한다. (참)
따라서 옳은 것은 ㄱ, ㄴ, ㄹ이다.
답 ④

03 점 A를 y축에 대하여 대칭시킨 점을 A′, 점 D를 x축에 대하여 대칭시킨 점을 D′이라 하면 오른쪽 그림에서 A → B → C → D의 경로에 있는 두 점 B, C는 직선 A′D′과 각각 y축, x축과 만나는 점이다.

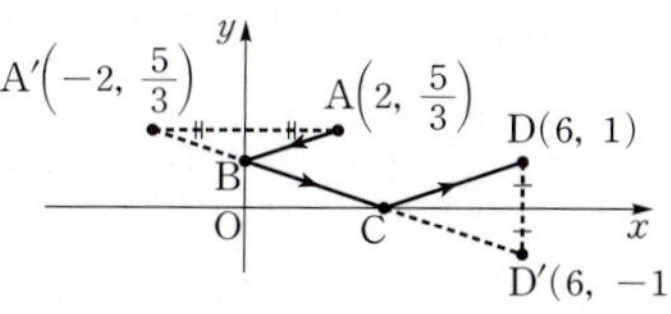

직선 A′D′은 두 점 $A'\left(-2, \frac{5}{3}\right)$, $D'(6, -1)$을 지나므로
$$y+1=\frac{-1-\frac{5}{3}}{6+2}(x-6) \qquad \therefore y=-\frac{1}{3}x+1$$
따라서 $y=0$일 때, $x=3$이므로 점 C의 좌표는 $(3, 0)$이다.
답 ①

04 점 C는 선분 AB를 $2:1$로 내분하는 점이므로 점 C의 좌표는
$$\left(\frac{2\cdot6+1\cdot2}{2+1}, \frac{2\cdot2+1\cdot6}{2+1}\right), \text{즉 } \left(\frac{14}{3}, \frac{10}{3}\right)$$
이고, 점 D는 선분 AB를 $1:2$로 내분하는 점이므로 점 D의 좌표는
$$\left(\frac{1\cdot6+2\cdot2}{1+2}, \frac{1\cdot2+2\cdot6}{1+2}\right), \text{즉 } \left(\frac{10}{3}, \frac{14}{3}\right)$$
이때 삼각형 OBC의 무게중심 G_1의 좌표는
$$\frac{1}{3}\left(6+\frac{14}{3}+0\right), \frac{1}{3}\left(2+\frac{10}{3}+0\right), \text{즉 } \left(\frac{32}{9}, \frac{16}{9}\right)$$
이고, 삼각형 ODA의 무게중심 G_2의 좌표는
$$\frac{1}{3}\left(2+\frac{10}{3}+0\right), \frac{1}{3}\left(6+\frac{14}{3}+0\right), \text{즉 } \left(\frac{16}{9}, \frac{32}{9}\right)$$
$$\therefore \overline{G_1G_2}=\sqrt{\left(\frac{16}{9}\right)^2+\left(-\frac{16}{9}\right)^2}=\frac{16\sqrt{2}}{9}$$
답 ③

05 오른쪽 그림과 같이 점 B를 지나고 y축에 평행한 직선과 점 A를 지나고 x축에 평행한 직선의 교점을 D, 직선 BD와 x축의 교점을 E, 점 A에서 x축에 내린 수선의 발을 F라 하면

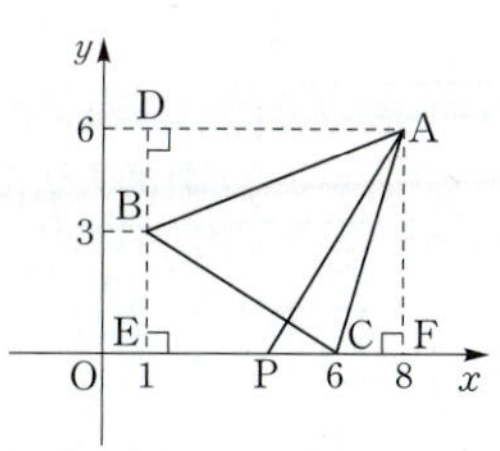

$$\triangle ABC$$
$$=\square ADEF-(\triangle ADB+\triangle BEC+\triangle ACF)$$
$$=42-\frac{1}{2}(7\cdot3+3\cdot5+2\cdot6)=18$$
이때 $\triangle APC=\frac{1}{3}\triangle ABC=\frac{1}{3}\cdot18=6$이므로 점 P의 좌표를 $(a, 0)$ $(0<a<6)$이라 하면
$$\triangle APC=\frac{1}{2}(6-a)\cdot6=6$$이므로 $6-a=2$ $\qquad \therefore a=4$

따라서 점 P의 좌표가 $(4, 0)$이므로 직선 AP의 기울기는 $\dfrac{6-0}{8-4}=\dfrac{3}{2}$이다. **답** ②

06 두 직선 l과 m이 평행하므로
$$\frac{a}{b-6}=\frac{2}{-2}\neq\frac{4}{5}$$
$$-2a=2(b-6) \qquad \therefore a+b=6$$
또 두 직선 l과 n이 수직이므로
$$ab+4=0 \qquad \therefore ab=-4$$
$$\therefore \frac{b}{a}+\frac{a}{b}=\frac{a^2+b^2}{ab}=\frac{(a+b)^2-2ab}{ab}$$
$$=\frac{36+8}{-4}=\frac{44}{-4}=-11$$
답 ②

07 $mx+(m-2)y-m+2=0$을 m에 대하여 정리하면
$$(x+y-1)m+(-2y+2)=0 \qquad \cdots\cdots ㉠$$
㉠이 m의 값에 관계없이 항상 성립하려면
$$x+y-1=0, \ -2y+2=0$$
$$\therefore x=0, \ y=1$$
즉, 직선 ㉠은 m의 값에 관계없이 항상 점 $(0, 1)$을 지난다.

오른쪽 그림에서 직선 $x+y-3=0$과 x축 및 y축으로 둘러싸인 부분의 넓이는 $\dfrac{1}{2}\cdot3\cdot3=\dfrac{9}{2}$이고, 직선 ㉠이 어두운 부분의 넓이를 이등분하므로 빗금친 부분의 넓이는 $\dfrac{9}{4}$이다.

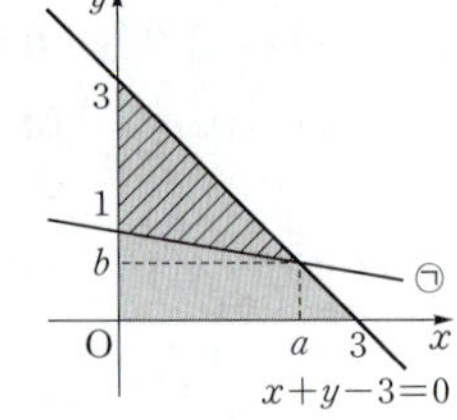

이때 직선 ㉠과 직선 $x+y-3=0$의 교점의 좌표를 (a, b)라 하면 빗금친 부분의 넓이가 $\dfrac{9}{4}$이므로
$$\frac{1}{2}\cdot2\cdot a=\frac{9}{4} \qquad \therefore a=\frac{9}{4}$$
또 점 $\left(\dfrac{9}{4}, b\right)$는 직선 $x+y-3=0$ 위의 점이므로
$$\frac{9}{4}+b-3=0\text{에서 }b=\frac{3}{4}$$
즉, 직선 ㉠이 점 $\left(\dfrac{9}{4}, \dfrac{3}{4}\right)$을 지나므로 $x=\dfrac{9}{4}, \ y=\dfrac{3}{4}$을 ㉠에 대입하면
$$\left(\frac{9}{4}+\frac{3}{4}-1\right)m+\left(-\frac{3}{2}+2\right)=0$$
$$2m=-\frac{1}{2}$$
$$\therefore 20m=10\cdot2m=10\cdot\left(-\frac{1}{2}\right)=-5$$
답 ①

08 오른쪽 그림과 같이 두 점 A, B에서 직선 $3x+5y=15$에 내린 수선의 발을 각각 D, E라 하면 $\triangle \text{ACD} \backsim \triangle \text{BCE}$이므로

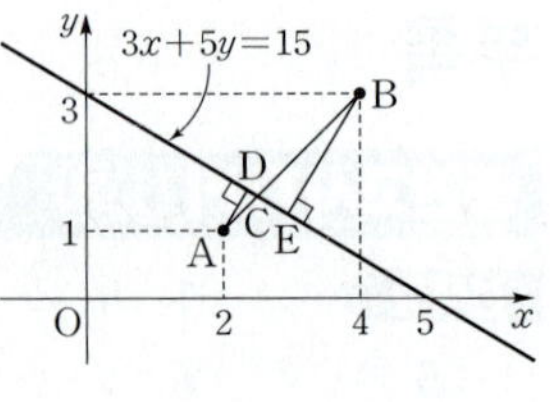

$$\overline{\text{AC}}:\overline{\text{BC}}=\overline{\text{AD}}:\overline{\text{BE}}$$
$$=\frac{|6+5-15|}{\sqrt{3^2+5^2}}:\frac{|12+15-15|}{\sqrt{3^2+5^2}}$$
$$=1:3$$
답 ②

09 방정식 $(k+1)x+(2k-3)y+3k-2=0$을 k에 대하여 정리하면
$$(x+2y+3)k+(x-3y-2)=0 \qquad \cdots\cdots ㉠$$
ㄱ. 직선 ㉠은 k의 값에 관계없이 두 직선
$$x+2y+3=0, \ x-3y-2=0$$
의 교점을 지나므로 두 식을 연립하여 풀면
$$x=-1, \ y=-1$$
따라서 직선 l은 제3사분면을 반드시 지난다. (거짓)

ㄴ. 원점과 직선 l 사이의 거리를 $f(k)$라 하면
$$f(k)=\frac{|3k-2|}{\sqrt{(k+1)^2+(2k-3)^2}}=\sqrt{2}$$
양변을 제곱하여 정리하면
$$9k^2-12k+4=2(5k^2-10k+10)$$
$$k^2-8k+16=0, \ (k-4)^2=0$$
$$\therefore k=4$$
따라서 원점으로부터 거리가 $\sqrt{2}$인 직선 l은 1개 존재한다. (거짓)

ㄷ. 직선 l이 직선 $x+2y+3=0$과 겹쳐지려면
$$\frac{k+1}{1}=\frac{2k-3}{2}=\frac{3k-2}{3}$$
이 성립하는 실수 k가 존재해야 한다.
그런데 $2(k+1)=2k-3$에서 $0\cdot k=-5$이므로 조건을 만족하는 실수 k의 값이 존재하지 않는다.
따라서 직선 l은 직선 $x+2y+3=0$과 겹칠 수 없다.
(참)

따라서 옳은 것은 ㄷ뿐이다. **답** ②

10 오른쪽 그림과 같이 점 A에서 선분 OC에 내린 수선의 발을 H라 하면 선분 BC의 길이는 선분 AH의 길이와 같다.
이때 직선 $5x+12y-64=0$의

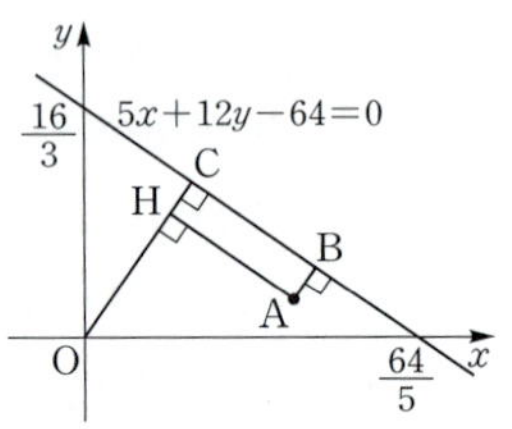

기울기가 $-\dfrac{5}{12}$이므로 직선 OC의 기울기는 $\dfrac{12}{5}$이다.

즉, 직선 OC는 기울기가 $\dfrac{12}{5}$이고, 원점을 지나는 직선이

므로 직선 OC의 방정식은 $y=\dfrac{12}{5}x$에서

$$12x-5y=0$$

따라서 선분 AH의 길이는 점 $\mathrm{A}(8,\ 1)$과 직선

$12x-5y=0$ 사이의 거리이므로

$$\overline{\mathrm{BC}}=\overline{\mathrm{AH}}=\frac{|\,12\cdot8-5\cdot1\,|}{\sqrt{12^2+(-5)^2}}=\frac{91}{13}=7$$

탑 ②

11 마름모의 성질에 의해 대각선 AC

는 $\angle\mathrm{BAD}$를 이등분하므로 대각

선 AC 위의 임의의 점을 $\mathrm{P}(x,\ y)$

라 하면 점 P에서 두 직선 AB,

AD까지의 거리는 같다.

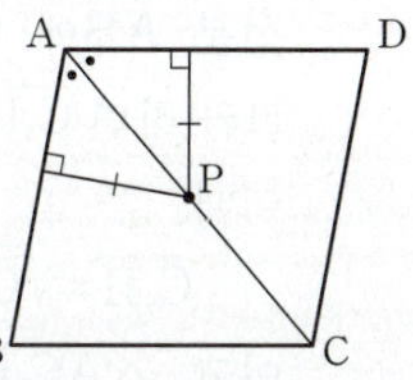

즉, 점 $\mathrm{P}(x,\ y)$와 두 직선 $2x-y+1=0$, $ax+by+1=0$

사이의 거리는

$$\frac{|\,2x-y+1\,|}{\sqrt{2^2+(-1)^2}}=\frac{|\,ax+by+1\,|}{\sqrt{a^2+b^2}}$$

$$\frac{|\,2x-y+1\,|}{\sqrt{5}}=\frac{|\,ax+by+1\,|}{\sqrt{5}}$$

$$|\,2x-y+1\,|=|\,ax+by+1\,|$$

(i) $2x-y+1=ax+by+1$일 때,

$$(2-a)x-(1+b)y=0 \qquad\cdots\cdots\ \text{㉠}$$

(ii) $2x-y+1=-ax-by-1$일 때,

$$(2+a)x+(b-1)y+2=0 \qquad\cdots\cdots\ \text{㉡}$$

이때 대각선 AC의 방정식은 $x+y+2=0$이므로 ㉠과 일

치할 수 없다.

따라서 ㉡과 일치해야 하므로

$$\frac{a+2}{1}=\frac{b-1}{1}=\frac{2}{2}$$

$$a=-1,\ b=2$$

$$\therefore a-b=-3$$

탑 ④

12 오른쪽 그림과 같이 점 A는 이차

함수 $y=x^2-3$의 그래프 위의 점

이므로 점 A의 좌표를

$(a,\ a^2-3)$이라 하고,

원 $x^2+y^2=1$의 중심을 O라 하면

$\overline{\mathrm{OA}}=\sqrt{a^2+(a^2-3)^2}$, $\overline{\mathrm{OB}}=1$

이므로

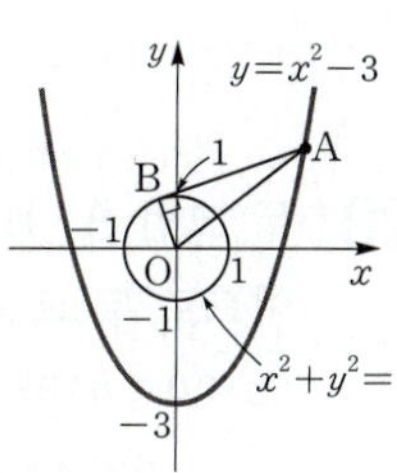

$$\overline{\mathrm{AB}}=\sqrt{\overline{\mathrm{OA}}^2-\overline{\mathrm{OB}}^2}=\sqrt{a^2+(a^2-3)^2-1}$$

$$=\sqrt{a^4-5a^2+8}=\sqrt{\left(a^2-\frac{5}{2}\right)^2+\frac{7}{4}}$$

즉, 선분 AB의 길이의 최솟값은 $a^2=\dfrac{5}{2}$일 때,

$$\sqrt{\frac{7}{4}}=\frac{\sqrt{7}}{2}$$이므로 $p=2,\ q=7$

$$\therefore p+q=2+7=9$$

탑 ③

13 원 C의 방정식은 $(x+1)^2+(y-1)^2=1$이고,

점 $\mathrm{A}(-3,\ 4)$에서 원 C에 그은 접선의 기울기를 m이라

하면 접선의 방정식은

$$y=m(x+3)+4,\ \ \text{즉}\ \ mx-y+3m+4=0$$

이때 원의 중심 $(-1,\ 1)$에서 원의 접선에 이르는 거리는

원의 반지름의 길이와 같으므로

$$\frac{|-m-1+3m+4|}{\sqrt{m^2+1}}=1,\ \frac{|\,2m+3\,|}{\sqrt{m^2+1}}=1$$

양변을 제곱하여 정리하면

$$4m^2+12m+9=m^2+1$$

$$3m^2+12m+8=0 \qquad\cdots\cdots\ \text{㉠}$$

m_1, m_2는 이차방정식 ㉠의 두 근이므로 근과 계수의 관

계에 의하여

$$m_1+m_2=-4,\ m_1m_2=\frac{8}{3}$$

$$\therefore (m_1-m_2)^2=(m_1+m_2)^2-4m_1m_2$$

$$=(-4)^2-4\cdot\frac{8}{3}$$

$$=16-\frac{32}{3}=\frac{16}{3}$$

탑 ④

14 오른쪽 그림과 같이 원

$x^2+y^2=4$의 중심을 O, 선분

OP와 선분 AB의 교점을 H라

하면 $\overline{\mathrm{AB}}\perp\overline{\mathrm{PH}}$, $\overline{\mathrm{AH}}=\overline{\mathrm{BH}}$

이때 $\overline{\mathrm{OP}}=\sqrt{4^2+3^2}=5$이고, 두

직각삼각형 AOH와 POA가 닮

음이므로 $\overline{\mathrm{OA}}^2=\overline{\mathrm{OH}}\cdot\overline{\mathrm{OP}}$에서

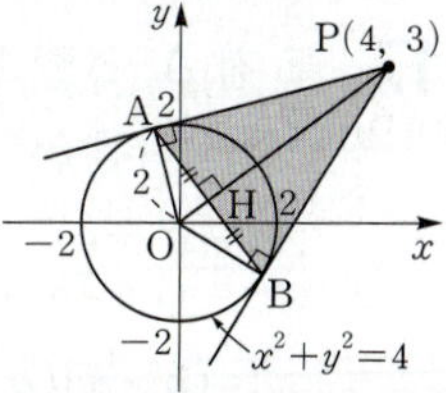

$$4=\overline{\mathrm{OH}}\cdot5 \qquad\therefore \overline{\mathrm{OH}}=\frac{4}{5}$$

$$\overline{\mathrm{PH}}=5-\frac{4}{5}=\frac{21}{5}$$

또 직각삼각형 AOH에서 $\overline{\mathrm{AH}}^2=\overline{\mathrm{OA}}^2-\overline{\mathrm{OH}}^2$이므로

$$\overline{\mathrm{AH}}^2=4-\left(\frac{4}{5}\right)^2=\frac{84}{25} \qquad\therefore \overline{\mathrm{AH}}=\frac{2\sqrt{21}}{5}$$

$$\therefore \overline{\mathrm{AB}}=2\overline{\mathrm{AH}}=2\cdot\frac{2\sqrt{21}}{5}=\frac{4\sqrt{21}}{5}$$

따라서 삼각형 PAB의 넓이는

$$\frac{1}{2}\cdot\overline{\mathrm{AB}}\cdot\overline{\mathrm{PH}}=\frac{1}{2}\cdot\frac{4\sqrt{21}}{5}\cdot\frac{21}{5}=\frac{42\sqrt{21}}{25}$$

탑 ①

15 오른쪽 그림과 같이 원 $x^2+y^2=4$ 에 원 $x^2+y^2=4$에 외접하는 정사 각형을 그리면 점 P가 정사각형의 꼭짓점에 있을 때 $\angle APB=90°$ 가 된다.

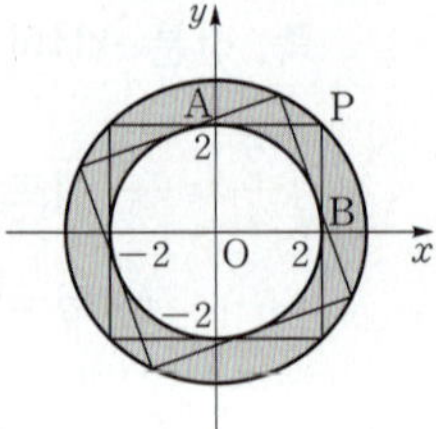

이때 $\angle APB$가 둔각이 되려면 색 칠한 부분 안에 점 P가 존재해야 하므로
$$\overline{OP}=2\sqrt{2}$$
따라서 구하는 영역의 넓이는
$$8\pi-4\pi=4\pi$$

目 ③

16 원점을 지나는 직선 $y=ax$와 곡선 $y=x^2-x-9$가 만나 는 두 점이 원점에 대하여 대칭이라 하자.

$ax=x^2-x-9$에서
$$x^2-(1+a)x-9=0 \qquad \cdots\cdots ㉠$$
이 이차방정식의 해를 x_1, x_2라 하면
$$\frac{x_1+x_2}{2}=0$$이므로
$$\frac{1+a}{2}=0$$
$$\therefore a=-1$$
㉠에 대입하면
$$x^2-9=0 \qquad \therefore x=\pm3$$
따라서 원점에 대하여 대칭인 두 점은 $(3,\ -3)$, $(-3,\ 3)$ 이므로 두 점 사이의 거리는
$$\sqrt{(-6)^2+6^2}=6\sqrt{2}$$

目 ③

17 두 점 A, B를 $A(a,\ a^2+a)$, $B(b,\ b^2+b)$라 하면 직선 AB와 직선 $y=-x+1$은 서로 수직이므로
$$\frac{(b^2+b)-(a^2+a)}{b-a}=\frac{(b+a)(b-a)+b-a}{b-a}=1$$
$$\frac{(b-a)(a+b+1)}{b-a}=1,\ a+b+1=1$$
$$\therefore a+b=0$$
또 선분 AB의 중점을 M이라 하면 $a+b=0$이므로 점 M 의 좌표는
$$\left(\frac{a+b}{2},\ \frac{a^2+a+b^2+b}{2}\right),\ 즉\ (0,\ a^2)$$
이고, 점 M은 직선 $y=-x+1$ 위의 점이므로 $a^2=1$에서
$$a=-1\ 또는\ a=1$$
따라서 두 점 A, B는
$$A(-1,\ 0),\ B(1,\ 2)\ 또는\ A(1,\ 2),\ B(-1,\ 0)$$
이므로
$$\overline{AB}=\sqrt{2^2+2^2}=\sqrt{8}=2\sqrt{2}$$

目 ③

18 원 C_1을 직선 $y=x$에 대하여 대칭이동한 원의 방정식은
$$(x+1)^2+(y-3)^2=16 \qquad \cdots\cdots ㉠$$
이고, ㉠을 x축의 방향으로 2만큼, y축의 방향으로 k만큼 평행이동한 원 C_2의 방정식은
$$(x+1-2)^2+(y-3-k)^2=16,\ 즉$$
$$(x-1)^2+(y-3-k)^2=16$$
오른쪽 그림과 같이 두 원 C_1, C_2의 중심을 각각
$$C_1(3,\ -1),\ C_2(1,\ 3+k)$$
라 하면 $\triangle AC_1B$는 이등변삼각 형이다. 따라서 꼭짓점 C_1에서 선분 AB에 내린 수선의 발을 H라 하면 $\overline{C_1H}\perp\overline{AB}$, $\overline{AH}=\overline{BH}=\sqrt{3}$ 이때
$$\overline{C_1H}=\sqrt{\overline{C_1A}^2-\overline{AH}^2}=\sqrt{4^2-(\sqrt{3})^2}=\sqrt{13}$$
이고, $\triangle AC_1B\equiv\triangle AC_2B$이므로
$$\overline{C_1C_2}=2\overline{C_1H}=2\sqrt{13}$$
즉, $\overline{C_1C_2}=\sqrt{(-2)^2+(k+4)^2}=2\sqrt{13}$이므로 양변을 제곱 하여 정리하면
$$k^2+8k+20=52,\ k^2+8k-32=0$$
따라서 모든 실수 k의 값의 곱은 근과 계수의 관계에 의 하여 -32이다.

目 ②

19 삼각형 ABC에서 변 BC의 삼등분점이 D, E이므로
$$\overline{BD}=\overline{DE}=\overline{EC}=3$$
이때 삼각형 ABE에서 점 D는 선분 BE의 중점이므로 $\overline{AB}=x$라 하면 삼각형의 중선 정리에 의하여
$$x^2+6^2=2(5^2+3^2),\ x^2+36=68 \qquad \therefore x^2=32$$
또 삼각형 ADC에서 점 E는 선분 DC의 중점이므로 $\overline{AC}=y$라 하면 삼각형의 중선 정리에 의하여
$$5^2+y^2=2(6^2+3^2),\ 25+y^2=90 \qquad \therefore y^2=65$$
$$\therefore \overline{AB}^2+\overline{AC}^2=x^2+y^2=32+65=97$$

目 97

20 두 교점 A, B는 이차함수 $y=-x^2+3$의 그래프 위의 점 이므로 두 교점 A, B를 $A(a,\ -a^2+3)$, $B(b,\ -b^2+3)$ $(a<0<b)$라 하면
$$(직선\ OA의\ 기울기)\times(직선\ OB의\ 기울기)$$
$$=-1$$
즉,
$$\left(\frac{-a^2+3}{a}\right)\times\left(\frac{-b^2+3}{b}\right)=-1$$

$$\frac{(a^2-3)(b^2-3)}{ab}=-1$$

이므로
$$a^2b^2-3(a^2+b^2)+9+ab=0 \qquad \cdots\cdots \ \text{㉠}$$
또 점 $(-3,\ 0)$은 직선 $y=mx+n$ 위의 점이므로
$$0=-3m+n$$
$$\therefore\ n=3m \qquad \cdots\cdots \ \text{㉡}$$
이때 이차함수 $y=-x^2+3$의 그래프와 직선
$y=mx+3m$의 교점이 A, B이므로 a, b는 이차방정식
$$-x^2+3=mx+3m,\ \ \text{즉}\ x^2+mx+3(m-1)=0$$
의 두 근이다.
따라서 근과 계수의 관계에 의하여
$$a+b=-m,\ ab=3(m-1)$$
이고
$$\begin{aligned}a^2+b^2&=(a+b)^2-2ab\\&=(-m)^2-2\cdot3(m-1)\\&=m^2-6m+6\end{aligned}$$
이므로 ab, a^2+b^2의 값을 ㉠에 대입하면
$$\{3(m-1)\}^2-3(m^2-6m+6)+9+3(m-1)=0$$
$$3(m-1)^2-(m^2-6m+6)+3+m-1=0$$
$$2m^2+m-1=0$$
$$(m+1)(2m-1)=0$$
$$\therefore\ m=-1\ (\because\ m\text{은 정수})$$
$m=-1$을 ㉡에 대입하면 $n=-3$
$$\therefore\ m-n=-1-(-3)=2$$
답 2

21 $x^2+y^2-6x-2y+5=0$에서
$$(x-3)^2+(y-1)^2=5$$
직선 l은 두 원의 중심을 잇는 선분을 수직이등분한다. 두 원의 중심은 각각 $(3,\ 1)$, $(0,\ 0)$이므로 직선 l은 두 점 $(3,\ 1)$, $(0,\ 0)$을 잇는 선분의 중점 $\left(\dfrac{3}{2},\ \dfrac{1}{2}\right)$을 지난다.
또한 직선 l은 두 점 $(3,\ 1)$, $(0,\ 0)$을 지나는 직선과 수직이므로 기울기는 -3이다.
따라서 직선 l의 방정식은
$$y-\frac{1}{2}=-3\left(x-\frac{3}{2}\right) \qquad \therefore\ y=-3x+5$$
$$\therefore\ a+b=-3+5=2$$
답 2

22 직선 $y=-\dfrac{1}{2}x$에 수직인

직선의 기울기는 2이므로 기울기가 2이고 원 $x^2+y^2=5$에 접하는 접선의 방정식은
$$y=2x\pm\sqrt{5}\cdot\sqrt{2^2+1}$$
$$y=2x\pm5$$

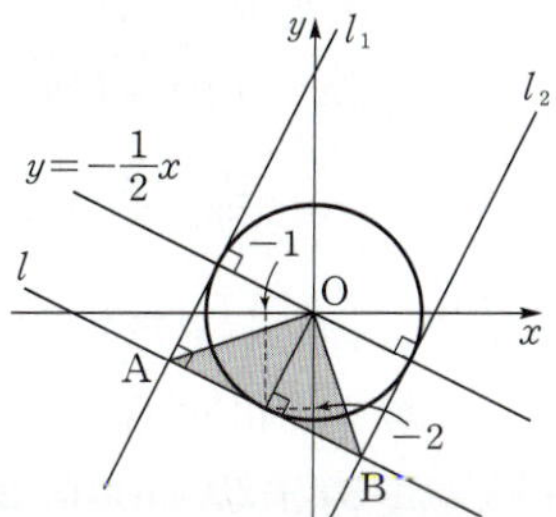

$$\therefore\ l_1:2x-y+5=0,\ l_2:2x-y-5=0$$
원 $x^2+y^2=5$ 위의 점 $(-1,\ -2)$에서 접선의 방정식은
$$-x-2y=5 \qquad \therefore\ l:x+2y+5=0$$
(i) 직선 l_1과 직선 l과의 교점은 $x=-3$, $y=-1$이므로
　　 $\text{A}(-3,\ -1)$이다.
(ii) 직선 l_2와 직선 l과 교점은 $x=1$, $y=-3$이므로
　　 $\text{B}(1,\ -3)$이다.
(i), (ii)에서 $\overline{\text{AB}}=\sqrt{4^2+(-2)^2}=2\sqrt{5}$
한편 원점과 직선 l 사이의 거리는
$$\frac{|5|}{\sqrt{1^2+2^2}}=\sqrt{5}$$
따라서 $\triangle\text{OAB}$의 넓이는
$$\frac{1}{2}\cdot2\sqrt{5}\cdot\sqrt{5}=5$$
답 5

23 삼각형 OAB의 넓이는 $\dfrac{1}{2}\cdot9\cdot4=18$이고
$$\triangle\text{POA}:\triangle\text{PAB}:\triangle\text{PBO}=4:3:2$$
이므로
$$\triangle\text{POA}=\frac{4}{4+3+2}\cdot18=8$$
$$\triangle\text{PAB}=\frac{3}{4+3+2}\cdot18=6$$
$$\triangle\text{PBO}=\frac{2}{4+3+2}\cdot18=4$$
오른쪽 그림에서
$\triangle\text{POA}=8$이므로

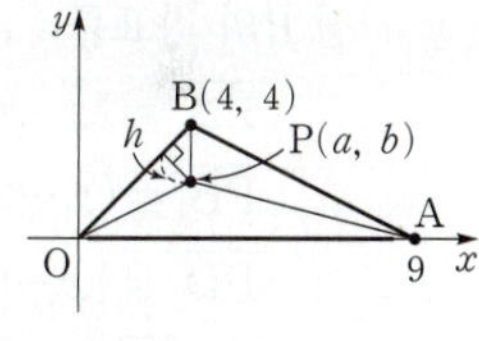

$$\frac{1}{2}\cdot9\cdot b=8$$
$$\therefore\ b=\frac{16}{9}$$
이때 두 점 O, B를 지나는 직선의 방정식은 $y=x$, 즉
$x-y=0$이므로 점 $\text{P}\left(a,\ \dfrac{16}{9}\right)$과 직선 OB 사이의 거리는
$$\frac{\left|a-\dfrac{16}{9}\right|}{\sqrt{1^2+(-1)^2}}=\frac{\left|a-\dfrac{16}{9}\right|}{\sqrt{2}}$$
한편 삼각형 PBO에서 $\overline{\text{OB}}=4\sqrt{2}$이고, $\triangle\text{PBO}=4$이므로
$$\frac{1}{2}\cdot4\sqrt{2}\cdot\frac{\left|a-\dfrac{16}{9}\right|}{\sqrt{2}}=4,\ \left|a-\frac{16}{9}\right|=2$$
$$\therefore\ a=\frac{34}{9}\ (\because\ 0<a<9)$$
따라서 점 P의 좌표가 $\left(\dfrac{34}{9},\ \dfrac{16}{9}\right)$이므로
$$9(a+b)=9\cdot\frac{50}{9}=50$$
답 50

선택형

01 ④	02 ⑤	03 ③	04 ④
05 ②	06 ⑤	07 ⑤	08 ③	09 ④
10 ①	11 ②	12 ①	13 ③	14 ④
15 ①	16 ①	17 ②	18 ③	

서술형

19 15	20 11	21 192	22 10
23 3			

01
$$\overline{AB}=\sqrt{(1+5)^2+(3+5)^2}=10,$$
$$\overline{AC}=\sqrt{(1-4)^2+(3+1)^2}=5$$에서
$$\overline{BD}:\overline{DC}=\overline{AB}:\overline{AC}=10:5=2:1$$이므로
$\overline{BC}=\overline{CD}$이고 점 C는 $\overline{BD}$의 중점이다.
$$\frac{-5+a}{2}=4 \qquad \therefore a=13$$
$$\frac{-5+b}{2}=-1 \qquad \therefore b=3$$
$$\therefore a+b=13+3=16$$

답 ④

02 오른쪽 그림과 같이 점 A가 원점에 오도록 정사각형 ABCD를 좌표평면 위에 정하자.
점 P의 좌표를 (x, y)라 하면
$$\overline{PA}^2=(x-0)^2+(y-0)^2$$
$$\overline{PB}^2=(x-2)^2+(y-0)^2$$
$$\overline{PD}^2=(x-0)^2+(y-2)^2$$
이므로 $2\overline{PA}^2=\overline{PB}^2+\overline{PD}^2$에서
$$2x^2+2y^2=2x^2+2y^2-4x-4y+8$$
$$\therefore y=-x+2$$
따라서 점 P가 움직이면서 생기는 도형은 선분 BD이므로
$$\overline{BD}=\sqrt{(2-0)^2+(0-2)^2}=2\sqrt{2}$$

답 ⑤

03 선분 BC의 중점을 M, 삼각형 ABC의 무게중심을 G라 하면 점 G는 선분 AM을 2 : 1로 내분하는 점이므로 무게중심 G의 좌표는
$$\left(\frac{2\cdot4+1\cdot2}{2+1}, \frac{2\cdot1+1\cdot4}{2+1}\right), 즉 \left(\frac{10}{3}, 2\right)$$
$$\therefore 3ab=3\cdot\frac{10}{3}\cdot2=20$$

답 ③

04 선분 BC의 중점 D와 선분 EC를 2 : 1로 내분하는 점 B, 선분 FB의 중점 A를 나타내면 오른쪽 그림과 같다.
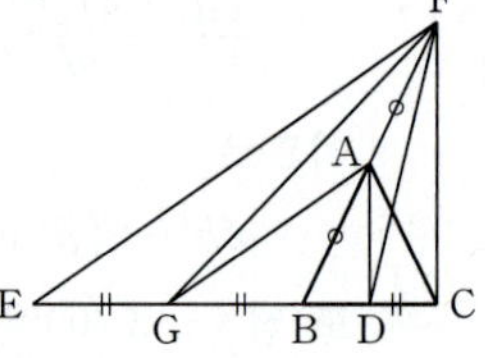
이때 삼각형 ABD의 넓이를 S라 하고, 선분 BE의 중점을 G라 하면
$$\triangle ABD=\triangle ADF=\triangle ADC=S,$$
$$\triangle FBD=\triangle ABC=2S$$
또 $\triangle AGB=\triangle AFG=\triangle ABC=2S$이므로
$$\triangle FEG=\triangle FGB=4S$$
$$\therefore \triangle FED=\triangle FEG+\triangle FGB+\triangle FBD$$
$$=4S+4S+2S=10S$$
따라서 $\triangle FED=10\triangle ABD$이므로 $k=10$

답 ④

05 점 $P(a, b)$가 직선 $y=-x+2$ 위의 점이므로
$$b=-a+2$$
즉, 점 P의 좌표가 $(a, -a+2)$이므로 $\overline{AP}=\overline{BP}$에서
$$\sqrt{(a-1)^2+(-a-4)^2}=\sqrt{(a-7)^2+(-a)^2}$$
양변을 제곱하여 정리하면
$$(a-1)^2+(a+4)^2=(a-7)^2+a^2$$
$$2a^2+6a+17=2a^2-14a+49$$
$$20a=32 \qquad \therefore a=\frac{8}{5}$$
$a=\frac{8}{5}$이므로 $b=\frac{2}{5}$
따라서 점 P의 좌표는 $\left(\frac{8}{5}, \frac{2}{5}\right)$이므로 $\frac{a}{b}$의 값은 4이다.

답 ②

06 두 직선 $3x+2y+5=0$, $2x-y+8=0$이 한 점에서 만나므로 세 직선이 모두 평행한 경우는 없다.
따라서 주어진 세 직선이 삼각형을 이루지 않으려면 세 직선 중 두 직선이 서로 평행하거나 세 직선이 한 점에서 만나야 한다.
(i) 세 직선 중 두 직선이 서로 평행할 때,
직선 $ax+2y+2=0$이 직선 $3x+2y+5=0$ 또는 $2x-y+8=0$과 평행해야 하므로
$$\frac{a}{3}=\frac{2}{2}\neq\frac{2}{5} 또는 \frac{a}{2}=\frac{2}{-1}\neq\frac{2}{8}$$
$$\therefore a=3 또는 a=-4$$
(ii) 세 직선이 한 점에서 만날 때,
$3x+2y+5=0$, $2x-y+8=0$을 연립하여 풀면

$$x=-3,\ y=2$$

이고, 직선 $ax+2y+2=0$이 점 $(-3,\ 2)$를 지나야 하므로

$$-3a+4+2=0 \qquad \therefore a=2$$

(i), (ii)에서 상수 a의 값은 3, -4, 2이므로 모든 상수 a의 값의 합은 $3-4+2=1$ 답 ⑤

07 $\dfrac{n}{m}$은 직선 AP의 기울기,

$\dfrac{b}{a}$는 직선 AC의 기울기,

$\dfrac{b-n}{a-m}$은 직선 PC의 기울기이다.

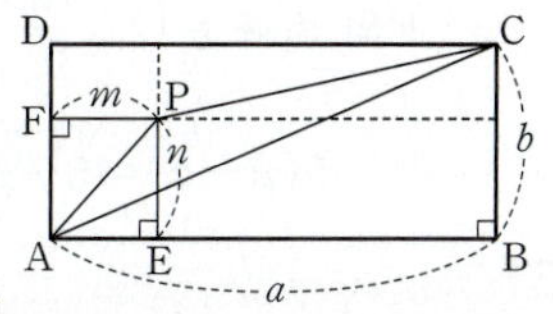

이때 (직선 PC의 기울기) < (직선 AC의 기울기)

$$< (직선\ AP의\ 기울기)$$

이므로

$$\frac{b-n}{a-m}<\frac{b}{a}<\frac{n}{m} \qquad \therefore \gamma<\beta<\alpha$$ 답 ⑤

08 두 직선에서 같은 거리에 있는 점을 $P(a,\ b)$라 하면

$$\frac{|3a+2b-1|}{\sqrt{9+4}}=\frac{|2a-3b+1|}{\sqrt{4+9}}$$
$$3a+2b-1=\pm(2a-3b+1)$$
$$\therefore a+5b-2=0 \ 또는\ 5a-b=0$$

즉, 점 $P(a,\ b)$는 직선 $x+5y-2=0$ 또는 $5x-y=0$ 위의 점이다.

ㄱ. 조건을 만족하는 점은 무수히 많다. (거짓)

ㄴ. [반례] 직선 $y=-\dfrac{1}{5}x+\dfrac{2}{5}$ 위의 점 $(-3,\ 1)$은 제2사분면에 존재하는 점이다. (거짓)

ㄷ. $y=5x$에서 x가 정수이면 y좌표는 5의 배수이다. (참)

따라서 옳은 것은 ㄷ뿐이다.   답 ③

09 오른쪽 그림과 같이 유리판이 벽면, 지면과 만나는 점을 각각 A, B, 선분 AB의 중점을 M, 유리판의 중심을 수직으로 통과한 빛이 이동한 선을 직선 l, 직선 l이 지면과 만나는 점을 C라 하자.

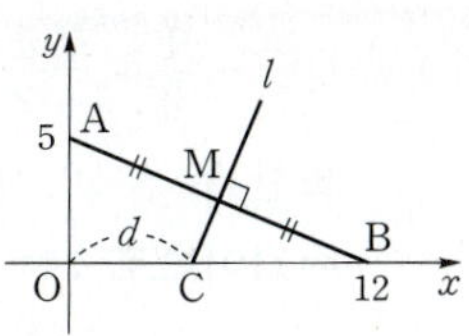

이때 지면을 x축, 벽면을 y축으로 놓으면

$$\overline{OB}=\sqrt{\overline{AB}^2-\overline{OA}^2}=\sqrt{13^2-5^2}=12$$

이므로 점 B의 좌표는 $(12,\ 0)$이다.

또 두 점 A, B를 지나는 직선 AB의 기울기는

$$\frac{0-5}{12-0}=-\frac{5}{12}$$이므로 직선 l의 기울기는 $\dfrac{12}{5}$이고,

점 M의 좌표는 $\left(6,\ \dfrac{5}{2}\right)$이므로 직선 l의 방정식은

$$y-\frac{5}{2}=\frac{12}{5}(x-6) \qquad \therefore y=\frac{12}{5}x-\frac{119}{10}$$

점 C는 직선 l이 x축과 만나는 점이므로 점 C의 좌표를 $(x,\ 0)$이라 하면

$$0=\frac{12}{5}x-\frac{119}{10},\ \frac{12}{5}x=\frac{119}{10}$$
$$\therefore x=\frac{119}{24}$$

따라서 $d=\dfrac{119}{24}$이므로

$$24d=24\cdot\frac{119}{24}=119$$ 답 ④

10 원의 중심이 원점이고 반지름의 길이가 각각 $\sqrt{2}$, 2이므로 원점과 직선 $x-y+k=0$ 사이의 거리를 s라 하면

$$s=\frac{|k|}{\sqrt{1^2+(-1)^2}}=\frac{|k|}{\sqrt{2}}$$

이때 $\sqrt{2}<s\le2$이어야 하므로

$$\sqrt{2}<\frac{|k|}{\sqrt{2}}\le2에서\ 2<|k|\le2\sqrt{2}$$
$$\therefore -2\sqrt{2}\le k<-2 \ 또는\ 2<k\le2\sqrt{2}$$

따라서 $a=-2\sqrt{2}$, $b=-2$, $c=2$, $d=2\sqrt{2}$이므로
$$ab+cd=(-2\sqrt{2})\cdot(-2)+2\cdot2\sqrt{2}=8\sqrt{2}$$ 답 ①

11 원 $x^2+y^2-6x-4y+8=0$에서
$$(x-3)^2+(y-2)^2=5$$

원 $(x-3)^2+(y-2)^2=5$의 중심을 $C(3,\ 2)$, 점 P에서 원에 그은 접선을 l이라 하면 두 점 C, P를 지나는 직선은 접선 l과 수직이다.

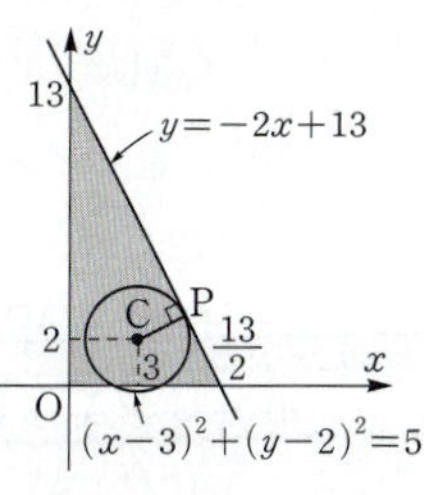

즉, 두 점 C, P를 지나는 직선의 기울기가 $\dfrac{3-2}{5-3}=\dfrac{1}{2}$이므로 접선 l의 기울기는 -2이다.

따라서 접선 l은 기울기가 -2이고, 점 $P(5,\ 3)$을 지나는 직선이므로 직선 l의 방정식은

$$y=-2(x-5)+3,\ 즉\ y=-2x+13$$

이때 직선 l의 x절편과 y절편이 각각 $\dfrac{13}{2}$, 13이므로 구하는 넓이는

$$\frac{1}{2}\cdot\frac{13}{2}\cdot13=\frac{169}{4}$$ 답 ②

12 원 $x^2+y^2=9$ 위의 점 P의 좌표를 (a, b)라 하고, 삼각형 PAB의 무게중심을 $G(x, y)$라 하면
$$x=\frac{9-6+a}{3}=\frac{a+3}{3}$$에서 $a=3x-3$
$$y=\frac{5+7+b}{3}=\frac{b+12}{3}$$에서 $b=3y-12$
이때 점 $P(a, b)$는 원 $x^2+y^2=9$ 위의 점이므로
$a^2+b^2=9$에서
$$(3x-3)^2+(3y-12)^2=9$$
$$9\{(x-1)^2+(y-4)^2\}=9$$
$$\therefore (x-1)^2+(y-4)^2=1$$
따라서 무게중심 G가 나타내는 원의 중심의 좌표가 $(1, 4)$이고, 반지름의 길이가 1이므로
$$m+n+r=1+4+1=6$$
답 ①

13 선분 AB의 중점을 M이라 하면 $M(4, 3)$이고,
$$\overline{AM}=\sqrt{2^2+(-2)^2}$$
$$=2\sqrt{2}$$
오른쪽 그림과 같이 원 $x^2+y^2=1$ 위를 움직이는 점 P에 대하여 삼각형의 중선 정리가 성립하므로
$$\overline{PA}^2+\overline{PB}^2=2(\overline{PM}^2+\overline{AM}^2)=2(\overline{PM}^2+8)$$
$$\cdots\cdots \text{㉠}$$
이때 $\overline{PA}^2+\overline{PB}^2$의 값이 최소이려면 ㉠에서 $\overline{PM}^2$의 값이 최소이어야 한다.
한편 원 $x^2+y^2=1$의 중심을 O라 하면
$$\overline{OM}=\sqrt{4^2+3^2}=5$$
이고, 원 $x^2+y^2=1$의 반지름의 길이가 1이므로 $\overline{PM}$의 최솟값은
$$\overline{OM}-\overline{OP}=5-1=4$$
따라서 $\overline{PA}^2+\overline{PB}^2$의 최솟값은
$$2(4^2+8)=48$$
답 ③

14 원 C는 반지름의 길이가 2이고, y축에 접하므로 원 C의 중심을 $C(-2, k)(k>0)$으로 놓을 수 있다.
이때 원 C와 직선 $3x+4y=0$이 접하므로 원의 중심 $C(-2, k)$와 직선 $3x+4y=0$ 사이의 거리가 원의 반지름의 길이와 같다.
즉, $\frac{|3\cdot(-2)+4\cdot k|}{\sqrt{3^2+4^2}}=2$에서 $|-3+2k|=5$이므로
$$-3+2k=5 \text{ 또는 } -3+2k=-5$$
$$\therefore k=4 \ (\because k>0)$$

한편 직선 CP는 직선 $3x+4y=0$과 수직이므로 직선 CP의 기울기는 $\frac{4}{3}$이고, 원의 중심 $C(-2, 4)$를 지나므로 직선 CP의 방정식은 $y=\frac{4}{3}(x+2)+4$, 즉 $y=\frac{4}{3}x+\frac{20}{3}$이나.
따라서 $3x+4y=0$과 $y=\frac{4}{3}x+\frac{20}{3}$을 연립하여 풀면 점 P의 좌표는 $\left(-\frac{16}{5}, \frac{12}{5}\right)$이므로
$$5(\beta-\alpha)=5\cdot\frac{28}{5}=28$$
답 ④

15 원 $x^2+y^2=4$를 x축의 방향으로 a만큼, y축의 방향으로 b만큼 평행이동하면
$$(x-a)^2+(y-b)^2=4$$
점 $(6, 8)$이 원 $(x-a)^2+(y-b)^2=4$의 원주를 포함한 내부에 있어야 하므로
$$(6-a)^2+(8-b)^2\leq 4$$
$$\therefore (a-6)^2+(b-8)^2\leq 4$$
$a^2+b^2=k$라 하고 오른쪽 그림과 같이 $(a-6)^2+(b-8)^2=4$를 원 P, $a^2+b^2=k$를 원 O라 하면 두 원 O, P가 점 A에서 접할 때, k의 값이 최소가 된다.

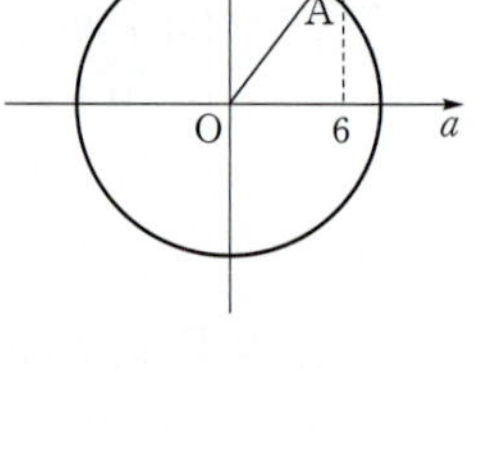

한편 $\overline{OP}=\sqrt{6^2+8^2}=10$이므로
$$\overline{OA}=10-2=8$$
따라서 a^2+b^2의 최솟값은 64이다.
답 ①

16 두 점 $(0, 0)$, $(-1, -1)$을 잇는 선분의 중점 $\left(-\frac{1}{2}, -\frac{1}{2}\right)$은 직선 l 위의 점이므로
$$-\frac{1}{2}=-\frac{1}{2}a+b \qquad \therefore a-2b=1 \qquad \cdots\cdots \text{㉠}$$
또한 두 점 $(0, 0)$, $(-1, -1)$을 지나는 직선은 직선 l에 수직이므로 $a=-1$
$a=-1$을 ㉠에 대입하면 $b=-1$이므로 직선 l의 방정식은 $y=-x-1$
직선 $y=2x+3$ 위의 점 $(0, 3)$을 직선 l에 대하여 대칭이동한 점의 좌표를 (m, n)이라 하면 두 점 $(0, 3)$, (m, n)을 잇는 선분의 중점 $\left(\frac{m}{2}, \frac{3+n}{2}\right)$은 직선 l 위의 점이므로
$$\frac{3+n}{2}=-\frac{m}{2}-1 \qquad \therefore m+n=-5 \ \cdots\cdots \text{㉡}$$

두 점 $(0, 3)$, (m, n)을 지나는 직선은 직선 l에 수직이
므로

$$\frac{n-3}{m}=1 \qquad \therefore m-n=-3 \qquad \cdots\cdots ㉢$$

㉡, ㉢을 연립하여 풀면 $m=-4$, $n=-1$
또한 두 직선 l, $y=2x+3$의 교점의 좌표는

$$\left(-\frac{4}{3}, \frac{1}{3}\right)$$

따라서 두 점 $(-4, -1)$, $\left(-\dfrac{4}{3}, \dfrac{1}{3}\right)$을 지나는 직선의
방정식이 구하는 직선의 방정식이므로

$$y+1=\frac{1}{2}(x+4) \qquad \therefore x-2y+2=0 \qquad \text{답 ①}$$

17 점 $A(1, 3)$을 직선 $x-y-1=0$에 대하여 대칭이동한 점
을 $C(a, b)$라 하면 직선 AC의 기울기가 -1이므로

$$\frac{b-3}{a-1}=-1$$에서

$$a+b=4 \qquad \cdots\cdots ㉠$$

선분 AC의 중점을 M이라 하면 $M\left(\dfrac{a+1}{2}, \dfrac{b+3}{2}\right)$이
고, 점 M은 직선 $x-y-1=0$ 위의 점이므로

$$\frac{a+1}{2}-\frac{b+3}{2}-1=0$$

$$\therefore a-b=4 \qquad \cdots\cdots ㉡$$

㉠, ㉡을 연립하여 풀면 $a=4$, $b=0$이므로 점 C의 좌표
는 $(4, 0)$이다.
또 점 $B(4, 6)$을 직선 $x-y-1=0$에 대하여 대칭이동한
점을 $D(c, d)$라 하면 직선 BD의 기울기가 -1이므로

$$\frac{d-6}{c-4}=-1$$에서

$$c+d=10 \qquad \cdots\cdots ㉢$$

선분 BD의 중점을 M′이라 하면 $M'\left(\dfrac{c+4}{2}, \dfrac{d+6}{2}\right)$이
고, 점 M′은 직선 $x-y-1=0$ 위의 점이므로

$$\frac{c+4}{2}-\frac{d+6}{2}-1=0$$

$$\therefore c-d=4 \qquad \cdots\cdots ㉣$$

㉢, ㉣을 연립하여 풀면 $c=7$, $d=3$이므로 점 D의 좌표
는 $(7, 3)$이다.
따라서 오른쪽 그림과 같이 대
각선 BC를 그으면 $\overline{BC}=6$이므
로 사각형 ACDB의 넓이는

$$\triangle ACB+\triangle BCD$$

$$=\frac{1}{2}\cdot 6\cdot 3+\frac{1}{2}\cdot 6\cdot 3$$

$$=18 \qquad \text{답 ②}$$

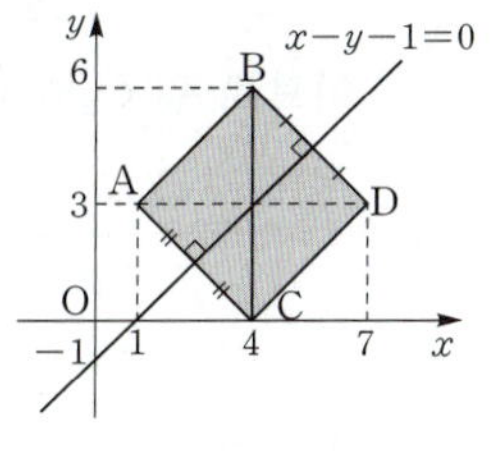

18 원 $x^2+y^2+6x-2y+6=0$에서

$$(x+3)^2+(y-1)^2=4 \qquad \cdots\cdots ㉠$$

이고, 원 ㉠을 x축의 방향으로 a만큼, y축의 방향으로 b
만큼 평행이동한 원의 방정식은

$$(x-a+3)^2+(y-b-1)^2=4$$

오른쪽 그림과 같이 두 원의
중심을 O, O′이라 하고, 점
A에서 선분 OO′에 내린 수
선의 발을 H라 하면 삼각형
AOO′은 이등변삼각형이므로

$$\overline{OH}=\overline{O'H}$$

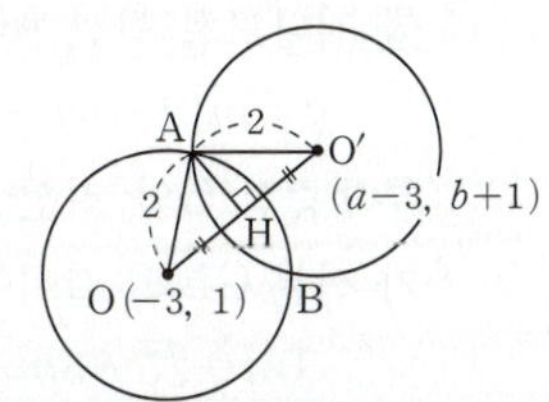

이때 직각삼각형 AOH에서

$$\overline{OH}^2=\overline{OA}^2-\overline{AH}^2=2^2-1^2=3 \qquad \therefore \overline{OH}=\sqrt{3}$$

한편 $\overline{OO'}=2\overline{OH}=2\sqrt{3}$이므로 점 (a, b)가 나타내는 도
형은 중심이 $(-3, 1)$이고 반지름의 길이가 $2\sqrt{3}$인 원이
다.
따라서 점 (a, b)가 나타내는 도형의 길이는
$2\pi\cdot 2\sqrt{3}=4\sqrt{3}\pi$이므로

$$a+b=4+3=7$$

답 ③

19 세 점 $A(x_1, y_1)$, $B(x_2, y_2)$, $C(x_3, y_3)$이라 하면
점 P의 좌표는 $\left(\dfrac{2x_2+x_1}{3}, \dfrac{2y_2+y_1}{3}\right)$이므로

$$\frac{2x_2+x_1}{3}=2, \quad \frac{2y_2+y_1}{3}=3$$

$$\therefore 2x_2+x_1=6, \ 2y_2+y_1=9 \qquad \cdots\cdots ㉠$$

마찬가지로 두 점 Q, R의 좌표에 의하여

$$2x_3+x_2=18, \ 2y_3+y_2=-3 \qquad \cdots\cdots ㉡$$

$$2x_1+x_3=15, \ 2y_1+y_3=12 \qquad \cdots\cdots ㉢$$

㉠＋㉡＋㉢에서

$$3(x_1+x_2+x_3)=39, \ 3(y_1+y_2+y_3)=18$$

$$\therefore x_1+x_2+x_3=13, \ y_1+y_2+y_3=6$$

따라서 △ABC의 무게중심의 좌표는

$$\left(\frac{x_1+x_2+x_3}{3}, \frac{y_1+y_2+y_3}{3}\right)=\left(\frac{13}{3}, 2\right)$$

이므로 $a=\dfrac{13}{3}$, $b=2$

$$\therefore 3a+b=13+2=15 \qquad \text{답 15}$$

20 삼각형 ABC는 정삼각형이므로 오른쪽 그림과 같이 꼭짓점 C에서 변 AB에 내린 수선을 발을 M, 꼭짓점 B에서 변 AC에 내린 수선의 발을 N이라 하면

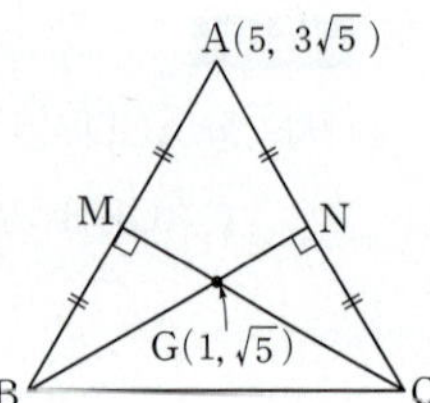

$$\overline{GM}=\overline{GN}=\frac{1}{2}\overline{AG}$$

이때 $\overline{AG}=\sqrt{4^2+(2\sqrt{5})^2}=\sqrt{36}=6$이므로

$$\overline{GM}=\overline{GN}=\frac{1}{2}\cdot 6=3$$

한편 직선 AC의 기울기를 m이라 하면 직선 AC는 점 A를 지나므로 직선 AC의 방정식은

$$y=m(x-5)+3\sqrt{5},\ \ \text{즉}\ \ mx-y-5m+3\sqrt{5}=0$$

무게중심 G와 직선 $mx-y-5m+3\sqrt{5}=0$ 사이의 거리가 선분 GN의 길이이므로

$$\frac{|m-\sqrt{5}-5m+3\sqrt{5}|}{\sqrt{m^2+(-1)^2}}=\frac{|-4m+2\sqrt{5}|}{\sqrt{m^2+1}}=3$$

$$|-4m+2\sqrt{5}|=3\sqrt{m^2+1}$$

양변을 제곱하여 정리하면

$$7m^2-16\sqrt{5}m+11=0 \qquad\qquad \cdots\cdots\ \bigcirc$$

이때 이차방정식 ㉠은 서로 다른 두 실근을 갖고, ㉠의 두 근은 직선 AB와 직선 AC의 기울기이므로 근과 계수의 관계에 의하여 $k=\dfrac{11}{7}$

$$\therefore\ 7k=7\cdot\frac{11}{7}=11$$

답 11

21 오른쪽 그림과 같이 원 $x^2+y^2=1$의 중심 O에서 직선 $x+y-5\sqrt{2}=0$에 내린 수선의 발을 H, 선분 OH와 원이 만나는 점을 P라 하면 정삼각형 PAB의 넓이가 최소가 된다.

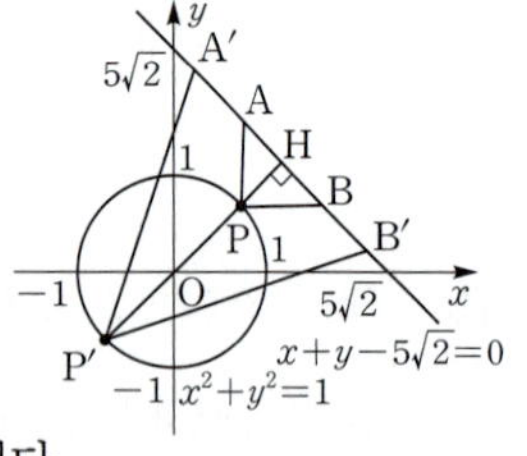

이때 원의 중심 O와 직선 $x+y-5\sqrt{2}=0$ 사이의 거리를 d라 하면 $d=\dfrac{|-5\sqrt{2}|}{\sqrt{1^2+1^2}}=5$이므로 선분 PH의 길이는

$$5-1=4$$

따라서 정삼각형 PAB의 높이가 4이므로 정삼각형의 한 변의 길이를 a라 하면 $\dfrac{\sqrt{3}}{2}a=4$에서 $a=\dfrac{8}{\sqrt{3}}$

즉, 정삼각형 PAB의 넓이의 최솟값 m은

$$m=\frac{\sqrt{3}}{4}a^2=\frac{\sqrt{3}}{4}\cdot\frac{64}{3}=\frac{16\sqrt{3}}{3}$$

또 선분 OH의 연장선과 원이 만나는 점을 P′이라 하면 정삼각형 P′A′B′의 넓이가 최대가 된다.

이때 선분 P′H의 길이는 $5+1=6$이므로 정삼각형 P′A′B′의 높이는 6이고, 정삼각형 P′A′B′의 한 변의 길

이를 b라 하면 $\dfrac{\sqrt{3}}{2}b=6$에서 $b=\dfrac{12}{\sqrt{3}}$

즉, 정삼각형 PAB의 넓이의 최댓값 M은

$$M=\frac{\sqrt{3}}{4}b^2=\frac{\sqrt{3}}{4}\cdot\frac{144}{3}=12\sqrt{3}$$

$$\therefore\ Mm=12\sqrt{3}\cdot\frac{16\sqrt{3}}{3}=192$$

답 192

22 A지점에서 B지점까지 상자를 펼쳐 보면 오른쪽 그림과 같으므로 A → P → B의 경로로 움직여야 한다.

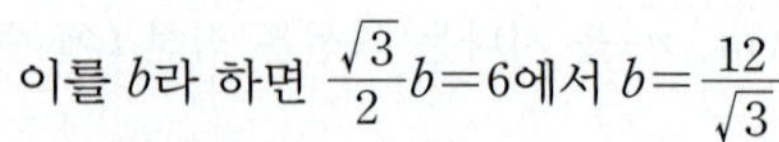

이때 점 B를 상자 윗 모서리에 대하여 대칭시킨 점을 B′이라 하면 $\overline{PB}=\overline{PB'}$이므로 A → P → B의 경로는 A → P → B′의 경로와 같다.

$$\overline{AB'}^2=6^2+8^2=10^2 \qquad \therefore\ \overline{AB'}=10\ \text{cm}$$

따라서 개미가 초속 $1\,\text{cm}$의 속력으로 움직이므로 과자 부스러기까지 가는 데 걸리는 최소의 시간은 10초이다.

답 10

23 세 원 C_1, C_2, C_3의 방정식은

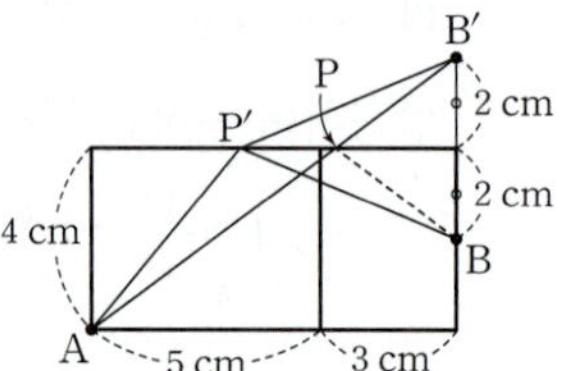

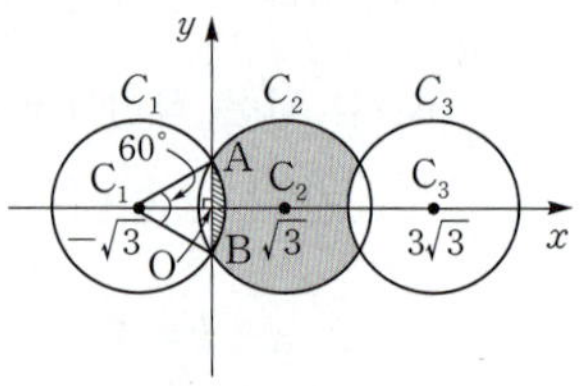

$$C_1:(x+\sqrt{3})^2+y^2=4,$$
$$C_2:(x-\sqrt{3})^2+y^2=4,$$
$$C_3:(x-3\sqrt{3})^2+y^2=4$$

이므로 세 원 C_1, C_2, C_3을 좌표평면 위에 나타내면 위의 그림과 같다.

이때 세 원 C_1, C_2, C_3의 중심을 각각 C_1, C_2, C_3, 두 원 C_1, C_2의 교점을 A, B라 하면 점 A에서 x축에 내린 수선의 발은 원점 O와 일치한다.

$\overline{C_1O}=\dfrac{1}{2}\overline{C_1C_2}=\sqrt{3}$이므로

$$\overline{AO}=\sqrt{\overline{C_1A}^2-\overline{C_1O}^2}=\sqrt{2^2-(\sqrt{3})^2}=1$$

즉, 삼각형 AC_1O에서 $\overline{AO}:\overline{C_1O}:\overline{AC_1}=1:\sqrt{3}:2$이므로 $\angle AC_1O=30°$

$$\therefore\ \angle AC_1B=2\angle AC_1O=60°$$

한편 빗금친 부분의 넓이는

(부채꼴 AC_1B의 넓이) $-$ (삼각형 AC_1B의 넓이)

$$=\pi\cdot 2^2\cdot\frac{60}{360}-\frac{1}{2}\cdot 2\cdot\sqrt{3}=\frac{2}{3}\pi-\sqrt{3}$$

이므로 원 C_2의 내부와 두 원 C_1, C_3의 외부의 공통 부분의 넓이는

$$\pi\cdot 2^2-4\left(\frac{2}{3}\pi-\sqrt{3}\right)=\frac{4}{3}\pi+4\sqrt{3}$$

따라서 $a=\dfrac{4}{3}$, $b=4$이므로 $\dfrac{b}{a}=\dfrac{4}{\frac{4}{3}}=3$

답 3

| 본문 96~99p |

선택형			
01 ④	02 ④	03 ③	04 ①
05 ②	06 ③	07 ④	08 ③	09 ③
10 ③	11 ⑤	12 ③	13 ③	14 ⑤
15 ①	16 ②	17 ②	18 ①	

서술형			
19 35	20 4	21 -2	22 9
23 $\dfrac{3}{2}$			

01 $\dfrac{1}{2^2}+\dfrac{1}{2^3}+\dfrac{1}{2^4}+\dfrac{1}{2^5}+\dfrac{1}{2^6}=\dfrac{31}{64}<\dfrac{1}{2}$ 이므로 집합 A의

원소 중 $\dfrac{1}{2}$ 을 제외한 모든 원소가 집합 X의 원소가 될

수 있다.

따라서 구하는 집합 X의 개수는

$$2^5-1=31$$

답 ④

02 ㄱ. $A-B=A \Longleftrightarrow A\cap B^c=A \Longleftrightarrow A\subset B^c$
$\Longleftrightarrow A\cap B=\varnothing$

ㄴ. $A-B=\varnothing \Longleftrightarrow A\subset B \Longleftrightarrow A\cap B=A$

ㄷ. $A\cup B=A \Longleftrightarrow B\subset A \Longleftrightarrow B-A=\varnothing$

ㄹ. $A\cap B=A \Longleftrightarrow A\subset B \Longleftrightarrow A\cup B=B$

ㅁ. $A\cap B=\varnothing \Longleftrightarrow (A\cap B)^c=U \Longleftrightarrow A^c\cup B^c=U$

따라서 옳은 것은 ㄱ, ㄴ, ㄷ, ㄹ의 4개이다.

답 ④

03 ㄱ. 6, 8의 최소공배수는 24이므로
$$A_6\cap A_8=A_{24}\ (\text{거짓})$$

ㄴ. m, n의 최소공배수는 m이므로
$$A_m\cap A_n=A_m\ (\text{참})$$

ㄷ. m, n의 최대공약수를 G라 하면
$$m=Ga,\ n=Gb\ (a,\ b\text{는 서로소})$$
m, n의 최소공배수를 L이라 하면 $L=Gab$
$$A_m\cap A_n=A_L$$
$$A_{mn}=A_{Ga\cdot Gb}=A_{G\cdot Gab}=A_{GL}$$
$$\therefore A_{mn}\subset A_m\cap A_n\ (\text{참})$$

ㄹ. [반례] $A_2=\{2,\ 4,\ 6,\ 8,\ \cdots\}$, $A_3=\{3,\ 6,\ 9,\ 12,\ \cdots\}$
에서
$$A_2\cup A_3=\{2,\ 3,\ 4,\ 6,\ \cdots\}$$
$$A_{2+3}=A_5=\{5,\ 10,\ 15,\ \cdots\}\text{이므로}$$
$$A_2\cup A_3\neq A_{2+3}\ (\text{거짓})$$

따라서 옳은 것은 ㄴ, ㄷ이다.

답 ③

04 $[x]=n\,(n\text{은 정수})$라 하면
$$n\leq x<n+1$$

ㄱ. $n+2\leq x+2<n+3$이므로
$$[x+2]=n+2=[x]+2\ (\text{참})$$

ㄴ. $n-2\leq x-2<n-1$이므로
$$[x-2]=n-2=[x]-2\ (\text{참})$$

ㄷ. (i) $x=n$일 때 $-x=-n$이므로
$$[x]+[-x]=n+(-n)=0$$
(ii) $n<x<n+1$일 때,
$$[x]+[-x]=n+(-n-1)=-1\ (\text{거짓})$$

ㄹ. $[x]=n$, $[y]=m\,(m,\ n\text{은 정수})$라 하면
$$n\leq x<n+1,\ m\leq y<m+1\text{이므로}$$
$$m+n\leq x+y<m+n+2$$
$$\therefore [x+y]=m+n\ \text{또는}\ m+n+1\ (\text{거짓})$$

따라서 옳은 것은 ㄱ, ㄴ이다.

답 ①

05 $2x^2+\dfrac{4}{x}=2x^2+\dfrac{2}{x}+\dfrac{2}{x}$ 이고 $x>0$이므로

$$2x^2+\dfrac{2}{x}+\dfrac{2}{x}\geq 3\cdot\sqrt[3]{2x^2\cdot\dfrac{2}{x}\cdot\dfrac{2}{x}}$$
$$=3\cdot\sqrt[3]{8}=3\cdot2=6$$

따라서 $2x^2+\dfrac{4}{x}$ 의 최솟값은 6이다.

답 ②

06 오른쪽 그림에서 $\overline{OA}=a$, $\overline{OB}=b$,
$\overline{OC}=c$, $\overline{OD}=d$라 하면

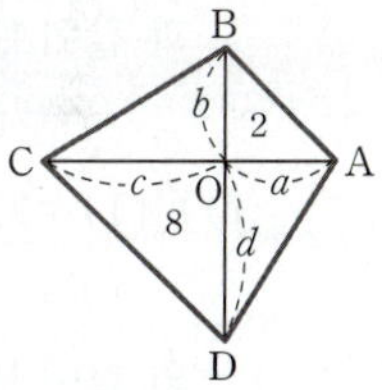

$$\triangle OAB=\dfrac{1}{2}ab$$
$$\triangle OBC=\dfrac{1}{2}bc$$
$$\triangle OCD=\dfrac{1}{2}cd,\ \triangle ODA=\dfrac{1}{2}da$$

$\triangle OAB$, $\triangle OCD$의 넓이가 각각 2, 8이므로

$$\dfrac{1}{2}ab=2,\ \dfrac{1}{2}cd=8 \qquad \therefore b=\dfrac{4}{a},\ d=\dfrac{16}{c}$$

이때 사각형 ABCD의 넓이를 S라 하면

$$S=2+8+\dfrac{1}{2}bc+\dfrac{1}{2}da$$
$$=10+\dfrac{1}{2}\cdot\dfrac{4}{a}\cdot c+\dfrac{1}{2}\cdot\dfrac{16}{c}\cdot a$$
$$=10+\dfrac{2c}{a}+\dfrac{8a}{c}$$
$$\geq 10+2\sqrt{\dfrac{2c}{a}\cdot\dfrac{8a}{c}}\ \left(\text{단, 등호는 }a=\dfrac{c}{2}\text{일 때 성립}\right)$$
$$=10+2\cdot4=18$$

따라서 사각형 ABCD의 넓이의 최솟값은 18이다.

답 ③

07 ㄱ. 2의 양의 약수는 1, 2의 2개이므로
$$f(2)=2 \ (참)$$
ㄴ. 3의 양의 약수는 1, 3의 2개이고, 4의 양의 약수는 1, 2, 4의 3개이다.
$$\therefore f(3)+f(4)=2+3=5 \ (거짓)$$
ㄷ. $f(n)=2$를 만족하는 자연수 n은 양의 약수가 2개인 자연수, 즉 소수이므로 10 이하의 소수 n은 2, 3, 5, 7의 4개이다. (참)

따라서 옳은 것은 ㄱ, ㄷ이다.   **답** ④

08 $(g \circ f^{-1})(3x+5)=-x+3$에서
$$g^{-1}(-x+3)=f^{-1}(3x+5)$$
양변에 $x=0$을 대입하면 $g^{-1}(3)=f^{-1}(5)$
$f^{-1}(5)=1$이므로 $g^{-1}(3)=1$
따라서 $g(1)=3$이므로
$$1+c=3 \quad \therefore c=2$$
즉, $g(x)=x+2$이므로 $g^{-1}(x+2)=x$
$$\therefore g^{-1}(2)=0$$
   답 ③

09 (i) $f^1(0)=1$, $f^2(0)=f(1)=2$,
$$f^3(0)=f(2)=0, \ f^4(0)=1, \ \cdots$$
과 같이 반복되므로
$$f^{2027}(0)=f^2(0)=2$$
(ii) $f^1(1)=2$, $f^2(1)=f(2)=0$,
$$f^3(1)=f(0)=1, \ f^4(1)=2, \ \cdots$$
와 같이 반복되므로
$$f^{2027}(1)=f^2(1)=0$$
(i), (ii)에 의하여 $f^{2027}(0)+f^{2027}(1)=2+0=2$ **답** ③

10 이차방정식 $x^2+x+1=0$의 양변에 $x-1$을 곱하면
$$x^3=1$$
이때 α, β는 주어진 이차방정식의 두 근이므로
$$\alpha^3=1, \ \beta^3=1, \ \alpha+\beta=-1, \ \alpha\beta=1$$
ㄱ. $f(1)=\alpha^1+\beta^1=-1$
$$f(2)=\alpha^2+\beta^2$$
$$=(\alpha+\beta)^2-2\alpha\beta$$
$$=(-1)^2-2\cdot1=-1$$
이므로 $f(1)=f(2)$ (참)
ㄴ. $f(1)=f(2)=f(4)=f(5)=\cdots=f(10)=\cdots$
$$=f(16)=\cdots=f(31)=\cdots=-1$$

이고 $f(3)=f(6)=\cdots=f(24)=\cdots=2$
따라서 치역은 $\{-1, 2\}$이다. (거짓)
ㄷ. $f(n+3)=\alpha^{n+3}+\beta^{n+3}$
$$=\alpha^n\cdot\alpha^3+\beta^n\cdot\beta^3$$
$$=\alpha^n+\beta^n \ (\because \alpha^3=\beta^3=1)$$
$$=f(n) \ (참)$$
따라서 옳은 것은 ㄱ, ㄷ이다.   **답** ③

11 조건 ㈏에서 두 직선이 직선 $y=x$에 대하여 대칭이므로 $y=m_1x$, $y=m_2x$는 서로 역함수 관계에 있다.

따라서 $m_1=\dfrac{1}{m_2}$이므로 $m_1m_2=1$

이때 조건 ㈎에서 $m_1+m_2=5$이므로
$$(m_1-m_2)^2=(m_1+m_2)^2-4m_1m_2$$
$$=5^2-4\cdot1=21$$
   답 ⑤

12 방정식 $f(x)=g(x)$의 실근은 방정식 $f(x)=x$의 실근과 같으므로
$$\frac{x^2}{4}+a=x$$
$$x^2-4x+4a=0$$
이 이차방정식이 서로 다른 두 실근을 가지려면 판별식을 D라 할 때,
$$\frac{D}{4}=(-2)^2-4a>0$$
$$4-4a>0, \ 4a<4$$
$$\therefore a<1$$
이때 두 실근이 음이 아닌 서로 다른 두 실근을 가지므로
$$0-0+4a\geq0 \quad \therefore a\geq0$$
따라서 상수 a의 값의 범위는
$$0\leq a<1$$
   답 ③

13 $y=\dfrac{x+m}{2x-1}=\dfrac{\left(x-\frac{1}{2}\right)+m+\frac{1}{2}}{2\left(x-\frac{1}{2}\right)}=\dfrac{m+\frac{1}{2}}{2\left(x-\frac{1}{2}\right)}+\dfrac{1}{2}$

이므로 $y=\dfrac{x+m}{2x-1}$의 그래프가 평행이동하여 $y=\dfrac{1}{2x}$의 그래프와 일치하려면 x축의 방향으로 $-\dfrac{1}{2}$만큼, y축의 방향으로 $-\dfrac{1}{2}$만큼 평행이동하고 $m+\dfrac{1}{2}=1$이어야 한다.

따라서 $a=-\dfrac{1}{2}$, $b=-\dfrac{1}{2}$, $m=\dfrac{1}{2}$이므로
$$mab=\frac{1}{2}\cdot\left(-\frac{1}{2}\right)\cdot\left(-\frac{1}{2}\right)=\frac{1}{8}$$
   답 ③

14 $\dfrac{x}{x+2y}+\dfrac{y}{2x+y}=\dfrac{x}{y+1}+\dfrac{y}{x+1}$

$$=\dfrac{x(x+1)+y(y+1)}{(x+1)(y+1)}$$

$$=\dfrac{(x+y)^2+x+y-2xy}{xy+x+y+1}$$

$$=\dfrac{2-2xy}{2+xy}\ (\because\ x+y=1)\ \cdots\ \bigcirc$$

$x\geq0$, $y\geq0$이므로 산술평균과 기하평균의 관계에 의하여

$$x+y=1\geq2\sqrt{xy}\qquad\therefore\ 0\leq xy\leq\dfrac{1}{4}$$

$\bigcirc$에서 $xy=t$로 놓으면

$$\dfrac{2-2t}{2+t}=\dfrac{-2(t+2)+6}{t+2}=\dfrac{6}{t+2}-2$$

이때 $0\leq t\leq\dfrac{1}{4}$이므로 $t=0$일 때 최댓값 1, $t=\dfrac{1}{4}$일 때

최솟값 $\dfrac{2}{3}$를 가진다.

따라서 $\alpha=1$, $\beta=\dfrac{2}{3}$이므로

$$\alpha+\beta=1+\dfrac{2}{3}=\dfrac{5}{3}$$

🅰 ⑤

15 $f_1(1)=\dfrac{3}{10}$

$$f_2(1)=f_1\!\left(\dfrac{3}{10}\right)=\dfrac{\dfrac{12}{10}-1}{\dfrac{39}{10}-3}=\dfrac{2}{9}$$

$$f_3(1)=f_1(f_2(1))=f_1\!\left(\dfrac{2}{9}\right)=\dfrac{\dfrac{8}{9}-1}{\dfrac{26}{9}-3}=\dfrac{-1}{-1}=1$$

$$f_4(1)=f_1(f_3(1))=f_1(1)=\dfrac{3}{10}$$

$$\vdots$$

따라서 $f_1(1)=\dfrac{3}{10}$, $f_2(1)=\dfrac{2}{9}$, $f_3(1)=1$의 값이 3개마

다 반복되므로 $1004=3\cdot334+2$에서

$$f_{1004}(1)=f_2(1)=\dfrac{2}{9}$$

🅰 ①

16 두 함수 $f(x)$와 $g(x)$가 서로 역함수이므로 두 함수의 그
래프의 교점은 함수 $f(x)$의 그래프와 직선 $y=x$의 교점
과 같다.

즉, $\sqrt{x-1}+1=x$에서 $\sqrt{x-1}=x-1$

양변을 제곱하여 정리하면

$$x-1=x^2-2x+1$$

$$x^2-3x+2=0,\ (x-1)(x-2)=0$$

$$\therefore\ x=1\ \text{또는}\ x=2$$

따라서 함수 $y=f(x)$와 그 역함수 $y=g(x)$의 그래프의
교점의 좌표는 $(1,\ 1)$, $(2,\ 2)$이므로

$$\overline{PQ}=\sqrt{(2-1)^2+(2-1)^2}=\sqrt{2}$$

🅰 ②

17 $f(x)=\sqrt{4-x}+\sqrt{2+x}$의 양변을 제곱하면

$$\{f(x)\}^2=4-x+2+x+2\sqrt{(4-x)(2+x)}$$

$$=6+2\sqrt{-x^2+2x+8}$$

$$=6+2\sqrt{-(x-1)^2+9}$$

이므로 $-2\leq x\leq4$에서 $\{f(x)\}^2$은 $x=1$일 때, 최댓값 12
를 갖는다. 따라서 $f(x)$의 최댓값은 $2\sqrt{3}$이다.

🅰 ②

18 오른쪽 그림에서 직선 $y=mx$는
원점을 지나는 직선, $A\cap B\neq\varnothing$이
므로 주어진 직선과 무리함수의
그래프는 만나야 한다.

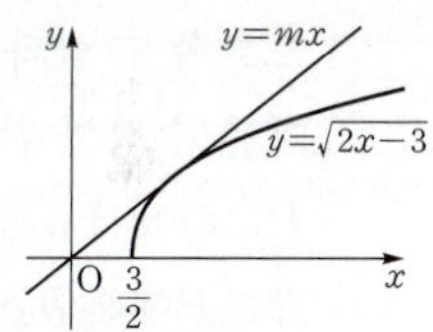

(i) $m=0$일 때, 한 점 $\left(\dfrac{3}{2},\ 0\right)$에서 만난다.

(ii) $y=\sqrt{2x-3}$의 그래프와 직선 $y=mx$가 접할 때

$mx=\sqrt{2x-3}$에서 양변을 제곱하여 정리하면

$$m^2x^2=2x-3$$

$$m^2x^2-2x+3=0$$

이 이차방정식의 판별식을 D라 하면

$$\dfrac{D}{4}=(-1)^2-3m^2=0$$

$$\therefore\ m^2=\dfrac{1}{3}$$

(i), (ii)에 의하여 $0\leq m\leq\dfrac{\sqrt{3}}{3}$일 때, 주어진 직선과 무리함

수의 그래프는 만나므로 실수 m의 최댓값은 $a=\dfrac{\sqrt{3}}{3}$이다.

$$\therefore\ 90a^2=90\cdot\dfrac{1}{3}=30$$

🅰 ①

19 3개의 인터넷 카페 A, B, C의 회원들의 집합을 각각 A,
B, C라 하면

$$n(A\cup B\cup C)=n(A)+n(B)+n(C)-n(A\cap B)$$
$$-n(B\cap C)-n(C\cap A)+n(A\cap B\cap C)$$

이므로

$$60=42+36+27-n(A\cap B)-n(B\cap C)$$
$$-n(C\cap A)+10$$

$$=115-n(A\cap B)-n(B\cap C)-n(C\cap A)$$

$$\therefore\ n(A\cap B)+n(B\cap C)+n(C\cap A)=55$$

따라서 구하는 원소의 개수는
$$n\{(A\cap B)\cup(B\cap C)\cup(C\cap A)\}$$
$$=n(A\cap B)+n(B\cap C)+n(C\cap A)$$
$$-n(A\cap B\cap C)-n(A\cap B\cap C)$$
$$-n(A\cap B\cap C)+n(A\cap B\cap C)$$
$$=n(A\cap B)+n(B\cap C)+n(C\cap A)$$
$$-2n(A\cap B\cap C)$$
$$=55-20=35$$

답 35

20 세 조건 p, q, r를 만족하는 집합을 각각 P, Q, R라 하면
p는 q이기 위한 충분조건이므로
$$p\Longrightarrow q \qquad \therefore P\subset Q$$
r는 p이기 위한 충분조건이므로
$$r\Longrightarrow p \qquad \therefore R\subset P$$
오른쪽 그림과 같이 포함관
계를 수직선 위에 나타내면
$P\subset Q$에서 $a\leq -1$,
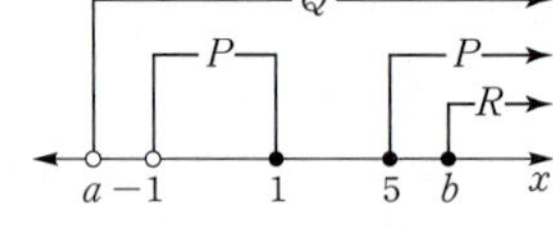
$R\subset P$에서 $b\geq 5$이므로
a의 최댓값은 -1, b의 최솟값은 5
따라서 a의 최댓값과 b의 최솟값의 합은
$$-1+5=4$$

답 4

21 함수 $f(x)=\begin{cases}-\sqrt{2x}-4 & (x\geq 0)\\ \sqrt{1-x}-5 & (x<0)\end{cases}$ 에 대하여
$(f^{-1}\circ f^{-1})(a)=8$에서 $(f\circ f)^{-1}(a)=8$이므로 역함수의
정의에 의하여
$$(f\circ f)(8)=a$$
이때 $f(8)$의 값은
$$f(8)=-\sqrt{2\times 8}-4=-8$$
또 $f(f(8))=f(-8)$이고
$$f(-8)=\sqrt{1-(-8)}-5=\sqrt{9}-5=-2$$
이므로 실수 a의 값은 -2이다.

답 -2

22 $f(x)=\dfrac{-x+1}{x+1}=\dfrac{-(x+1)+2}{x+1}=\dfrac{2}{x+1}-1(0\leq x\leq 1)$
조건 ㈎에서 $f(x)$는 y축에 대하여 대칭인 함수이고 조건
㈏에서 $f(x)$는 주기가 2인 함수이다.
한편 $y=\dfrac{1}{m}x+\dfrac{1}{2m}=\dfrac{1}{m}\left(x+\dfrac{1}{2}\right)$이므로 직선
$y=\dfrac{1}{m}x+\dfrac{1}{2m}$은 항상 점 $\left(-\dfrac{1}{2},\,0\right)$을 지난다.

따라서 함수 $y=f(x)$의 그래프와 직선 $y=\dfrac{1}{10}\left(x+\dfrac{1}{2}\right)$
을 좌표평면 위에 나타내면 다음과 같다.

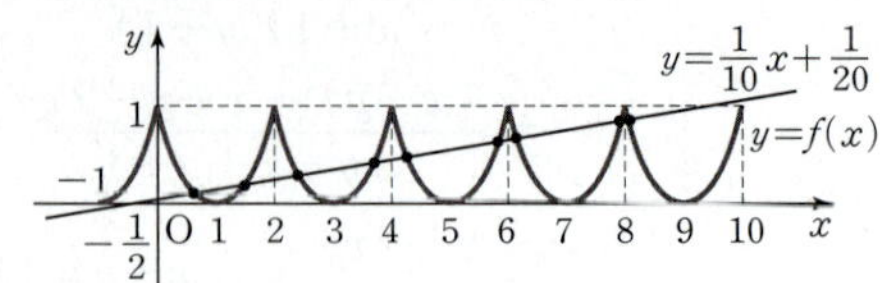

위의 그림에서 교점의 개수는 9이므로
$$g(10)=9$$

답 9

23 $f(x)=\begin{cases}2x & (0\leq x<1)\\ -2x+4 & (1\leq x\leq 2)\end{cases}$,

$g(x)=\begin{cases}\dfrac{1}{2}x & (0\leq x<1)\\[2mm] \dfrac{3}{2}x-1 & (1\leq x\leq 2)\end{cases}$

이므로

$$(g\circ f)(x)=\begin{cases}x & \left(0\leq x<\dfrac{1}{2}\right)\\[2mm] 3x-1 & \left(\dfrac{1}{2}\leq x<1\right)\\[2mm] -3x+5 & \left(1\leq x<\dfrac{3}{2}\right)\\[2mm] -x+2 & \left(\dfrac{3}{2}\leq x\leq 2\right)\end{cases}$$

따라서 오른쪽 그림과 같이
$y=(g\circ f)(x)$의 그래프와 x축으
로 둘러싸인 도형의 넓이는
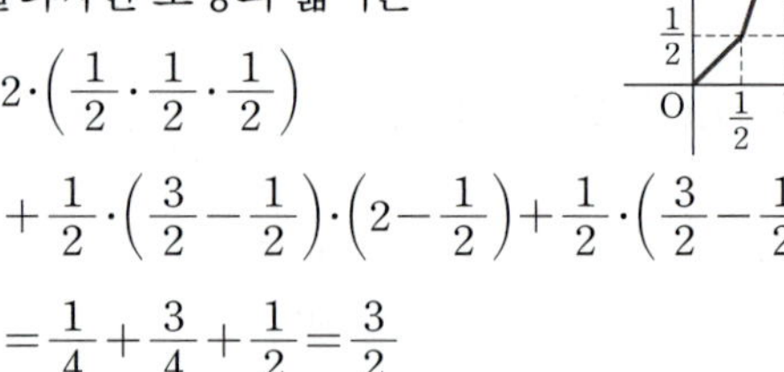
$$2\cdot\left(\dfrac{1}{2}\cdot\dfrac{1}{2}\cdot\dfrac{1}{2}\right)$$
$$+\dfrac{1}{2}\cdot\left(\dfrac{3}{2}-\dfrac{1}{2}\right)\cdot\left(2-\dfrac{1}{2}\right)+\dfrac{1}{2}\cdot\left(\dfrac{3}{2}-\dfrac{1}{2}\right)$$
$$=\dfrac{1}{4}+\dfrac{3}{4}+\dfrac{1}{2}=\dfrac{3}{2}$$

답 $\dfrac{3}{2}$

기말고사 대비 (2회)

| 본문 100~104p |

선택형

01 ③	02 ⑤	03 ④	04 ④
05 ①	06 ②	07 ④	08 ④	09 ③
10 ④	11 ①	12 ⑤	13 ②	14 ④
15 ①	16 ④	17 ②	18 ⑤

서술형

19 55	20 12	21 2	22 $\dfrac{45}{8}$
23 6			

01 $A \cup B = \{1, 2, 3, 4, 5, 6, 7, 9\}$이고 $A \cup B = B \cup C$이
므로 집합 C는 2, 4, 7을 반드시 원소로 가져야 한다.
따라서 $\{2, 4, 7\} \subset C \subset \{1, 2, 3, 4, 5, 6, 7, 9\}$이므로 집
합 C의 개수는
$$2^{8-3} = 2^5 = 32$$
답 ③

02 조건 ㈏에서 $P \cup B = B$를 만족하므로 $P \subset B$
두 조건 ㈎와 ㈐를 만족하는 집합 P는 $\{3, 4, 6, 7, 8\}$뿐
이므로
$$P - A = \{6, 7, 8\}$$
따라서 $P - A$의 모든 원소의 곱은
$$6 \times 7 \times 8 = 336$$
답 ⑤

03 $A = \{0, 1, 2, 3\}$, $B = \{-4, -3, 0, 5\}$이므로
$$A \cap B = \{0\}, \ A \cup B = \{-4, -3, 0, 1, 2, 3, 5\}$$
$(A \cap B) \cup X = X$이므로 $(A \cap B) \subset X$
$X \cap (A \cup B) = X$이므로 $X \subset (A \cup B)$
$$\therefore (A \cap B) \subset X \subset (A \cup B)$$
즉, $\{0\} \subset X \subset \{-4, -3, 0, 1, 2, 3, 5\}$이므로 집합 X
의 개수는 $2^6 = 64$
답 ④

04 두 조건 p, q의 진리집합을 각각 P, Q라 하면 p의 진리
집합 $P = \{x \mid a-4 \leq x \leq a+4\}$이고 $p \longrightarrow q$의 역, 즉
$q \longrightarrow p$가 참이 되려면 q의 진리집합
$Q = \{x \mid 0 \leq x \leq 3\}$에 대하여 $Q \subset P$를 만족해야 한다.
따라서 $a-4 \leq 0$, $a+4 \geq 3$을 만족하는 a의 값의 범위는
$$-1 \leq a \leq 4$$
답 ④

05 두 조건 p, q의 진리집합을 각각 P, Q라 하자.

ㄱ. $P = \left\{ \dfrac{20}{3}, \dfrac{40}{3}, \dfrac{60}{3}, \dfrac{80}{3}, \cdots \right\}$

  $Q = \{4, 8, 12, 16, \cdots\}$

  이므로 P, Q는 서로 포함관계가 없다.

ㄴ. $P = \{-3, 3\}$, $Q = \{x \mid x^2 - 9x + 9 = 0\}$

  이때 -3, 3은 $x^2 - 9x + 9 = 0$의 근이 아니므로 P, Q
  는 서로 포함관계가 없다.

ㄷ. $p : a > 2$, $b > 2$, $q : ab > a + b$

  $p \Longrightarrow q$이지만 $q \not\Longrightarrow p$ (반례 : $a = -1$, $b = -1$)

  (충분조건)

ㄹ. $p : n^2 + n + 1 = n(n+1) + 1$에서 연속한 두 정수의
  곱은 짝수이므로 $n^2 + n + 1$은 홀수이다.

$q : n$은 3의 배수

즉, 집합 P는 정수 전체의 집합이고 집합 Q는 3의 배
수의 집합이므로
$$P \not\subset Q, \ Q \subset P$$
따라서 $p \not\Longrightarrow q$이지만 $q \Longrightarrow p$ (필요조건)

ㅁ. 이차방정식 $x^2 - ax - b = 0$의 두 근을 α, β라 할 때,
  $b > 0$이고 이 이차방정식의 판별식을 D라 하면
  $$D = a^2 + 4b > 0$$
  또한 $\alpha\beta = -b < 0$이므로 $x^2 - ax - b = 0$은 서로 다른
  부호의 해를 갖는다.
  $$\therefore p \Longleftrightarrow q \ (\text{필요충분조건})$$
따라서 p는 q이기 위한 충분조건이지만 필요조건이 아닌
것은 ㄷ의 1개이다.
답 ①

06 $x > 0$일 때, $x^2 + \dfrac{1}{x^2} + 2x + \dfrac{2}{x} + a \geq 0$이어야 하므로

(최솟값)≥ 0이어야 한다.

$x + \dfrac{1}{x} = t$로 놓으면

$$x^2 + \frac{1}{x^2} + 2x + \frac{2}{x} + a$$
$$= \left(x + \frac{1}{x}\right)^2 + 2\left(x + \frac{1}{x}\right) + a - 2$$
$$= t^2 + 2t + a - 2$$
$$= (t+1)^2 + a - 3 \qquad \cdots\cdots \ \text{㉠}$$

$x > 0$일 때, $t = x + \dfrac{1}{x} \geq 2\sqrt{x \cdot \dfrac{1}{x}} = 2$

(단, 등호는 $x = 1$일 때 성립)

이므로 ㉠은 $t = 2$에서 최솟값 $a + 6$을 갖는다.

따라서 $a + 6 \geq 0$이므로 구하는 a의 값의 범위는

$$a \geq -6$$
답 ②

07 ㄱ. [반례] $f(x) = x$, $g(x) = -x$이면 $h(x) = 0$이므로 상
  수함수이다. (거짓)

ㄴ. $y = f(x)$, $y = g(x)$의 교점의 좌표를 (a, b)라 하면
  $$f(a) = g(a) = b$$
  $$h(a) = \frac{f(a) + g(a)}{2} = \frac{2b}{2} = b$$

  이므로 $y = h(x)$도 점 (a, b)를 지난다. (참)

ㄷ. $f(x)$, $g(x)$가 y축에 대하여 대칭이면
  $$f(x) = f(-x), \ g(x) = g(-x)$$
  따라서
  $$h(-x) = \frac{f(-x) + g(-x)}{2} = \frac{f(x) + g(x)}{2}$$
  $$= h(x)$$

이므로 $y=f(x)$와 $y=g(x)$의 그래프가 모두 y축에 대하여 대칭이면 $y=h(x)$의 그래프도 y축에 대하여 대칭이다. (참)

따라서 옳은 것은 ㄴ, ㄷ이다.　　　　　　　답 ④

08 $f(x)=\begin{cases} -\dfrac{1}{2}x+3 & (0\le x\le 2) \\[2mm] -2x+6 & (2<x\le 3) \end{cases}$

$f^2(x)=\begin{cases} -\dfrac{1}{2}f(x)+3 & (0\le f(x)\le 2) \\[2mm] -2f(x)+6 & (2<f(x)\le 3) \end{cases}$

$=\begin{cases} -\dfrac{1}{2}(-2x+6)+3=x \\[2mm] -2\left(-\dfrac{1}{2}x+3\right)+6=x \end{cases}$

$f^3(x)=(f\circ f^2)(x)$

$=\begin{cases} -\dfrac{1}{2}x+3 & (0\le x\le 2) \\[2mm] -2x+6 & (2\le x\le 3) \end{cases}$

즉, $f^n(x)$에서 n이 짝수이면 $f(x)=x$,

n이 홀수이면 $f(x)=\begin{cases} -\dfrac{1}{2}x+3 & (0\le x\le 2) \\[2mm] -2x+6 & (2\le x\le 3) \end{cases}$

이므로

$$\left(f^{2026}(x)의\ 넓이\right)=\frac{1}{2}\cdot 3\cdot 3=\frac{9}{2}=S_1,$$

$$\left(f^{2027}(x)의\ 넓이\right)=2\cdot 2+\frac{1}{2}\cdot 1\cdot 2\cdot 2$$

$$=6=S_2$$

$$\therefore 2(S_1+S_2)=2\left(\frac{9}{2}+6\right)=21 \qquad 답\ ④$$

09 함수 f는 일대일대응이므로

$$\frac{1}{2}\cdot 2-2=2^2-2+a \qquad \therefore a=-3$$

이때 방정식 $f(x)=f^{-1}(x)$의 실근은 함수 $y=f(x)$의 그래프와 직선 $y=x$의 교점의 x좌표와 같다.

(i) $x<2$일 때, $\dfrac{1}{2}x-2=x$에서 $\dfrac{1}{2}x=-2$

$\qquad \therefore x=-4$

(ii) $x\ge 2$일 때, $x^2-x-3=x$에서

$\quad x^2-2x-3=0,\ (x+1)(x-3)=0$

$\qquad \therefore x=3\ (\because x\ge 2)$

(i), (ii)에 의하여 구하는 모든 실근의 합은

$$b=-4+3=-1$$

$$\therefore ab=(-3)\cdot(-1)=3 \qquad 답\ ③$$

10 조건 ㈎에 의하여 $\{f(x)\}^3-f(x)=0$이므로

$$f(x)\big[\{f(x)\}^2-1\big]=0$$

$$f(x)\{f(x)+1\}\{f(x)-1\}=0$$

$$\therefore f(x)=-1\ 또는\ f(x)=0\ 또는\ f(x)=1$$

조건 ㈏에서 치역의 개수는 2이므로

$f:\{-2,\ -1,\ 0,\ 1,\ 2\}\to\{-1,\ 0\}$인 함수의 개수는 X가 -1, 0 중 1개에 대응되는 경우를 제외한

$$2^5-2=30$$

치역으로 가능한 집합의 수는 $\{-1,\ 0\}$, $\{-1,\ 1\}$, $\{0,\ 1\}$의 3가지이므로

$$30\times 3=90 \qquad 답\ ④$$

11 오른쪽 그림에서 점 A의 좌표를 $A\left(a,\ \dfrac{1}{a}\right)$이라 하면

$$B\left(ak,\ \frac{1}{a}\right),\ C\left(a,\ \frac{k}{a}\right)$$

이므로

$$\triangle ABC=\frac{1}{2}(ak-a)\left(\frac{k}{a}-\frac{1}{a}\right)$$

$$=\frac{1}{2}a(k-1)\cdot\frac{1}{a}(k-1)$$

$$=\frac{1}{2}(k-1)^2=98$$

즉, $(k-1)^2=196$이므로 $k-1=\pm 14$

$$\therefore k=15\ (\because k>1) \qquad 답\ ①$$

12 $h(x)=(f\circ g)(x)=f(g(x))$

$$=\frac{1}{\dfrac{1}{x}+1}=\frac{1}{\dfrac{1+x}{x}}=\frac{x}{1+x}$$

$$h^2(x)=h(h(x))=\frac{\dfrac{x}{1+x}}{1+\dfrac{x}{1+x}}=\frac{\dfrac{x}{1+x}}{\dfrac{1+2x}{1+x}}=\frac{x}{1+2x}$$

$$h^3(x)=h^2(h(x))=\frac{\dfrac{x}{1+x}}{1+2\cdot\dfrac{x}{1+x}}=\frac{\dfrac{x}{1+x}}{\dfrac{1+3x}{1+x}}=\frac{x}{1+3x}$$

$$\vdots$$

$$h^n(x)=\frac{x}{1+nx}$$

따라서 $h^{1004}(x)=\dfrac{x}{1+1004x}$이므로

$$h^{1004}\left(\frac{1}{2}\right)=\frac{\dfrac{1}{2}}{1+1004\cdot\dfrac{1}{2}}=\frac{1}{1006} \qquad 답\ ⑤$$

13 오른쪽 그림에서

$A_2=\{(x,\ y)\,|\,xy=2\}$,

$A_4=\{(x,\ y)\,|\,xy=4\}$,

$B=\{(x,\ y)\,|\,x^2+y^2=k\}$

$n((A_2\cup A_4)\cap B)=4$이

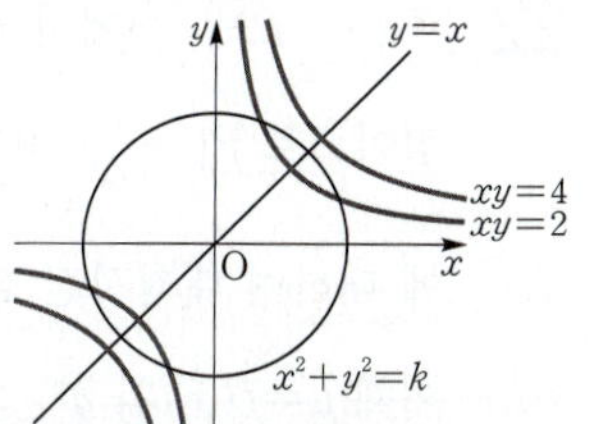

므로 $xy=2$와 $x^2+y^2=k$,

$xy=4$와 $x^2+y^2=k$가 총 4개의 교점을 가져야 한다.

즉, 원 $x^2+y^2=k$가 $xy=2$와 네 점에서 만나고 $xy=4$와

는 만나지 않아야 한다.

이때 $xy=2$와 $y=x$의 교점은 $(\sqrt{2},\ \sqrt{2})$, $(-\sqrt{2},\ -\sqrt{2})$

이고, $xy=4$와 $y=x$의 교점은 $(2,\ 2)$, $(-2,\ -2)$이므로

$\qquad 4<k<8$

따라서 $\alpha=4$, $\beta=8$이므로 $\alpha+\beta=4+8=12$ **답** ②

14 오른쪽 그림에서

(i) 직선 $y=x+k$가 함수

$\quad y=\sqrt{2x+4}-1$의 그래프

와 접할 때,

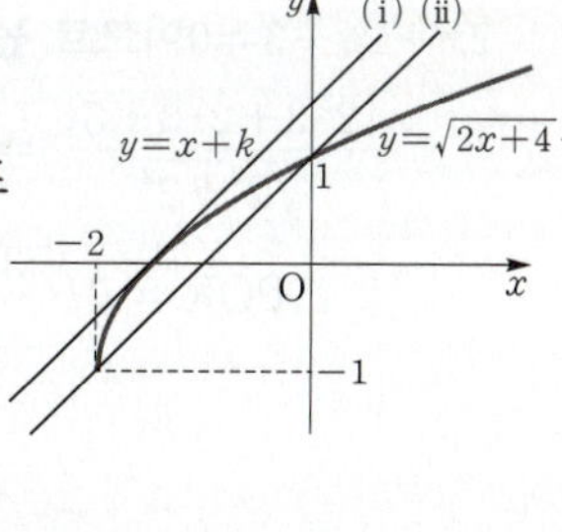

$\qquad \sqrt{2x+4}-1=x+k$

$\qquad \sqrt{2x+4}=x+k+1$

$\qquad 2x+4=(x+k+1)^2$

$\qquad x^2+2kx+k^2+2k-3=0$

이 이차방정식의 판별식을 D라 하면

$\qquad \dfrac{D}{4}=-2k+3=0 \qquad \therefore k=\dfrac{3}{2}$

(ii) 직선 $y=x+k$가 점 $(-2,\ -1)$을 지나는 직선일 때,

$\qquad -1=-2+k \qquad \therefore k=1$

(i), (ii)에 의하여 서로 다른 두 점에서 만나는 상수 k의 값

의 범위는 $1\leq k<\dfrac{3}{2}$ **답** ④

15 오른쪽 그림과 같이 $y=f(x)$

와 그 역함수 $y=f^{-1}(x)$의

그래프의 교점은 $y=f(x)$의

그래프와 직선 $y=x$의 교점

과 같다.

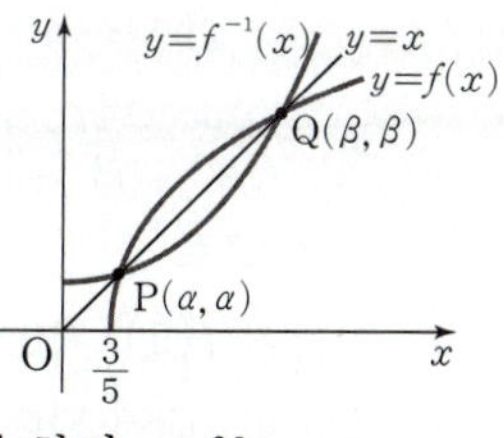

교점을 각각 $\mathrm{P}(\alpha,\ \alpha)$, $\mathrm{Q}(\beta,\ \beta)$라 하면 α, β는

$\sqrt{5x-3}=x$의 두 근이므로 양변을 제곱하면

$\qquad x^2-5x+3=0$

근과 계수의 관계에 의하여

$\qquad \alpha+\beta=5,\ \alpha\beta=3$

$\qquad \therefore \overline{\mathrm{PQ}}^2=(\beta-\alpha)^2+(\beta-\alpha)^2=2(\beta-\alpha)^2$

$\qquad\qquad =2\{(\alpha+\beta)^2-4\alpha\beta\}$

$\qquad\qquad =2(5^2-4\cdot3)=26$ **답** ①

16 오른쪽 그림에서 함수

$y=\sqrt{2x-3}$의 그래프와 직선

$y=mx+1$이 만나려면

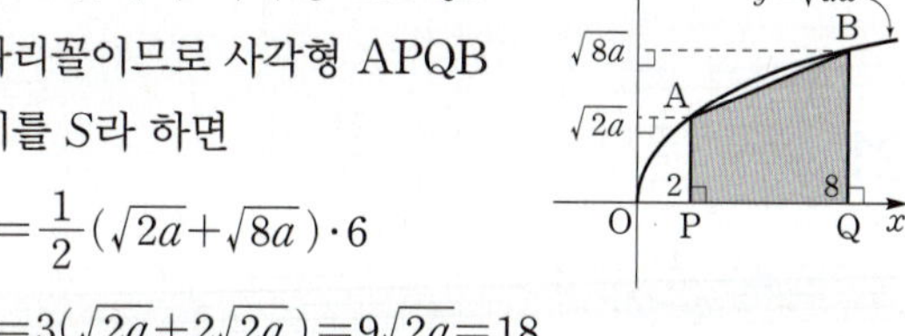

(i) 접할 때,

$\qquad \sqrt{2x-3}=mx+1$

$\qquad 2x-3=m^2x^2+2mx+1$

$\qquad m^2x^2+2(m-1)x+4=0$

이 이차방정식의 판별식을 D라 하면

$\qquad \dfrac{D}{4}=(m-1)^2-4m^2=0$

$\qquad 3m^2+2m-1=0,\ (m+1)(3m-1)=0$

$\qquad \therefore m=-1$ 또는 $m=\dfrac{1}{3}$

두 그래프는 m이 양수일 때 접하므로 $m=\dfrac{1}{3}$

(ii) 점 $\left(\dfrac{3}{2},\ 0\right)$을 지날 때,

$\quad$ 점 $\left(\dfrac{3}{2},\ 0\right)$을 직선 $y=mx+1$에 대입하면

$\qquad \dfrac{3}{2}m+1=0 \qquad \therefore m=-\dfrac{2}{3}$

(i), (ii)에 의하여 $-\dfrac{2}{3}\leq m\leq\dfrac{1}{3}$이므로

$\qquad a=\dfrac{1}{3},\ b=-\dfrac{2}{3}$

$\qquad \therefore a-b=\dfrac{1}{3}-\left(-\dfrac{2}{3}\right)=1$ **답** ④

17 오른쪽 그림에서 사각형 APQB

는 사다리꼴이므로 사각형 APQB

의 넓이를 S라 하면

$\qquad S=\dfrac{1}{2}(\sqrt{2a}+\sqrt{8a})\cdot6$

$\qquad\quad =3(\sqrt{2a}+2\sqrt{2a})=9\sqrt{2a}=18$

즉, $\sqrt{2a}=2$에서 $a=2$ **답** ②

18 $(g\circ(f^{-1}\circ g)^{-1}\circ g^{-1})(5)$

$\quad =(g\circ g^{-1}\circ f\circ g^{-1})(5)$

$\quad =(f\circ g^{-1})(5)=f(g^{-1}(5))$

$g^{-1}(5)=k$라 하면 $g(k)=5$이므로 $\sqrt{3k-2}=5$의 양변을

제곱하면

$\qquad 3k-2=25 \qquad \therefore k=9$

따라서 $f(g^{-1}(5))=f(9)=2$이고 $g^{-1}(a)=2$이므로

$\qquad a=g(2)=2$ **답** ⑤

19 $S(4)=\{1,\ 2,\ \cdots,\ 20\}$이고 조건 ㈏에 의하여 $q-p\geq12$

이므로 $p=1$, $q=20$일 때 조건 ㈎에 의하여
$$A=\{1,\ 4,\ 20\}$$
따라서 $S(4)$를 만족하는 순서쌍 $(p,\ q)$의 개수는
$$(1,\ 20),\ \cdots,\ (1,\ 13),\ (2,\ 20),\ \cdots,\ (2,\ 14),$$
$$(3,\ 20),\ \cdots,\ (3,\ 15)$$
의 21이다.

$S(5)=\{1,\ 2,\ \cdots,\ 25\}$이고 조건 ㈏에 의하여 $q-p\geq15$

이므로 $S(5)$를 만족하는 순서쌍 $(p,\ q)$의 개수는
$$(1,\ 25),\ \cdots,\ (1,\ 16),\ (2,\ 25),\ \cdots,\ (2,\ 17)$$
$$(3,\ 25),\ \cdots,\ (3,\ 18),\ (4,\ 25),\ \cdots,\ (4,\ 19)$$
의 34이다.
$$\therefore f(4)+f(5)=21+34=55$$

🔲 55

20 $a^2+b^2+c^2+k-4(a+b+c)$
$$=a^2+b^2+c^2+k-4a-4b-4c$$
$$=a^2-4a+4+b^2-4b+4+c^2-4c+4+k-12$$
$$=(a-2)^2+(b-2)^2+(c-2)^2+k-12$$
이때 a, b, c는 실수이므로
$$(a-2)^2\geq0,\ (b-2)^2\geq0,\ (c-2)^2\geq0$$
에서 주어진 부등식이 a, b, c의 값에 상관없이 항상 성립하려면
$$k-12\geq0$$
$$\therefore k\geq12$$
따라서 k의 최솟값은 12이다.

🔲 12

21 $y=\dfrac{-x+3}{x-2}=\dfrac{-(x-2)+1}{x-2}$
$$=\dfrac{1}{x-2}-1$$

이므로 함수 $y=\dfrac{-x+3}{x-2}$의 그래프는 함수 $y=\dfrac{1}{x}$의 그래프를 x축의 방향으로 2만큼, y축의 방향으로 -1만큼 평행이동한 것이다.

따라서 $y=\left|\dfrac{-x+3}{x-2}\right|$의 그래프는 오른쪽 그림과 같고, 직선 $y=k$와 서로 다른 두 점에서 만나려면 $0<k<1$ 또는 $k>1$이어야 한다.

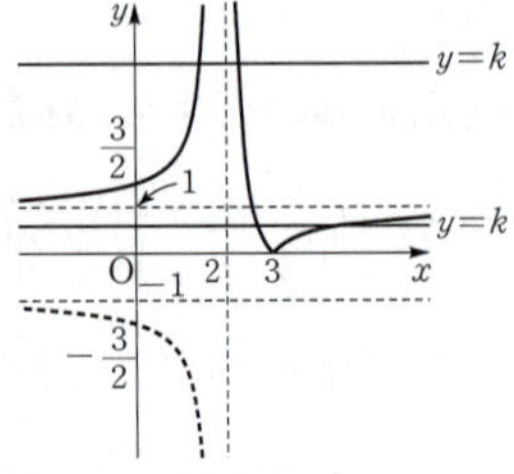

즉, $\alpha=0$, $\beta=1$, $\gamma=1$이므로
$$\alpha+\beta+\gamma=0+1+1=2$$

🔲 2

22 $f(x)=\sqrt{2x+3}$에서 $f(x)$와 x축이 만나는 점은 $y=0$인

점이므로 $\mathrm{P}\left(-\dfrac{3}{2},\ 0\right)$, $g(x)$와 만나는 점은 점 P를 $y=x$

에 대하여 대칭시킨 점이므로 $\mathrm{Q}\left(0,\ -\dfrac{3}{2}\right)$

이때 $y=f(x)$와 $y=g(x)$의 교점은 $y=f(x)$와 $y=x$와의 교점과 같으므로
$$\sqrt{2x+3}=x,\ 2x+3=x^2$$
$$x^2-2x-3=0,\ (x+1)(x-3)=0$$
$$\therefore x=3\ (\because\ x>0)$$
따라서 $\mathrm{R}(3,\ 3)$이다.

$\overline{\mathrm{PQ}}=\dfrac{3\sqrt{2}}{2}$이고 $\overline{\mathrm{PQ}}$와 점 R 사이의 거리가 $\triangle\mathrm{PQR}$의 높이가 된다.

$\overline{\mathrm{PQ}}$를 지나는 직선의 방정식은 $y=-x-\dfrac{3}{2}$, 즉

$2x+2y+3=0$이므로 높이는
$$\dfrac{|2\cdot3+2\cdot3+3|}{\sqrt{2^2+2^2}}=\dfrac{15}{2\sqrt{2}}=\dfrac{15\sqrt{2}}{4}$$
$$\therefore \triangle\mathrm{PQR}=\dfrac{1}{2}\cdot\dfrac{3\sqrt{2}}{2}\cdot\dfrac{15\sqrt{2}}{4}=\dfrac{45}{8}$$

🔲 $\dfrac{45}{8}$

23 (i) $-1\leq-\dfrac{1}{2}x<0$, 즉 $0<x\leq2$이면 $\left[-\dfrac{1}{2}x\right]=-1$이므로
$$f(1)=2-5+a=a-3$$
$$f(2)=4-5+a=a-1$$

(ii) $-2\leq-\dfrac{1}{2}x<-1$, 즉 $2<x\leq4$이면 $\left[-\dfrac{1}{2}x\right]=-2$이므로
$$f(3)=6-10+a=a-4$$
$$f(4)=8-10+a=a-2$$

(iii) $-3\leq-\dfrac{1}{2}x<-2$, 즉 $4<x\leq6$이면 $\left[-\dfrac{1}{2}x\right]=-3$이므로
$$f(5)=10-15+a=a-5$$

(i), (ii), (iii)에 의하여 함수 f의 치역은
$$\{a-5,\ a-4,\ a-3,\ a-2,\ a-1\}$$
이고 함수 f가 일대일대응이므로 공역과 치역이 같아야 한다.

따라서 $a-5=1$이므로 $a=6$

🔲 6

밥 먹듯이 매일매일 국어 공부

밥 시리즈의 새로운 학습 시스템

▶ 수능 국어 1등급 달성을 위한 학습법 제시 ▶ 문학, 비문학 독서, 언어와 매체, 화법과 작문 등 국어의 전 영역 학습 ▶ 문제 접근 방법과 해결 전략을 알려 주는 친절한 해설

처음 시작하는 밥 비문학
- 전국연합 학력평가 고1, 2 기출문제와 첨삭식 지문 · 문제 해설
- 예비 고등학생의 비문학 실력 향상을 위한 친절한 학습 프로그램

밥 비문학
- 수능, 평가원 모의평가 기출문제와 첨삭식 지문 · 문제 해설
- 지문 독해법과 문제별 접근법을 제시하여 비문학 완성

처음 시작하는 밥 문학
- 전국연합 학력평가 고1, 2 기출문제와 첨삭식 지문 · 문제 해설
- 예비 고등학생의 문학 실력 향상을 위한 친절한 학습 프로그램

밥 문학
- 수능, 평가원 모의평가 기출문제와 첨삭식 지문 · 문제 해설
- 작품 감상법과 문제별 접근법을 제시하여 문학 완성

밥 언어와 매체
- 수능, 평가원 모의평가, 전국연합 학력평가 및 내신 기출문제
- 핵심 문법 이론 정리, 문제별 접근법, 풍부한 해설로 언어와 매체 완성

밥 화법과 작문
- 수능, 평가원 모의평가, 전국연합 학력평가 기출문제
- 문제별 접근법과 풍부한 해설로 화법과 작문 완성

밥 어휘
- 필수 어휘, 한자 성어, 속담, 관용어, 다의어, 동음이의어, 헷갈리는 어휘, 개념어, 배경지식 용어
- 방대한 어휘, 어휘력 향상을 위한 3단계 학습 시스템

네이버 웹툰 인기 작가, 현직 국어 교사

이가영(seri) 선생님의 유쾌 발랄한 고전시가 학습서!

서울대 국어교육과 김종철 교수 추천

전국 서점 베스트셀러

만화로 읽는 수능 고전시가

이가영(seri) 지음 | 278쪽 | 18,800원

온라인에 쏟아진 격찬들 ★★★★★

"어울릴 수 없으리라 생각한 재미와 효율의 조화가 두드러진다."

"1. 수능에 필요한 고전시가만 담겨져 있다. 2. 재미있다. 3. 설명이 쉽고 자세하다."

"미리 읽는 중학생부터 국어라면 도통 이해를 잘 못하는 고등학생들에게 정말로 유용한 멋진 책이다."

서울대 합격생의 비법을 훔치다!

서울대 합격생 공부법 / 노트 정리법 / 방학 공부법 / 독서법 / 내신 공부법

tvN 〈유 퀴즈 온 더 블록〉 출연

청소년 분야 베스트셀러

전국 중·고등학생이 묻고 서울대학교 합격생이 답하다

서울대생들이 들려주는 중·고생 공부법의 모든 것!

융합형 인재를 위한 교양서

이 정도는 알아야 하는 **최소한의 인문학**
과학 / 국제 이슈 / 날씨 / 경제 법칙

세상을 보는 눈을 키워 주는
가장 쉬운 교양서를 만나다!

★ 한국출판문화산업진흥원 이달의읽을만한책
★ 한국출판문화산업진흥원 청소년권장도서
★ 한국출판문화산업진흥원 우수출판콘텐츠 지원사업선정작

서울시 영등포구 당산로 50길 3 꿈을담는빌딩 6층 | 전화 1544-6533 | 홈페이지 dreamybook.co.kr